제 2 판

Programmable Logic Controller

PLC 제어

이종걸 저

B.C.Info

머리말

필자는 PLC를 1983년에 직장에서 처음 접하였습니다. 이후 당시 용접로봇 포지셔너의 제어에 미쯔비시 PLC를 처음 사용하여 설계하였고, TV 생산라인에 PLC 및 산업용 컴퓨터를 적용하여 운반 컨베이어, 팔레타이징 로봇, 무인차를 Total System Control하였습니다. 제품의 생산에서 출하, 포장, 운반까지의 시스템을 PLC 프로그램, 컴퓨터 생산관리 프로그램 설계하고 설치 및 시운전하여 공급했던 일이 생각납니다.

기업에서 30년 동안 근무한 후 필자는 2015년부터 기계공학과, 메카트로닉스공학과에서 PLC제어, 시퀀스제어 과목을 강의 및 실습 지도하였습니다. 학년과 학기에 따라 미쯔비시 PLC와 LS산전 PLC를 각각 적용하여 학생들이 실습할 수 있는 교재가 필요하다고 느꼈고, 이에 따라 필자가 직접 본 책을 집필하게 되었습니다.

본 책에서는 주차별 실습과제를 부여하고, PLC 프로그램 및 배선 시운전을 할 수 있도록 내용을 구성하여 학생이 주차별 난이도에 따라 이론과 실습을 병행할 수 있도록 하였습니다. 본 책을 통해 학생들이 PLC에 대한 지식과 기술을 습득하여 현장에서 적용할 수 있으면 하는 바람입니다.

끝으로 이 책이 출판되기까지 애써주신 복두출판사 여러분께 감사의 말씀을 드립니다.

2021년 2월

저자 씀

차례

CHAPTER 1
PLC와 메카트로닉스

CHAPTER 2
PLC의 정의

CHAPTER 3
PLC를 이용한 시스템 구성 기초

CHAPTER 4
PLC의 구성과 인터페이스

CHAPTER 5
PLC의 프로그램 명령어

CHAPTER 6
제어 프로그램의 구성

CHAPTER 7
제어 시스템의 구성

CHAPTER 8
PLC의 설치와 보수유지

CHAPTER 9
실습

참고

GX Works2의 사용

참고

XG 5000의 사용

CHAPTER

01

PLC와 메카트로닉스

1. 메카트로닉스의 개요
2. 메카트로닉스의 정의와 시스템 구성
3. 메카트로닉스의 전망

1. 메카트로닉스의 개요

현대 제조업에서 경쟁력을 가진 초일류 제품들은 제품 자체가 가지고 있는 창의적이고 혁신적인 기술과 경쟁력 있는 생산방법 및 제조공정에 달려 있으며, 이는 제품과 생산기계의 기본인 기계장치에 컴퓨터 기술과 전자공학 기술을 어떻게 통합하느냐가 관건이라고 해도 과언이 아니다.

자동차, 세탁기, 휴대전화, 로봇, 공작기계와 같이 현존하는 많은 성공적인 제품들은 가격이 저렴하고 간편하며, 보다 신뢰성 있고 유연성을 확보하기 위하여 설계 단계에서부터 혁신적인 기술을 도입하여 적용하였다. 이와 같은 기술은 기계공학과 전자공학을 복합적으로 적용한 메카트로닉스(mechatronics)의 개념을 가진 통합과 융합으로 만들어질 수 있다. 지금처럼 첨예하게 경쟁하는 시대에서 새로운 제품 혹은 제조공정으로 살아남을 수 있는 방법은 기계공학과 전자공학의 성공적인 조합인 것이다. 공학적 설계에서 메카트로닉스적 접근방법이라 함은 고전적인 기계에 정보와 제어기능을 부가하는 것이다. 따라서 어떤 사람들은 메카트로닉스를 제어공학이라 할 수 있겠지만, 이는 시스템적인 사고에서는 한 부분에 지나지 않는다고 말할 수 있다.

메카트로닉스는 1960년대 일본에서 성력화(省力化)를 위한 방법으로 제시되었던 '기전일체화', 즉 기계와 전기 · 전자를 일체화하여 그 기능을 향상시키고자 했던 사고에서 만들어진 것이다. 또한 기계기술, 전자기술과 컴퓨터 기술의 중심에 있으며, 보다 간단하고 경제적이고 신뢰성이 있으며 다용도의 기능을 만족할 수 있는 시스템이다.

메카트로닉스라는 용어는 1969년 일본 야스가와(Yaskawa)사의 책임 기술자인 테스로 모리(Tetsuro Mori)에 의하여 처음 만들어졌으며, '전기기계 시스템' 혹은 '제어와 자동화 기술'로 표현되는 메카니즘(mechanism) 혹은 기계기술(mechanics)과 전자기술(electronics)의 합성어이다. 즉 초기의 메카트로닉스 기술은 혁신적 생산기술의 개발에 응용되었다고 볼 수 있다. 현재 메카트로닉스의 사전적 의미는 '기계와 전자를 복합적으로 적용하는 학문, 즉 기계공학, 전기공학, 전자공학 등 공학의 여러 분야가 복합된 학문'이다. Oxford 영어 사전에서는 mechatronics를 'Technology combining electronics and mechanical engineering'으로 정의하고 있다.

전 세계에 걸쳐 직업훈련과 교육의 기준과 지침을 제공하고 각국의 훈련내용을 정기적으로 경연하는 worldskills(www.worldskills.com)의 한 직종으로 메카트로닉스에 대하여 정의하고 있는데, 메카트로닉스 기술자는 제조 혹은 조립공장의 기계, 유압, 공압과 전자 요소와 관련한 이론적이고 실제적인 훈련을 받아야 하며, 이들의 업무분야는 제조 혹은 조립공장에서 소프트웨어로 구동되고 전자적으로 제어되는 장비의 설계, 설치 및 시운전, 보수유지를 담당할 수 있어야 한다고 정의하고 있다. 따라서 메카트로닉스 기술자에게는 논리적 문제의 해결, 시스템 설계의 수행, 도면에 따른 기계의 조립, 프로그램의 설계, 기계와 제어 시스템의 연결, 장비의 시운전, 모든 작업내용의 문서화 능력, 장비의 시스템적 해석, 상용화된 범용의 소프트웨어를 이용한 전기와 공압 회로 설계능력이 요구된다고 설명하고 있다.

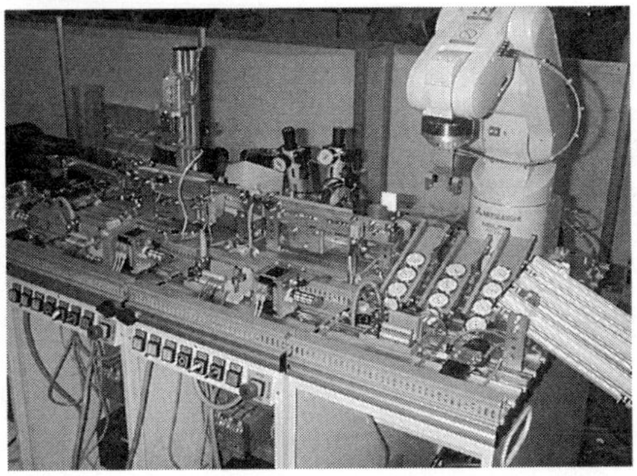

그림 1-1 메카트로닉스 경기 장비(2001년 제36회 서울 국제기능올림픽 대회)

[그림 1-1]은 2001년에 개최된 2001 서울 국제기능올림픽 대회의 메카트로닉스 직종에서 최종과제로 제시되었던 장비의 사진이다. 장비의 구성은 분배공정(distribution station), 검사공정(testing station), 조립공정(assembly station), 분류공정(sorting station), 로봇 공정(robot station), 그리고 부품의 핸들링(handling)을 위하여 컨베이어(conveyor)를 사용하고 있다. 참가선수는 2인이 1조가 되어 함께 협동하여 경기를 진행하며, 총 3가지의 과제가 주어진다. 첫 번째 과제는 기계조립도면을 해독해서 필요한 부품을 선정 및 조립하고, 공압 및 전기회로도를 이용하여 공압 배관 및 전기배선을 하는 등 시스템의 조립과 관련된 과제로서 [그림 1-1]과 같은 시스템 구조를 만드는 것이다. 다음 과제는 시운전 관련 과제로, 여기서는 시스템이 원하는 형태로 동작할 수 있도록 프로그램과 설치된 센서 및 액추에이터와 각 구성요소를 조정한다. 이 과정에서 시스템을 하드웨어적으로 혹은 소프트웨어적으로 수정하는 과제가 주어지기도 한다. 마지막 과제는 결함 추적(trouble shooting) 작업으로, 이미 완성된 시스템에 실제 발생할 수 있는 고장을 만든 다음, 선수들이 이를 찾아 원래의 상태로 복원하고 기록을 유지하는 것이다.

초기의 메카트로닉스 기술은 인간의 생활을 편리하게 하는 제품을 만드는 생산기술에 적용되었다. 제조공장에서 생산시스템에 요구되는 것은 시장 환경의 변화에 대하게 빠르게 반응하는 것이다. 현대의 소비적 형식은 개성을 강조하고 매우 빠른 수명 주기를 가지고 있으므로 수작업이나 혹은 대량생산설비에서 이에 대처할 수 있어야 하는 것이다. 수작업에 의한 생산방법은 이와 같은 유연성에 대처하기는 쉬우나, 생산성이 매우 떨어지는 방법이고 반면에 대량생산 방법은 유연성은 떨어지지만, 생산성은 매우 좋은 방법이다. 제조시스템이나 제조공정에서 메카트로닉스적 설계는 기본적으로 이와 같은 사고의 시스템을 구성할 수 있는 방법을 제공하고 있다. 스마트공장(smart factory)이나 인더스트리 4.0(industry 4.0)도 메카트로닉스 기술을 기반으로 하여 현대의 소비형태에 보다 적극적으로 대응하고 최대의 생산성과 가동률 확보를 위하여 빅데이터(big data), 사물인터넷(IOT, internet of things) 등을 활용하여 최적의 의사결정을 하는 방법이다.

제품을 생산하기 위한 인류 최초의 장치는 기원전에 만들어진 인간의 힘을 보조하여 석재를 가공하기 위한 공구로서, 인간의 지능으로 제어되었다. 이는 곧 인간의 근육이 가진 기능을 보완할 수 있는 수레바퀴(wheel), 레버(lever) 혹은 풀리(pulley)와 같은 기계적인 기구와 장치의 개발로 이어졌다. 그러나 이는 인간의 힘을 대신할 수 있는 장치라 할 수 없다. 인간의 힘을 대신할 수 있는 장치는 스스로 동력을 공급받아 움직일 수 있는 장치를 말하며, 후에 수차(waterwheel), 풍차(windmill) 그리고 간단한 증기기관이 개발되었다. 증기기관은 산업혁명이 시작된 동기로, 동력을 가진 기계의 발전의 중요한 기원이라 할 수 있다.

제임스 와트(James Watt)가 증기기관을 처음 소개한 이후 두 세기동안 증기, 전기, 화학, 기계, 핵 등으로부터 동력을 얻는 방법이 개발되었다. 이와 같은 동력 기계의 개발에 따라 그 동력을 제어하는 장치의 필요성이 증대되었다. 예를 들어 초기의 증기기관은 증기를 피스톤 챔버(piston chamber)에 공급하고 또 배기시키기 위하여 사람이 직접 밸브를 조작해야 했다. 그러나 이후 슬라이드 밸브가 고안되어 자동적으로 이 기능을 수행할 수 있게 되었고, 사람은 단순히 엔진의 속도와 힘을 제어하기 위해 증기의 양을 조절하는 역할을 하게 되었다. 한 걸음 나아가 flying-ball 가버너(governor)는 증기기관의 작동을 위하여 사람이 조절하는 역할도 필요 없게 만들었다. 이 역시 제임스 와트가 발명한 것으로, 힌지 암(hinged arm)과 추(weighted ball)로 구성된 장치이며 기계적으로 엔진의 출력축과 연결되어 있다. 축의 회전속도가 증가하면 원심력에 의하여 볼을 바깥쪽으로 밀어내고, 이 운동에 의하여 밸브가 조절되어 적은 양의 증기가 엔진으로 공급되면서 엔진의 속도는 줄어들게 된다. 이와 같은 가버너는 지금도 훌륭한 네거티브 피드백 제어시스템(negative feedback control system)의 한 예이다. 즉 시스템 출력의 증가는 시스템 활동의 감소로 이어지는 것이다.

네거티브 피드백은 시스템의 일정한 작동 수준을 유지하기 위한 방법으로 많이 사용되고 있다. 피드백 제어시스템의 또 다른 예는 방의 온도를 제어할 수 있는 현대식 빌딩의 서모스탯(thermostat)이다. 이 장치는 방 안의 온도가 낮아지면 전기 스위치를 닫고 히터를 가동한다. 반대로 방의 온도가 높이지면 스위치는 열리면서 열의 공급은 차단된다. 서모스탯은 특정한 설정점에서 히터를 작동시킬 수 있도록 조절된다.

자동화의 역사에서 또 하나의 중요한 발명은 프로그램할 수 있는 기계 개념의 효시라 할 수 있는 자카드식 문직기(Jacquard Loom)이다. Joseph-Marie Jacquard에 의하여 고안된 이 자동화된 직조기는 서로 다른 색을 가진 실패의 여러 플라잉 셔틀(flying shuttle)을 제어하여 복잡한 형상을 가진 직물을 제작할 수 있다. 다른 형식의 선택은 천공된 금속카드의 프로그램에 의하여 정해진다. 이 천공 카드는 현대식 자동화기계의 제어에 사용되는 종이 카드와 테이프의 원조라 할 수 있다.

그림 1-2 Jacquard Loom

20세기에는 디지털 컴퓨터(digital computer), 데이터 저장 기술과 컴퓨터 프로그램을 위한 소프트웨어(software)의 개선, 센서기술의 진보, 수학적 제어이론의 확립 등 여러 분야에서 중요한 개발이 이루어졌다. 이와 같은 모든 기술은 자동화 기술의 발전에 큰 공헌을 한 것이다.

1946년의 전자식 디지털 컴퓨터인 ENIAC(Electronic Numerical Integrator and Computer)과 1951년의 UNIVAC Ⅰ(Universal Automatic Computer)은 더욱 복잡해지고 전보다 더욱 빠른 연산기능이 필요한 자동화의 제어기능을 실현하게 되었다. 1960년대 집적회로의 개발은 컴퓨터를 더욱 작게 만들 수 있게 되었고 이는 더욱 빠른 속도로 연산을 수행하는 것은 물론 크기는 작아지고 저렴한 가격의 설비를 만들 수 있게 되었다. 이와 같은 추세는 대형 디지털 컴퓨터와 같은 기능의 논리연산과 산술연산을 수행할 수 있는 소형의 다중 회로 장치인 마이크로프로세서(microprocessor)로 현실화되었다. 이와 같은 컴퓨터 기술의 발전은 사용자가 훨씬 쉽게 프로그램하는 것을 가능하게 하였고 또한 데이터 처리능력을 더욱 향상시켰다.

센서기술의 발전은 피드백 제어 시스템에서 계측장치가 광범위하게 사용되는 계기가 되었으며 센서의 놀라운 발전은 머신 비전(machine vision)과 같이 인간이 가지고 있는 오감의 일부를 대체할 수 있는 수준으로 발전하고 있다.

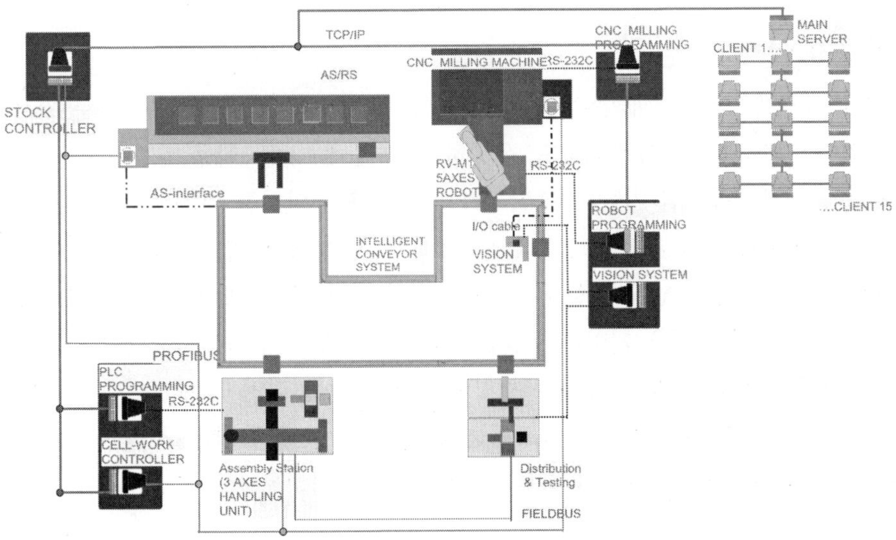

그림 1-3 메카트로닉스 기반의 생산시스템 구성 예

현대의 자동화된 생산 시스템은 직접적인 생산을 담당하는 부문과 생산을 지원하는 부분으로 나눌 수 있는데, 직접적인 생산을 담당하는 부분은 사용자가 프로그램할 수 있는 전자적인 시스템에 의하여 제어되는 기계가공이나 핸들링 등의 조합된 운동이다. 물론 현대의 생산 시스템에서는 자동화된 생산의 흐름에 맞추어 품질을 검사하고 제어하는 기능도 반드시 있어야 할 것이다. 이와 같은 현대의 자동화된 생산시스템의 특징은 지능형 액추에이터(actuator)와 센서(sensor)가 있어야 하며, 각각의 생산 단위를 구성하는 단위기계는 앞서 언급한 바와 같이 기계적인 장치가 전자적인 방법에 의하여 제어되고, 각 단위기계는 단위기계를 구성하는 요소 간 혹은 각 단위기계 간이나 상위의 제어장치와 인터페이스(interface)가 정의된 분산제어의 개념을 이용하여 제어되고 그 정보는 버스 네트워크(bus network)와 같은 통신 시스템에 의하여 중앙의 셀 제어장치(cell controller)에 전달된다.

그림 1-3은 메카트로닉스 기술을 기반으로 구성한 자동화된 생산시스템의 예이다. 이 시스템에는 부품의 공급을 위한 분배와 검사(distribution & testing) 장치와 가공을 위한 CNC 기계 그리고 CNC 기계에 부품을 적재하고 제거하기 위한 6축 수직다관절 로봇, 조립을 담당하는 3축 핸들링 장치(3 axes handling unit), 제품의 저장을 위한 자동창고(AS/RS, automatic storage/retrieval system), 지능형 운반 시스템(intelligent conveyor system)과 이들 기계의 제어를 위한 여러 종류의 제어장치가 사용된다. 제어장치와 기계는 RS-232C 등의 네트워크를 사용하여 통신 체계를 구축하고 있으며 또한 전체의 생산시스템을 통제하고 관리하는 메인 서버와 연결되어 있다.

2. 메카트로닉스의 정의와 시스템 구성

2.1 메카트로닉스의 정의

지금까지의 설명에 의하면 메카트로닉스는 크게 'Mecha'와 'Tronics' 두 부분으로 나누어 설명할 수 있다. 'Mecha'는 기계적이고 운동하는 부분에 대한 학문 및 기술을 의미하고, 'Tronics'는 모든 전자공학적인 기술과 통신기술을 포함하는 의미를 가지므로 'Mechatronics'는 'MECHAnics'와 'elecTRONics' 그리고 'informatICS'의 합성어라 할 수 있다.

메카트로닉스의 중요한 개념은 이들 각 부분이 단순하게 기계적으로 그리고 정보의 전달을 위한 네트워크로 연결되는 것을 의미하는 것은 아니다. 각 부분의 하드웨어적인 연결은 물론이고 이들을 소프트웨어적으로도 통합할 수 있어야 하며 최종적인 그 기능적인 측면에서 각 부분의 연결로 인간이 만족할 수 있는 고기능화, 소형화 등의 통합된 시너지 효과를 낼 수 있어야 한다. [그림 1-4]는 이를 도식화한 것이다.

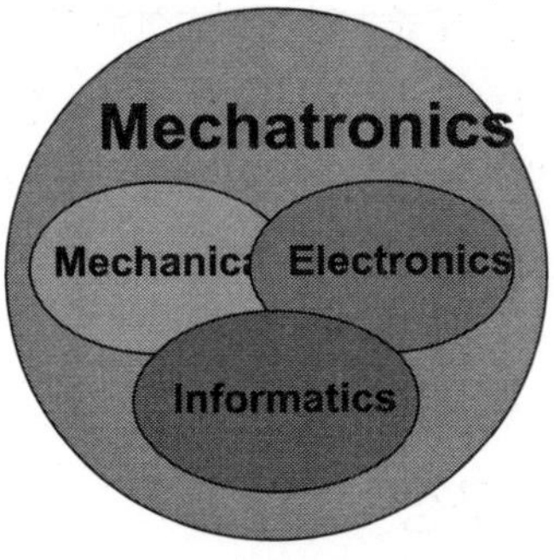

그림 1-4 메카트로닉스 개념도

메카트로닉스 시스템은 시스템을 구성하는 각 요소 간의 수직계열화를 의미하지 않는다. 시스템을 구성하는 방법은 이들 각 요소를 수평적으로 통합하는 것을 의미하는데, 수평적 통합은 각 구성요소를 연결하였을 때 그 기능을 보완하여 좀 더 좋은 성능과 편리성 등을 수반하여야 하는 것이다. 이와 같은 수평적 통합에서는 각 구성요소를 설계하는 사람과 현실적인 하드웨어적인 요소들 간의 팀워크(teamwork)와, 각자의 분야에 대한 전문적인 지식이 통합되었을 때 그 결과를 예측할 수 있는 시스템적 사고(system thinking)가 매우 중요한 요소라 할 수 있다. 또한 공정에 있어서는 설계와 운전 및 정비에 이르기까지, 제품에 있어서는 설계와 사용 그리고 수리에 이르기까지 모든 사고는 직렬적인 사고(serial processing)보다는 병렬적 사고(parallel processing)가 유리하다는 것은 분명하다. 결론적으로 이와 같은 관점에서 메카트로닉스를 정의한다면 '시너지(synergy)' 효과를 창출할 수 있는 제품과 제조공정의 설계, 운전 및 사용 그리고 정비 및 수리의 모든 과정에서 기계기술(mechanical engineering), 전자제어기술(electronic control technology), 정보통신기술(information technology)을 시스템적 사고(system thinking)에 의하여 통합하는 기술'이라 정의할 수 있다.

메카트로닉스 시스템은 센서에 의하여 상태의 변화를 감지하고, 그 정보를 처리하여 액추에이터에게 적절한 명령을 발생시키는 것으로, 고전적인 기계와 기구적인 시스템과는 다른 점을 가지고 있다. 로봇, 무인운반차(Automatic Guided Vehicle), 현대의 디지털 사진기, 복사기 등이 전형적인 메카트로닉스 시스템의 예로서, 제품을 생산하는 생산설비에 적용되는 것은 물론 제품에도 적용되는 기술이다.

메카트로닉스 제품과 생산설비는 다음과 같은 특징을 가지는 것이 일반적이다.

- 기계, 전자기술, 정보 통신기술의 기능적 상호작용
- 하나의 물리적인 장치 안에 여러 하위 시스템의 공간적 통합
- 메카트로닉스 시스템의 제어 기능이 가지고 있는 지능
- 변화하는 환경과 요구조건을 만족하기 쉽도록 구성된 유연성
- 소프트웨어에 의하여 마이크로프로세서의 기능을 정의할 수 있는 다기능성

유연성, 디자인성과 제품의 기능 수준, 안전성, 신뢰성, 적은 에너지 소비 그리고 저렴한 가격의 메카트로닉스 개념은 제품으로 확산된다. 또한 이 장점들은 더욱 고객지향적으로 발전하면서 절감된 비용으로 빠르게 생산하는 것을 가능하게 하였고 더욱 거대한 시장을 형성하게 하는 결과를 낳았다.

2.2 메카트로닉스 시스템 구성

전형적인 메카트로닉스 시스템의 구성은 시스템의 현재 상태에 대한 신호를 수집하여 그것을 기반으로 상태에 대한 인식 및 정보처리 과정을 거쳐 힘과 운동을 수반하는 출력을 발생하는 것이다. 따라서 기계적인 시스템은 확장되어야 하고, 센서, 마이크로프로세서 및 제어장치와 통합되어야 한다. [그림 1-5]는 이와 같은 시스템의 구성이다.

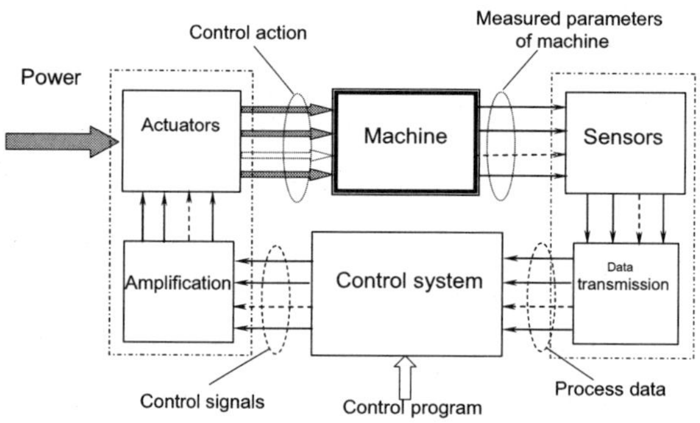

그림 1-5 전형적인 메카트로닉스 시스템의 구성

액추에이터의 운동에 의하여 기계가 작동하면 그 상태를 센서가 감지하는 방식이다. 센서에 의하여 감지된 정보는 정보전달 계통을 거쳐 제어시스템에 입력된다. 제어시스템에서는 이 정보들을 시스템이 하고자 하는 작업형태의 기준인 제어 프로그램의 목표와 비교하여 필요한 출력을 발생시킨다. 이 출력은 다시 액추에이터로 보내져서 인간이 원하는 형태의 운동을 만족할 수 있도록 하는 것이다.

이와 같은 시스템 구성의 주요부를 보면 [그림 1-6]과 같은 다섯 부분으로 나누어 말할 수 있는데, 이를 메카트로닉스 기술을 기반으로 한 자동화의 5대 요소라고 한다. 액추에이터는 인간의 팔이나 다리와 같이 움직이는 기능을 수행하는 것으로, 직선왕복운동 혹은 회전운동을 하는 요소이다. 직선왕복운동을 하는 장치는 일반적으로 실린더(cylinder)라 하고, 회전운동을 하는 장치는 모터(motor)라 한다. 액추에이터가 운동을 하기 위해서는 외부로부터 동력을 공급받아야 하는데, 실린더 혹은 모터의 운동을 위하여 일반적으로 사용하는 동력원은 전기, 유압 혹은 공압이다. 자동차의 내연기관도 하나의 메카트로닉스 시스템으로 분류할 수 있는데, 이는 휘발유 혹은 경유를 사용하여 피스톤의 직선 운동력을 얻는 장치라 할 수 있기 때문이다.

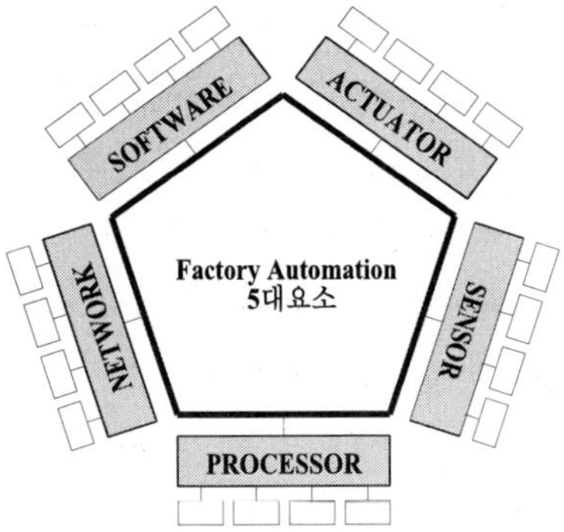

그림 1–6 자동화의 5대 요소

사람도 팔이나 다리를 움직이면 그 움직임의 결과 혹은 움직이는 과정을 인간의 오감에 의하여 감지한다. 마찬가지로 메카트로닉스를 구성하는 요소인 액추에이터도 운동하면 기계의 상태나 혹은 공정제어에서 시스템의 상태나 물성이 달라지고 센서는 이 상태를 계측한다. 즉, 센서는 액추에이터의 운동 결과나 운동 상태를 계측하는 장치인 것이다.

프로세서(processor)는 다른 말로 컨트롤러(controller)라고도 하며, 센서가 감지한 정보를 전달받아 신호를 처리하여 출력을 발생하는 기능을 가지고 있는 장치이다. 인간에게는 두뇌가 이와 같은 기능을 수행한다. 인간은 오감에 의하여 액추에이터의 운동 상태, 즉 신체의 상태를 연속적으로 감지하여 항상 최적의 상태가 될 수 있도록 제어한다. 즉 신체의 상태에 대한 아날로그 신호를 센서에 의하여 제어장치로 피드백하는 것이다. 이와 같은 시스템이 앞서 언급한 바와 같이 피드백 제어시스템이다. 그러나 실제로 설비를 구성할 때 이와 같은 방법만 사용한다면 시스템을 구성하기 위하여 필요한 지식수준도 상당히 높아야 하고, 구성요소도 복잡해지며 따라서 비용도 상승하게 될 것이다. 그러므로 실제 장치를 구성할 때 피드백 신호를 사용하지 않는 경우도 있다. 단순히 액추에이터가 운동한다면 그 과정은 확인하지 않고 결과만 확인하여 프로세서로 신호를 제공하는 것이다. 이와 같은 신호를 체크백 신호(check-back signal)이라 하고, 시스템의 구성방법은 피드백 신호를 이용하여 시스템을 구성하는 방법인 폐회로 제어 시스템(closed-loop control system)에 대하여 개회로 제어 시스템(open-loop control system)이라 한다.

이와 같은 제어 시스템을 구체화하는 방법은 하드와이어드(hard-wired) 방법과 소프트와이어드(soft-wired) 방법으로 구분할 수 있다. 하드와이어드 방법은 기구적인 요소들을 공압 배관 혹은 전기 배선으로 제어 시스템을 구성하는 방법으로, 압축공기를 사용하는 방법과 전기 에너지를 사용하는 방법이 있다.

압축공기를 사용하는 방법은 밸브(valve)나 혹은 공압 챔버와 기구적인 장치를 조합하여 제어 시스템을 구성하는 방법이다. 그러나 이 방법은 제어신호를 전달하는 과정에서 스위칭 시간(switching time) 혹은 신호의 전달속도 등으로 인한 신뢰성 문제로 인하여 잘 사용되지 않고 대부분 전기 에너지를 사용하여 제어시스템을 구성한다.

전기 에너시를 사용하는 방법 중에서 릴레이를 사용하는 방법은 고전적인 방법으로 주로 2진 신호를 제어하는 데 사용한다. 다른 방법에는 진공관에서부터 발전한 장치라 할 수 있는 트랜지스터(transistor) 혹은 다이오드(diode)를 사용하여 제어 시스템을 구성하는 방법이 있다.

소프트와이어드 방법은 일반적으로 컴퓨터와 같은 기능을 가진 장치를 이용하는 것으로, 제어 논리의 대부분을 소프트웨어적인 프로그램에 의하여 처리하는 것이다. 이에 대한 범용의 장치가 PLC(Programmable Logic Controller)이다.

인간에게도 감각기관으로부터 들어온 신호를 처리하여 출력을 보내는 것이 중요한데, 이때 지능이나 경험과 같은 판단기준이 필요하다. 메카트로닉스의 시스템에서는 이와 같은 역할을 프로그램이 대신하는데, 이를 좀 더 넓은 범위의 용어로 소프트웨어(software)라고 한다. 물론 메카트로닉스 기술을 기반으로 하는 자동화 시스템의 구성에서 소프트웨어는 프로세서의 프로그램만을 지칭하지 않는다. 자동화된 생산 시스템이라 한다면 여러 단위기계가 모여 하나의 생산시스템을 구성하고 우리가 원하는 제품이 만들어지기 위해 필요한 여러 공정을 정해진 순서로 진행해야 한다. 따라서 이와 같은 공정의 제어 혹은 품질관리 그리고 작업의 정보 등을 모두 소프트웨어가 담당하는 것이다.

메카트로닉스 시스템의 구성에는 인간의 신경계통이 가지고 있는 정보전달 통로와 같은 역할을 담당하는 부분이 필요한데, 이것이 네트워크(network)다. 메카트로닉스 시스템에서 좁은 의미의 네트워크는 액추에이터의 운동 결과나 과정을 센서가 감지하여 프로세서로 전달하고 프로세서의 출력이 다시 액추에이터로 공급되는 신호전달 통로를 뜻한다. 넓은 의미에서 네트워크는 액추에이터, 센서, 프로세서로 구성되는 각 단위기계가 가지고 있는 정보 혹은 신호를 연결할 수 있는 통로를 뜻하며, 기계를 조작하고 제어하기 위한 맨-머신 인터페이스(human-machine interface) 등도 이에 속한다.

이 중에서 액추에이터, 센서 그리고 프로세서는 자동화의 계층레벨에서 가장 하위의 레벨인 기계단계(machine level)에 해당하는 장치이며, 각 단위기계별로 분산제어의 방법을 사용하는 것이 일반적이다. 현대의 설비는 많은 공정들이 다양하게 구성되어 있고 다품종 소량생산의 요구에 맞도록 설계되어 있으므로 가공 및 조립 등의 생산공정도 다양하고 또 이 과정에서 만들어지는 정보의 양도 많아서 중앙집중식으로 제어하는 것은 시스템을 불안하게 하는 요인이다. 따라서 각 단위기계는 분산제어의 형식을 취하고 각 단위기계에서 공정 중 필요한 일부의 정보만을 중앙의 제어장치로 가져오는 것이다. [그림 1-7]은 메카트로닉스의 공장자동화 시스템의 계층구조이다.

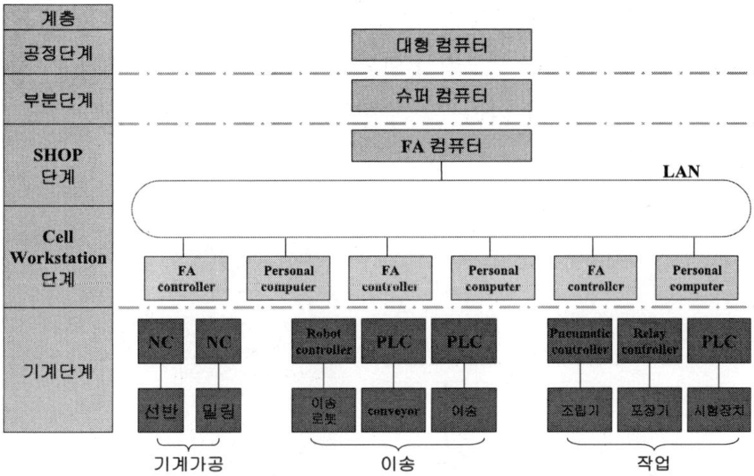

그림 1-7 FA시스템의 계층

그림에서 보는 바와 같이 기계단계의 각 단위기계를 제어하기 위하여 소프트웨어가 사용되며, 공장단계 이상의 컴퓨터에서도 시스템의 관리를 위하여 소프트웨어를 사용한다. 또한 각 부분의 정보를 필요한 곳으로 전달하는 네트워크의 구성도 필수적이라는 것도 알 수 있다.

메카트로닉스 시스템의 구성을 위하여 설명한 바와 같이 5대 요소를 이용하여 시스템을 구성하게 된다. 메카트로닉스 시스템 구성요소 중 액추에이터는 모터 혹은 실린더를 이용하여 직선 왕복운동 혹은 회전운동을 수행하는데, 실제로 시스템을 구성할 때 이와 같이 운동을 하는 장치가 힘을 발생시키기 위해 특정한 고정된 구조물에 고정되어 있어야 한다. 그리고 전체의 시스템이 기구적으로 서로 연관관계를 가지고 있어야 함은 물론 그 외관도 적절한 형태의 모양을 가지고 있어야 한다. 이와 같은 것을 메카트로닉스에서는 메카니즘(mechanism)으로 구분한다.

메카니즘에 속하는 또 하나의 부분은 액추에이터가 운동하였을 때 그 운동을 전달하는 동력전달 계통이다. 예를 들어 모터의 회전운동을 이용하여 스핀들 드라이브(spindle drive)를 구동한다면 먼저 축과 축을 이음하여 운동을 전달할 수 있도록 하는 키(key) 등과 커플링(coupling) 등의 장치가 필요하고, 축을 지지하는 베어링(bearing), 그리고 동력을 전달하기 위한 기어(gear), 벨트(belt), 체인(chain) 등도 필요하다.

메카트로닉스 구성의 5대 요소 외에 실제 시스템을 구성할 때 필요한 것이 액추에이터 등의 시스템 구성요소를 작동시킬 수 있는 동력 공급 요소(power supply)이다. 일반적인 경우 동력 공급 요소는 두 가지로 구분할 수 있는데, 하나는 액추에이터의 운동을 위하여 사용되는 동력이고, 다른 하나는 제어계를 구성하는 센서와 제어시스템의 동작을 위하여 사용되는 동력이다. 일반적으로 제어계에 사용되는 동력은 이미 언급한 바와 같이 전기 에너지를 주로 사용하며, 부분적으로 압축공기 에너지를 사용하기도 한다. 그리고 액추에이터의 구동 중에서 실린더 혹은 모터의 구동을 위하여 사용되는 일반적인 동력은 전기, 유압 그리고 공압이다. 따라서 메카트로닉스 시스템 구성을 위한 동력 공급요소는 이와 같은 동력을 생산하여 공급할 수 있는 부분을 필요로 하는 것이다. [그림 1-8]은 메카트로닉스 시스템을 구성하는 각 요소에 공급되는 신호와 동력의 흐름에 따라 그 구성을 표현한 것이다.

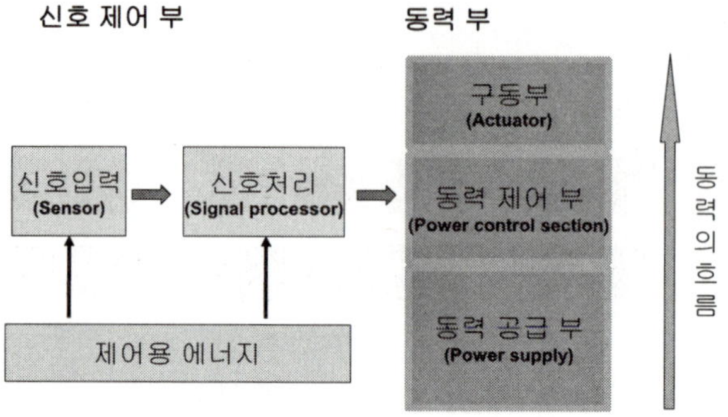

그림 1-8 메카트로닉스 시스템에서 신호의 흐름

그림에서 보듯이 메카트로닉스 시스템은 크게 두 부분으로 나눌 수 있다. 하나는 센서와 프로세서로 구성되어 신호를 제어하는 신호 제어부(signal control section)이며, 다른 하나는 일을 하기 위하여 동력 공급 장치, 동력 제어부(power control section), 그리고 액추에이터로 구성되는 동력부(power section)이다. 센서는 제어계, 즉 프로세서의 입력이고 프로세서는 이 센서로부터 정보를 공급받아 출력을 발생한다. 이와 같은 신호 제어부에는 신호를 제어하기 위하여 제어용 에너지를 공급하여야 한다. 대부분은 앞서 언급한 바와 같이 전기 에너지를 사용하는 것이 일반적이고, 센서와 프로세서에는 각각 서로 다른 수준의 에너지를 사용할 수 있다. 만약 서로 다른 에너지를 사용한다면 이를 필요한 형태로 변환할 수 있는 장치도 갖추게 될 것이다.

프로세서의 출력은 시스템에서 동력 제어부로 전달되는데 이 신호는 액추에이터에 공급되는 동력의 방향과 양, 그리고 세기를 조절하는 것이 일반적이다. 즉 동력 공급요소에서 만들어진 동력이 제어되지 않은 상태로 액추에이터에 공급되지 않도록 하는 것이다. 동력이 제어되지 않은 상태로 액추에이터에 공급된다면 액추에이터도 인간이 원하는 동작을 하지 않고 이는 곧 사고로 이어진다. 따라서 동력 제어부는 액추에이터에 공급되는 동력을 제어하는 부분으로서 액추에이터의 운동을 최종적으로 제어한다고 하여 최종 제어요소(final control element)라고도 한다. 이 부분에서 액추에이터에 공급되는 동력의 방향과 양 그리고 세기를 조절하면 그 결과 액추에이터의 운동에서 운동 방향과, 속도 그리고 힘 혹은 토크가 조절되는 것이다. 이와 같은 예는 우리의 일상생활에서 사용하는 장치 중에 세탁기에서도 알 수 있는데, 세탁기를 이용하여 세탁할 때 세탁과정에서는 세탁용기의 회전방향이 바뀌고, 세탁할 때와 탈수할 때를 비교하면 세탁용기의 회전속도가 다르다는 것을 알 수 있다. 단, 세탁기에서는 세탁용기를 회전시키는 토크는 조절하지 않고 세탁 가능한 최대용량만 정한다.

3. 메카트로닉스의 전망

최근 메카트로닉스 기술을 기반으로 하는 자동화 기술은 매우 급속도로 발전하여 자동화의 대부분의 각 분야에 영향을 주고 있고, 이는 인간의 생활환경의 형태를 바꿔가고 있다. 즉, 가정, 공장, 사무실 혹은 실험실에서의 가전제품(HA, Home Automation)부터 각종 공장 자동화 기기(FA, Factory Automation), 컴퓨터 등의 사무 자동화 기기(OA, Office Automation) 그리고 높은 정밀도를 유지하며 다양한 기능을 갖추고 있는 각종 실험실 계측기기(LA, Laboratory Automation)까지 각각 하나의 새로운 분야를 형성하고 있는 것이다.

HA는 가정에서 사용하는 기기를 자동화한 것으로, 현재 사용되고 있는 자동 세탁기, 디지털 카메라, 냉장고, 에어컨, 무선 전화기, AV 시스템(Audio/Video system), 보안 시스템, 로봇 청소기 등 거의 모든 가전제품이 그 대상이다. 이와 같은 가전제품들은 전기로 작동하는 간단한 액추에이터의 동작의 제어를 위한 전자 시스템이 주를 이루고 있는 것이 특징이다. 주로 전기 동력을 사용하는 이유는 가정에서 쉽게 얻을 수 있는 동력이기 때문이다.

FA는 공장에 사용하는 기기를 자동화한 것으로, 현재 사용되고 있는 산업용 로봇, 컨베이어 시스템, 무인운반차(Auto Guided Vehicle), 유연생산 시스템(FMS, Flexible Manufacturing System)등이 있다.

FA, 즉 공장 자동화 분야에서 메카트로닉스 기술은 매우 광범위하게 발전할 수밖에 없다. 이에 대해 이미 앞에서 많은 설명을 하였는데, 제품을 생산하는 제조 시스템은 고객을 만족할 수 있는 방향으로 발전해야 하고, 고객이 정하는 가치 즉, 물론 고객의 필요(needs)에 맞아야 하며 또한 고객에게 선택받기 위하여 다른 제품과 경쟁에서도 이길 수 있어야 한다. 요즈음의 시장 환경은 세계화(globalization)되어 있기 때문에 경쟁에서 이기기 위하여 고객의 기준을 만족할 수 있어야 한다. 이와 같은 기준은 생산성(productivity) 향상, 품질(quality)의 향상 및 표준화, 원가(cost) 절감, 납기(delivery) 준수이며, 제조현장에서는 안전(safety)의 확보 그리고 종업원의 의식(morale) 향상이라 할 수 있다. 이를 위해 공장의 자동화가 필요하며, 이 자동화의 필수적인 기반 기술이 메카트로닉스인 것이다. 이와 같은 메카트로닉스를 기반으로 하는 공장자동화의 형태들은 여러 가지로 그 형식을 설명할 수 있는데 그것은 저투자성 자동화(LCA, Low Cost Automation), 유연생산 시스템(FMS, Flexible Manufacturing System), 컴퓨터 통합 생산(CIM, Computer Integrated Manufacturing) 등이다. 그리고 이 시스템들의 구성을 위하여 반드시 필요한 것이 생산 정보의 처리인데 이에 대한 예는 CAD/CAM(Computer Aided Design/Manufacturing), CAPP(Computer Aided Process Planning), 제조자원계획(MRP, Manufacturing Resources Planning) 등이다. 또한 공장 자동화 시스템을 구성하는 각 단위기계들은 가공을 위한 CNC(Computerized Numeric Control) 공작기계, 자동 조립 및 포장기계, 검사설비, 산업용 로봇, 무인 반송차(AGV, Automatic Guided Vehicle), 자동창고(automatic warehouse) 등이 있다.

LA는 실험실에 사용되는 계측장비를 대상으로 하여 자동화하는 것이다. 즉 실험 데이터의 수집, 기록, 해석, 정리를 자동화하는 것으로, 데이터를 수집하는 계측기들과 컴퓨터의 통합은 복잡한 구조를 가진 여러 개의 변수를 동시에 처리함으로써 고난도의 실험도 수행할 수 있게 되었다. 특히 데이터의 수집에는 정밀한 계측기를 정교하게 다룰 수 있어야 하고 신뢰성 있는 데이터의 확보에는 많은 시간이 필요하게 되는데, 메카트로닉스 기술을 이용하여 이를 자동화하는 것은 인간을 대체할 수 있어 그만큼 짧은 시간에 빠르게 발전할 수 있다는 것을 의미하는 것이다. 즉, LA 분야에서 메카트로닉스 기술은 주로 실험 내용에 대한 계측이 주가 될 것이다.

OA는 사무실 환경을 자동화하는 것이다. 요즈음의 사무실에서 컴퓨터가 없는 것은 상상할 수조차 없으며, 대부분의 업무를 컴퓨터를 이용해서 처리한다. 문서를 작성하고 상대방과 업무상의 의견을 조율하고 업무의 내용을 저장하는 등 컴퓨터는 반드시 필요한 장치이며, 부수적으로 프린터 혹은 복사기, 팩시밀리 등도 이용하고 있다. 이들 역시 메카트로닉스 기기라 할 수 있으며, 이 분야에서 메카트로닉스 기술은 주로 소프트웨어적이라 할 수 있다.

이와 같이 메카트로닉스 기술은 인간 생활의 각 부분에 널리 이용되고 있으며, 이 메카트로닉스 기기의 향후 발전 방향은 다음과 같다.

첫째, 소형 경량화와 고속 정밀화이다. 앞으로의 메카트로닉스 기기는 인간이 다루기 쉬워야 할 것이기 때문에 소형 경량화와 고속 정밀화는 당연한 귀결일 것이다. 소형화와 경량화를 만족하기 위하여 메카트로닉스의 구성요소 중에서 다른 것보다도 기계분야의 발전이 매우 필요할 것으로 생각한다. 기계분야의 구성요소는 작업을 위하여 운동의 전달이나 구조물의 지지에 필요한 최소한의 강도 혹은 경도를 가지고 있어야 하며 이를 위해 어느 정도 이상의 크기가 필요하고, 또한 특정한 가공방법이 필요하다. 그러나 이는 신재료의 개발로 충분히 극복할 수 있는 과제라고 생각한다. 기계적으로는 고속화와 정밀화를 위하여 가공방법의 혁신적 기술이 필요할 것이다. 이 분야를 MEMS(Micro Electro Mechanical System)라고 하며, 이 기술을 통해 아주 작은 크기의 기계가 개발되고 있다. 또한 생체역학 분야와도 융합이 가능할 것이다. 즉 생체역학의 분야에 메카트로닉스 기술을 응용할 수 있고 메카트로닉스 기술에 생체역학적인 기술을 응용할 수 있는 것이다. 이를 생체 메카트로닉스(bio-mechatronics)라 한다.

소형 경량화와 고속 정밀화를 위해 기계기술의 발전만 필요하지는 않다. 시스템을 구성하는 전자적인 요소는 강도 혹은 경도의 요구조건이 엄격하지 않기 때문에 크기를 충분히 작게 만들 수 있으며, 지금도 이와 같은 요소들의 집적기술이 나날이 발전하고 있어서 크게 제약을 받지 않는다고 할 수 있다. 또한 소프트웨어 기술의 발전은 데이터의 처리에 있어서 고속처리가 가능하고, 성능이 더욱 안정되어 가고 있기 때문에 기계적인 문제를 해결하면 충분히 고속 정밀화와 소형 경량화를 이루는 데 문제가 없을 것이다.

둘째, 다기능 및 지능화이다. 인간은 편리함을 추구한다. 그리고 메카트로닉스 기기는 인간이 사용하는 기기이기 때문에 간편하고 쉽게 사용할 수 있어야 하므로 지능을 가진 다기능화는 필수적인 발전방향이다. 따라서 제어 시스템은 자기학습(self learning) 기능이 필요할 것이며, 이를 위하여 인공지능(artificial intelligence)이 부가된 소프트웨어를 가진 지능기계의 구체화가 실현될 것이다.

현재와 마찬가지로 앞으로도 메카트로닉스의 발전은 확실한 현실이 될 것이다. 이는 앞으로 미래를 살아갈 사람에게도 메카트로닉스적인 지식이 필요하다는 것을 의미한다. 이 기기를 사용하는 사람에게도 적어도 이 기기를 적극적으로 사용할 수 있는 기본적인 능력이 필요할 것이며, 특히 기기를 설계하고 제작하는 사람들도 해당 분야에 대한 전문적인 기술은 물론 시스템화에 필요한 주변기술을 이해하고 다른 분야의 기술을 가진 사람들과 협동하는 것이 당연히 필요할 것이다. 또한 이와 같은 기술들은 기하급수적으로 발전할 것이므로 이에 대처할 수 있는 능력을 계속하여 확보하는 것도 매우 중요한 일일 것이다.

[연습문제]

1. 메카트로닉스 용어의 의미에 대하여 설명하시오.

2. 주변의 메카트로닉스 기기를 예로 들어보시오.

3. 메카트로닉스의 정의에 대하여 설명하시오.

4. 자동화의 5대 요소에 대하여 설명하시오.

5. 자동화 시스템에서 PLC의 역할에 대하여 설명하시오.

6. 메카트로닉스 시스템의 신호제어부와 동력부의 기능과 각 구성요소에 대하여 설명하시오.

7. 자동화의 여러 종류에 대하여 설명하시오.

CHAPTER

02

PLC의 정의

1. PLC의 정의

현대의 설비는 자동화된 형태로 구성되어 있다. 이는 고객이 요구하는 제품의 품질, 가격, 납기, 생산량을 만족할 수 있는 최선의 방법이기 때문이다. 이와 같이 설비를 자동화하기 위한 필수적인 요소는 기계가 스스로 액추에이터를 제어할 수 있도록 하는 것이다. 즉, 제어장치를 이용하여 예전에는 사람이 신호를 주고 직접 조작하던 것을 이제는 기계가 알아서 할 수 있도록 만드는 것이다.

요즈음에 이 제어장치로 주로 사용하는 방법이 바로 범용의 PLC를 이용하는 것이다. 이는 사람의 두뇌에 해당하는 장치로서 설비를 제어할 수 있다. 사람이 적절한 제어를 하기 위하여 그 사람이 가지고 있는 경험이나 지식이 반드시 필요한 것처럼 PLC 역시 그 내부에 사람의 경험이나 지식과 같이 판단의 기준이 될 수 있는 것이 있어야 하는데, 이를 프로그램(program)이라고 한다. 따라서 PLC를 이용한다는 것은 PLC와 액추에이터 그리고 센서를 배선으로 연결해야 하고, 제어를 위한 프로그램을 작성해야 하는 것을 말한다.

PLC(Programmable Logic Controller)는 종래에 사용하던 릴레이(relay), 타이머(timer), 카운터(counter) 등의 기능을 LSI, 트랜지스터(transistor) 등의 반도체 소자로 대체하고 기본적인 시퀀스 제어 기능에 수치 연산 기능을 추가하여 프로그램 제어가 가능하도록 한 자율성이 높은 제어장치이다. 국제 표준(IEC 61131-1)에서는 PLC를 "A digitally operating electronic system, designed for use in an industrial environment, which use a programmable memory for the internal storage of user-oriented instructions for implementing specific functions such as logic, sequencing, timing, counting and arithmetic to control through digital or analog inputs and outputs, various types of machines or processes. Both the PC and its associated peripherals are designed so that they can be easily integrated into an industrial control system and easily used in all their intended functions." 로 정의한다. 이는 'PLC는 디지털 작동의 전자적 시스템으로 산업용 환경에서 사용되도록 설계되었으며, 여러 종류의 기계 혹은 공정에서 디지털 혹은 아날로그 입력과 출력을 제어하고 논리, 순차제어, 시간, 계수 기능과 같은 특정 기능을 만족하기 위한 사용자 정의 명령의 내부 저장을 위한 프로그램 가능한 메모리를 사용한다. PC와 관련 주변기기가 산업용 제어 시스템에 쉽게 통합될 수 있고, 그것들의 모든 기능이 쉽게 사용될 수 있도록 설계된다.'는 뜻이다.

2. PLC의 출현

공장자동화, 그 중에서도 자동화라인을 구성하고 있는 단위기계의 기본요소는 [그림 2-1]에서 보는 바와 같이 기계구조를 위시해서 액추에이터, 센서 그리고 프로세서로 나눌 수 있다. 그 가운데에서도 생산수단이 기계화를 거쳐 자동화로 옮겨가는 시점에서 볼 때 위의 요소 중 특히 중요한 것은 프로세서이다.

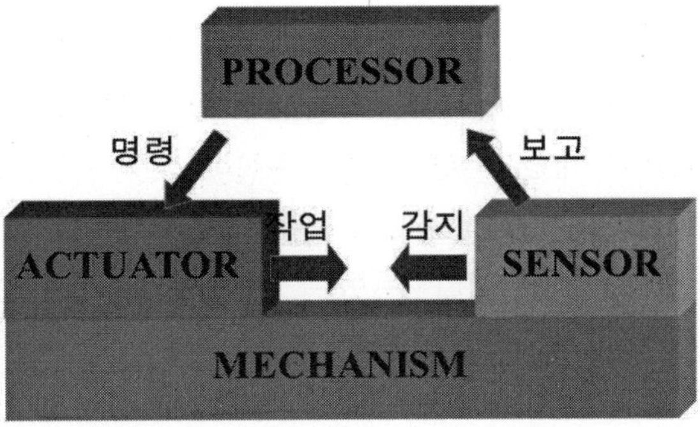

그림 2-1 자동화된 단위기계의 구성

프로세서(processor)가 처음으로 등장한 것은 기계 구조물들의 연속적 물림에 의한 자동장치로서였다. 프로세서는 공작기계의 자동선반이나 인쇄기, 방적기, 포장기 등에 특히 많이 사용되었으며 현재까지도 우리 주변에서 볼 수 있다. 이러한 기계적 제어는 매우 확실하고 눈에 보이는 물리적 장치라는 장점이 있으나, 마모에 따른 불확실성, 제조경비의 과다, 프로그램의 변경이 불가능하다는 점 때문에 다품종 소량생산의 현대적 의미와는 거리가 멀어 거의 사라져가고 있다.

전기 릴레이를 사용하는 프로세서 방식은 수적으로는 가장 많이 사용되어 왔던 방식이지만, 비교적 단순하고 저렴하다는 장점 외에 수명의 문제와 프로그램 변경이 곤란하다는 점 때문에 이 방식도 사용이 점차 축소되고 있다.

다음으로 공압을 주로 이용한 제어방식이 있다. 이것은 압축공기 에너지의 흐름을 제어하는 공압으로써 작동하는 밸브를 사용하는 방법으로, 자동화 장치에 필수적으로 사용하는 공압 액추에이터와 그 에너지원을 같이 한다는 의미에서 에너지의 변환 없이 제어를 할 수 있어 시스템 구성의 편리성을 제공하지만, 부품의 크기와 신호 전달 속도의 문제로 인하여 매우 복잡하여 대규모의 제어에는 한계가 있다.

하여간 종래의 시퀀스(sequence)제어의 개념은 다음과 같은 몇 가지의 문제점을 안고 있다.

첫째, 실제로 기계에 연결하여 그 움직임을 실행해보기 전까지는 확정시킬 수 없고, 따라서 현장에서의 변경이 많아진다.

둘째, 종전의 시퀀스제어는 대부분 릴레이회로로 실현되었는데, 이는 납땜이나 결선작업 등의 작업을 필요로 하므로 전기 메이커가 아니면 변경작업을 하기 쉽지 않다. 이 때문에 생산라인의 변경내용, 즉 변경된 생산내용을 외부에 누설시킬 위험이 있다. 더구나 생산라인의 변경실시까지는 운전방안의 변경작성, 시퀀스설계, 결선도작성, 제조, 검사, 시험, 현지 개조의 단계를 거쳐야 하므로 장시간이 소요된다.

셋째, 경제의 고도성장에 따라 성수기에 접어든 설비는 고급, 거대화한다. 따라서 필연적으로 시퀀스제어에 사용되는 릴레이 개수도 많아지고 릴레이의 접촉 신뢰성의 한계 때문에 매일 몇 개의 릴레이가 고장을 일으켜도 이것을 당연하게 여기게 되었다. 그러나 라인의 자동화가 이루어졌을 때는 단 한 개의 릴레이 고장으로도 라인이 멈출 수 있다.

넷째, 다품종 소량생산 방식에서는 물론, 기타 이유로도 자주 프로그램의 변경이 요구되는데 이때 회로도와 결선을 바꾸어야 되는 데다 작업도 그리 쉽지 않다.

이러한 구조적 결함 때문에 새로운 프로세서의 출현이 요구되었고 1969년 미국의 GM사가 자사의 제어장치를 위해 유명한 programmable controller에 관한 10가지 조건을 내세워 공모하자 각 메이커들은 이 조건을 만족시킬 수 있는 전자장치를 개발하기 시작하였다. 다음이 바로 그 조건이다.

1. 프로그램 및 그 변경이 용이할 것.
2. 보전이 용이할 것.
3. 릴레이식 제어장치보다 소형일 것.
4. 릴레이 제어보다 신뢰성이 높을 것.
5. 중앙 데이터 처리장치로 데이터를 전송할 수 있을 것.
6. 릴레이, 반도체방식과 경제적으로 경합될 수 있을 것.
7. 입력은 AC115V를 받을 수 있을 것.
8. 출력은 AC115V, 2A 이상으로 솔레노이드 밸브, 모터, 콘택터(contactor) 등을 조작할 수 있을 것.
9. 확장이 가능할 것.
10. 메모리는 최대 4k WORD까지 확장될 수 있을 것.

처음의 PLC는 알렌 브래들리(Allen Bradley)사나 모디컨(MODICON)사 등에서 제품이 나왔다. 70년대부터는 일본, 유럽 등지에서도 PLC가 출현했으며, 80년대부터는 일반화되어 대형 및 복잡한 시스템의 제어장치에도 장착되기에 이르렀다. 이것이 전자 요소 산업의 발달과 생산품의 다품종화 그리고 생산라인의 자동화 물결 등의 여러 요소와 맞아 떨어지면서 PLC는 비약적으로 발전해 왔다.

PLC 출현 이후 20년 정도 되는 과정에서 사용자가 요구하고 있는 방향과 그에 따른 PLC 자체의 기능상의 발달 경향을 보면 다음과 같다.

첫째, 규모가 광범위해진다.

둘째, 시퀀스적인 기능은 물론 여러 가지 컴퓨터와 연계된 데이터 처리도 가능한 방향으로 발달한다.

셋째, 고속으로 데이터 처리를 할 수 있다.

넷째, 타 시스템과의 계층화가 용이한 연결기능을 갖는다.

다섯째, 소형, 저렴화한다.

오늘날의 PLC들은 GM사에서 설정한 최초의 조건들을 충족시킬 뿐만 아니라 이를 훨씬 능가하는 기능을 갖고 있다. 실제로 PLC는 산업용 릴레이 제어장치보다 더 광범위하고 우수하게 설계된 특수목적의 컴퓨터이다. [그림 2-2]와 같이 오늘날의 PLC는 다양한 제어기능이 가능한 총체적 제어 시스템이 되었다.

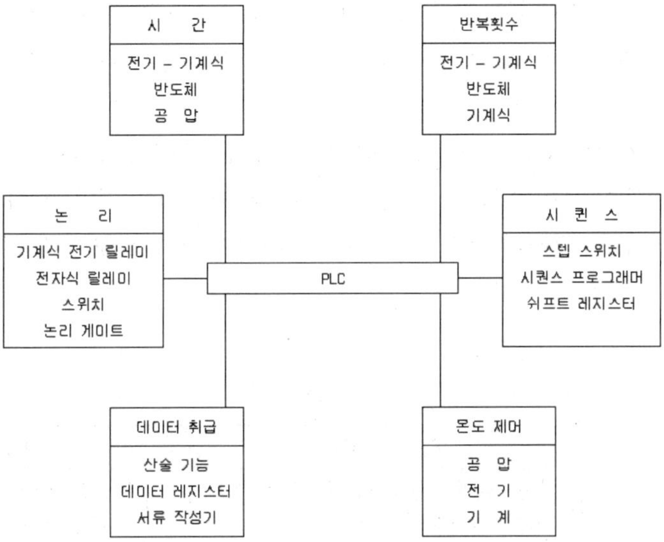

그림 2-2 PLC의 기능

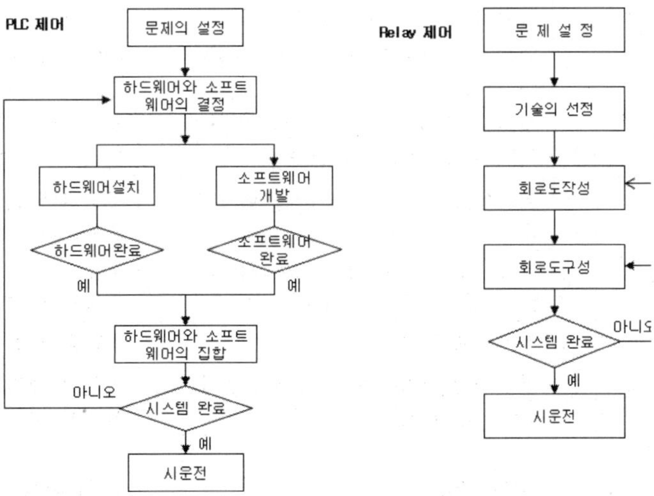

그림 2-3 릴레이 제어와 PLC 제어의 설계절차

3. 릴레이 제어와 PLC 제어의 비교

3.1 릴레이 제어와 PLC 제어의 비교

시퀀스 제어장치의 심장부는 시퀀스 제어의 전체를 지배하는 컨트롤러부이다. 릴레이 시퀀스 제어장치는 그 컨트롤러부를 릴레이로 구성한 것이다. 이에 대해 마이크로프로세서를 중심으로 한 각종 IC나 IC 메모리를 이용하여 프로그래머블 컨트롤러를 만든 것이 PLC 제어장치이다.

현재 시퀀스 제어에 있어서 PLC는 제어의 중추이긴 하지만 제어 장치의 모든 것은 아니다. 예를 들어 전기기계를 움직이는 모터를 회전시키거나 정지시키기 위해서 전자 접촉기나 전자 개폐기가 일반적으로 사용되고 있다. 또 전자 접촉기와 동작원리가 같은 릴레이는 릴레이 시퀀스로부터 교체될 예정인 PLC를 이용한 시퀀스 제어장치에서도 여전히 이용되고 있는 실정이다.

PLC와 릴레이 제어시스템을 비교 · 분류해보면, PLC는 컴퓨터 및 다른 디바이스와 인터페이스가 가능하나, 릴레이 제어시스템은 독립된 제어 장치로 되어 있다. 또 PLC는 모듈식으로서 보수 유지가 용이하나, 릴레이 제어시스템은 기구 배열식으로 보수에 대한 시간 및 비용이 크게 드는 등의 차이점이 있다.

표 2-1 릴레이 제어와 PLC 제어의 비교

	릴레이 제어		PLC 제어	
1. 기능	△	많은 릴레이를 사용하면 복잡한 제어기능도 할 수 있다.	○	복잡한 제어의 기능도 프로그램의 작성과 변경으로 가능하다.
2. 제어내용의 가변성	×	배선을 변경하는 방법 외에는 방법이 없다.	○	프로그램의 변경으로 가능하다.
3. 신뢰성	△	일반적인 사용에는 문제없지만 접촉불량과 수명에 제한이 있다.	○	반도체를 이용하기 때문에 신뢰성이 있다.
4. 범용성	×	완성된 장치는 다른 장치에 사용할 수 없다.	○	다양한 기능의 명령어를 제공하기 때문에 범용성이 좋다.
5. 장치의 확장성	△	부품을 추가하거나 개조를 필요로 하는 등의 어려움이 있다.	○	통신기능의 발전으로 거의 제한이 없다.
6. 보수의 용이도	△	정기점검과 부품의 교환을 필요로 한다.	○	해당 유닛의 교환으로 보수유지가 간편하다.
7. 기술적인 이해도	×	잘 보급되어 이해하고 있는 사람이 많고 간단하고 알기 쉽다.	○	프로그램 시 소프트웨어의 규칙을 습득할 필요가 있다.
8. 장치의 크기	△	일반적으로 크다.	○	복잡한 제어라도 커지지 않는다.
9. 설계 및 제작 기간	×	많은 도면을 필요로 하고 부품수배, 조립시험에 시간이 걸린다.	○	복잡한 제어라도 설계가 용이하며, 제작에 시간이 걸리지 않는다.
10. 경제성으로 본 장치의 규모 (릴레이 수로 환산)		10개 이하		10개 이상

× : 부적합 단점, △ : 문제점, ○ : 적합 장점

3.2 PLC 도입의 장점

릴레이 제어 방식과 비교하여 PLC를 자동화기기에 이용할 때 사용자의 입장에서 얻을 수 있는 장점들은 다음과 같다.

일반 사용자

1. 원가 절감
   어떤 규모(평균 보조릴레이 15~20개) 이상의 제어에서는 제어 장치의 원가 절감이 가능하다.
2. 운전단가의 절감
   많은 예비부품의 재고 및 보수의 번거로움이 생략되고 전기료도 적게 든다.
3. 제어의 기밀유지
   사용자 스스로 프로그램을 작성하여 외부에 기밀유지가 가능하다.
4. 신뢰성 향상
   PLC의 높은 신뢰성에 의해 제어시스템의 신뢰성도 향상된다.
5. 보수의 용이
   신뢰성의 향상과 함께 평균 고장 간격이 길어지며 모니터기능의 이용이나 모듈단위의 교환 등에 의해 고장복귀시간이 짧아진다.
6. 발주의 용이
   메모리용량, I/O점수 등 개략적인 시방으로 견적 및 발주가 가능하다.
7. 제어내용의 변경이 용이
   제어내용의 변경은 프로그램의 변경만으로 가능하여 배선교체 등이 불필요하므로 간단하면서도 자유자재로 수정이 가능하다.
8. 제어장치의 추가가 용이
   PLC의 대부분은 빌딩 블록(building block)에 유닛을 추가하는 것이 가능하므로 기능의 변경 및 추가가 용이하다.
9. 고도의 제어기능
   릴레이제어에 비하여 자기진단기능, 감시기능 등의 제어가 가능하다.
10. 여러 대의 기계에도 제어가능
    메모리용량과 I/O점수가 허락한다면 여러 대의 기계제어가 동시에 간섭없이 가능하다.
11. 시운전기간의 단축
    장치의 납기도 짧아지고 변경, 개조가 용이하므로 시운전 시 조정이 간단하다.
12. 재이용의 가능
    제어대상의 기계가 없어지더라도 PLC는 프로그램의 변경 및 I/O의 재배선에 의해 다른 기계에도 사용이 가능하다.

전지 제이 시스템 제작자

1. Total Cost의 절감

   설계, 제작, 관리의 원가가 절감된다.

2. 생산성 향상

   설계, 제작, 시험의 번거로움 및 시간의 단축이 가능하고 제어반의 생산성 향상이 가능하다.

3. 납기 단축

   개략시방으로서 먼저 PLC 수배가 가능하고 시퀀스설계와 장치(hardware) 설계가 분리 가능하므로 제작, 시험이 간단하게 되어 납기 단축이 가능하다.

4. 시험기간의 단축

   설계 시의 시뮬레이션(simulation), 변경, 개조가 용이하므로 시험기간이 짧아지며 특히 현지시험의 단축이 가능하다.

5. 장치의 표준화

   동일기종일 경우에는 PLC의 크기는 일정하며, 부착치수, 배선작업이 동일하고 PLC메모리를 IC에 의해 간단히 삽입 가능하므로 제품의 표준화가 가능하다.

6. 견적의 단축화

   개략시방으로 견적이 가능하므로 견적에 소요되는 시간의 절약이 가능하다.

7. 메이커 서비스기대

   PLC메이커로부터의 프로그램 지원이나 사용 중 고장 발생 시에도 메이커 서비스가 가능하다.

기계 메이커

1. 제어능력의 향상

   릴레이 제어에서는 곤란한 고도의 제어가 가능하므로 기계와 잘 어울리는 최적의 제어가 가능하다.

2. 제어장치의 소형화

   릴레이 제어박스보다 소형이므로 기계의 내부에 부착이 가능하다.

3. 다양한 제어에의 대응

   동일한 기계에서 주문에 따라 조금씩 제어내용이 달라도 프로그램 변경만으로 대응이 가능하여 시퀀스 설계시간이 훨씬 단축된다.

4. 양산체제에 적합

   PLC를 부착한 제어박스는 제작, 시험에 소요되는 시간이 짧으므로 생산성 향상 및 납기 단축이 가능하다.

5. 개발의 효율화

   기계의 개발 시 개발전용의 PLC로서 사용가능하므로 기계를 개발할 때마다 제어시스템을 제작할 필요가 없다.

4. PLC 제어 시스템 구성과 적용분야

4.1 PLC 제어 시스템의 구성요소

PLC는 기계 설비의 두뇌에 해당하는 장치로, 그 설비를 제어하는 기능을 가지고 있는 장치이다. 즉, [그림 2-4]에서와 같이 기계 설비에는 운동을 할 수 있는 장치가 있고 이 운동을 제어하기 위한 신호요소가 있다. PLC는 이 신호요소 정보를 이용하여 출력 장치가 적절한 운동을 할 수 있도록 명령을 주는 장치이다. 즉, 센서 1의 정보를 이용하여 컨베이어의 물류 흐름을 분류기를 이용하여 제어할 수 있는 기능을 가지고 있는 장치이다.

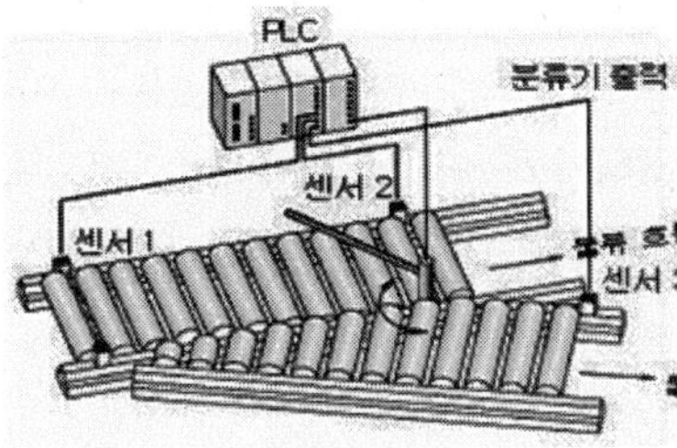

그림 2-15 PLC를 사용한 시스템 구성의 예

4.2 PLC의 적용분야

설비의 자동화와 고능률화의 요구에 따라 PLC의 적용 범위는 확대되고 있다. 특히 공장 자동화와 FMS(Flexible Manufacturing System)에 따른 PLC의 요구는 과거 중규모 이상의 릴레이 제어박스 대체 효과에서 현재 고기능화, 고속화의 추세로 소규모 공작 기계에서 대규모 시스템 설비에 이르기까지 적용되고 있다. [표 2-2]는 PLC제어 대상에 따른 적용 분야를 나타낸 것이다.

표 2-2 PLC의 적용 분야

분야	제어대상
식료 산업	컨베이어 총괄 제어, 생산라인 자동 제어
제철, 제강 산업	작업장 하역 제어, 원료 수송 제어, 압연 라인 제어, 하역 운반 제어
섬유, 화학공업	원료 수입 출하 제어, 직조 염색 라인 제어
자동차 산업	전송 라인 제어, 자동 조립 라인 제어, 도장 라인 제어, 용접기 제어
기계 산업	산업용 로봇 제어, 공작 기계 제어, 송배수 펌프 제어
상하수도	정수장 제어, 핫 처리 제어, 송배수 펌프 제어
물류 산업	자동 창고 제어, 하역 설비 제어, 반송 라인 제어
공장 설비	압축기 제어
공해 방지사업	쓰레기 소각로 자동 제어, 공해 방지기 제어

5. PLC의 국제표준

PLC의 사용에 있어 예전에는 그 기종과 제조회사에 따라 각각의 방법으로 설치와 프로그램 그리고 운전을 하였다. 그러나 이는 사용자에게 매우 불편한 방법이었고, 따라서 1992년 이후 PLC에 관련한 국제규격이 IEC(International Electrotechnical Commission)에서 제정되었으며 요즈음은 대부분의 PLC가 이 국제 규격을 준수하기 위한 노력을 하고 있다.

[표 2-3]은 IEC 61131 표준에 의한 PLC 국제 표준화 규격의 내용이다. 최초의 국제표준은 Part 1부터 Part 5까지 제정되었고 표준 번호도 IEC 1131이었다. 표준번호는 이후 각 회원국의 표준번호와 동일한 경우가 있어 IEC 61131로 변경되었다. 최초에는 표준의 내용은 PLC를 사용하기 위한 기본 기능을 중심으로 제정되었다. 즉 PLC의 용어를 기본으로 하드웨어와 통신 및 프로그램에 사용하는 명령어가 표준으로 제정된 것이다. 이후 PLC의 기능은 생산기술의 고도화에 맞추어 그 적용분야를 넓혀가게 되었으며 PLC도 하드웨어와 소프트웨어도 개발되었다. 이에 국제표준도 PLC의 여러 기능에 대하여 표준을 제정하였으며 현재는 네 개의 파트가 추가되었다.

표 2-3 PLC의 국제 표준(IEC 61131)

	제목	내용
Part 1	일반정보	PLC와 주변장치의 선택과 적용과 관련한 주요 특징의 정의와 인식
Part 2	장치의 요구사항과 시험	PLC와 관련 장치에 대한 요구사항과 관련 시험
Part 3	프로그램 언어	가장 일반적으로 사용되는 기본 프로그램 요소와 문장 구조와 의미에 대한 최소한의 집합
Part 4	사용자를 위한 안내	PLC의 최종 사용자를 위한 표준의 일반적인 개요 정보와 적용 예를 제공하는 기술적 보고서
Part 5	통신	ISO/IEC 9506에 따른 제조 메시지 규격(MMS; Manufacturing Message Specification)를 사용하는 전자장치와 PLC 사이의 데이터 통신에 대한 정의
Part 6	안전 요구사항	전기-전자적, 프로그램 가능한 전자적 안전 관련 시스템의 논리적 하위 시스템으로 사용되는 제1부에서 정의된 PLC와 주변장치에 대한 요구사항에 대한 규정
Part 7	퍼지제어 프로그램	PLC를 사용하는 퍼지논리 제어를 위한 기본 프로그램 요소의 정의
Part 8	프로그램 명령어의 수행과 적용을 위한 안내	제3부에서 정의된 프로그램 언어를 위한 소프트웨어 개발자에게 제공되는 기술 보고서
Part 9	소규모 센서와 액추에이터를 위한 단일 디지털 통신 인터페이스	입력과 출력의 연결과 통신 인터페이스에 대한 표준

PLC의 프로그램은 PLC의 기능을 제어하는 것이다. 즉 입력 신호에 따른 적절한 출력을 보낼 수 있도록 제어하는 것이 프로그램의 기능이며, 따라서 프로그램을 작성할 수 있는 소프트웨어가 필요하다. 이를 위하여 프로그램을 위한 명령어가 필요한데, IEC 61131-3은 PLC에서

사용되는 프로그램 명령어의 최소 요구사항을 규정하고 있다. 이들 명령어를 사용하는 프로그램 방법으로 그래픽형 언어인 래더 다이어그램(LD; Ladder Diagram), 펑션 블록 다이어그램(FBD; Function Block Diagram)과 시퀀셜 펑션 차트(SFC; Sequential Function Chart) 그리고 문장형 언어인 스트럭쳐드 텍스트(ST; Structured Text)와 PLC 사용 초기에 니모닉(Nemonic)이라 불렸던 인스트럭션 리스트(IL; Instruction List)에 대한 문장 구조도 규정하고 있다. 또한 제작자가 각자의 PLC에 이들의 기본적 프로그램 형식을 적용하는 방법도 제시하고 있다.

[연습문제]

1. PLC 제어의 장점에 대하여 설명하시오.

2. PLC 제어와 릴레이 제어에 대하여 설명하시오.

3. PCL 제어와 릴레이 제어의 시스템 설계 절차에 대하여 설명하시오.

4. PLC의 국제표준에 대하여 설명하시오.

5. PLC 국제표준에 의한 프로그램 방법에 대하여 설명하시오.

CHAPTER

03

PLC를 사용한 시스템 구성 기초

1. 제어 이론
2. 전기제어 기초
3. 센서
4. 공압 기기
5. 전기 기기

1. 제어 이론

현대에 우리가 사용하는 모든 기기는 제어 시스템을 필요로 한다. 세탁기를 예로 든다면, 세탁기를 동작시키고자 하는 사람은 세탁과 탈수, 건조에 이르는 모든 과정을 버튼을 통하여 입력한다. 세탁기는 이 정보에 따라 마이컴에 의하여 제어되고 그 출력 신호를 이용하여 세탁기의 동작을 위한 모터 등의 액추에이터를 동작시키는 것이다. 이와 같이 마이컴과 같은 제어장치에 의하여 제어 정보에 따른 출력을 결정하는 것을 제어라 한다. 사전에서는 제어의 의미를 '기계 · 설비 따위가 알맞게 움직이도록 조절함'으로 설명하고 있다. KS A 3008-1975의 '자동제어 용어(일반)'에서는 제어를 '어떤 목적에 적합하도록 대상이 되어 있는 것에 필요한 조작을 가하는 것'으로 정의하고 있다.

제어계는 제어장치와 제어를 위하여 시스템의 정보를 공급하는 입력과, 최적의 동작을 위하여 제어된 결과에 해당하는 출력으로 구성된다. 즉 제어를 정의하는 것은 제어계의 입력과 출력의 관계를 정의하는 것이라 할 수 있다.

제어 시스템을 분류하는 기준은 여러 가지가 있다. 기본적으로 제어하고자 하는 목표에 대하여 얼마나 추종할 수 있느냐 하는 것에 따라 개회로 제어와 폐회로 제어로 나뉜다. 이는 액추에이터의 운동 결과를 목표값과 비교하는 루프의 유무에 따라 분류하는 것으로, 제어 결과의 정확성의 차이가 있다. 또한 제어 시스템에 사용하는 신호의 형태에 따라 분류할 수 있고, 제어의 과정에 따라 분류할 수 있다. 유 · 공압 장치를 비롯한 대부분의 자동화된 장치는 하나의 공정에 해당하는 작업을 수행하기 위하여 다수의 액추에이터를 사용한다. 그리고 그 액추에이터들은 정해진 순서로 작동하게 된다. 이와 같은 제어 방법을 시퀀스 제어라 한다. 시퀀스 제어를 구성하는 각각의 액추에이터는 여러 가지 형태의 제어동작을 하게 된다.

1.1 개회로 제어와 폐회로 제어

개회로 제어와 폐회로 제어로 구분하는 것은 제어계의 출력을 연속적으로 감시하여 제어계의 목표로 하는 값과 비교하는 입력정보 중 하나로 사용하느냐, 혹은 사용하지 않느냐의 문제이다. 제어계에서 출력이 존재하면 이 출력은 항상 외부의 환경이라고 하는 외란의 영향을 받게 된다. 즉, 제어계 원래의 출력대로 시스템이 동작하지 않는 경우가 있게 된다. 이와 같은 외란의 영향을 감지하여 원래의 목적한 값대로 시스템이 동작하도록 제어하는 것이 폐회로 제어(closed-loop control)이다. 개회로 제어(open-loop control)는 외란의 영향이 있어도 이를 무시하고 한 번 발생한 제어계의 출력을 계속 유지하는 것이다. [그림 3-1]은 개회로 제어의 형식이고 [그림 3-2]는 폐회로 제어이다.

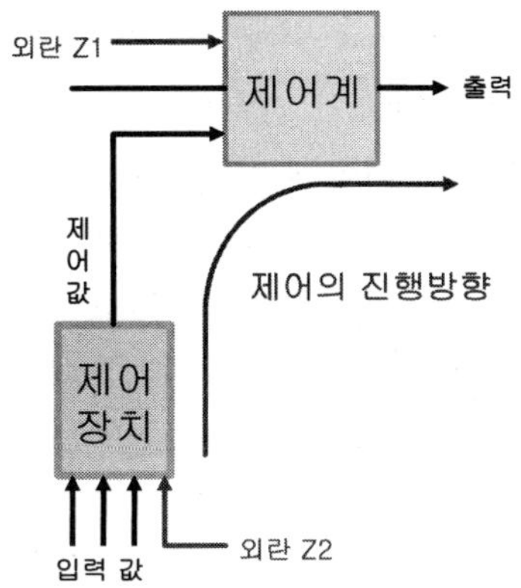

그림 3-1 개회로 제어

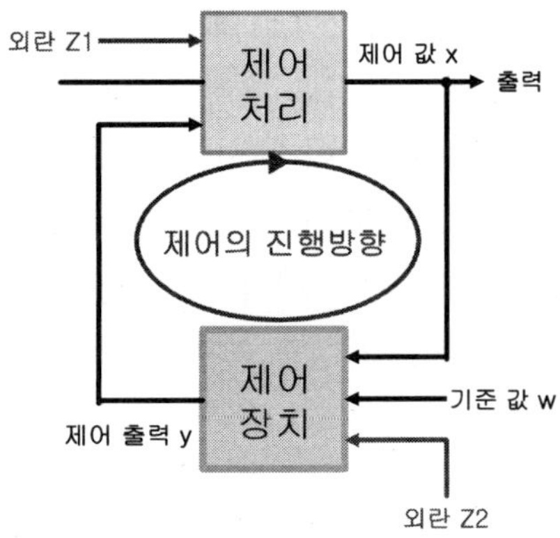

그림 3-2 폐회로 제어

폐회로 제어에서는 제어장치에서 출력이 발생하면 이 출력의 크기에 따라 액추에이터가 동작한다. 액추에이터의 동작에는 반드시 외란이 존재하여 목표로 하는 값을 정확하게 추종할 수 없다. 따라서 액추에이터의 운동 상태를 감지하여 목표로 하는 값과 비교하는 루프(loop)를 만들어 목표값과 비교하는 동작을 하게 된다. 폐회로 제어에서 이 루프에 사용하는 신호를 피드백 신호(feedback signal)라 하며 폐회로 제어를 피드백 제어라고도 한다. [그림 3-3]은 피드백 제어 시스템의 블록선도이다.

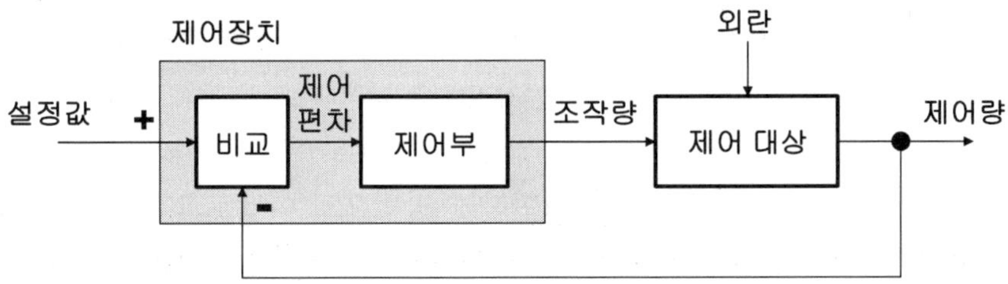

그림 3-3 폐회로 제어계의 블록선도

예를 들어 유압 시스템에서 폐회로 제어 시스템을 사용하는 것은 비례제어 밸브나 혹은 서보밸브를 사용한다. 이와 같은 밸브는 [그림 3-3]에서의 제어대상에 해당된다. 유압 실린더를 이용하여 위치를 제어하는 폐회로 제어 시스템을 구성한다면 목표로 하는 위치의 값이 설정값이 된다. 이는 목표값이라고도 한다. 이 값과 제어량에 해당하는 현재값을 비교하여 편차를 연산한다. 제어의 목표는 이 편차를 0으로 하는 것이므로 0으로 만들기 위한 출력인 조작량을 제어부에서 발생시킨다. 비례제어 밸브나 혹은 서보밸브를 사용하는 유압시스템의 경우 이 값은 서로 다른 전류값을 사용한다. 이 신호로 제어 대상에 해당하는 밸브에 신호를 주면 액추에이터가 동작한다. 이때 유압의 압력이나 실린더가 운동할 때 발생하는 마찰력, 유압유의 누설 등 외란이 발생하게 되어 제어하고자 하는 위치의 제어량이 목표값과 일치하지 않게 되는 것이다. 이를 일치시키기 위하여 피드백 신호를 이용하는 것이다.

폐회로 제어 시스템은 개회로 제어 시스템보다 적절하고 정확하게 제어할 수 있는 장점이 있지만, 이의 구성에는 개회로 제어 시스템의 구성에 대하여 연속적으로 출력의 양을 감시할 수 있는 센서가 필요하며, 이 센서의 정보를 비교하고 편차에 대한 출력을 발생하는 장치가 부가적으로 필요하게 된다. 즉, 설치에 많은 비용이 필요하고, 관리 및 조정에 상당한 수준의 기술력을 필요로 하게 된다. 따라서 반드시 필요한 경우에만 폐회로 제어 시스템을 사용하게 되며, 일반적인 경우는 개회로 제어 시스템을 사용하게 된다.

1.2 제어 정보의 표시형태에 따른 분류

정보를 표시하는 것은 신호라 하는데, 그 정보는 물리량 혹은 물리량의 변화와 정보의 전달, 처리, 저장에 관하여 표시되어야 한다. 이와 같은 정보의 형태는 일반적으로 [그림 3-4]와 같이 시간에 대하여 연속적인 값을 갖게 된다. 즉, 아날로그(analog) 형태의 정보인 것이다.

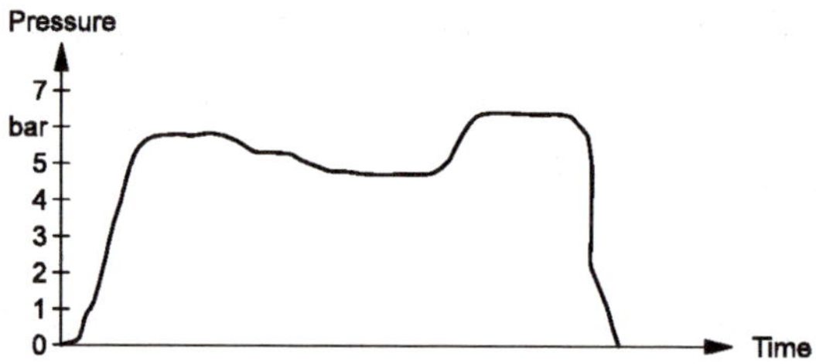

그림 3-4 공기 압력의 제어 정보

이 정보, 즉 신호를 제어 시스템에서 표현하는 방법으로 아날로그 정보를 그대로 신호로 이용하는 제어계가 있다. 이를 아날로그 제어계라 한다. 그러나 실제의 메카트로닉스 시스템에 사용되는 제어장치는 디지털(digital) 신호를 처리하는 데 적합하도록 만들어져 있다. 그러므로 이와 같이 디지털 신호로 변환된 신호를 이용하는 제어계를 디지털 제어계라 한다. 물론 디지털 제어계의 형태로 시스템을 구성하려면 대부분의 제어 정보가 아날로그 형태로 만들어지기 때문에 이 신호를 디지털 신호로 변환하는 장치(A/D 변환기)가 필요하게 되고, 제어출력의 신호도 디지털 제어계에서는 디지털 신호가 출력되므로 아날로그 출력을 필요로 하는 경우 다시 아날로그 신호로 변환하는 장치(D/A 변환기)가 필요하게 된다. 특히, 디지털 신호 중에서 ON/OFF만을 표시하는 2진 신호(binary signal)을 이용하여 제어계를 구성하는 시스템을 많이 사용하는데 이를 2진 신호 제어계라 한다. [그림 3-5]는 이와 같은 제어계의 분류 내용이다.

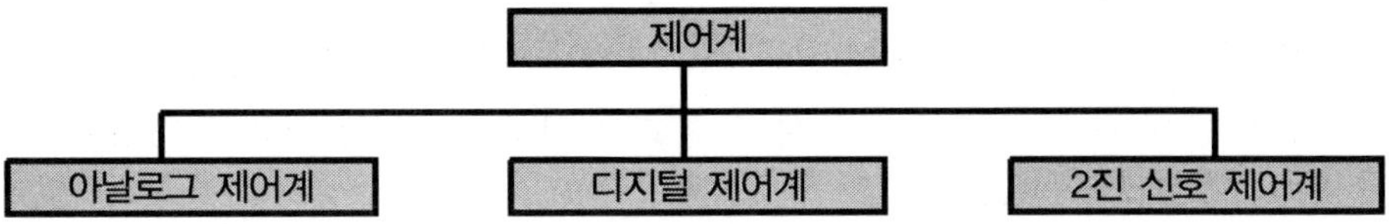

그림 3–5 제어정보의 표시 형태에 따른 분류

1.2.1 아날로그 신호

아날로그 신호(analog signal)는 시간에 대하여 연속적인 임의의 값을 갖는 신호를 말한다. 예를 들어 공압 장치에 사용되는 압력계에서 표시되는 압력은 실제 시스템에 형성되는 압력의 변동을 실시간으로 표시하며, 이 값은 연속적인 정보를 표현하는 것이다. [그림 3-6]은 이와 같은 압력계에 지시되는 값의 변화와 신호의 형태를 시간에 대하여 표시한 것이다.

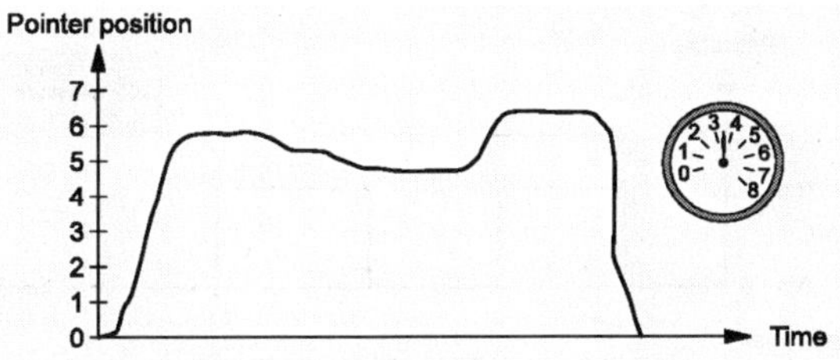

그림 3–6 공기압력의 아날로그 신호

1.2.2 디지털 신호

디지털 신호(digital signal)는 시간에 대하여 불연속적인 형태의 신호를 의미한다. 즉, 연속적으로 변하는 실제의 제어 정보를 정해진 등분마다 표시하도록 만들어진 신호이다. 예를 들어 [그림 3-6]과 같이 변하는 공기 압력의 정보를 1bar 단위로 표시하는 디지털 형의 표시장치로 압력을 표현하는 것을 가정한다면, 정해진 등분 간격인 1bar 이내의 압력은 표시하지 못하는 것이다. [그림 3-7]은 이를 표현한 것으로 디지털 압력 표시장치에서 3bar의 압력을 표시하고 있는 것을 보여주고 있는 것이다.

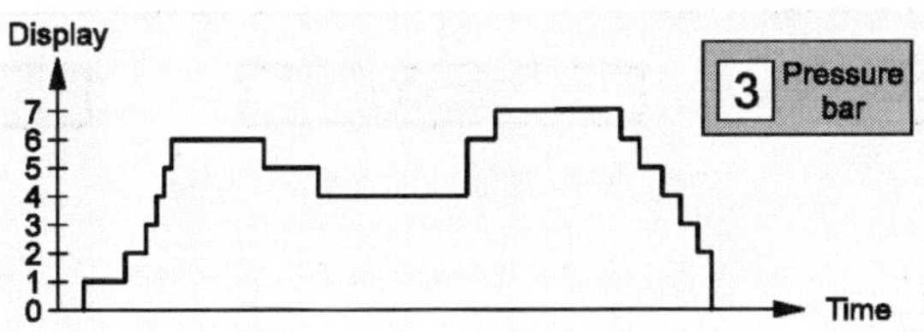

그림 3–7 공기 압력의 디지털 신호

이와 같은 디지털 신호의 정확도는 등분의 간격을 어떻게 설정하느냐와 제어 정보를 샘플링(sampling)하는 시간 간격의 크기로 결정될 것이다. 이 등분의 간격을 분해능(resolution)이라 한다. 분해능과 시간 간격이 작아지면 제어 정보는 정확해지지만 비용이 많이 들게 되므로 적절하게 결정할 필요가 있다.

1.2.3 2진 신호

2진 신호(binary signal)는 on과 off만을 구분하는 신호이다. 2진 신호는 작동한 상태를 1로, 작동하지 않은 상태를 0으로 표시한다. 24V의 전압을 사용하는 센서의 경우에 그 센서가 작동하여 24V가 출력되면 1로 표시되고, 그렇지 않으면 0으로 표시하는 것이다. [그림 3-8]은 [그림 3-6]의 공기 압력의 제어 정보를 2진 신호를 출력하는 램프로 표시한 것이다. 단, 조건은 5bar 이상의 압력이 형성되면 출력을 발생하고 5bar보다 낮은 압력이면 출력이 없어지는 예이다.

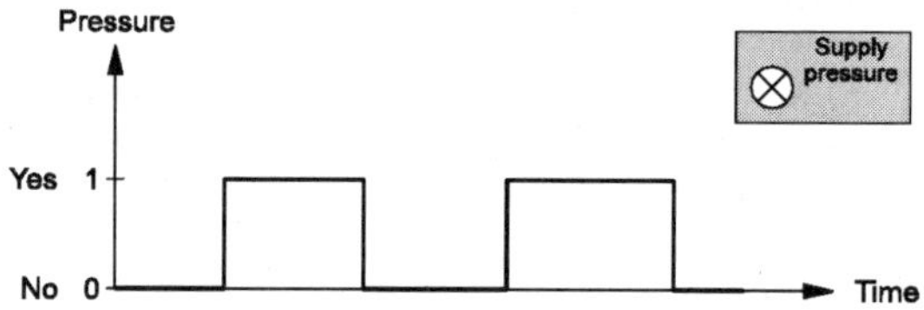

그림 3-8 공기 압력의 2진 신호

1.3 제어과정에 따른 분류

이 분류는 제어계 내에서 신호를 처리하는 과정에 따라 분류하는 방법이다. [그림 3-9]는 이 방법에 따른 분류이다.

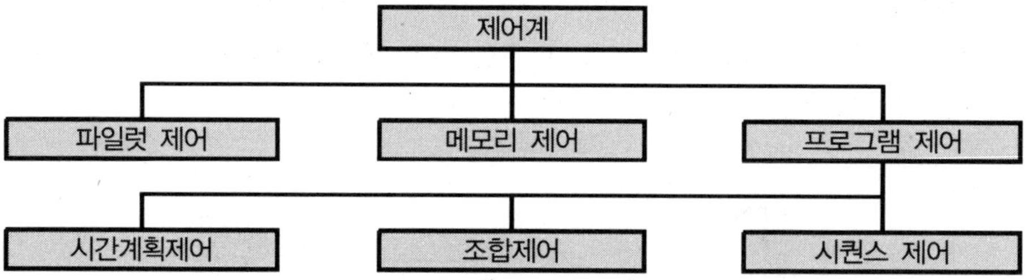

그림 3-9 제어과정에 따른 분류

1.3.1 파일럿 제어

파일럿 제어(pilot control)는 입력에 해당하는 명령어 혹은 기준 값과 출력이 명확한 상호관계를 가지고 있는 제어이다. 명확한 상호관계는 일반적으로는 논리적으로 정의되며, 이 제어 방법은 메모리 기능을 가지고 있지 않은 제어이다.

1.3.2 메모리 제어

메모리 제어(memory control)는 입력신호에 의하여 출력이 발생하면 입력 신호가 없어져도 발생되었던 출력은 계속 존재하는 제어이다. 이 출력 신호는 다른 입력신호에 의하여 원상태로 복귀할 수 있다. 메모리 제어는 항상 출력을 저장할 수 있는 기능을 가지고 있는 제어이다.

1.3.3 프로그램 제어

프로그램 제어(program control)의 제어과정은 예정된 프로그램에 따라서 제어가 진행되는 것이다. 이 예정된 프로그램의 형식에 따라 다시 세 가지로 분류할 수 있다. 하나는 예정된 프로그램의 진행이 시간에 종속되어 동작하는 프로그램 발생기에 의한 신호에 따라 진행하는 제어로 시간 계획 제어(time scheduled control)이다. 이 프로그램 발생기는 캠 혹은 캠 축(cam shaft)을 사용한다.

조합제어(coordinated motion control)는 목표 값이 캠 축이나 프로그램 벨트(program belt)와 같은 프로그램 발생기에 의하여 만들어지지만 그에 해당하는 출력은 제어계의 작동 요소의 동작에 영향을 받는 제어방법이다. 즉, 시간계획제어와 같은 방법으로 신호가 발생하고, 출력에 해당하는 동작은 시퀀스제어와 같은 방법으로 감시되는 제어이다.

시퀀스제어(sequence control)는 순차적으로 이루어지는 작업이 전 단계의 작업완료 여부를 확인하여 제어과정이 진행된다. 시퀀스 프로그램은 프로그램 발생기에 저장되어 있으며 제어는 단계적으로 실행된다. 단계의 작업완료는 리미트 스위치(limit switch) 혹은 센서에 의하여 확인하는 방법으로 앞으로 설명하게 될 제어 시스템의 구성에 많이 사용하는 제어 방법이다.

제어계는 이와 같이 여러 가지로 분류할 수 있지만 실제로 제어 시스템은 명확하게 분류할 수 없는 경우가 많이 있다. 그래서 대부분의 시스템은 여러 제어 방법을 혼용한다. 따라서 제어 시스템에서 어느 한 방법을 구분하여 설계하거나 해석할 수 없으므로 모든 방법을 고려하여 최적의 방법으로 설계하고 해석하는 것이 필요하다.

2. 전기제어 기초

전기 에너지를 사용하여 제어회로를 구성하는 방법으로서 전기 릴레이를 이용한 제어방법은 가장 비용이 적게 들고, 제어에 사용되는 부품의 종류와 작동원리가 간단하기 때문에 전기공학을 전공하지 않은 사람도 쉽게 배울 수 있어 많이 이용되고 있다. 그러나 전기 릴레이를 이용하는 제어는 기계적인 부품의 접점이 작동하는 것이기 때문에 그 부품의 수명이 작동회수 기준으로 약 100만 회 정도로 짧고, 습기나 먼지 등 주변 환경에 민감하기 때문에 높은 신뢰성을 보장할 수 없는 단점이 있어 현재는 그 이용추세가 감소하고 있다. 이와 같은 제어 시스템을 구성하기 위하여 전기회로를 구성할 수 있어야 한다. 기본적인 전기회로도를 구성하기 위하여

[그림 3-10]과 같이 다음의 4가지 부품이 필요하다.

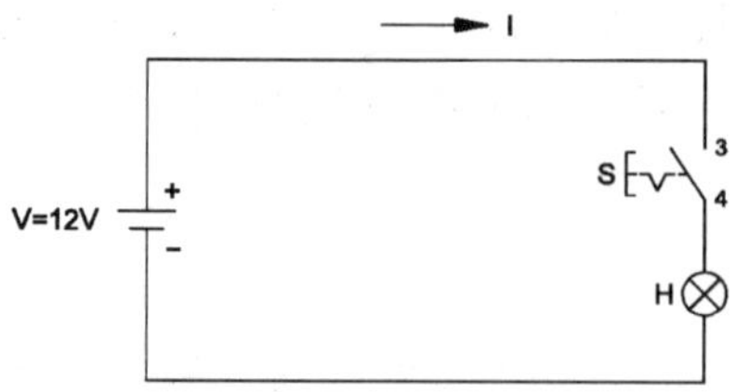

그림 3-10 전기회로의 기본구성

- 전원 공급을 담당하는 에너지원(power source)
- 제어계의 입력과 제어기능의 구성을 위한 스위치(switch)
- 램프, 모터, 솔레노이드코일 등 동작을 위한 부하(load)
- 회로를 구성하는 요소를 연결하는 전선(cables)

이 교재에서는 PLC를 사용하여 시스템을 구성할 때 주변기기인 입출력을 PLC와 어떻게 연결할지 이해하는 것이 목적이므로 스위치에 대하여 간단하게 소개하고자 한다. 전기회로의 구성에 있어서 전기신호의 흐름방향을 결정하는 것은 스위치라고 하는 접점을 사용하는 것이며, 실제의 제어회로 구성에서 필요한 것은 이 스위치가 전기 신호에 의하여 동작할 수 있어야 한다는 것이다. 이것이 바로 릴레이이다. 전기회로에서 스위치의 기능은 전기 신호의 흐름 방향을 결정하는 요소로 신호가 있을 때 출력을 존재하게 만드는 접점과 그 반대의 기능을 가진 접점을 사용하게 된다.

2.1 a접점 스위치

a접점 스위치는 외력이 작용하지 않은 상태에서 접점이 열려있기 때문에 정상상태 열림형(normally open contact, N.O형) 접점이라고도 한다. 그리고 접점에 외력이 작용하지 않은 상태에서는 접점이 열려있어 전기가 통할 수 없고 일을 할 수 없는 상태이지만, 스위치가 작동되면 접점이 연결되어 일을 할 수 있게 되기 때문에 arbeit contact라 하며, 이를 약하여 a접점이라 한다.

제어회로도에서는 모든 부품은 표준화된 기호로서 표시한다. 제어회로도의 표현방법은 유럽에서 많이 이용되는 IEC(International Electrotechnical Commission)에서 정한 방식과 미국에서 많이 이용되는 래더(ladder) 방법의 두 가지가 있다. 이 두 방법은 표현방법의 차이일 뿐, 사용되는 부품은 똑같다. 다만 a접점을 IEC방법으로 표현할 때는 접점의 단자를 3번과 4번의 기호로 표현하지만, 래더 방법에서는 규정된 특별한 표기방법이 없다. [그림 3-11]은 a접점스위치의 구조와 기호를 나타낸다.

스위치의 기호를 표시할 때 유·공압의 밸브와 다른 것은 밸브의 기호는 밸브가 작동하기 전과 작동한 다음의 상태를 모두 표시하지만, 스위치는 작동하기 전의 상태만 표시하고 귀환 방법은 표시하지 않는다. 이는 스위치의 귀환 방법은 스프링으로 모두 동일하기 때문이다.

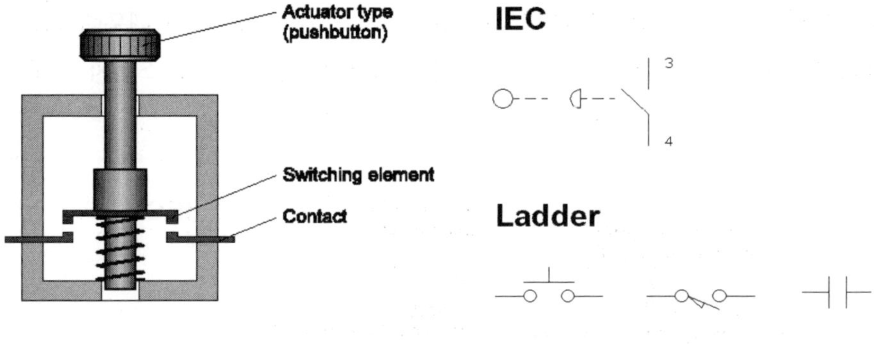

(가) 구조 (나) 기호

그림 3-11 a 접점 스위치

2.2 b접점 스위치

b접점스위치는 a접점스위치와는 반대로 스위치가 작동되지 않은 상태에서 접점이 닫혀 있기 때문에 정상상태 닫힘형 접점(Normally Closed Contact, N.C형)이라고 한다. 그리고 스위치를 작동시키면 연결되어 있던 접점이 떨어지게 되기 때문에 break contact라 하며, 이를 약하여 b접점이라 한다. [그림 3-12]는 b접점 스위치의 기호와 구조이다. IEC 방법에서 접점의 단자에는 1과 2의 기호로 표시되나 래더 방법에서는 특별한 표시법이 없다.

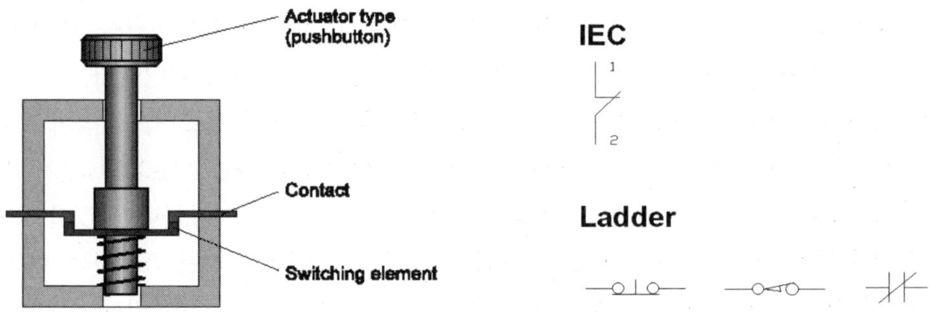

(가) 구조 (나) 기호

그림 3-12 b 접점 스위치

2.3 c접점 스위치

c접점 스위치는 하나의 스위치를 a접점이나 b접점으로 사용이 가능한 스위치이다. 이 스위치는 작동되면 접점의 전환(change-over)이 일어나기 때문에 c접점이라 한다. 실제로 대부분의 전기스위치는 c접점 형태로 제작되어 있어 사용하기에 따라 a접점 또는 b접점으로 사용이 가능하다. 그러나 하나의 c접점은 전기적으로는 독립이 되어있지 않기 때문에 a접점이나 b접점 중 하나의 기능을 선택하여 사용하여야 한다. [그림 3-13]은 c접점 스위치의 구조와 기호를 나타낸다.

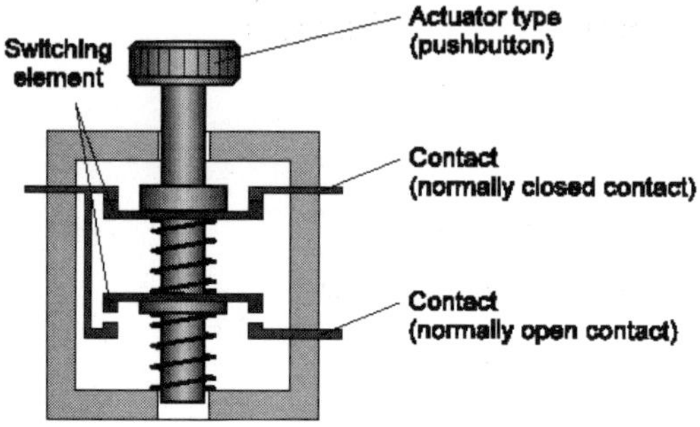

(가) 구조

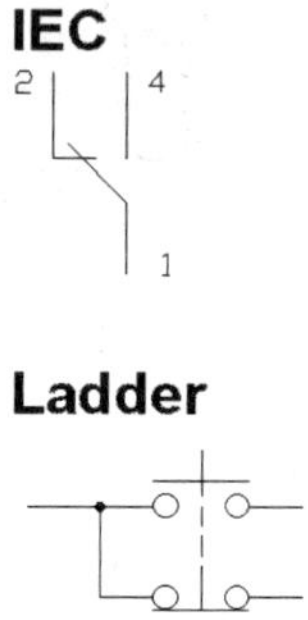

(나) 기호

그림 3-13 c 접점 스위치

2.4 다접점 스위치

다접점 스위치(multi contact switch)는 공압 밸브와 달리 하나의 스위치가 여러 개의 독립된 접점을 갖고 있다. 즉 하나의 스위치를 작동시키면 여러 개의 접점이 동시에 ON/OFF되는 것이다. 독립된 접점이란 여러 개의 접점이 기계적으로는 연결되어 같이 작동되지만, 전기적으로는 완전히 독립되어 있다는 것을 의미한다. 각각의 접점에 상이한 전압을 사용하여도 각 접점 간에는 충분히 절연되어 있기 때문에 아무런 문제가 발생되지 않는다.

a접점이 3개, b접점이 1개인 스위치가 있다면 이를 3a-1b형이라 부르며, a접점이 2개, b접점이 2개인 스위치가 있다면 이는 2a-2b형이 된다. [그림 3-14] (나)는 2a-2b형 전기 스위치의 기호를 나타낸다. 기호에서 점선은 각각의 접점이 기계적으로 연동한다는 것을 나타낸다. IEC기호에서 기계적으로 함께 작동하는 접점들에는 원래의 접점 단자를 표시하는 숫자의 앞에 일련번호를 표시한다. 즉, 첫 번째 숫자는 접점의 순서를 나타내고 두 번째 숫자는 접점의 기능을 나타낸다. [그림 3-14] (가)는 2개의 독립된 접점이 있는 1a-1b형의 스위치의 구조도를 나타낸다.

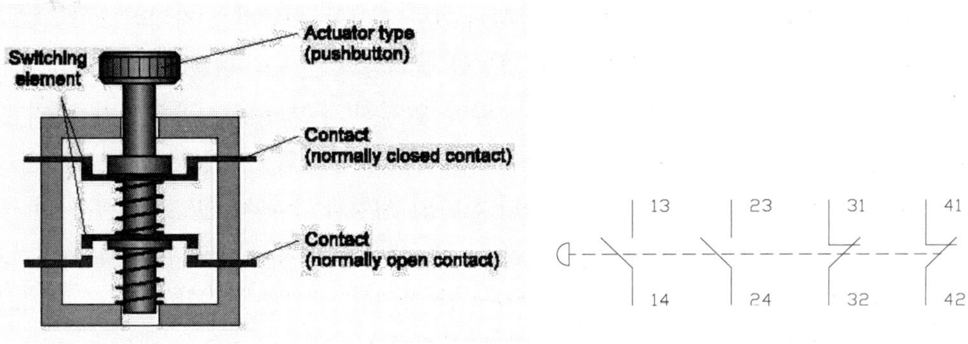

(가) 구조 (나) 기호

그림 3-14 다접점 스위치

3. 센서

센서는 '지각하다', '느끼다' 등의 뜻을 가진 라틴어 sense에서 유래된 말로, 사람이 5관(눈, 코, 귀, 혀, 피부)으로 이 계의 자극을 느끼는 5감(시각, 후각, 청각, 미각, 촉각) 같이 대상의 물리량의 변화를 감지하고 이를 정량적으로 계측하는 것이다. 1960년대 센서라는 말이 처음 사용되면서 여러 가지 표현으로 정의되었고, 아직까지 통일된 정의는 없지만 대체적으로 '측정 대상물의 물리량의 변화를 사용 가능한 전기신호로 변환하는 장치'라고 정의한다. 조금 더 세부적으로 표현하면 '온도, 압력, 조도, 중량 등과 같은 물리량이나 화학량의 절대값이나 변화 혹은 소리, 전파, 자계의 강도를 감지하여 유용한 입력신호로 변환하는 장치'로 정의할 수 있다.

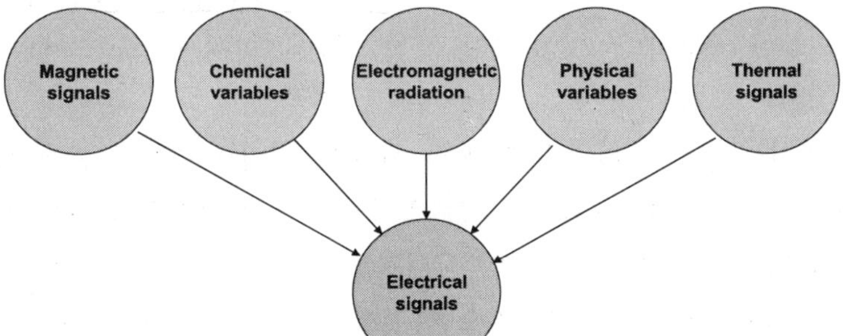

그림 3-15 센서의 정의

이와 유사한 용어로 빛이나 소리 등 입력에너지 신호를 전기신호로 변환하여 출력하는 장치, 즉 에너지 신호가 아니고 에너지 자체를 변환하는 장치를 뜻하는 트랜스듀서(transducer)라는 것이 있다. 이것은 센서가 '물리량의 절대값이나 변화를 검출하는 장치'로 표현되는데 비해 트랜스듀서는 '측정량에 대응하여 처리하기 쉬운 유용한 출력신호를 주는 변환기'로 구분하여 표현된다. 다시 말해 센서는 측정대상의 상태에 관한 정보를 획득하는 장치이고, 트랜스듀서는 계측대상의 상태량을 이에 대응하여 측정 가능한 물리량의 신호로 변환하는 장치이다. 그러나 사실 센서나 트랜스듀서는 겹치는 부분이 많아 엄격히 구분해서 사용하기가 쉽지 않다.

센서를 분류하는 방법은 여러 가지인데, 그 중 하나는 등가회로적 분류이다. 이것은 회로를 구성하는 기본 요소가 전원, 스위치, 부하의 하나인 저항과 스위치이므로 센서가 이 중 어느 기능에 해당하는가를 따져서 분류하는 것이다. 즉, 센서를 이용하는 경우 센서는 전기회로를 구성하는 하나의 소자 역할을 하게 된다. 유·공압 장치를 구성할 때 일반적으로 물체의 유무 혹은 위치를 검출하는 센서는 스위치의 기능을 가지고 있다. 앞으로 소개될 리미트 스위치 혹은 광센서와 같은 근접센서 등은 작동하였을 때 센서에 공급되는 에너지원을 출력으로 발생시킬 수 있는 스위치형의 센서들이다. 이들 스위치형의 센서는 공급되는 전원이 없으면 센서가 작동하였을 때 출력도 존재하지 않는 형태가 된다.

또한 센서는 접촉식과 비접촉식으로 분류하기도 한다. 접촉식은 센서와 감지하고자 하는 물체가 접촉하면 출력을 발생하는 것으로, 리미트 스위치가 대표적인 장치이다. 비접촉식은 센서와 감지하고자 하는 물체가 접촉하지 않은 상태에서도 출력을 발생할 수 있는 것으로, 광센서 등이 대표적이다.

일반적으로 센서는 외부의 신호를 시스템에 연결해주는 장치로 외부에 직접 노출되므로 항시 가혹한 환경에서도 장시간 안정하게 동작해야 하는 것이 요구된다.

3.1 리미트 스위치

리미트 스위치(limit switch)는 외부의 작용에 의해서 전기적 접점이 변환되는 동작을 갖는다. 접점의 수명은 약 1,000만 회 정도에 이른다. 접점부의 허용 전류는 외관에 비해 상대적으로 큰 전력까지 스위칭이 가능하다. 또한 스냅 동작 기구에 의해 1~15ms 범위의 빠른 스위칭 타임을 갖는다.

[그림 3-16]은 전기 리미트 스위치 구조의 한 예이다. 리미트 스위치가 작동되는 것은 롤러 레버(roller lever)가 눌려야 하며 이는 리미트 스위치 내부의 접점을 전환시켜 출력의 상태를 바꿀 수 있도록 만들어져 있다. 이 출력은 상태가 서로 다른 두 개의 접점(NO, NC 접점)을 가지고 있어 사용자의 요구에 의하여 필요한 접점을 사용할 수 있도록 만들어져 있다.

리미트 스위치는 기계적으로 작동되는 스위치를 의미하며 기계적으로 작동되기 위해서는 일반적으로 롤러 레버를 사용한다. 롤러 레버의 형태는 크게 두 가지로 구분할 수 있으며 실제로 적용되는 형태는 현장의 설비에서 원활한 작동을 위하여 코일 스프링 형태 등으로 개조하여 사용하기도 한다.

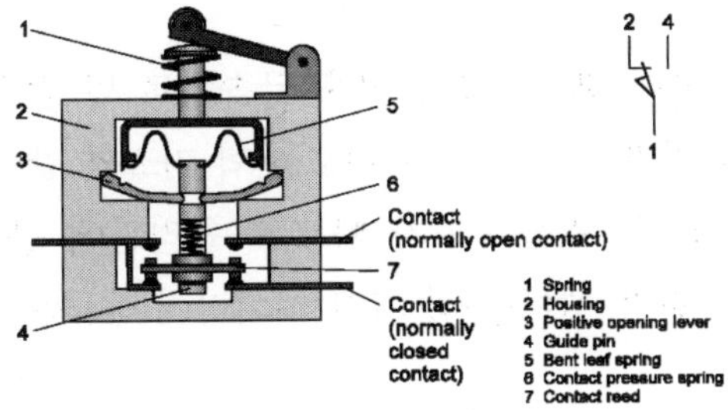

그림 3-16 전기 리미트 스위치

[그림 3-17]은 리미트 스위치 작동의 대표적인 방법이다. (b)의 방향성 롤러 레버는 리미트 스위치가 작동될 때 그 작동시키고자 하는 물체가 반드시 정해진 방향으로 접근할 때만 작동하도록 롤러 레버가 만들어진 것이다. 이에 반해 (a)의 롤러 레버는 물체의 접근 방향에 관계없이 롤러 레버가 눌리면 항상 리미트 스위치가 작동하도록 만들어진 것이다.

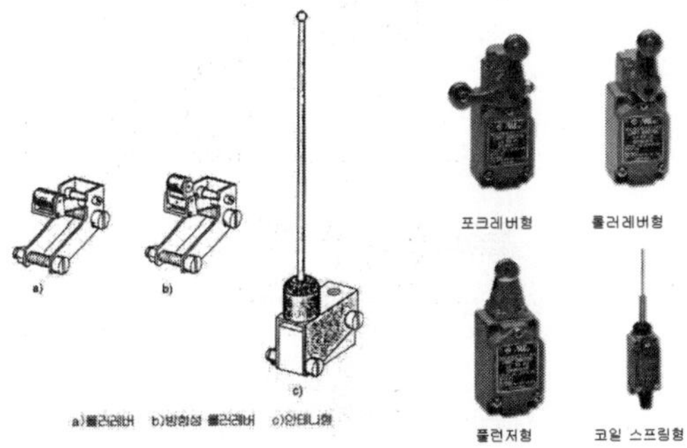

그림 3-17 리미트 스위치의 작동방법

리미트 스위치는 롤러 레버 등에 의하여 기계적으로 작동되는 스위치이지만, 롤러 레버 대신에 푸시버튼(push button)을 부착하면 푸시버튼으로 작동하는 수동 조작의 스위치를 만들 수 있다. [그림 3-18]은 푸시버튼 스위치의 여러 종류이다.

그림 3-18 푸시버튼의 작동방법

3.2 리드 스위치

리드 스위치의 기본 구조는 백금, 금 등의 귀금속으로 만들어진 자성체 리드편이 적당한 간격을 유지하도록 하여 유리관 중에 질소와 수소 혼합 가스와 같은 불활성 가스와 함께 봉입한 것이다. 이러한 리드 스위치는 응답속도가 빠르고 유리관에 봉입되어 접촉 신뢰성이 높은 점 등의 장점으로 인하여 전자 제어장치, 기계 제어장치 등 자동화 기기의 스위칭 소자로서 널리 활용되고 있다.

공·유압 실린더를 사용하여 작업하는 경우에도 실린더의 피스톤 위치를 알 수 있어야 하는데, 위치 확인이 필요한 경우에도 리드 스위치를 사용한다. [그림 3-19]는 공압 실린더에 부착된 리드 스위치의 작동을 나타낸 것이다. 실린더에서 리드 스위치가 작동하기 위하여 피스톤에는 영구자석이 내장되어야 하고 이 자석의 힘으로 스위치를 작동시킨다. 따라서 마그네트 스위치(magnet switch)라고도 한다.

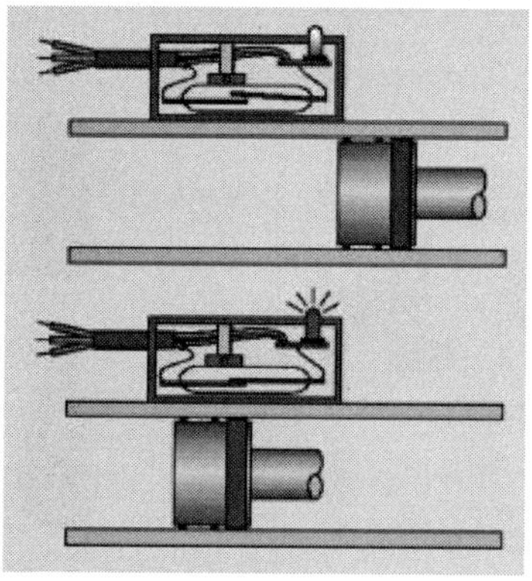

그림 3-19 리드 스위치의 작동

3.3 광센서

광센서는 발광부에 전원이 공급되면 적외광을 방출하는 발광 다이오드(light emitting diode, LED)와 스위칭 기능을 가진 트랜지스터로 적외광에 의하여 작동하는 수광부를 이용하는 것이다. 트랜지스터가 적외광에 노출되면 작동되고 감지하고자 하는 물체에 의하여 적외광의 경로가 차단되면 작동하지 않은 상태로 되는 광 트랜지스터(photo-transistor)를 이용하는 것이다.

3.3.1 투과형 광센서

투과형 광센서(through-beam sensor)는 고유한 파장의 빛을 방출하는 발광기(sender)와 수신기(receiver)가 서로 다른 몸체로 구성되어 있다. 두 개의 센서 사이에 어떤 물체가 존재하게 되면 발광기에서 방출된 빛이 수신기에 도달할 수 없기 때문에 물체의 존재 유무를 검출할 수 있게 된다. 이 센서는 가장 긴 감지거리를 갖고 있어 최고 30m까지 검출할 수 있다. 그러나

이 센서는 서로 상대운동을 하는 물체에는 설치될 수 없는 단점이 있다. [그림 3-20]은 투과형 광센서의 작동을 표시한 것이다.

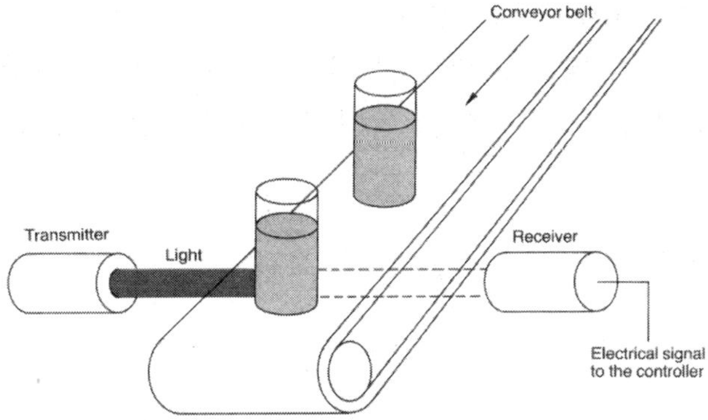

그림 3-20 투과형 광센서의 작동

3.3.2 반사형 광센서

반사형 광센서(retro-reflective sensor)는 발광기와 수신기가 한 몸체로 이루어져 있으며, 고유한 구조를 가진 반사경(reflector)과 짝을 이루어 사용된다. 발광기에서 방출된 빛은 반사경에 의하여 수신기로 반사되도록 되어 있다. 그러나 센서와 반사경 사이에 물체가 존재하면 발신기에서 방사된 빛이 수신기에 도달될 수 없기 때문에 물체의 존재 유무를 검출할 수 있다. 이 센서는 진동이 있는 구조물에도 설치가 가능하며, 감지 가능한 거리는 10~15m 정도이다. 사용할 때 주의해야 할 점은 감지하고자 하는 물체의 크기보다 반사경의 크기가 작아야 한다는 점이다.

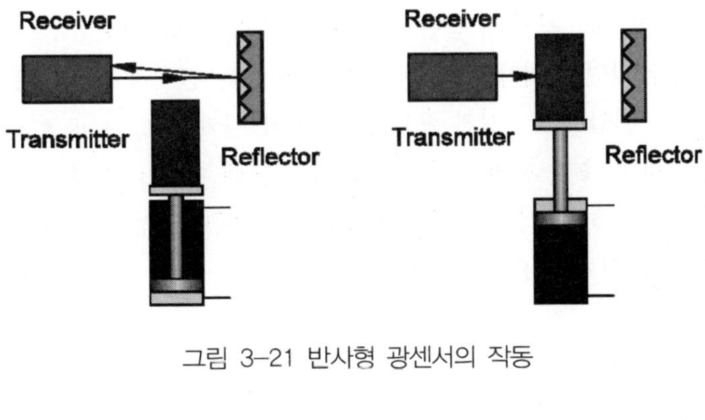

그림 3-21 반사형 광센서의 작동

3.3.3 직접 반사형 광전 센서

직접 반사형 센서(diffuse sensor)도 역시 발광기와 수신기가 한 몸체로 이루어져 있으며, 검출하려는 물체가 반사경의 역할을 한다. 그러므로 이 센서는 사용하기는 가장 편리하나 감지거리는 가장 짧아서 최대 1.5m 정도이다.

직접 반사형 광전 센서는 빛을 잘 반사하는 물체는 잘 감지하나 표면이 난반사가 심하고 빛을 잘 흡수하는 물체인 경우는 효과적으로 검출하지 못하게 될 수도 있기 때문에 주의하여야 한다.

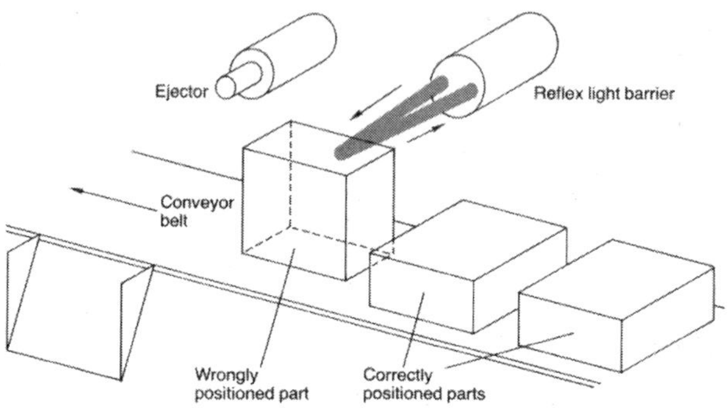

그림 3-22 직접 반사형 센서의 작동

3.4 정전 용량형 센서

정전 용량형 센서(capacitive sensor)는 RC 발진회로 등을 이용하여 만들어진 센서로 전계 중에 존재하는 물체 내의 전하 이동, 분리에 따른 정전용량의 변화를 검출한다. 이 센서는 센서에 감지 대상 물체가 근접하면 출력을 발생하는 근접 센서로, 플라스틱 유리, 도자기, 목재와 같은 절연체와 물, 기름과 같은 액체도 검출이 가능하다.

센서에 전원이 공급되면 대지와 센서 전극 사이에 약한 전계가 형성된다. 이때 충전 전하를 Q, 전극에 가해지는 전압을 V, 정전 용량 C 사이의 관계는 Q = C • V로 표현된다. 검출 물체가 센서에 접근하면 충전 전하 Q가 증가하게 되는데 이는 C가 증가하는 것과 같고, 이에 따른 발진 주파수가 감쇠하는 것을 감지하여 출력을 발생한다. 센서의 감지거리는 검출 물체의 크기, 두께, 유전율과 관계가 있다.

3.5 유도형 센서

유도형 센서(inductive sensor)는 센서의 검출 면에 접근하는 물체, 혹은 주위에 존재하는 물체의 유무를 전자계의 에너지를 이용하여 기계적 접촉 없이 검출하는 센서로, 근접 센서의 한 형태이다. 센서에 전원이 공급되면 LC 발진 회로에 의한 고주파의 자장이 검출 면에서 발진이 시작되고 일정한 정도의 전류가 흐른다. 이때 검출 면에 전기적 도체가 접근하면 전자유도에 의한 와전류가 도체 내에 발생하고, 이 영향으로 근접 센서의 발진 에너지는 감소한다.

이 발진감쇠 현상은 검파 회로에 의해 포착되어 트리거 회로를 통해 2진 신호형태로 출력된다. 일반적으로 센서의 검출거리는 센서의 검출면의 직경에 따라 달라진다. [그림 3-23]은 유도형 근접 센서의 동작원리이다.

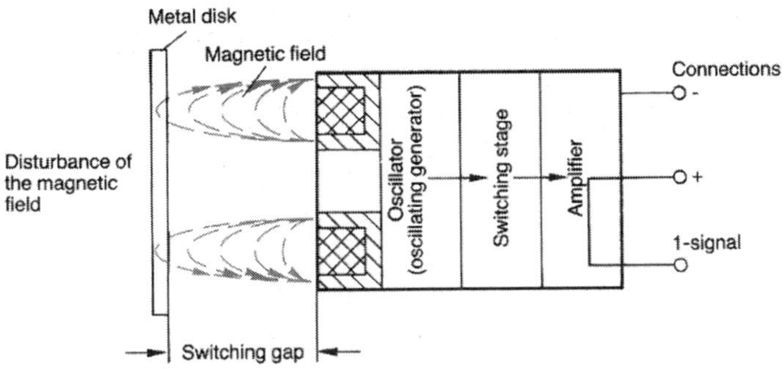

그림 3-23 유도형 센서의 작동

4. 공압 기기

공압 기기는 압축공기를 동력원으로 사용하는 기기로, 액추에이터와 액추에이터에 공급되는 압축공기를 제어하는 밸브로 구성된다. 뿐만 아니라 밸브 중에는 압축공기로 작동하는 밸브가 있어 신호 처리의 기기로 사용할 수 있다. 이 경우 전기를 사용하는 것에 비하여 여러 가지 단점은 있으나, 공압 기기는 공기를 사용하기 때문에 폭발 위험이 없다는 장점이 있어 환경에 문제가 되는 경우 사용할 수 있다.

그리고 밸브의 작동이나 유로의 개폐를 외부의 물체 등을 이용할 수 있어서 센서로 사용할 수 있는 기기도 있어서 입력(센서), 출력(액추에이터)을 포함하여 전체의 시스템을 압축공기만 사용하는 기기로 구성할 수 있으나 이 책은 PLC를 주로 다루므로 액추에이터와 동력 제어부의 기기 중에서 방향제어 밸브만 소개하기로 한다.

4.1 공압 액추에이터

직선왕복운동을 하는 경우 유압이나 공압을 이용하는 것이 편리하고 효율적인 방법이다. 유압이나 공압에서 직선왕복 운동을 하는 액추에이터를 일반적으로 실린더(cylinder)라고 부른다. 실린더는 다시 두 가지로 나눌 수 있는데, 하나는 스스로 귀환운동을 할 수 있는 단동 실린더(single acting cylinder), 다른 하나는 복동 실린더(double acting cylinder)이다. 전기를 동력으로 사용하는 경우 직선왕복운동을 하는 장치는 효율적이지 못하지만 적용 가능한 분야가 있고 이때 적용되는 장치에 따라 솔레노이드(solenoid) 혹은 리니어 모터(linear motor)라 한다. [그림 3-24]는 유압과 공압에서 사용하는 직선왕복운동 액추에이터의 일반적인 분류이다.

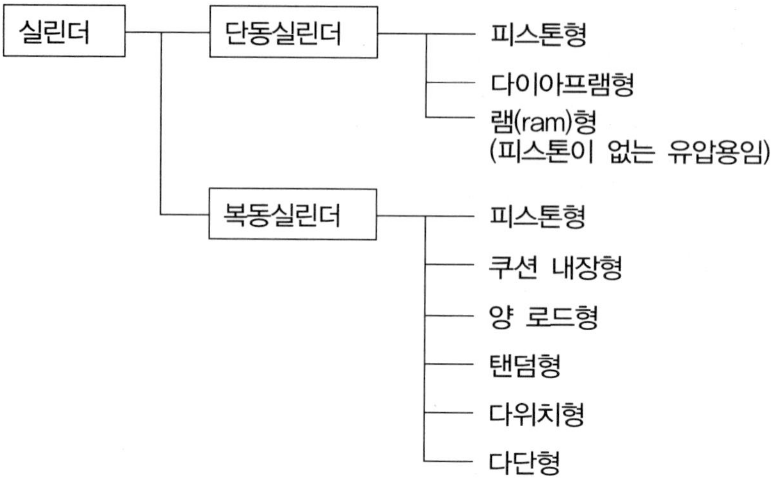

그림 3–24 공 · 유압 직선왕복운동 액추에이터의 분류

공압과 유압을 사용하여 직선왕복운동을 하는 장치는 [그림 3-24]에 표현된 것만 사용하지 않는다. 실제의 시스템에서 필요한 형태에 따라 새로운 형태의 액추에이터를 만들어 사용해도 가능하며, 현재 적용되고 있는 액추에이터로 로드레스(rodless) 실린더, 저마찰 실린더, 브레이크 실린더 등이 있고, 신개발 액추에이터로 머슬(muscle) 실린더 등이 있다. 또한 다이아프램형의 단동실린더도 다이아프램의 형태에 따라 롤링(rolling) 다이아프램도 시판되고 있으며 단동실린더의 귀환장치를 설치하는 형태에 따라 실린더가 초기위치에서 전진운동된 상태에 있는 것도 있다. 이 책에서는 액추에이터를 전문적으로 소개하는 것이 목적이 아니므로 기본적인 액추에이터의 형태만 소개하기로 한다.

4.1.1 단동 실린더

단동 실린더는 한쪽 방향으로는 동력을 이용하여 운동을 하고 귀환운동은 내장된 스프링이나 내부에 저장된 힘 혹은 유압의 경우에는 외력을 이용하여 운동하기 때문에 동력을 이용하는 운동의 행정밖에 일을 할 수 없다. 귀환 스프링이 내장된 공압 단동 실린더의 복귀 스프링은 압축공기의 압력으로 환산하면 50kPa 미만의 작은 압력이기 때문에 스프링에 의한 복귀 운동 시 일을 할 수 없다. 또한 귀환 스프링으로 인하여 최대 행정거리가 100mm 정도로 제한된다. [그림 3-25]는 공압 단동실린더의 구조와 기호이다.

공압 단동 실린더에 귀환장치로 사용하는 것은 스프링만 아니라 탄성이 있는 인조고무를 사용하기도 한다. 유압도 단동실린더를 사용하지만, 사용하는 압력이 높기 때문에 그 구조는 공압과 같이 스프링을 이용하여 귀환운동을 하는 단동 실린더는 거의 사용하지 않는다. 유압 단동실린더의 귀환운동은 실린더에 작용하는 외력에 의하여 귀환하는 것이 대부분이다.

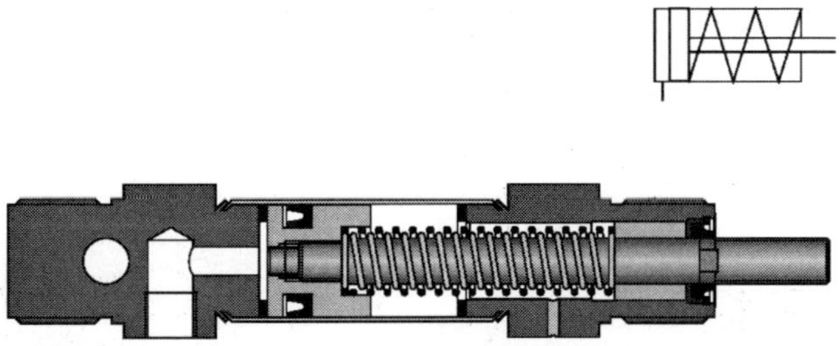

그림 3-25 공압 단동 실린더

4.1.2 복동 실린더

복동 실린더는 압축 공기 혹은 유압에 의한 힘으로 피스톤을 전진 또는 후진 운동시키는 것이다. 복동 실린더는 전진 운동뿐만 아니라 후진 운동에서도 일을 해야 할 경우에 사용되며, 피스톤 로드의 구부러짐(bucking)과 휨(bending)을 고려해야 되지만 실린더의 행정 거리는 원칙적으로 제한되지 않는다. [그림 3-26]은 쿠션 장치가 내장된 공압 복동 실린더의 구조와 기호이다.

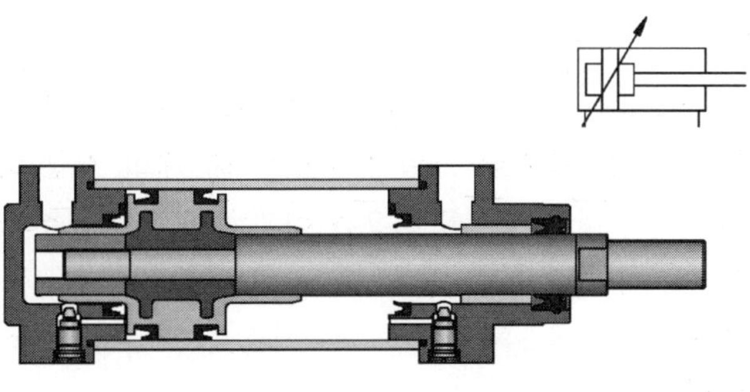

그림 3-26 쿠션 내장형 공압 복동 실린더

일반적으로 복동 실린더는 운동을 종료하는 순간 피스톤과 실린더를 구성하는 엔드 캡(end cap)과 충격이 매우 크므로 내장된 쿠션장치가 충격을 완화시킨다. 유압 복동 실린더도 거의 같은 구조를 가지고 있다.

일반적으로 복동 실린더는 피스톤 양측의 면적 차로 인하여 전진운동과 후진운동에서 속도와 힘이 다른데 피스톤 양측에 로드를 모두 부착한 양 로드형 실린더를 사용하면 양 방향의 운동에서 속도와 힘이 같다. [그림 3-27]은 이와 같은 몇 가지 특수한 구조를 가진 복동 실린더이다.

(b)의 탠덤 실린더는 하나의 피스톤 로드에 두 개의 피스톤을 부착하여 실린더의 전진운동 시 수압면적이 두 배로 될 수 있어서 같은 크기의 다른 실린더에 비하여 낼 수 있는 커지게

되고, (c)의 로드레스 실린더는 실린더 배럴(barrel) 내에 피스톤만 있고 이 피스톤이 왕복운동을 할 때 배럴 외부의 캐리어(carrier)가 같이 동작할 수 있도록 만들어진 것이다. 이와 같이 내부의 피스톤과 외부의 캐리어가 같아 움직일 수 있도록 그림은 영구자석을 사용한 형태이고 케이블 등을 이용하여 같이 움직이도록 만들어진 실린더도 있다.

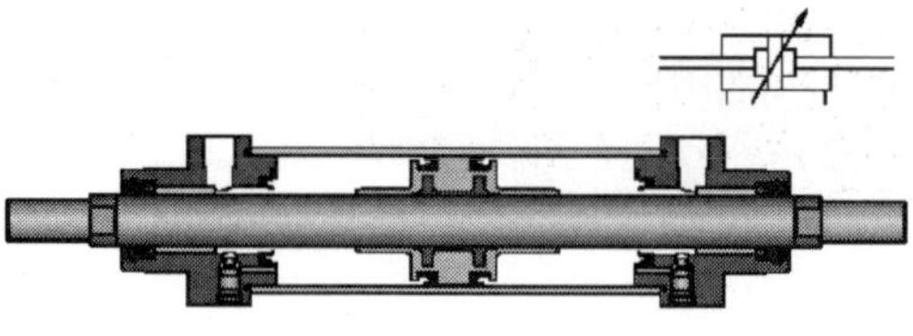

(a) 양 로드형 실린더

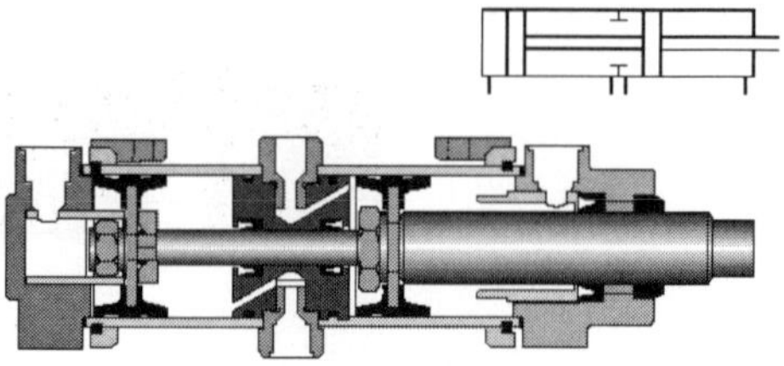

(b) 탠덤 실린더

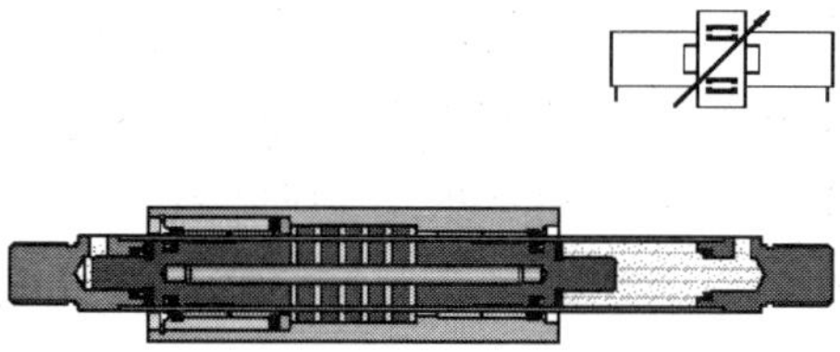

(c) 로드레스 실린더

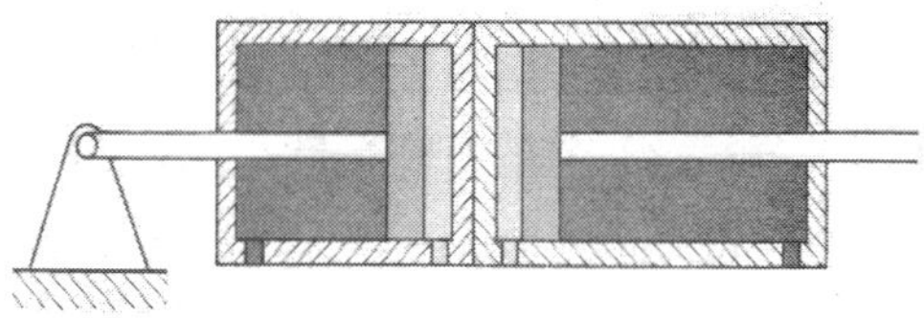

(d) 다위치 제어 실린더

그림 3-27 복동 실린더의 종류

(d)의 다위치 제어 실린더는 주로 공압에서 사용하는 장치로 임의의 위치에서 피스톤을 정지시키고자 할 때 사용하는 장치로 그림의 구조는 네 개의 서로 다른 위치에 정지할 수 있는 구조로 되어 있다. 이와 같은 장치를 사용한 이유는 공기는 압축성이므로 한 개의 실린더에서 피스톤이 임의의 위치에 정지하는 것은 거의 불가능하기 때문이다. 실린더의 중간 정지를 위하여 사용하는 액추에이터로 피스톤 로드를 기계적으로 임의의 위치에 고정할 수 있는 브레이크 실린더를 사용하기도 한다.

4.2 방향제어 밸브

방향제어 밸브는 액추에이터의 운동방향을 제어하는 밸브로 PLC를 이용하여 공압 실린더의 운동을 제어하는 경우 PLC의 출력신호는 방향제어 밸브의 작동방법인 솔레노이드 코일과 연결된다.

방향제어 밸브의 제작상 구조에는 작동시키는 데 큰 힘이 필요하지만 밀봉(sealing)이 우수한 포펫(poppet)형 밸브와, 작은 힘으로 작동이 가능하지만 누설이 존재하는 슬라이드(slide)형의 밸브가 있다. 일반적으로는 적은 힘으로 작동이 가능한 슬라이드 밸브를 사용하며, 소형인 경우에만 포펫형을 적용한다. 액추에이터의 방향을 제어하는 목적으로 사용하는 기능 위주인 밸브의 구조로 먼저 3/2-way 밸브를 들 수 있다. 이 밸브는 작업 라인이 하나인 밸브로 [그림 3-26]은 솔레노이드에 의하여 작동하는 밸브이다.

이 밸브는 직동형의 3/2-way 솔레노이드 밸브이며 정상상태에 닫힌 NC형의 밸브이다. (a)는 밸브가 작동되기 전의 상태이며 (b)는 작동된 후의 상태이다. 그림의 'A'는 수동으로 작동되는 부분을 표시하며 솔레노이드에 의하여 작동되는 것보다 수동 작동이 우선이다. 솔레노이드에 전원이 공급되면 플런저(plunger)가 위로 당겨지고 연결구 1과 2가 서로 연결되는 동시에 배기구 3은 닫힌다. 솔레노이드에 공급되는 신호가 없어지면 스프링에 의하여 플런저가 원위치 되어 연결구 1은 차단되고 연결구 2는 배기구 3과 연결된다.

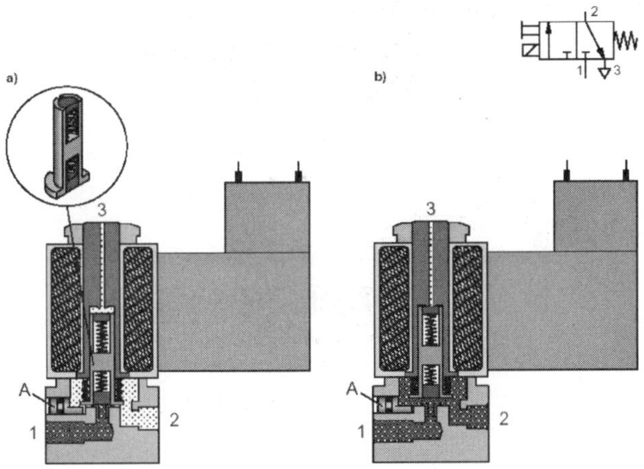

그림 3-28 3/2-way 직동형 솔레노이드 밸브(NC형)

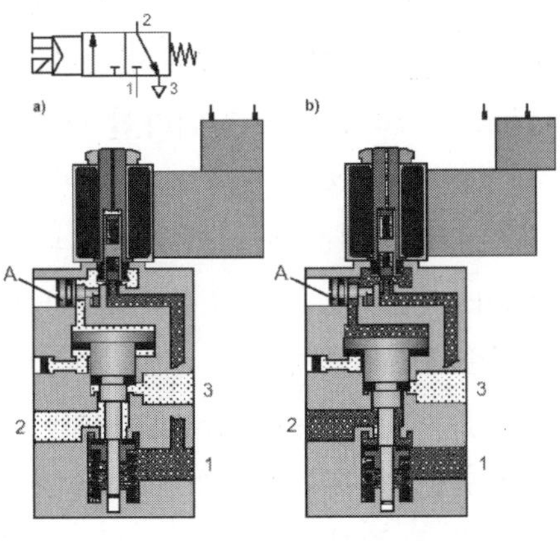

그림 3-29 3/2-way 간접작동형 솔레노이드 밸브(NC형)

이와 같은 직동형은 일반적으로 자력이 충분하지 못하기 때문에 소형에 사용되며, 스위칭 시간이 매우 느리다. 따라서 일반적으로 [그림 3-29]의 간접작동형 밸브를 사용한다. 솔레노이드에 신호가 없는 상태에서 [그림 3-29]의 (a)와 같이 밸브는 내장된 스프링에 의해 스풀이 밀려 원위치 되어 있으며 유로는 포트2와 포트3이 연결되어 있고, 포트1은 차단되어 있다. 이 상태에서 솔레노이드를 여자시키면 (b)그림과 같이 전자석이 플런저를 흡인하여 내부 공기 통로를 열어 주기 때문에 압축공기의 힘으로 주 밸브인 스풀이 밀려 이동하고 공기 통로는 포트1과 포트2가 접속되고 포트3은 차단된다. 'A'부 역시 수동으로 밸브를 조작할 수 있도록 만들어진 부분이다. [그림 3-30]은 5/2-way 밸브의 구조이다. 이 밸브는 작업 라인이 두 개인 밸브로 밸브가 작동할 때마다 출력이 발생하는 포트가 바뀌도록 만들어진 밸브이다.

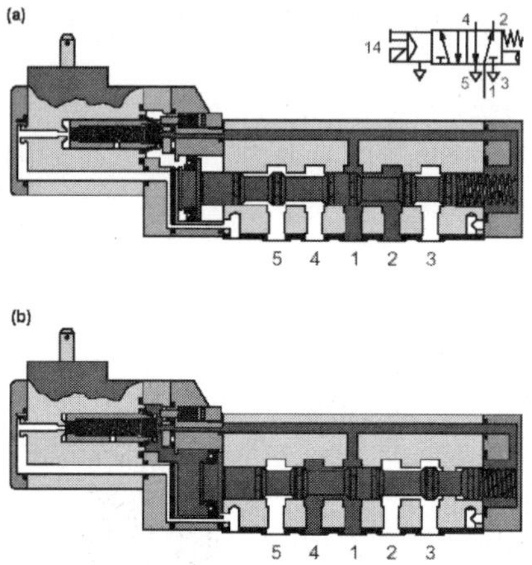

그림 3-30 5/2-way 편 솔레노이드 밸브

[그림 3-30]의 (a)는 작동되지 않은 상태이고 (b)는 작동된 상태이다. 작동되지 않은 상태에서 공급라인 1은 작업라인 2와 연결된 상태이고, 작업라인 4는 배기구 5와 연결되어 있다. 그리고 공급라인 1은 파일럿 라인(pilot line)을 통하여 솔레노이드 코일에 연결되어 있는 상태이다. 솔레노이드에 신호가 공급되면 파일럿 라인에 연결된 압축공기가 솔레노이드를 통과하여 주 밸브의 스풀을 작동시키게 되고 공급라인 1은 작업라인 4와 연결된다. 이때 작업라인 2의 공기는 배기구 3을 통하여 배기된다. 신호가 없어지면 파일럿 라인의 공기가 배기되어 주 밸브의 스풀은 귀환 스프링에 의하여 원래의 위치로 돌아온다.

이와 같은 밸브들은 솔레노이드 코일에 신호가 있는 동안에만 밸브가 작동한다. 따라서 출력을 필요로 하는 동안 계속 솔레노이드 코일에 신호를 주어야 한다. 밸브 중에는 스스로 신호를 기억할 수 있는 밸브가 있는데 이는 솔레노이드 코일이 밸브의 양쪽에 부착되어 있는 형태의 밸브이다. 즉, 주 밸브의 귀환 스프링 대신에 솔레노이드 코일이 부착되어 있어 밸브의 귀환에도 솔레노이드 코일에 신호를 주어야 하는 것이다. [그림 3-31]는 이와 같은 밸브의 구조로 5/2-way 양 솔레노이드 밸브이다.

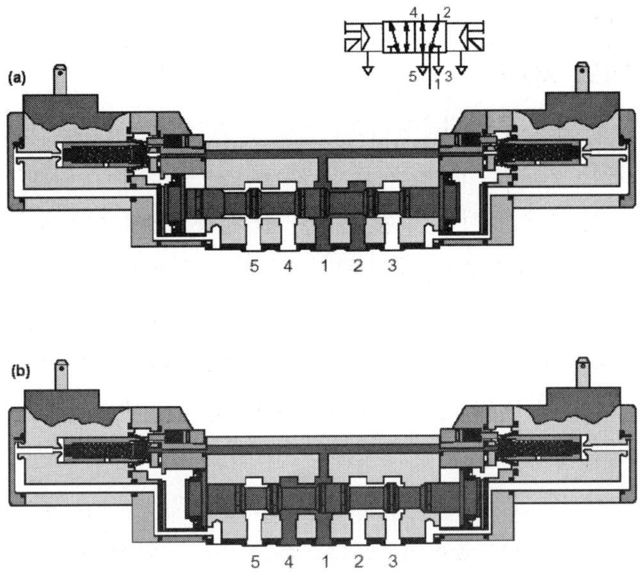

그림 3-31 5/2-way 양 솔레노이드 밸브

(a) 그림은 우측 솔레노이드에 전류를 인가하여 주 밸브의 스풀이 좌측으로 전환되어 있는 상태이다. 공급라인 1은 작업라인 2와 연결된 상태이고, 작업라인 4는 배기구 5와 연결되어 있다. 그리고 공급라인 1은 파일럿 라인(pilot line)을 통하여 양 쪽의 솔레노이드 코일에 연결되어 있는 상태이다. 이제 좌측의 솔레노이드에 신호가 공급되면 파일럿 라인에 연결된 압축공기가 솔레노이드를 통과하여 주 밸브의 스풀을 우측으로 밀어주고 공급라인 1은 작업라인 4와 연결된다. 이때 작업라인 2의 공기는 배기구 3을 통하여 배기된다. 그런데 이 상태에서 신호가 없어지면 파일럿 라인의 공기는 배기되지만 주 밸브의 스풀은 그 상태를 유지하게 된다. 편솔레노이드 밸브에서는 귀환 스프링에 의하여 원래의 위치로 복귀하지만, 양 솔레노이드 밸브에서는 귀환 스프링이 없기 때문에 복귀할 수 없는 것이다. 이는 이 밸브가 플립-플롭(flip-flop)형의 메모리 밸브이기 때문이다.

지금까지 소개한 밸브들은 압축공기를 작동 매체로 사용하는 밸브이다. 유압을 제어하는 밸브의 경우에도 높은 압력과 비압축성 그리고 점도가 높다는 것을 제외하면 그 구조나 작동원리는 공압 밸브와 매우 유사한 구조를 가지고 있다. 물론 공압 밸브는 배기구를 통하여 압축공기를 대기 중으로 배기하지만, 유압밸브는 드레인 라인을 통하여 탱크로 귀환시켜야 한다는 점이 다른 점이다. 이와 같은 이유로 유압에서는 밸브의 드레인 라인이 하나인 4-way 밸브를 사용한다. 그리고 간접작동형의 밸브는 그 구조가 공압 밸브와는 다른 구조를 가지고 있으나 솔레노이드 코일에 신호를 공급하여 밸브가 작동하는 것은 같은 원리이다.

4.3 방향제어 회로

4.3.1 단동 실린더의 제어

단동실린더가 신호에 의하여 전진운동하고, 신호가 없어지면 후진운동을 하는 회로를 구성하고자 한다. 이와 같은 회로를 구성한다면 동력 제어부, 즉 유압 실린더를 사용할 것인지 혹은 공압 실린더를 사용할 것인지에 대한 구성과 솔레노이드에 신호를 공급하는 제어회로를 구성하여야 한다. 먼저 여기서는 동력 제어부의 회로만 구성하기로 하고 신호를 솔레노이드에 공급하기 위한 회로는 후반부에 제어 시스템 설계에서 다루고자 한다.

정상상태 닫힘의 3/2-way밸브를 사용한다. 솔레노이드에 공급되는 신호에 의하여 3/2-way 밸브(1.1밸브)가 작동되면 1(P)의 공급유체가 2(A)로 출력되어 실린더는 전진운동을 할 수 있게 된다. 그리고 솔레노이드의 신호가 없어지면 밸브가 내장된 스프링에 의하여 원위치되므로 실린더에 공급되었던 유체는 공압 장치에서는 밸브의 배기구 3(R)을 통하여 배기되고, 유압장치에서는 드레인 포트 T를 통하여 탱크로 귀환된다. 따라서 공압 실린더는 내장된 귀환 장치인 스프링에 의하여 후진운동을 하며, 유압 실린더는 외력에 의하여 후진운동을 하게 된다. [그림 3-32]는 단동 실린더가 왕복운동할 수 있는 동력 제어부의 회로로 (a)는 공압 회로이고, (b)는 유압 회로이다.

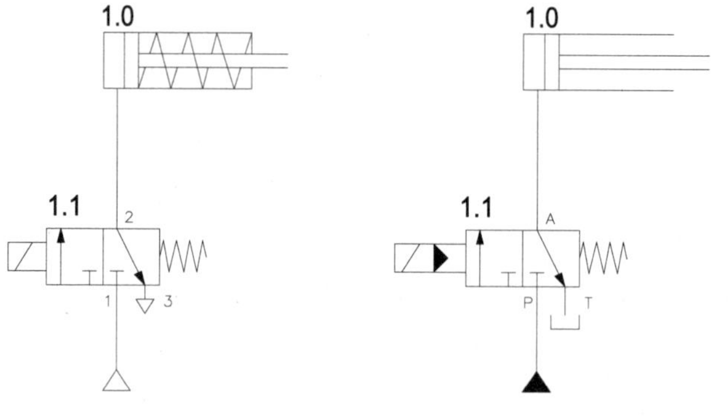

(a) 공압 단동 실린더 제어 (b) 유압 단동 실린더 제어

그림 3-32 단동 실린더의 제어

4.3.2 복동 실린더의 제어

단동 실린더의 왕복운동을 제어한 것과 같은 형태의 운동을 복동 실린더에 적용하고자 한다. 복동 실린더의 제어에는 작업라인이 2개인 4/2-way 또는 5/2-way밸브가 이용된다. 일반적으로 공압 밸브는 5/2-way밸브가 많이 사용되고, 유압에서는 드레인 포트가 하나인 4/2-way밸브가 사용된다. 이 두 밸브는 모두 2개의 작업라인을 가지고 있는 밸브로 그 구조는 다르게 만들어져 있으나 기능은 같은 형태의 밸브이다. [그림3-33]의 (a)에서 5/2-way밸브가 작동되지 않은 상태에서 압축공기는 2를 통하여 실린더의 피스톤 로드 측에 공급되고, 4는 배기구 5로 연결되어 있으므로 실린더는 후진 운동된 상태에 있게 된다. 그러나 밸브가 작동되면 1은

2는 배기구 3으로 연결되므로 실린더는 전진운동을 할 수 있게 된다. 솔레노이드의 신호가 차단되면 밸브가 복귀스프링에 의하여 원위치되므로 실린더는 후진운동을 할 수 있게 된다. (b)의 유압회로도 공압 회로와 같은 형태로 동작하며, 4/2-way밸브는 작업라인 A와 B가 모두 T로 드레인된다.

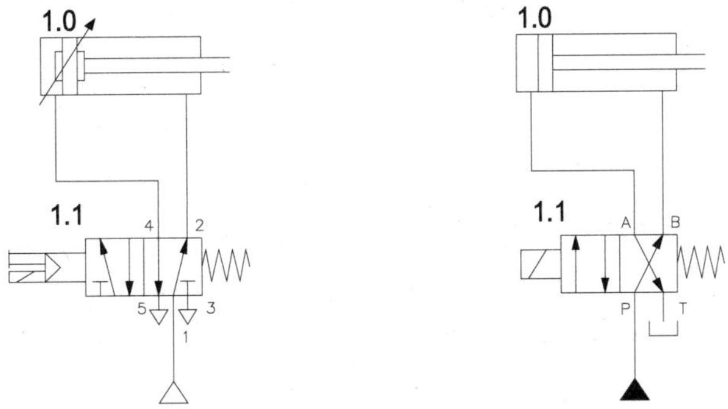

(a) 공압 복동 실린더 제어 (b) 유압 복동 실린더 제어

그림 3–33 복동 실린더의 제어

[그림 3-32]와 [그림 3-33]은 직선왕복운동을 하는 실린더를 이용하여 방향제어회로를 구성한 것이다. 회전운동을 하는 회전 실린더 혹은 모터를 사용하는 경우에도 실린더의 경우와 같이 유체를 공급하는 방향에 의하여 운동방향을 제어할 수 있으므로 그 구성회로는 실린더를 사용하는 회로와 같은 방법으로 구성한다.

5. 전기 기기

5.1 모터

5.1.1 직류 모터

[그림 3-34]는 직류 전동기의 기본 구조를 나타낸 것이다. 직류 전동기가 회전하는 것은 브러시(brush)에 직류 전압을 가하여 그림과 같은 방향으로 전류가 흐르면 왼손의 엄지, 중지, 인지를 각각 직각으로 벌렸을 때 엄지를 도체의 운동 방향, 인지를 자속의 방향으로 하면 중지의 방향으로 기전력이 흐른다는 플레밍의 왼손 법칙에 의하여 N극 쪽의 도선의 뒤편으로 움직이고 S극 쪽의 도선은 앞쪽으로 움직이므로 회전력을 얻을 수 있는 것이다. 이와 같은 회전의 연속적인 운동을 위해 전류는 계속 같은 방향으로 공급되어야 하고 직류 전동기에서는 이를 위하여 정류자(commutator)와 브러시(brush)를 사용한다.

따라서 직류 전동기의 회전 방향을 바꾸려면 도선에 공급하는 전류의 방향을 바꾸면 된다. 또한 회전속도는 도선에 공급하는 전압에 영향을 받는다.

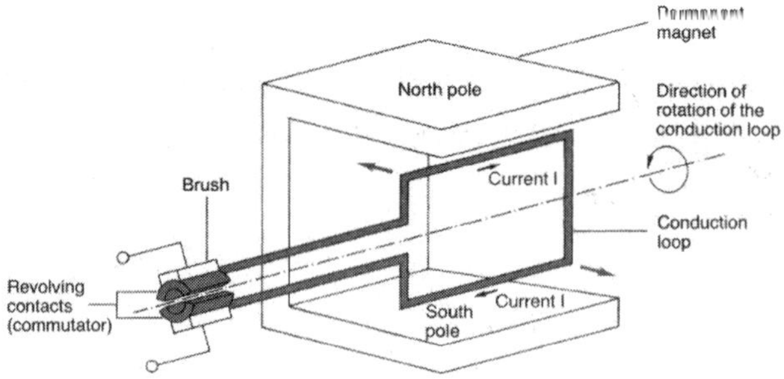

그림 3-34 직류 모터의 기본 구조

직류 모터의 구조상 중요한 부분은 계자, 전기자, 정류자이다. 계자는 강한 자계를 만드는 부분으로 [그림 3-34]와 같이 영구자석을 사용하는 방법도 있지만, 대부분 연철에 권선(코일)을 부착한 전자석을 사용한다. N극과 S극이 쌍을 이루도록 짝수 개의 코일이 자극에 감겨져 있으며 이를 계자 코일이라 한다. 1쌍의 N극과 S극을 가지고 있는 모터를 2극기라 한다. 전기자는 토크, 즉 회전력을 발생시키는 부분으로 주 전류를 통하게 한다. 이는 토크를 발생하는 전기자 코일과 이를 지지하고 발생한 토크를 회전축에 전달하는 철로 구성된 전기자 철심의 두 부분으로 구성되어 있다. 정류자는 앞에서도 설명한 바와 같이 전기자 코일에 흐르는 전류의 방향을 계자와의 관계에 따라 바꾸는 부분으로 전기가 코일에 흐르는 전류를 정류하는 장치이다.

5.1.2 교류 모터

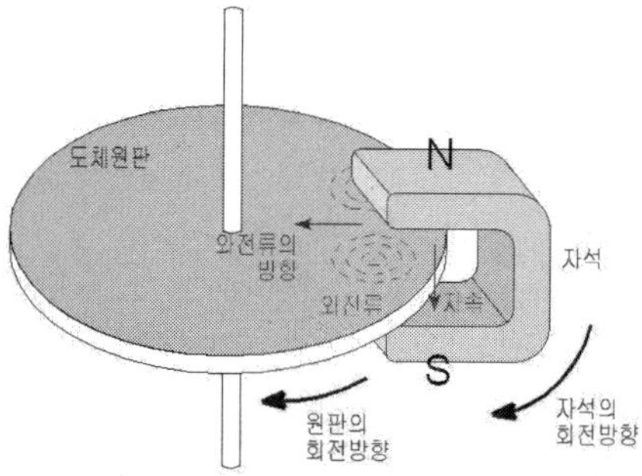

그림 3-35 유도 전동기의 회전 원리

교류모터의 기본 구조는 [그림 3-34]의 직류모터에서 정류자를 사용하지 않고 위쪽에 있는 도선과 아래쪽 두선에 각각 원형으로 된 슬립 링(slip ring)이 브러시와 접촉되도록 만들어진 것이다. 이는 도체가 회전하면서 공급되는 전원의 극성을 바꾸는 것이 아니라 도체에는 계속 같은 방향으로 전류가 공급되는 것이다. 그러나 공급되는 전원이 전류의 방향이 주기적으로 바뀌는 교류이므로 도체가 반 회전하였을 때마다 전류의 방향이 바뀔 수 있도록 만들어진 것이다. 이와 같은 모터를 동기 모터라 한다. 이 책에서는 일반적으로 많이 사용되는 3상 유도 전동기의 원리와 구조를 소개하기로 한다.

[그림 3-35]는 유도 전동기의 회전 원리를 설명하는 아라고의 원판(Arago's disc) 모형이다. 동 혹은 알루미늄으로 만든 원판을 축으로 지지하고 회전할 수 있도록 장치한 후 원판 주변을 영구자석이 화살표 방향으로 급속히 움직이면 도체 원판은 자석보다 느린 속도로 같은 방향으로 움직인다. 이것을 자세히 설명하면 영구자석의 위를 N극, 아래를 S극이라 하고 플레밍의 오른손 법칙을 적용하면 자석에 의하여 만들어지는 자속이 자석과 함께 회전하는 형태이므로 도체인 원판이 자속을 끊는 형태가 된다. 이때 원판에는 전자 유도작용으로 전압이 유기되어 와전류가 흐른다. 도체 원판에 만들어지는 와전류의 방향은 자석이 시계방향으로 회전할 때 도체 원판은 반시계 방향으로 회전하는 것과 같은 효과이므로 전류의 방향은 원판의 중심으로 흐르게 된다. 한편 이 와전류와 자속 사이에 발생하는 토크는 플레밍의 왼손법칙에 따라 자석이 이동하는 방향이 되고 이 방향은 자석의 방향과 같은 방향이 된다.

이와 같이 유도전동기는 자석을 회전시키면 이 자석을 추종하는 형태로 원판인 회전자가 회전할 수 있도록 만들어진 모터이다. 실제로는 이동하는 자석 대신 [그림 3-36]과 같이 3개의 코일에 3상 교류를 흘려 회전자장을 주고, 회전자인 원판은 도체를 대신한다. 3상 유도 전동기는 이와 같은 원리를 이용하여 자석을 움직이는 대신 고정자 권선에 3상 교류를 공급하여 회전하는 자장을 만들어주고 이에 대하여 회전자 도체가 회전하는 형태로 만들어진다.

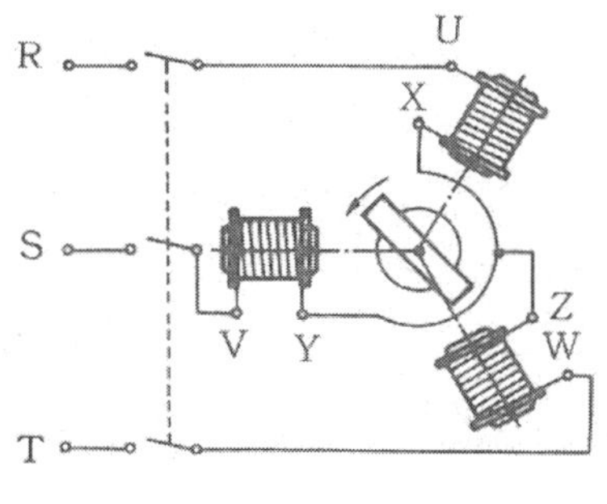

그림 3-36 3상 유도 전동기의 기본 구조

이와 같은 3상 유도 전동기에서는 회전자의 속도가 회전자장이 만들어지는 동기속도와 같으면 자속을 끊지 못하므로 토크가 발생할 수 없게 된다. 따라서 회전에 필요한 토크를 발생하기 위하여 항상 동기속도보다 느린 속도로 회전자가 회전을 하여야 한다. 이와 같은 속도의 차이를 슬립(slip)이라 한다. 고정자 권선에 회전 자장이 만들어지는 속도를 동기 속도 ns rpm, 그보다 느린 속도로 회전하는 회전자 속도를 n rpm, 공급되는 3상 교류 전원의 주파수를 f Hz, 극수를 P, 슬립을 s라 하면 다음과 같은 관계식이 만들어진다.

$$n_s = \frac{120f}{P} \text{ [rpm]}$$

$$n = (1-s)n_s \text{ [rpm]}$$

$$s = \frac{n_s - n}{n_s} \times 100 \text{ [\%]}$$

유도 전동기가 동기 속도로 회전할 때 슬립은 0이며, 정지 시에는 1이 된다. 슬립은 위의 식과 같이 백분율로 표시되며 일반적으로 무부하 상태에서는 1%이고, 전부하에서는 3~5 %이며 전동기가 소형일수록 커진다.

5.2 전기 모터의 방향제어

공압 혹은 유압을 사용하는 액추에이터의 방향제어 회로에서 액추에이터의 운동 방향은 유체가 액추에이터로 공급되는 방향에 따라 달라진다는 것을 알 수 있다. 전기 모터를 사용하는 경우에도 같은 원리를 이용하는 것이다. 직류 모터인 경우 양극과 음극이 구분되어 있으므로 이 극성을 바꾸어 전원을 연결하면 코일에 흐르는 전류의 방향이 바뀌게 되고 이 결과 회전 방향을 바꿀 수 있게 된다. 교류 3상 유도형 모터의 경우에는 고정자 권선에 전원이 공급되는 순서를 바꾸면 회전방향이 바뀐다. 이와 같이 전류가 공급되는 방향을 바꾸기 위하여 사용하는 것이 스위치이다. 이 스위치를 사용하기 위하여 필요한 것이 공유압의 방향제어밸브에서도 언급한 바와 같이 스위치를 작동시킬 수 있는 방법이다. 이 장의 앞부분에서 설명한 센서도 이와 같은 스위치를 작동시킬 수 있는 하나의 방법이다.

5.2.1 모터의 동력제어회로 구성요소

(가) 릴레이

릴레이(relay)는 전기 신호에 의하여 작동되는 여러 개의 절연된 접점을 가지고 있는 스위치로 정의할 수 있다. 일반적으로 수동조작 스위치는 여러 개의 독립된 접점을 갖고 있지만 전기 리미트 스위치나 센서는 하나의 독립된 접점밖에 없다. 그러므로 전기적으로 독립된 여러 개의 접점이 필요한 경우에는 다른 전기부품을 이용하여 접점을 늘려 주어야만 한다. 이때 접점을 늘려주는 것이 전기제어에서 핵심적인 역할을 수행하는 전기릴레이이다. 전기 릴레이는 옛날에는 통신 분야에서 약해진 신호를 중계해주는 증폭기의 역할을 많이 담당하였으나 현재는 통신 분야보다는 공장 자동화를 위한 제어분야에 이용되고 있다. [그림 3-37]은 전기 릴레이의 구조와 기호이다.

전기 릴레이는 자장을 형성시키기 위한 코일, 전자석에 의하여 작동되는 접점 및 복귀 스프링으로 구성되어 있다. 전기 릴레이의 코일에 전기를 통전시키면 코일에 자장이 형성되어 릴레이의 아마튜어(armature)가 코일의 코어(core)로 끌려가게 된다. 즉, 전자석에 의하여 아마튜어와 기계적으로 연결된 여러 개의 접점이 작동되어 개폐되는 것이다. 그리고 코일에 통하는 전류를 차단하면 자장이 사라지므로 각 접점은 복귀스프링에 의하여 원상태로 회복된다.

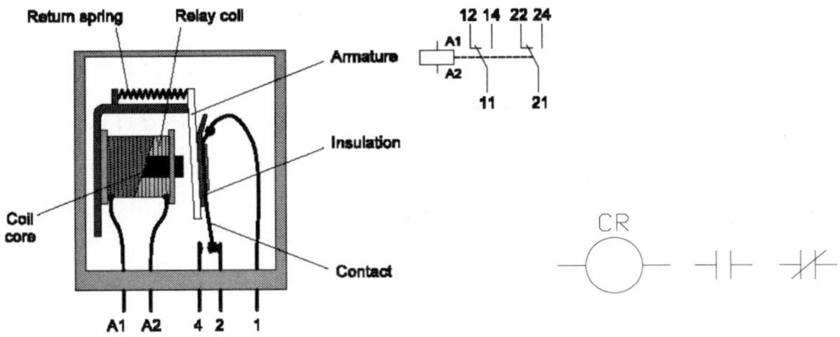

(가) 구조　　　　　　　　　　　(나) 기호

그림 3-37 릴레이

일반적으로 릴레이를 호칭할 경우에는 릴레이가 갖고 있는 접점을 이용하여 다접점 스위치와 같은 방법으로 부르며, 제어회로도에서 릴레이도 역시 표준화된 기호로서만 표시되어야 한다. 릴레이의 표시기호에는 IEC방법과 래더 방법의 두 가지가 있다. IEC방법에서 릴레이의 코일은 일반적으로 K라는 약호로 표시하고, 래더 방법에서는 CR(control relay)이라는 약호를 사용한다.

전기 릴레이는 전기적으로 독립된 여러 개의 접점을 갖고 있다. 즉, 릴레이의 각 접점은 전기적으로 충분히 절연되어 있기 때문에 각 접점에는 서로 상이한 전압을 사용해도 아무 문제가 발생되지 않는다. 24V용 전기 릴레이란 릴레이를 작동시키기 위한 코일이 24V용이라는 뜻이다. 그러므로 24V용 릴레이라 할지라도 각 접점에는 110V, 220V 등 상이한 전압을 이용해도 무방하다.

이와 같은 릴레이의 기능은 신호를 분기하는 기능, 신호의 증폭, 논리의 변환, 자기유지회로를 구성할 수 있는 기능이 있다. 릴레이는 PLC와 같이 제어용 기기로 사용할 수 있다. 과거에는 릴레이를 사용하여 제어하였으나 현재는 PLC를 사용하는 것이 일반화되었다. 그 이유에 대해서는 이미 설명하였다. 물론 PLC를 사용하여 제어 시스템을 구성하는 경우에도 신호의 증폭이나 논리의 변환 혹은 신호의 분기 등을 목적으로 릴레이를 사용하기도 한다.

릴레이는 시간을 지연하는 기능을 가진 릴레이도 있다. 시간을 지연하는 릴레이는 공압 타이머와 다르게 한시지연과 한시복귀를 모두 가지고 있다. 한시지연은 신호가 입력되면 그때부터 시간을 지연하여 출력을 발생하며, 입력된 신호가 제거되면 출력도 동시에 없어진다. 한시복귀는 신호가 있으면 동시에 출력이 존재하고, 신호가 없어지면 그때부터 시간을 지연하여 출력을 없애주는 기능을 가진 것이다. 물론 실제의 출력은 접점을 a접점을 사용할 것인가 혹은 b접점을 사용할 것인가에 따라 달라진다.

(나) 전자 접촉기(Magnet contactor)

전자 접촉기는 전자석으로 작동하는 스위치로 전기 회로에서 신호를 제어하는 용도로 사용하는 릴레이와 같은 원리로 작동하며, 주 접점과 보조 접점의 두 가지 접점을 가지고 있다. 주 접점은 3상 모터 등의 동력기기를 작동시키기 위하여 3개 이상의 접점을 가지고 있으며 허용 전류의 크기는 일반적으로 4~30kW이다. 접점을 작동시키기 위해서 전자 접촉기에는 코일이 감겨져 있는 고정코어와 가동코어가 있다. 고정코어를 구성하는 코일에 전원을 공급하면 이 코어가 전자석이 되어 가동코어를 잡아당기면서 접점이 작동하는 것이다. 접점의 작동은 수동 조작도 가능하다. [그림 3-38]은 그 구조이다.

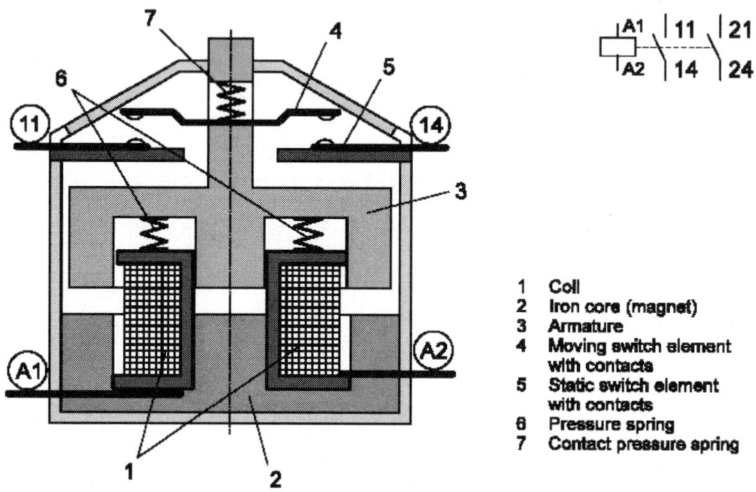

그림 3-38 전자 접촉기의 구조

(다) 열동형 과부하 릴레이와 전자식 과부하 릴레이

과부하 릴레이(overload relay)의 종류는 부하전류를 검출하는 방식이 바이-메탈 특성을 이용하여 검출하는 방식인 열동형 과부하 릴레이(thermal overload rRelay)와 전자식 과부하 릴레이(EOCR, electronic over current relay) 등으로 나눌 수 있다.

열동형 과부하 릴레이는 부하전류를 감시하여 이상이 발생하면 바이-메탈의 만곡 특성을 이용하여 기구적으로 보조접점에 신호를 전달한다. 과부하 릴레이의 구조는 [그림 3-39]에서 보는 바와 같이 주전원을 연결하는 전원부와 과부하 및 이상 발생 시 접촉기를 트립(trip)시켜줄 수 있는 기구부로 구성되어있다. 부하전류에 의하여 히터가 가열되고, 이에 따른 온도 상승으로 바이메탈이 변형되어 이 힘에 의하여 접점이 작동된다. 열동형 과부하 릴레이는 사용 용도에 따라 전자접촉기와 연결하여 사용하거나 또는 단독으로 설치할 수 있도록 되어 있으며, 전자 접촉기와 직접 연결된 상태를 전자 개폐기라 한다.

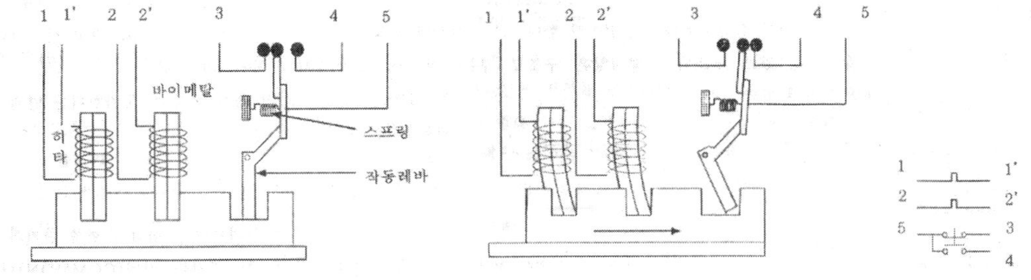

(가) 초기 상태 (나) 작동 상태 (다) 기호의 표시

그림 3-39 열동형 과부하 릴레이의 동작

전자식 과부하 릴레이는 전자식 모터 보호 릴레이(electronic motor protection relay; EMPR)라고도 하며 과부하 등의 사고로부터 모터를 보호하기 위해 전자개폐기와 함께 사용되는 기기이다. 전자식 과부하 릴레이는 열동형 과부하 릴레이와 같은 기능을 가지고 있는 기기로 그 기능과 특성을 비교하면 열동형 과부하 릴레이는 주로 과부하로부터 보호하는 것이지만 전자식 과부하 릴레이는 과부하, 결상, 역상 보호는 물론이고 조정범위가 전동기 특성에 맞게 조정할 수 있어 전동기 소손 방지는 완벽에 가깝다. [그림 3-40]은 전자식 과부하 릴레이의 외형이다.

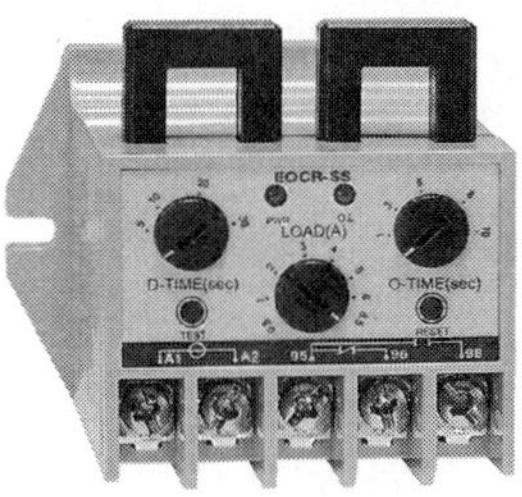

그림 3-40 전자식 과부하 릴레이의 외형 예

전자식 과부하 릴레이를 사용하기 위하여 과전류를 설정(LOAD)하는 것은 모터 정격 전류의 110% 정도로 설정하고, 기동지연시간 설정(D-TIME)은 모터 등의 기동 시 돌입전류에 대한 시간을 설정하는 것으로 사용기기에 따라 5~10초로 설정한다. 과부하 동작시간 설정(O-TIME)은 과부하가 계속되는 시간을 설정하는 것으로 3초 이내로 설정한다. 동작시험(TEST)은 동작시험 버튼을 5초 정도 누르면서 동작상태를 확인하며, 복귀(RESET)는 릴레이가 동작하였을 때 복귀시키기 위한 버튼이다.

(라) 전자 개폐기

전자 개폐기는 전자접촉기와 열동형 과부하 릴레이를 기계적으로 연결한 것이다. 모터를 제어하기 위한 회로에서 모터에 전원을 공급하는 것은 전자 접촉기의 역할이고 이 전원이 과부하가 발생하였을 때 차단되어야 하므로 모터의 제어회로 구성에는 전자 접촉기와 열동형 과부하 릴레이가 필요하다. 따라서 이 두 가지는 서로 연결을 쉽게 할 수 있도록 되어 있고 이 연결된 것을 전자 개폐기라 한다. 이를 대체하기 위하여 전자 접촉기와 전자식 과부하 릴레이를 사용할 수 있다.

5.2.2 방향제어 회로

모터는 회전 운동을 하는 장치이고 이 방향제어는 시계 방향 혹은 반시계 방향으로 회전할 수 있도록 회로를 구성하는 것이다. 기본적으로 모터는 고정자와 회전자 간의 극성에 의하여 회전운동이 발생하므로 원형의 형태로 배열된 회전자에 자계를 발생시키는 방향을 바꾸면 회전 운동의 방향도 바뀐다.

(가) 직류 모터의 정역 회로

직류 모터에서 회전자 코일이 계속 같은 방향으로 회전운동을 하기 위하여 정류자와 브러시를 사용한다. 즉, 직류 모터에서 정류자에 공급된 전원의 극성을 바꾸면 모터의 회전방향도 바뀌게 된다. [그림 3-41]는 직류 모터의 간단한 정역 제어회로이다.

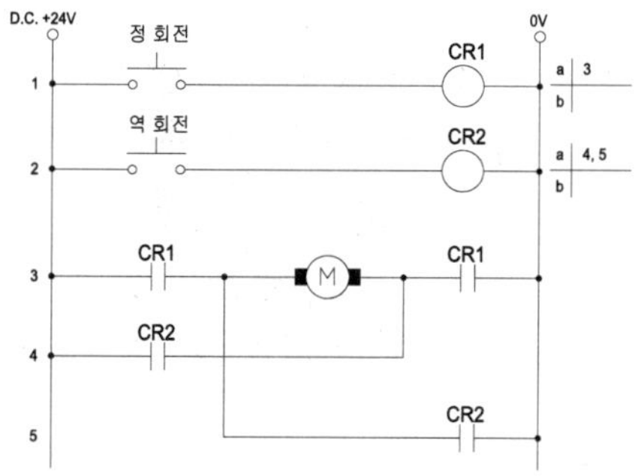

그림 3–41 직류 모터의 정역 제어회로

정회전 푸시버튼을 누르면 CR1 릴레이가 작동하여 3번 라인과 같이 모터에 전원이 연결되고, 역회전 푸시버튼을 누르면 CR2가 작동하여 모터에 연결되는 전원의 극성이 바뀌고 또 모터의 회전방향도 바뀌게 된다. [그림 3-41]의 회로는 회전운동을 위하여 회전을 위한 푸시버튼을 누르는 동안만 모터가 회전운동을 한다. 푸시버튼에서 손을 떼어도 모터가 회전운동을 하려고 하면 자기유지회로를 사용하여야 한다. 그리고 위의 회로에서 모터의 회전 방향을 바꿀 때 주의할 점은 모터가 충분히 정지한 후에 운동을 위한 푸시버튼을 눌러야 한다는 것이다. 회전운동을 하고 있는 동안에 그 방향을 바꾸기 위하여 모터에 신호를 주면 모터의 운동을 바꾸기 위하여 기계적, 전기적인 과부하가 발생하게 된다. 또한 두 개의 푸시버튼을 모두 누르는 것도 절대 허용되지 않아야 한다. 따라서 이의 방지를 위하여 인터-록(inter-lock) 회로를 사용하여야 한다.

(나) 3상 유도전동기의 정역 회로

먼저 3상 유도전동기의 운전회로에 대하여 설명하고자 한다. 3상 유도전동기의 회전은 전동기의 고정자 권선에 3상을 공급하는 것이다. 전동기를 기동하기 위하여 전원을 공급하면 기동 순간에 큰 전류가 흐르게 된다. 따라서 최대기동전류를 제한할 필요의 유무에 따라 감전압 기동과 직입 기동의 2가지 방법이 사용되고 있다.

감전압 기동은 변압기 또는 케이블의 용량이 적어 최초부터 정격전압을 가하여 기동하면 기동 시 발생하는 서지 전압에 의하여 타 기기에 나쁜 영향을 주거나 전동기가 기동이 불가능하므로 기동 시 전동기에 가해지는 전압을 낮추어 기동전류를 최대한 억제하는 기동방법을 말한다. 감전압 기동방법에는 Y-Δ 기동, 리액터 기동 등이 사용된다. Y-Δ 기동방법은 전동기의 기동 전류를 제한하는 가장 간단한 감전압 기동방법으로, 기동 시에 고정자 권선이 Y결선의 결선을 갖도록 하여 각 상에 전원전압의 $1/\sqrt{3}$ 이 가해지도록 하는 것이다. 정상적인 운전은 델타(delta, Δ)결선으로 전환하여 직접 전원전압을 각 상에 인가하여 운전한다. [그림 3-42]는 Y-Δ 기동방법의 기본 구성이다.

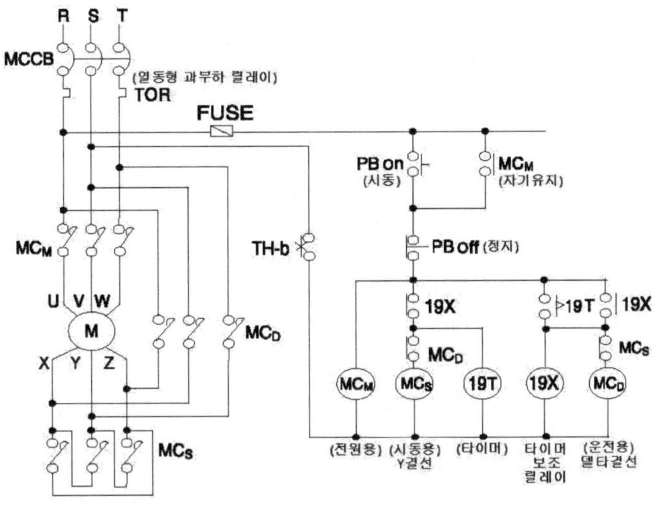

그림 3-42 유도전동기의 Y-Δ 기동회로

[그림 3-42]의 회로에서 시동 스위치를 누르면 전원용 전자 접촉기와 시동용 전자접촉기가 작동하여 Y결선 형태로 연결된다. 그리고 타이머(19T)에 신호를 공급한다. 전동기는 감전압되어 시동되고 이때 시동 전류는 전부하전류의 150~200% 정도이다. 전동기가 가속되어 시동전류가 감소하면 타이머에 의하여 시동용 전자 접촉기는 리셋하고 운전용 전자 접촉기를 작동시켜 델타결선 형태로 연결하여 운전한다. 운전 중 정지 버튼을 누르면 제어회로의 전원이 차단되어 모든 전자접촉기가 원위치로 복귀되고 전동기는 공급되는 전원이 차단되어 정지한다. 회로에서 MCCB(molded case circuit breaker)는 배선용 차단기로 그림과 같이 열동형 과부하 릴레이와 일체형으로 되어 있어 전동기에 과부하가 발생하면 차단하는 기능을 가지고 있다.

직입기동은 수동개폐기나 전자개폐기에 의해 전동기에 정격전압을 가해 기동하는 방법으로 소형전동기나 기동전류를 억제할 필요가 없는 경우에 쓰인다. [그림 3-43]은 EOCR이 연결된 전동기의 직입기동회로이다.

직입기동회로는 그림의 회로와 같이 ON스위치를 누르면 전자 접촉기(MC)가 작동하여 3상 유도 전동기에 전원을 공급하고 ON스위치를 자기유지하여 전동기를 운전하는 방법이다. 전동기의 운전 정지는 OFF스위치를 눌러 전자 접촉기(MC)의 코일에 공급하는 전원을 차단한다.

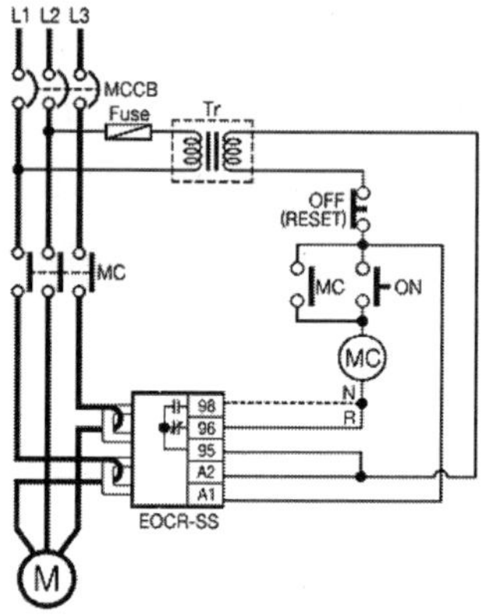

그림 3-43 EOCR이 연결된 유도 전동기의 직입기동회로

전자 접촉기의 전원 차단은 접점을 원래의 상태로 복귀시켜 전동기에 공급되는 전원을 차단하고 전동기는 운전을 정지한다. 전동기에 과부하가 걸리면 이를 차단하기 위하여 전류 검출부에 3상의 전선 중 두 선을 통과시켜 배선하고 제어회로의 전자 접촉기 배선은 EOCR의 접점을 통과하고 있는 형태로 배선한다.

3상 유도 전동기의 정역 운전은 3상 유도 전동기의 구조에서 알 수 있듯이 고정자 권선에 3상 전류를 공급하는 순서를 바꾸어주면 전동기의 회전 방향이 바뀌게 된다. 즉, 전동기를 정역 운전하려면 전동기에 공급하는 세 상의 전원 중 두 상을 교체하여 전동기에 접속되도록 회로를 구성하는 것이다. [그림 3-44]는 전동기의 정역회로를 구성하는 기본적인 방법이다.

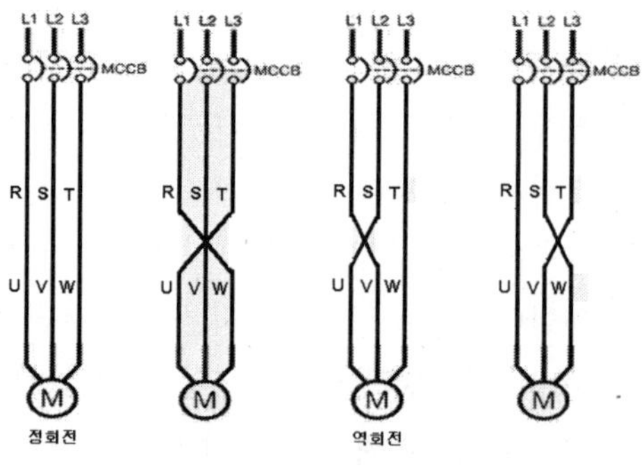

그림 3-44 3상 유도 전동기의 정역 회로

[연습문제]

1. 개회로 제어와 폐회로 제어에 대하여 설명하시오.

2. 전기회로의 기본 구성에 대하여 설명하시오.

3. a점점의 기능과 기호에 대하여 설명하시오.

4. b점점의 기능과 기호에 대하여 설명하시오.

5. c접점의 특징에 대하여 설명하시오.

6. 방향제어 밸브에 대하여 명칭과 기능에 대하여 설명하시오.

7. 실린더의 종류에 대하여 설명하시오.

8. 센서의 기능과 역할에 대하여 설명하시오

9. 방향제어 회로에 대하여 설명하시오.

CHAPTER

04

PLC의 구성과 인터페이스

1. PLC의 구성
2. PLC의 구조
3. PLC의 인터페이스

1. PLC의 구성

PLC는 자동화된 생산 설비에 사용하는 제어장치의 하나로, 센서의 신호를 받아 비교, 판단 제어하여 작업요소인 액추에이터가 적절한 운동을 할 수 있도록 신호를 출력하는 장치이다.

PLC의 프로세서 유닛에는 전용 전원장치와 프로그램 명령이나 시스템 데이터를 저장하기 위한 컴퓨터 타입의 기억장치뿐만 아니라 마이크로프로세서와 전용 전기회로를 갖추고 있다.

프로세서는 입력 및 기억하고 있는 데이터를 해석하고 사용자 프로그램의 지시에 따라 출력을 낸다. 대부분의 프로세서는 광범위한 기능을 수행하도록 설계되어 있다. 이런 기능으로는 릴레이, 래치, 타이밍, 카운팅과 간단한 산술기능으로 덧셈, 뺄셈, 곱셈, 나눗셈 등이 있다.

입출력구조는 교환을 쉽게 하고 나중에 확장이 용이하도록 모듈화 설계로 되어있다. [그림 4-1]에 PLC의 구성을 간략하게 설명하였다.

PLC가 사용되는 환경은 전자기적 노이즈와 교란신호가 많이 발생되므로 PLC의 입출력 구조는 이러한 신호가 배제된 필요한 제어신호만 프로세서와 교신시켜줄 기능이 필요하다. 제어용 입력신호는 사용자 프로그램과 함께 해석되고 처리되어, 입출력모듈에 의해 논리전압으로 바뀌어 산업제어에 사용되는 제어요소 및 부하의 구동을 가능케 하고 있다. 일반적으로 입출력 모듈은 산업용 제어 전압인 5~240V 범위의 직류 또는 교류 신호를 취급할 수 있고 저전압 아날로그 신호나 컴퓨터 통신신호와도 연결될 수 있다.

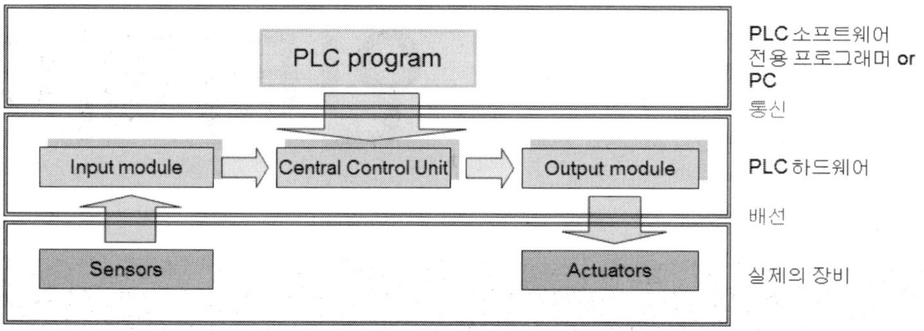

그림 4-1 PLC의 구성

고기능 입출력 장치를 사용하면 복잡한 신호와의 인터페이스 즉, 고속의 펄스, 스텝모터 작동, 정위치 제어기능 등을 간단한 프로그램을 통하여 해결할 수 있다.

특수한 인터페이스 시스템과 하드웨어를 사용하면 통신 네트워크와 제어 네트워크를 통하여 여러 개의 PLC를 동작시킬 수 있으며 이러한 기능을 통하여 복잡한 산업시스템의 제어도 가능해 진다.

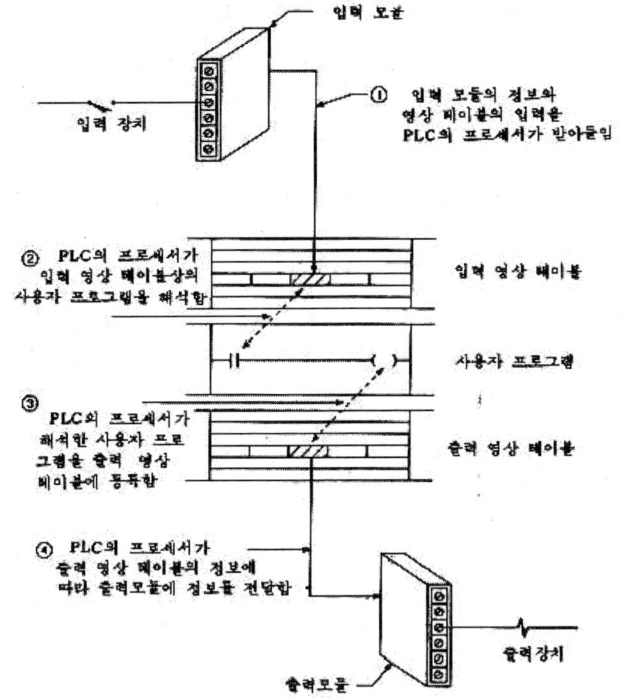

그림 4-2 간략화된 PLC의 동작

2. PLC의 구조

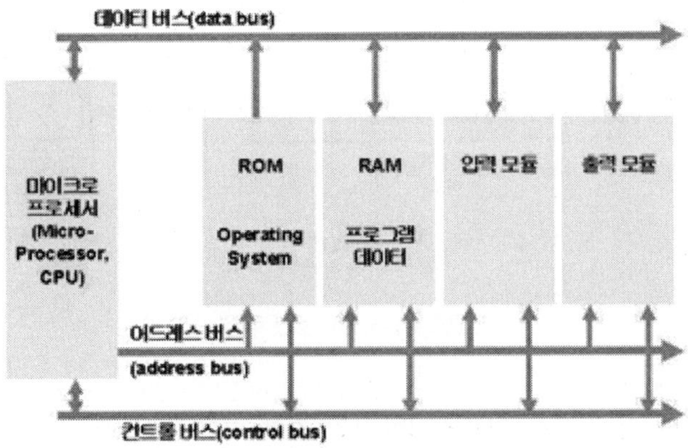

그림 4-3 PLC의 구조

PLC의 구조는 [그림 4-3]과 같이 마이크로프로세서를 이용하는 CPU(central processing unit)가 있다. 이 CPU는 PLC의 각종 기능을 제어하는 오퍼레이팅 시스템이 저장되어 있는

ROM(read only memory), 사용자의 프로그램을 저장하는 RAM(random access memory), 그리고 센서의 정보를 받아들일 수 있는 입력 모듈, PLC의 제어 출력을 내보내는 출력 모듈로 구성된다. 그리고 이들의 각 기능은 요구되는 정보를 보내는 전기적인 라인인 데이터 버스(data bus), 버스 스테이션(bus station)과 연결되는 기능을 가진 어드레스(address)를 선택하는 어드레스 버스(address bus), 필요한 기능의 버스 스테이션을 작동하는 컨트롤 버스(control bus)를 이용하여 제어한다.

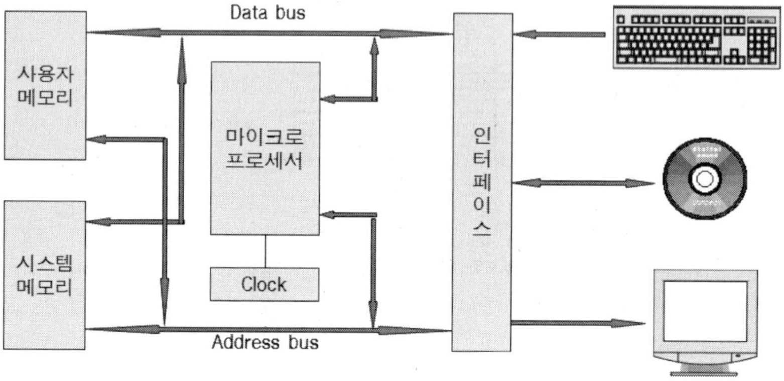

그림 4-4 컴퓨터의 구조

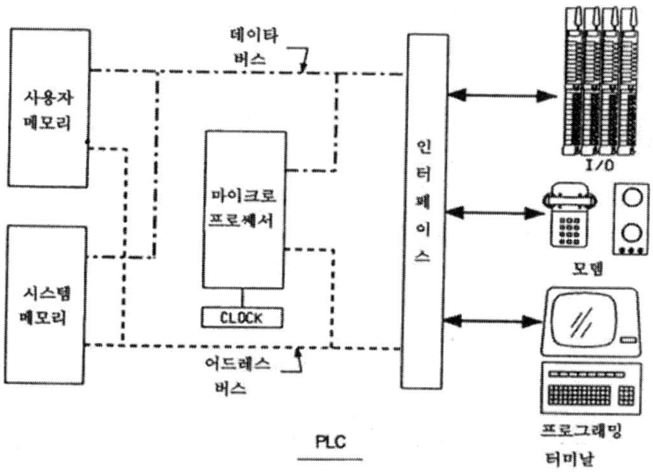

그림 4-5 PLC의 구조

[그림 4-4]와 같이 PLC와 PC의 CPU는 일반적인 구조와 기능면에서 서로 유사하다. 두 시스템 모두 마이크로프로세서, 사용자 영역의 메모리, 시스템 메모리를 포함하고 있다. 또한 두 시스템의 모든 구성요소들 간에는 데이터 버스와 어드레스 버스 시스템으로 연결되어 있다. 따라서 두 시스템의 인터페이스 역할을 하는 기기들을 제외하면 동일하게 보인다. 다만 두 시스템의 인터페이스부에 연결되는 기기들의 종류와 하드웨어는 서로 차이가 있다.

2.1 PLC의 중앙처리장치

2.1.1 구조

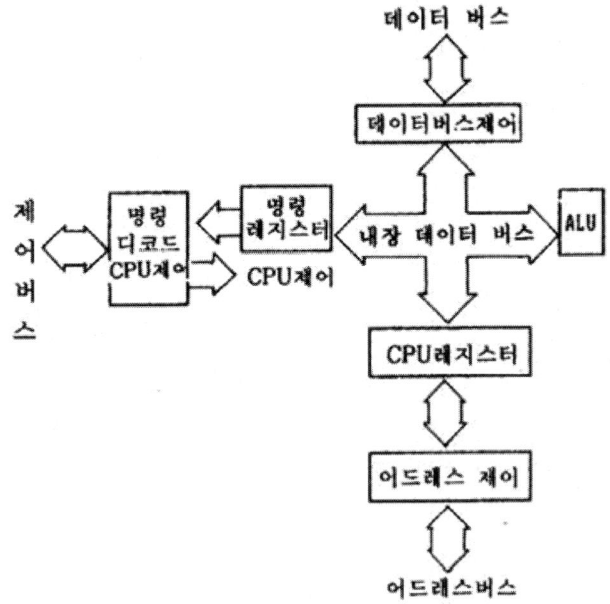

그림 4-6 PLC의 중앙처리장치

CPU는 CCU를 직접 제어하는 부분으로서 메모리의 프로그램에 따라 입출력부의 데이터 교환이나 연산, 비교, 판정, 일시기억 등을 수행한다.

일반적으로 PLC에서 사용되는 CPU는 Z-80, 8085, M6800등의 8bit용이 주류를 이루고 있는데, 고속처리가 불가피한 제어체계를 위하여 고속 처리용인 16비트 CPU가 사용된 PLC도 있으나 가격이 비싸서 일반화되지 못하고 있다. 여기서는 PLC의 CPU로서 가장 많이 사용되고 있는 Z-80을 중심으로 한 내부구성을 [그림 4-6]에 명시하였다.

어드레스 제어는 어드레스 버스로 CPU에 넣으려는 데이터가 있는 메모리 어드레스를 출력한다.

데이터 버스 제어는 어드레스 버스로 지정된 메모리의 내용을 넣는 명령이면 명령레지스터로, 레지스터로의 전송용 데이터라면 레지스터로, 연산용 데이터라면 ALU로 전송한다.

ALU는 Arithmetic and Logic Unit의 약자로서 산술, 논리 연산을 하는 부분이다.

명령 레지스터는 데이터 버스 제어에 의해 받아들인 데이터가 명령어일 때 이 명령 레지스터로 운반이 되어 내용의 판단을 하기 위하여 명령 디코더로 보낸다.

명령 디코드 CPU 제어는 명령 레지스터가 보내온 명령을 해독 실행할 때 경우에 따라서는 컨트롤에 필요한 신호를 외부에서 얻는다.

CPU 레지스터는 CPU 내부에 있는 소용량의 메모리와 같은 것으로, 데이터를 일시 기억하거나 연산의 보조, 간접 어드레스를 생성한다.

2.1.2 기능

우리가 사용하는 PLC의 기능은 기종마다 다르기 때문에 모두 언급할 수 없지만 일반적으로 PLC의 CPU가 가지고 있는 기능은 [그림 4-7]과 같다.

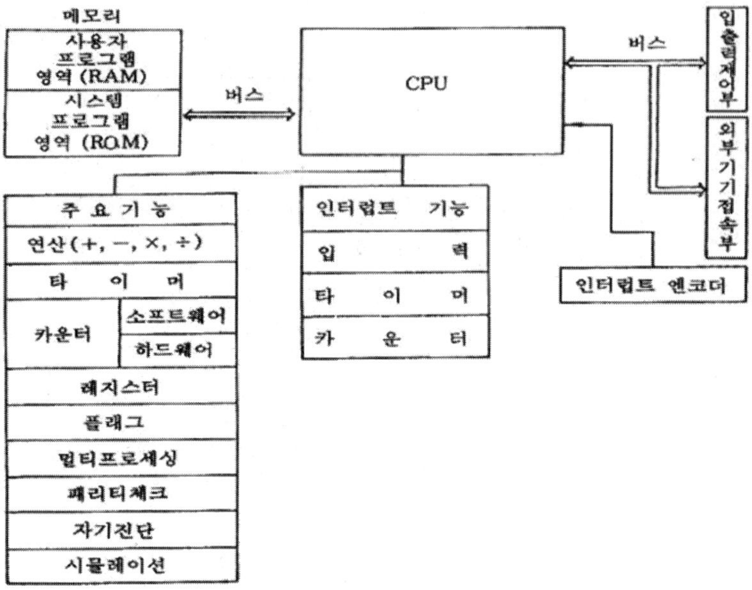

그림 4-7 PLC의 주요 기능

1. 연산기능 : 통상 연산기능은 2진, 8진, 10진, 16진법으로 연산(+, -, x, ÷)이 이루어지도록 되어있으며, 특히 입출력되는 신호가 binary(2진)로 표현되기 때문에 2진 연산 및 2진과 10진의 변환기능이 중요한 기능이 된다.

2. 타이머(timer) : 특정 시간의 지연 및 주기적인 업무의 반복 수행 시 필요한 기능으로서, 기종마다 다소 차이는 있으나 많은 타이머를 내장하고 있으며 각 타이머들은 0.01초~999.9초 정도의 시간 지연이 가능하도록 되어있다.

3. 카운터(counter) : 특정한 수량 및 횟수를 계수할 수 있는 기능으로서 증가 및 감소 계수가 가능하다. 카운터에는 프로그램에 의해서 사용 가능한 소프트웨어 카운터와 입력신호의 수를 계수할 수 있는 고속 하드웨어 카운터가 있는데, 일반적으로 카운터라 함은 소프트웨어 카운터이다.

하드웨어 카운터는 스캐닝 시간(scanning time) 등으로 소프트웨어 카운터로는 계수하기 힘든 10ms 이하의 입력 펄스를 계수하기 위하여 사용되며 모든 PLC가 갖추고 있는 것은 아니다.

4. 레지스터(register) : 특정한 I/O 상태 및 연산 결과 등을 기억하기 위하여 사용된다. 레지스터는 많을수록 좋으나 너무 많을 경우 저용량 메모리 PLC에서는 사용자 프로그램의 영역이 감소되는 수가 있다.

5. 플래그(flag) : 특정된 값을 기억시킨다는 점에서는 레지스터와 다를 바가 없다. 플래그는 비트(bit) 단위로 사용이 가능하여 어떤 작업 또는 특정한 입력의 상태를 비트 단위로 기억시킬 수 있다.

6. 멀티프로세싱(multi-processing) : 1개의 CCU가 2개 이상의 프로그램을 독립적으로 동시에 수행하는 기능으로서 1개의 CCU로 2개 이상의 CCU를 사용하는 것과 같은 효과를 얻을 수 있다. 그러나 너무 많은 프로그램이 동시에 처리되면 CCU는 각 프로그램의 처리 시간이 지연될 가능성도 있어 통상 4개 정도의 프로그램이 동시 수행될 수 있도록 하는 것이 적합하다.

7. 패리티 체크(parity check) : 자료의 송수신 시 에러가 발생되는 것을 방지하기 위해서 사용되는 기능이다. 이븐(even) 패리티 또는 오드(odd) 패리티 체크를 할 수 있도록 되어 있으며 이 기능을 위하여 데이터의 제일 앞의 비트를 패리티 체크 비트로 쓴다. 일반적으로 PLC는 잡음이 많은 공장 내에서 사용되기 때문에 에러의 발생을 사전에 방지하기 위해서 패리티 체크기능은 중요하다. 특히 타 기기와 연결할 때 이 기능이 없으면 자료의 전송이 안 되는 경우가 있으므로 타 기기와 접속하여 사용하고자 할 경우 반드시 확인하여야 하는 기능이다.

8. 자기진단(diagnostic) : PLC는 다른 제품들과는 달리 자기진단 기능을 내장하고 있어 기기 내에 고장이 발생하였을 경우 고장부위 및 상태를 표시하도록 되어 있어 고장 수리가 단시간 내에 가능하다.

9. 시뮬레이션(simulation) : 작성된 프로그램을 실제 제어 작업을 하기 전에 프로그램을 작동시켜 프로그램의 이상 유무 및 제어상태를 확인할 수 있는 기능으로 타이머, 카운터, 플래그, 레지스터 등의 모든 내부 값을 변경 및 연속 표시할 수 있는 보조기능을 갖추고 있다. 따라서 프로그램이 실제 제어에 미치는 영향을 사전에 충분히 검토할 수 있을 뿐만 아니라, 길고 복잡한 프로그램의 개발 및 에러 수정을 초보자 일지라도 단시간 내에 완성할 수 있도록 해주는 PLC의 고급 기능이다.

10. 인터럽트(interrupt) 기능 : 이 기능은 입력신호, 타이머 및 카운터와 함께 사용되는 기능으로서, 신호가 입력 또는 만족될 경우 모든 수행 중이던 프로그램은 즉시 중단되고 미리 지정되어 있는 인터럽트 프로그램이 수행된다. 그리고 인터럽트 프로그램이 완료됨과 동시에 인터럽트 전에 수행되던 프로그램 상태로 복귀하여 프로그램이 수행되도록 하는 기능으로서 긴급 및 비상업무 처리 등을 위해 아주 중요한 PLC 기능이다.

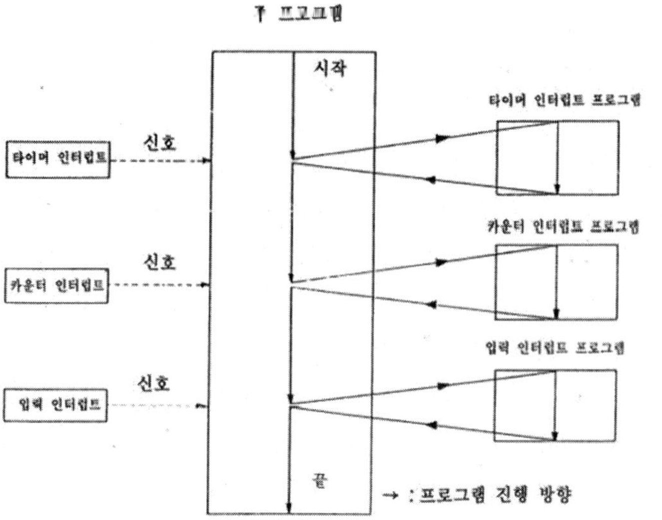

그림 4-8 인터럽트 기능에 의한 프로그램의 흐름

입력 인터럽트는 특정된 입력신호와 프로그램은 인터럽트 세트하게 되면 주 프로그램에서 입력 신호를 항상 확인하지 않아도 입력신호가 존재할 경우 자동적으로 인터럽트 프로그램의 수행이 시작된다. 타이머 인터럽트는 특정된 타이머 신호와 프로그램을 인터럽트 세트하면 주 프로그램(main program)이 수행되는 동안 지정된 타이머의 시간 간격으로 세트된 인터럽트 프로그램이 수행된다. 카운터 인터럽트는 카운터의 값을 프리세트(preset)하고 인터럽트를 지정하면 카운터의 값이 프리세트 값과 일치될 때마다 인터럽트 프로그램이 수행된다.

2.1.3 PLC의 연산처리

PLC의 연산 처리 방법은 입력 리프레시(refresh) 과정을 통해 입력의 상태를 PLC의 CPU가 인식하고, 인식된 정보를 조건 또는 데이터로 이용하여 프로그램 처음부터 마지막까지 순차적으로 연산을 실행하고 출력 리프레시를 한다.

이러한 동작은 고속으로 반복되는데 이러한 방식을 '반복 연산 방식'이라 하고 한 바퀴를 실행하는 데 걸리는 시간을 '1 스캔 타임(1 연산 주기)'라고 한다.

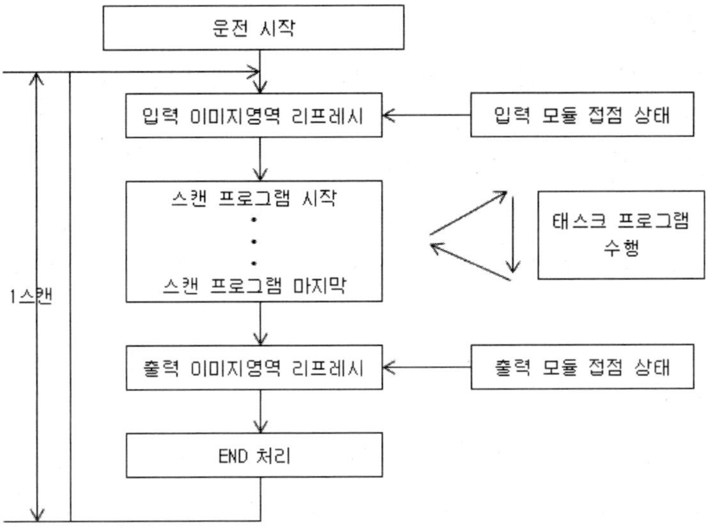

그림 4-9 PLC의 연산처리

(1) 입력 이미지 리프레시

PLC는 운전이 시작되면 입력 모듈을 통해 입력되는 정보들을 메모리의 입력 영역으로 받고, 이 정보들은 다시 입력 이미지 영역으로 복사되어 연산이 수행되는 동안의 입력 데이터로 이용된다. 이렇게 입력 영역의 데이터를 입력 이미지 영역으로 복사하는 것을 '입력 리프레시(input refresh)'라고 한다.

입력 리프레시는 운전이 시작될 때뿐만 아니라 매 스캔 END 처리가 끝나면 그 순간의 입력 정보를 입력 이미지 영역으로 복사하여 연산의 기본 데이터 또는 연산의 조건으로 활용한다.

(2) 프로그램 연산

입력 리프레시 과정에서 읽은 입력 접점의 정보를 조건 또는 데이터로 이용하여 사전에 입력된 프로그램에 따라 연산을 수행하고 그 결과를 내부 메모리 또는 출력 메모리에 저장한다.

GLOFA-GM PLC에서 이 프로그램은 크게 스캔 프로그램과 태스크 프로그램의 두 가지로 나눌 수 있는데, 스캔 프로그램은 PLC의 CPU가 RUN 상태면 무조건 수행하는 프로그램이고, 태스크 프로그램은 특정 조건을 만족해야만 동작하는 프로그램이다.

스캔 프로그램 연산을 수행하는 도중에 태스크 프로그램의 실행 조건이 만족되면 스캔 프로그램의 연산을 멈추고 태스크 프로그램을 수행한 후, 태스크 프로그램으로 전이하기 직전에 연산이 수행되던 스캔 프로그램의 위치로 복귀하여 스캔 프로그램의 연산을 계속하게 된다.

(3) 출력 리프레시

스캔 프로그램 및 태스크 프로그램의 연산 도중에 만들어진 결과는 바로 출력으로 보내지지 않고 출력 이미지 영역에 저장된다. 이 과정을 출력 이미지 리프레시라고 한다.

2.1.4. 자기 진단

연산의 과정에서 만들어진 결과는 바로 출력으로 내보내지 않고 출력 이미지 영역에 저장된다. 그 이유는 프로그램의 마지막 스텝 연산을 끝낸 후 PLC의 CPU는 시스템 상에 오류가 있는지 검사하고 오류가 없을 때만 출력을 내보내기 때문이다.

만일 연산이 성공적으로 끝나서 그 결과가 출력 이미지 영역에 저장되었다고 해도 PLC의 CPU는 자기 시스템을 진단하여 시스템 상에 오류가 있다면 출력을 내보내지 않고 에러 메시지를 발생시킨다. 이것을 자기 진단이라고 한다.

2.1.5 END 처리

연산이 성공적으로 수행되고 자기 진단 결과 시스템에 오류가 없으면 출력 이미지 영역에 저장된 데이터를 출력 영역으로 복사함으로써 실질적인 출력을 내보낸다. 이 과정을 END 처리라 하며, END 처리가 끝나면 다시 입력 리프레시를 실시함으로써 PLC는 반복적인 연산을 수행한다.

2.1.6 스캔 기능

CPU가 메모리에 저장된 프로그램을 실행하기 위해서는 여러 메모리 장소의 상황을 이해하고 있어야 한다. 입력 및 출력의 상태를 판독하고, 응용 프로그램의 명령을 검색하고 제어 프로그램을 실행하는 절차를 PLC의 스캔 기능(scan function)이라 한다.

CPU는 기계 또는 프로세서를 제어하는 응용 프로그램을 해석하고 실행하기 위해 시스템 메모리 장치와 계속적으로 상호 정보를 제공한다. RAM 메모리에 저장된 프로그램을 판독하여 제어 프로그램을 실행하고 I/O랙의 모든 출력을 갱신하기 위해 CPU에 요구되는 시간을 스캔 시간(scan time)이라 한다.

스캔 기능은 [그림 4-10]과 같이 I/O스캔(I/O scan)과 프로그램 스캔(Program scan)으로 나눌 수 있다.

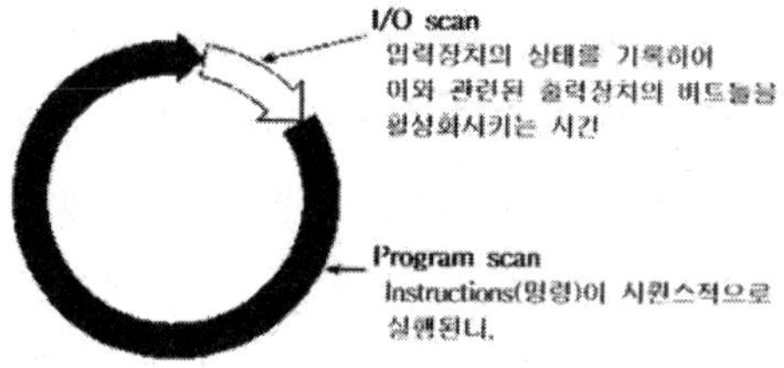

그림 4-10 스캔 기능

I/O 스캔은 입력장치의 상태를 기록하여 이와 관련된 출력장치의 비트들을 활성화시키는 시간이며, 프로그램 스캔은 명령이 시퀀스적으로 실행하는 데 걸리는 시간이다.

PLC에서 스캔 시간은 매우 중요한 요소이다. 예를 들면 하나의 스캔 시 입력 신호의 상태가 두 번 변경되면 PLC는 그 신호를 절대로 파악하지 못하게 된다. 이 상황은 입력 신호의 변화가 스캔 시간보다 빠를 때 일어난다. CPU가 프로그램을 스캔하는 데 7ms가 소요될 경우 입력 접점이 3ms마다 개폐되면 CPU는 접점의 변경 상태를 알지 못한다. 대부분의 PLC는 고장수리 또는 프로그램의 오류 수정과 같은 다른 동작에 대해 조정될 수 있는 스캔 시간을 갖는다.

프로그램에 입력된 각 명령들은 그 명령이 실행되는 데 일정한 시간이 필요하다. 이 소요 시간은 명령에 따라 각각 다르다. 예를 들어 타이머의 누산값을 판독하는 데 소요되는 시간보다는 출력 코일의 상태를 판독하기 위해 프로세스에서 소요되는 시간이 적다. 프로그램 그 자체의 전체 길이도 스캔 시간에 영향을 미친다.

프로그램 전체를 스캔하는 데 필요한 시간은 사용하는 제조업체 및 모델 종류에 따라 1ms와 255ms 사이에 한 번씩 변한다. 제조업체에서 할당된 RAM 메모리의 양도 전체 스캔 시간에 영향을 미친다. 일반적으로 1K의 사용 메모리에 2ms가 부가된다. 프로그래밍 단말기가 CPU에 접속될 경우에는 I/O의 상태를 CRT화면에 전송하기 위해 시간이 길어지기 때문에 스캔 시간도 길어진다.

2.2 기억장치

2.2.1 기본 원리

디지털 기억장치는 1과 0의 조합으로 만들어지는 2진 정보를 받아들일 수 있다. 가장 작은 저장단위인 1 bit를 저장할 수 있는 것을 저장위치(storage position)라 한다. 몇 개의 저장위치는 메모리셀(memory cell)을 형성하여 데이터 워드(data word)를 저장하고, 몇 개의 데이터 워드는 메모리 블록(memory block)을 형성하여 데이터 블록(data block)을 받아들일 수 있다.

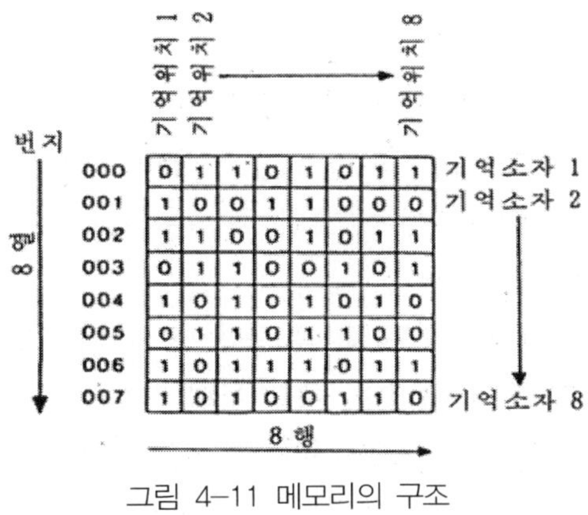

그림 4-11 메모리의 구조

저장위치에 대한 목록은 외부에서 찾아낼 수 있고 그 값을 0 또는 1로 확정하는 과정을 writing 또는 storing이라 하고, 저장위치의 값을 확인하는 과정을 reading이라 한다.

메모리에 데이터를 기록하고 판독하는 방법에는 비트(bit) 단위로 기록과 판독을 하는 방법과, 워드(word) 단위로 기록과 판독을 하는 방법이 있다.

비트 단위로 데이터를 기록하고 판독하는 방식에서는 임의의 저장위치에 접근(access)할 수 있다. 즉 네 번째 저장위치의 세 번째 메모리 셀(memory cell)을 직접 판독하거나 수정할 수 있다.

워드 단위로 데이터를 기록하고 판독하는 방식에서는 여러 개의 비트로 구성된 메모리 셀(memory cell)이 동시에 저장되거나 읽힌다.

실제로 명령어들은 몇 개의 비트로 구성되므로 프로그램의 메모리들은 모두가 워드 단위로 기록되고 판독된다([그림 4-12] 참조).

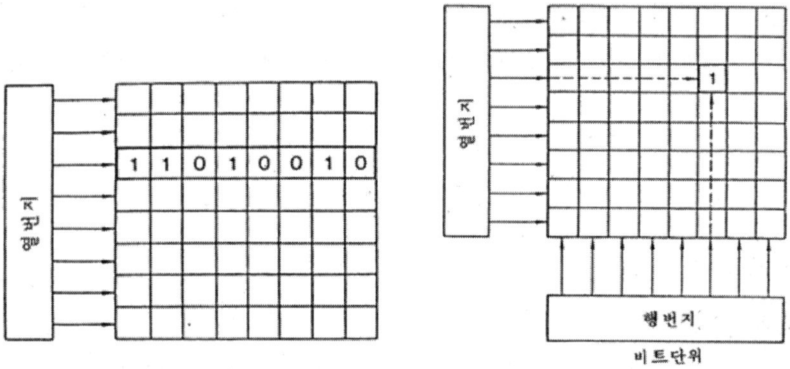

그림 4-12 데이터의 기록과 판독

저장된 정보를 사용하는 데 많은 물리적인 방법이 있으며 PLC에서는 다음에 소개되는 장점들 때문에 반도체 기억장치를 사용한다.

2.2.2 반도체 기억장치

반도체 기억장치는 가격이 저렴하고 설치면적이 작아질 수 있으며 빠른 처리속도가 장점이다. 그리고 기억장치와 외부 회로 사이의 일치성, 즉 대형 기억장치 구성의 가능성도 장점이라 할 수 있다. 반도체 기억장치의 또 다른 중요한 특성은 작은 크기에 비하여 기억 용량이 크고 데이터의 처리속도도 빠르다는 점이다.

기억용량은 0이나 1을 저장하는 비트(bit)의 수량으로 나타낸다. k(kilo)는 대용량에 사용되며 1 kilo bit = 1 kbit이며 1,024 bit이다. 예를 들면 ROM이 4096 bit의 기억용량을 가지고 있다면 이것은 4-kbit ROM이며 4k ROM이라 표시한다.

단어의 길이(word length)는 하나의 메모리 워드(memory word)에 포함되는 비트의 개수를 나타내며 기억용량은 512 X 8 bit와 같이 단어의 수량과 단어의 길이와의 곱으로 표시된다. 위와 같은 경우라면 각 8비트씩 512개의 단어를 기억할 수 있는 용량이다. PLC의 기억용량에서는 저장될 수 있는 비트의 수량보다는 워드의 수량이 더욱 관심의 대상이 되며 따라서 k-words

를 적용한다. 제작자가 제공한 사양에서는 단지 k 혹은 1k라고 표시되어 있는 경우가 있는데 이는 저장될 수 있는 단어의 수량이며 명령문의 수량이 된다.

기능으로 본 반도체 메모리는 RAM과 ROM으로 크게 구분한다. RAM은 각각의 메모리 워드 또는 비트에 데이터를 쓰거나 읽어낼 수 있다. 반면에 한 번 쓴 메모리를 수정할 수 없이 읽어내기만 하는 장치를 ROM이라 한다. PLC와 컴퓨터에는 위의 두 가지 형태 모두 각기 필요에 따라 사용된다. 고급 언어에서 사용되는 명령어(BASIC, FORTRAN, Relay Ladder)의 번역된 기계어는 ROM에 저장되어 있으므로 수정할 수 없고, 사용자에 의해 입력되는 프로그램은 RAM에 저장되므로 필요에 따라 수정 가능하다.

2.2.3 RAM

이러한 형태의 메모리는 전원 차단 시 9-10초 이내에 기억된 정보가 지워져 버리므로 소멸성이라 한다. 따라서 전원 차단 시 내장된 내용을 유지하기 위해서는 비상용 전원 장치가 필요하다. 이러한 이유로 PLC 시스템의 CPU에 전원이 공급되도록 배터리를 갖는다. 이것으로는 PLC를 동작시킬 수 없으며 전원 차단 시 메모리에 전원을 공급하는 데 사용된다.

2.2.4 ROM

ROM메모리의 형태는 제조 과정에서 프로그램되며 수정할 수 없다. ROM은 데이터나 마이크로프로세서의 명령이 쉽게 바뀌지 않는 곳에 사용된다. 일반적은 ROM메모리는 새로운 프로그램이 필요할 때는 사용할 수 없으나 프로그램형 ROM은 한정된 횟수에 한해서 수정이 가능하다.

프로그래머블 ROM에는 몇 가지 형태가 있는데, PROM(programmable ROM)이 가장 보편적이다. PROM은 사용자가 한번 프로그램하면 변경할 수 없다.

EPROM(erasable PROM)은 FET(field effect transistor)로 구성되어 있다. FET소자는 메모리의 전기회로와 절연되어 있어 충전된 상태를 유지할 수 있도록 되어 있다. 메모리는 전하가 존재하면 1의 상태를, 존재하지 않으면 0의 상태를 나타낸다. 이런 형태의 메모리는 그 구조에 따라 내용을 지울 수 있다.

UVEPROM(ultraviolet EPROM)은 유리창이 달려있다. 이것은 자외선 빛에 일정시간 노출시키면 내부적으로 광전류가 발생되어 FET의 모든 전하를 방전상태로 만들어 ROM의 내용을 지우게 된다. UVEPROM은 간략하게 EPROM이라고도 한다.

EPROM(electrically erasable ROM)은 FET소자의 전하를 없애기 위해 전류를 과하게 흘려 지울 수 있다. UVEPROM과 EEROM 모두 부분적인 삭제는 불가능하며 전체적인 삭제 또는 프로그램만 가능하다.

표 4-1 메모리

메모리 형태		소거 방법	프로그램	전원 차단 시 데이터의 형태
RAM	Random Access Memory Read Write Memory	전기	전기	소멸성
ROM	Read Only Memory	소거불가	생산단계에서 마스크 이용	비소멸성
PROM	Programmable ROM			
EPROM RPROM	Erasable PROM Reprogrammable ROM	자외선		
EEROM EAROM	Electrically Erasable ROM Electrically Alterable ROM	전기		

EAROM(electrically alterable ROM)은 부분적인 내용 삭제가 가능하다. 이 메모리는 낮은 전압으로 보다 빨리 삭제할 수 있다는 점을 제외하고는 EPROM과 유사하다. 반면에 프로그램의 작성과 읽어내는 데 느리다는 단점이 있다.

레지스터는 산술계산과 같은 경우에 다음 과정을 위해서 일시적인 결과의 기억을 위해 CPU에 내장되어 있는 하나의 워드 메모리(word memory)이다. 이것은 일시적인 기억기능이며 지워질 수 있다.

비소멸성 메모리는 공급전원이 차단되어도 오랫동안 그 기억상태를 유지할 수 있으므로 배터리(back-up battery)가 필요 없다.

플래그는 작업의 결과(1이나 0)가 저장될 수 있는 하나의 비트 메모리(bit memory)이며 비소멸성 기억요소로 만들어졌다면 비소멸성 플래그(non-volatile flag)라 부른다.

2.3 입력부

2.3.1 입력 모듈

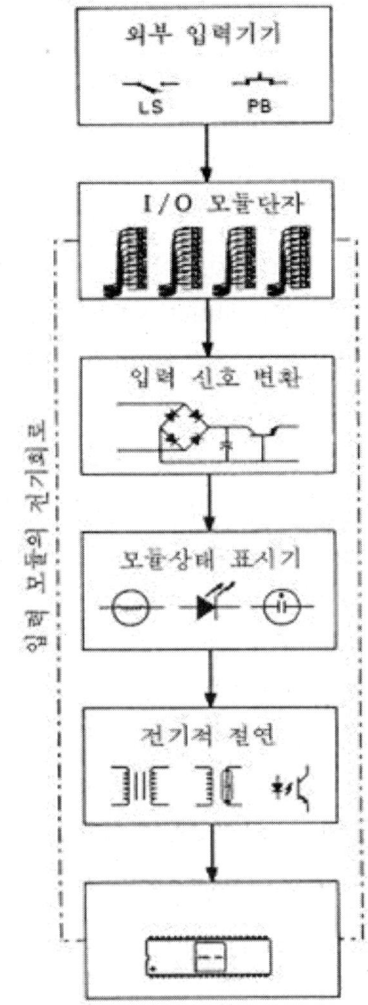

그림 4-13 입력 신호의 처리

- 외부 입력기기

제어 시스템의 신호를 CPU에 제공한다.

- I/O 모듈단자

외부 기기와 PLC제어 시스템 사이의 연결

- 입력 신호 변환

외부 기기의 신호를 PLC의 CPU에 맞는 낮은 전위값으로 변환

- 모듈상태 표시회로

  입력 모듈의 기능 상태를 가시적으로 표시하는 회로

- 전기적 절연회로

  외부 신호와 CPU 간의 전기적 절연

- 인터페이스/멀티플렉스 회로

  입력기기의 상태를 CPU에 전달해주는 장치

입력신호들은 다양한 형태를 갖는다. 모듈의 회로에 입력된 신호는 CPU의 입력 신호에 맞도록 입력 신호 변환기를 거치게 된다. 이러한 신호는 외부기기의 전압과 CPU의 낮은 신호값을 전기적으로 절연하기 위해 절연 블록을 통과하여 인터페이스/멀티플렉스 회로에 전달된다. 입력 모듈의 입력 신호 변환회로는 제조회사, 시스템의 구조, 특정의 모듈에 의한 신호변환의 종류와 형태에 따라 다양하다.

ON/OFF 형태인 2진 입력신호의 신호변환은 간단하나, 아날로그 입력 신호의 변환은 신호 변환기와 입력신호 사이의 변환비율이 필요하다. 2진 입력신호의 변환이 입력 기기의 ON/OFF 상태를 CPU에 전달함에 비해 아날로그 입력 신호의 변환은 그룹형태의 2진 신호로 CPU에 전달하도록 되어 있다.

대부분의 경우 DC전원의 ON/OFF형 입력신호는 저항회로를 이용하여 간단히 변환할 수 있다. AC전원의 ON/OFF형 입력신호는 브릿지 정류기와 저항을 연결하여 직류신호로 변환할 수 있다.

아날로그형 DC입력신호는 사용자 또는 모듈에 의한 기준값과 비교되어 그 결과를 데이터값으로 CPU에 전달된다. 이때의 신호값은 전류 또는 전압의 형태가 된다. 이와 같은 변환구성을 A/D변환이라 한다.

절연 블록은 입력 신호 변환기를 거친 외부 입력신호를 CPU의 입력신호와 전기적 기계적으로 분리하는 것이 목적이다. 이와 같은 절연은 신호 변환 시 제거되지 않은 전기적 잡음이나 첨예 전압으로부터 CPU를 보호하기 위함이다.

가장 일반적인 절연 방법은 빛에 의한 방법이다. 이 장치는 입력신호를 전원으로 사용하는 LED(light emitting diode)를 캡슐화하고 있다. 그 안에는 빛에 의해 동작되는 트랜지스터를 이용하여 마치 빛에 의해 동작하는 스위치와 같은 동작을 한다. 빛에 의한 절연 방법 외에 코일을 이용한 트랜스포머를 사용하는 방법이 있다. 트랜스포머를 대신해서 리드 릴레이가 사용될 수 있다. 리드 릴레이의 수명은 기계적으로 제한되어 있다.

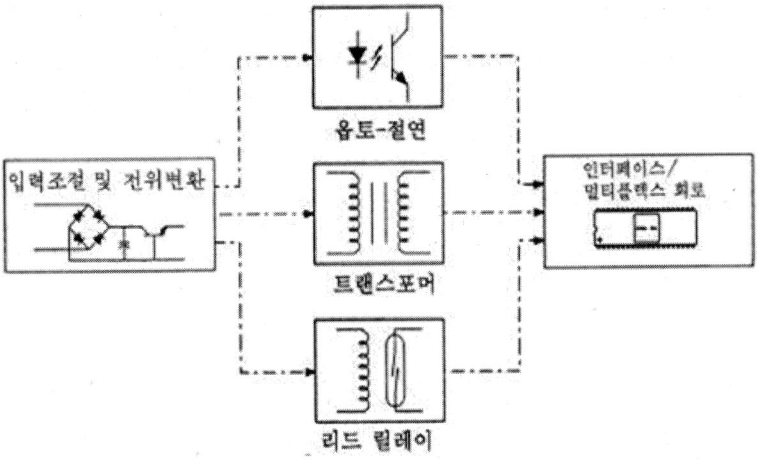

그림 4-14 입력모듈의 절연

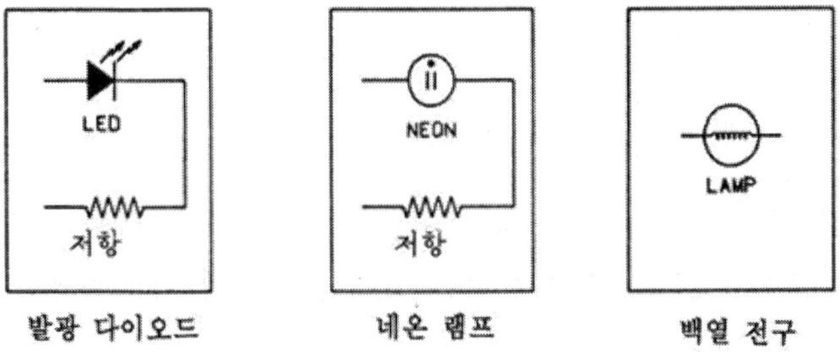

그림 4-15 인디케이터

인디케이터 블록은 모듈 자체의 문제점 발견과 외부 배선의 점검에 유용하다. 입력 모듈의 동작 여부 또는 동작의 상태를 점검하기 위해 많은 인디케이터를 사용하고 있다. 또한 모듈의 오동작이나 진행되는 모드의 상태를 나타내는 인디케이터들도 있다. 현재 사용되는 인디케이터로는 LCD와 네온램프 또는 백열전구 등이 있다. LED나 네온램프의 수명이 비교적 긴 편이다.

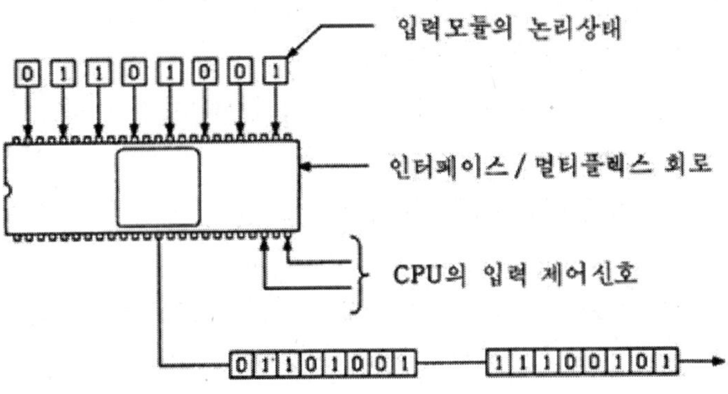

그림 4-16 인터페이스/멀티플렉스 회로

입력 모듈의 마지막 단에는 인터페이스/멀티플렉스 회로가 있다. 이 회로에서는 입력 신호 변환기와 절연 블록을 거친 외부입력 신호들을 모두 받아들여서 필요에 따라 CPU에 전달하는 역할을 한다.

2.3.2 입력 모듈 선정 시 고려사항

PLC와 접속하는 프로세서의 입력기기에 따라 다음의 사항들을 검토하여 결정할 필요가 있다.

1. AC입력인가 또는 DC인가
2. 입력기기의 접속방식
3. 입력전압
4. 응답시간
5. 절연형태
6. 표시등

(1) 교류 입력 모듈

교류를 입력 전압으로 사용할 때는 특별한 입력용 전원장치가 필요하지 않으므로 사용이 쉽다는 장점이 있다.

입력신호에 리미트 스위치나 전자접촉기 등의 강전용 접점을 사용하는 경우, 접촉신뢰성은 일반적으로 전압이 높을수록 좋으므로 AC입력을 사용하는 편이 좋다.

일반적으로 교류 입력 모듈의 경우 약전회로와의 접속 시 노이즈나 서지로 오동작을 발생시키므로 나중에 설명할 노이즈 대책에 세심한 주의를 기울일 필요가 있다.

(2) 직류 입력 모듈

직류를 입력 전압으로 사용할 때는 외부회로에 미니어처 릴레이(miniature relay)나 파워릴레이(power relay)등의 접점신호 광전스위치나 근접스위치 등의 무접점신호 키보드 디짓 스위치(digit switch) 등의 데이터 입력신호의 취급 시에 사용된다.

약전회로의 접점을 입력신호로서 사용하는 경우 입력전류도 작고 전압도 낮기 때문에 접촉불량에 주의할 필요가 있다.

교류 입력 모듈과는 달리 입력신호 케이블이 길어도 전자유도등에 의한 오동작이 적은 것이 장점이다.

입력 모듈에는 노이즈에 의한 오동작을 방지하기 위해 필터회로가 조합되어 있어 응답시간에 지연된다. 고속응답이 필요한 경우 직류 입력 모듈에서는 ON/OFF 지연이 짧은 것을 사용할 필요가 있다.

직류 입력 모듈의 코먼라인(common line)을 +측에 연결하는가, -측에 연결하는 가에 따라서 싱크(sink) 입력(부 논리 접속)형과 소스(source) 입력(정 논리 접속)형으로 나뉜다. [그림 4-17]과 싱크 입력은 외부입력 ON으로 입력단자에서 전류가 흘러나가는 방향으로 작용하는 타입이다. 소스입력은 입력단자와 코먼 단자에 전압을 인가함으로써 입력단자로 향하여 전류가 흘러들어가는 타입이다.

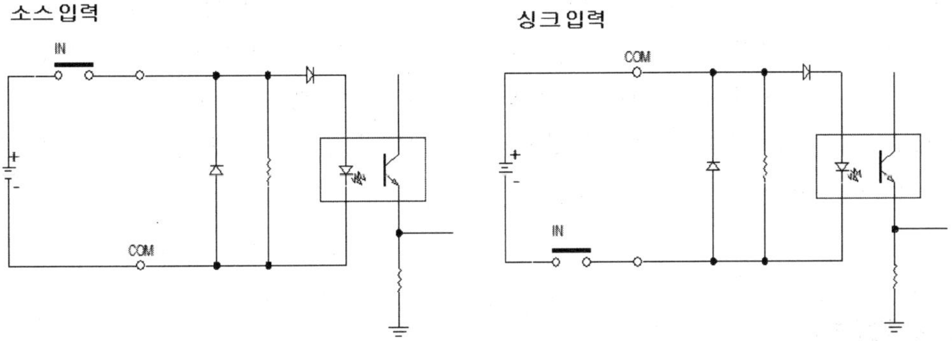

그림 4-17 입력 형식

(3) 입력 전압

AC입력에서는 AC 100V와 AC 200V가 일반적으로 쓰이며 유접점 입력기기일 경우에는 어느 쪽 전압이나 사용에 있어서 접점의 접속성에 큰 차는 없다. 이 경우에는 접촉성보다는 오히려 인체에 대한 안정성, 접점을 ON/OFF할 때 서지에 의한 PLC나 기타 전자기기에 미치는 노이즈의 영향을 고려하는 것이 좋다. 인체나 기계의 안전성, 노이즈 발생이라는 점에서는 AC 100V를 사용하는 것이 AC 200V보다 유리하다.

DC입력일 경우에 DC 5V, 12V, 24V가 표준이다. 유접점에서의 접촉 신뢰성은 고전압이 더 유리하다. 따라서 입력기기의 정격전압 사용상 문제가 없을 경우 DC 24V를 사용하는 편이 효율적이다.

주의해야 할 것은 하나의 입력전원으로 유접점이나 무접점 입력기기를 사용할 경우이다. 이 경우에는 당연히 정격전압이 가장 낮은 입력기기에 맞추어 입력전원 전압을 선택하지 않으면 안 된다.

(4) 지연시간

ON지연시간(delay time)은 스위치를 누르고 부터 입력 모듈이 입력신호를 받아들일 때까지 필요한 시간을 나타낸다. OFF지연시간은 ON지연시간과 반대로 스위치를 OFF해도 일정한 시간(수~수십ms)이 경과하여야 스위치가 off 상태로 받아들이는 데 소요되는 시간을 말한다. 입력신호의 지속시간이 짧은 경우에는 고속 응답 입력 회로를 선정하여야 한다. 또한 지연시간의 장단점만 고려하여 단순히 입력 모듈의 우열을 판가름하는 것은 잘못된 것이다. 입력신호의 노이즈 제거 대책상 일부러 지연시간을 길게 하기도 하므로 PLC를 설치할 환경이나 취급하는 신호의 특성에 맞는 것을 선택하는 것이 필요하다. 그러나 PLC의 응답시간은 입력부의 지연시간과 시퀀스 프로그램의 스캔타임 문제 등을 포함한 제어 전체의 응답성을 검토해야 한다.

(5) 절연 형식

입력기기와 입력부의 절연은 노이즈나 지락사고를 대비하기 위해서 절연 형식을 사용하는 편이 이상적이다. 입력 점수가 많아서 전부를 절연 형식으로 하는 것이 경제적으로 비용이 많이 드는 경우에는 제어박스 내에 설치되는 스위치 입력요소를 노이즈 환경에 강한 것을 사용하도록 하고 외부 릴레이 등으로 입력부를 절연하여 사용할 경우에는 비절연 형식을 채용하는 것도 무방하다.

2.4 출력부

2.4.1 출력 모듈

그림에서와 알 수 있듯이 모듈에는 7개의 세부 전기회로를 포함하고 있음을 알 수 있다. 입력 모듈에서와 같이 출력 모듈에도 CPU로부터 나오는 신호를 받기위해 인터페이스/멀티플렉스 회로를 포함하고 있다.

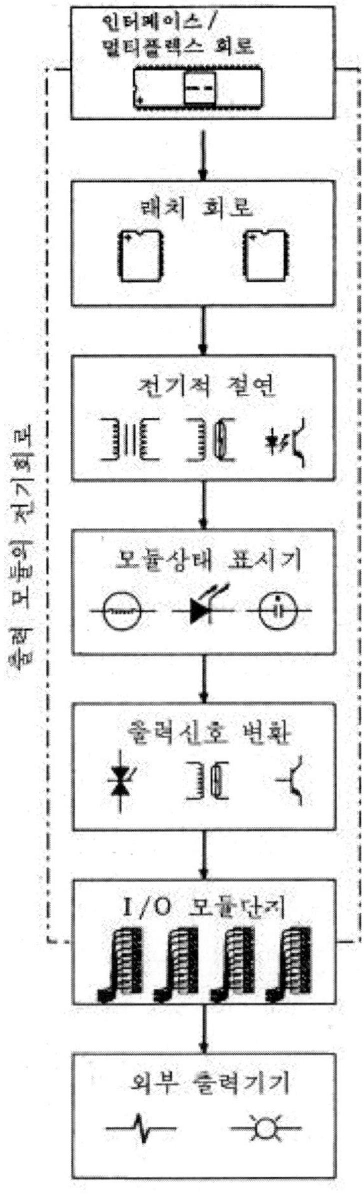

그림 4-18 출력 신호의 처리

- 인터페이스/멀티플렉스 회로

CPU의 출력을 전달하는 회로

- 래치회로

인터페이스/멀티플렉스 회로에서 나오는 신호를 저장함

- 전기적 절연회로

CPU와 외부기기의 신호를 전기적으로 절연시킴

- 모듈상태 표시회로

출력모듈의 동작 상태를 가시적으로 나타냄

- 출력 신호 변환

CPU의 출력 신호를 외부기기를 동작시킬 수 있도록 변환함

- I/O 모듈단자

PLC제어 시스템과 외부 기기와의 연결

[그림 4-19]의 인터페이스/멀티플렉스 회로는 CPU에서 나오는 신호를 받아 해석하여 적절한 출력점에 할당하는 역할을 한다. 즉 클럭 펄스(clock pulse), 리셋과 인에이블(enable) 신호, 어드레스 데이터를 포함한 수많은 신호를 CPU로부터 받아 적절한 출력점으로 분류하는 작업을 한다.

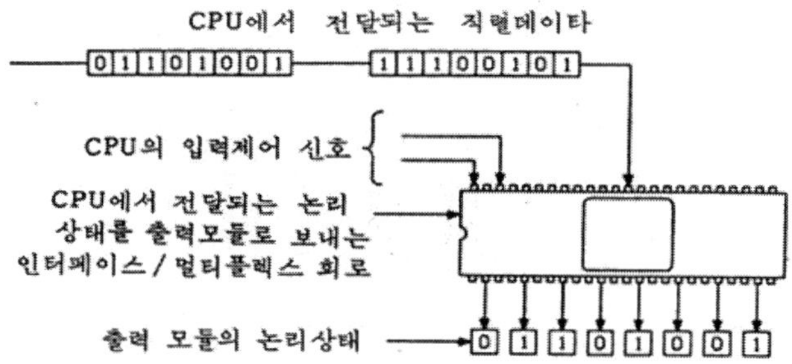

그림 4-19 인터페이스/멀티플렉스 회로

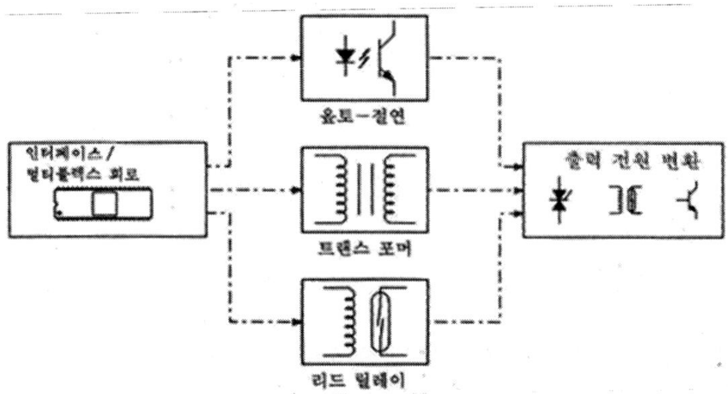

그림 4-20 절연회로

래치회로(latch circuit)는 인터페이스/멀티플렉스 회로로부터 신호를 받아들여 다음 단계가 준비상태가 될 때까지 신호를 저장한다. 다음단인 절연회로와 출력신호 변환회로에 입력되는 단일 출력 또는 그룹출력의 상태를 저장하기 위해 일반적으로 직렬 래치회로를 갖는다.

절연회로는 입력 모듈의 회로와는 설계와 기능면에서 반대로 되어 있으며 절연 방법은 빛, 트랜스포머, 리드 릴레이에 의한 방법이 있다.

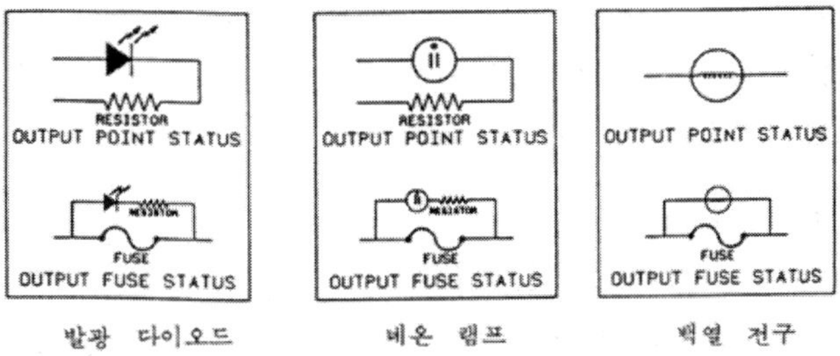

그림 4-21 출력 모듈의 인디케이터

외부 배선들의 점검과 모듈의 점검 시 출력 모듈의 인디케이터를 이용할 수 있다. [그림 4-21]에는 가장 보편화된 것들을 나타내고 있다. 네온램프와 LED인디케이터는 수명이 길다는 장점이 있다.

2.4.2 출력 카드

출력카드는 PLC 내의 전자회로와 솔레노이드 밸브, 표시램프, 릴레이 코일 등과 같은 부하를 연결하는 것이다. 입력카드와 마찬가지로 양극과 음극의 접점출력이 구분되어야 하며 제어의 상태가 LED로 표시될 수 있어야 한다. 또한 대부분이 8개 혹은 16개의 출력을 가진 것이 제작되며, 4개 혹은 32개의 출력을 가진 것도 있다. 출력은 제어장비에 공급되는 동력과 신호의 증폭율에 따라 결정되나 릴레이나 콘택터를 이용하여 원하는 전압을 이용할 수 있게 된다. 출력카드에서도 쇼트 방지 회로가 필요하다. 부하와 연결되어 있는 개방 회로에서의 단순한 잘못은 제어장비에 영향을 미치지 않는다. 그러나 출력에서의 쇼트는 이를 방지하는 적당한 회로가 구성되어 있지 않으면 치명적인 손상을 미칠 수 있다.

다음은 출력카드를 보호하기 위한 세 가지 방법이다.

1. 가장 간단하고 값싼 방법은 퓨즈에 의한 것이다. 쇼트가 발생하면 퓨즈를 교환해야 하므로 쉽게 교환될 수 있도록 설치되어야 한다.

2. 제한된 시간동안 기기에는 손상을 입히지 않고 쇼트를 견디는 쇼트방지 회로를 가진 출력도 있다. 이러한 출력카드는 쇼트 발생 시 제어장비를 보호하기위해 해당 회로를 소프트웨어에 의해 개방시킨다. 다만 이 방법은 전자회로를 꾸미는 데 비용이 든다.

3. 장기간 쇼트에 대비한 쇼트방지 회로가 있다. 과부하 감지기가 쇼트 발생을 감지하면 해당 회로를 개방시킨다. 즉 감지기에 과전류 상태가 감지되면 출력을 개방하고 과부하 상태가

지속되고 있는지를 주기적으로 감시하여 상태에 따라 출력을 ON, OFF하게 된다. 이런 방법에 의하여 출력단은 열에 대해서도 방지되며 출력전압은 과부하가 제거되었을 때 자동적으로 다시 동작될 수 있다. 동작상태에서 출력전압이 적정전압인 24V에서 규정전압인 18V 이하로 떨어지면 쇼트로 인정된다.

이런 상황이 규정된 시간 이상 계속되면 회로는 개방되고 다음 신호의 처리도 중단된다. 이 경우 잘못을 감지하는 시스템은 잘못된 출력을 내보내면서 이 상태를 표시한다. 그러나 쇼트의 상태가 규정된 시간 이하만 지속된다면 제어시스템은 계속 작동되나 쇼트감지 시스템에 의하여 쇼트가 있었다는 메시지가 표시될 수도 있다.

2.4.3 입출력 점수

입출력 카드에 포함되어 있는 입출력 점(point) 수는 제조메이커에 따라 2,4,8,16,32개 등이 있다. 입출력 카드는 CCU와 연결되어 PLC시스템을 구성하는 데 입출력 점수가 많아지면 모듈화된 입출력 카드를 버스시스템을 통하여 확장할 수 있다. 그러나 한 개의 CCU가 처리할 수 있는 입출력 점수는 제한되어 있으므로 대규모 제어 시스템에서는 여러 개의 CCU가 포함된 제어장치를 구성해야 한다. 즉, 필요한 입출력 점수를 CCU가 처리할 수 있는 입출력 점수로 나누면 그 제어장치에서 필요한 CCU의 개수를 산출할 수 있다. 각 CCU 사이의 데이터 통신은 프로그래밍에 의하여 가능하므로 문제되지 않는다.

2.4.4 출력 회로

PLC의 출력부에 사용되는 출력 방식에는 릴레이식 유접점 출력, 트라이액(triac) 또는 트랜지스터를 이용한 무접점 출력으로 구분하고 각 방식들은 일반적으로 포토커플러에 의한 절연방법을 취하고 있다.

(1) 접점 출력

코일과 접점으로 완전히 절연되어 있으므로, 릴레이 회로와 동일하게 사용할 수 있으며, 교류와 직류에 모두 사용할 수 있어 편리하다. 반면에 기계적, 전기적 수명에 한계가 있고, 또 접촉 불량에도 주의할 필요가 있다.

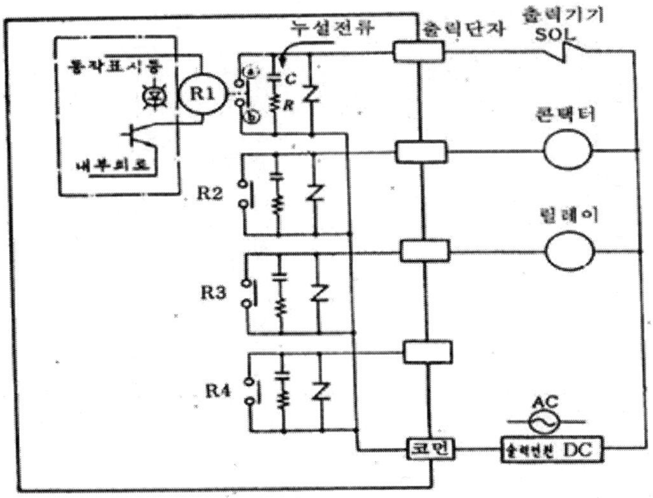

그림 4-22 릴레이 출력

[그림 4-22]의 회로에서 접점 ⓐ-ⓑ가 개방되어 있어도 출력 단자와 코먼 단자 간에는 접점 보호용으로 삽입되어 있는 스파크킬러를 통해 조금씩이기는 하지만 누설 전류가 흐른다. 물론 이것은 출력 전원으로 AC전원을 사용했을 경우이며 DC전원에서는 발생하지 않는다. 이때 외부 전원으로 직류 전원을 이용하는 경우 접점 간에 CR(Capacitor-Resistor)식 스파크킬러 등 누설전류의 원인이 되는 회로가 삽입되어 있지 않을 때에는 누설 전류에 의한 출력부의 오동작이 발생하지 않으나 일반적인 유도 부하나 개폐빈도가 높은 부하에 대해서는 부하측에서 서지 대책을 강구함과 동시에 접점 측에서도 보호회로를 삽입하여 접점 용착을 방지하여 접점의 수명을 연장시킬 수 있도록 배려가 필요하다.

(2) 트라이액 출력

포토 커플러에 의해 내부회로와 절연되어 있고, 트리거 회로에 의해 트라이액(triac)을 동작시킨다. [그림 4-23]은 부하를 ON/OFF할 때 발생하는 서지 전압을 억제하기 위해 포토커플러와 트리거 회로 간에 제로크로스 회로를 부착한 형식이다. 외부 부하의 ON/OFF는 제로크로스 회로의 가동으로 외부전원 전압이 제로로 된 상태에서 행하기 때문에 부하의 개폐에 수반되는 서지 전압의 발생을 억제할 수 있다.

트라이액 출력의 외부전원은 AC이어야만 한다. 또 트라이액 회로에는 CR식 스파크킬러가 내장되어 있는 것이 보통이다. 이 때문에 출력기기의 종류에 따라서는 누설전류에 의하여 오동작을 유발하는 경우가 있으므로 주의해 사용해야 한다. 부하전압, 최대 부하전류에 대해서는 접점출력 때와 동일하며 반드시 이들 조건이 지켜져야 한다.

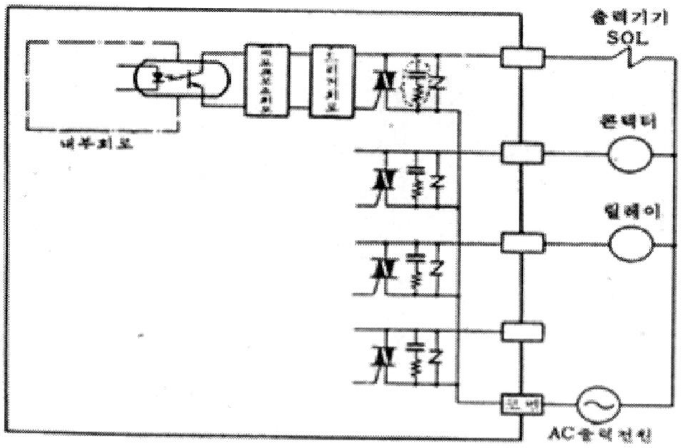

그림 4-23 트라이액 출력

(3) 트랜지스터 출력

릴레이 접점 출력에 비하여 수명이 길고 고빈도 동작에 용이하다. 또한 트랜지스터 출력의 경우에도 트라이액 출력의 경우와 마찬가지로 정격전압, 최대 부하전류는 반드시 지켜야 한다. 특히 트랜지스터 출력인 경우에는 출력전류의 돌입전류에 대해 주의를 기울일 필요가 있다. 트랜지스터 출력 방식에는 입력모듈과 같이 싱크 출력과 소스출력으로 나뉜다. 소스출력은 출력전원의 0V가 접지되어 있을 경우 출력부하의 출력선이 지락하면 출력트랜지스터가 파손되므로 외부에 단락보호회로를 구성하거나 트랜지스터가 파괴되었을 때를 대비하여 주변회로나 프로그램으로 대책을 세우는 것이 바람직하다.

유럽에서는 소스출력이 많고 미국 일본 등지는 싱크출력이 비교적 많다.

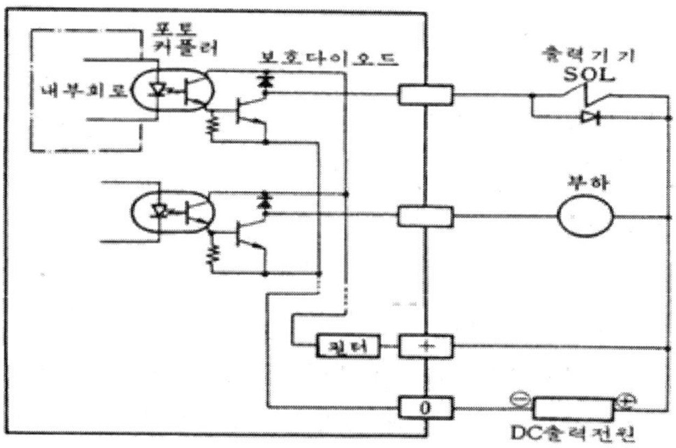

그림 4-24 트랜지스터 출력

직류 전원을 사용하는 출력모듈의 경우 입력모듈과 마찬가지로 코먼라인을 +측에 연결하는가 혹은 -측에 연결하는 가로 싱크 출력형과 소스 출력형으로 나뉜다. [그림 4-25]는 부하측으로 0V신호가 출력되는 싱크출력과 24V가 출력되는 소스출력의 회로 현태를 나타낸 그림이다.

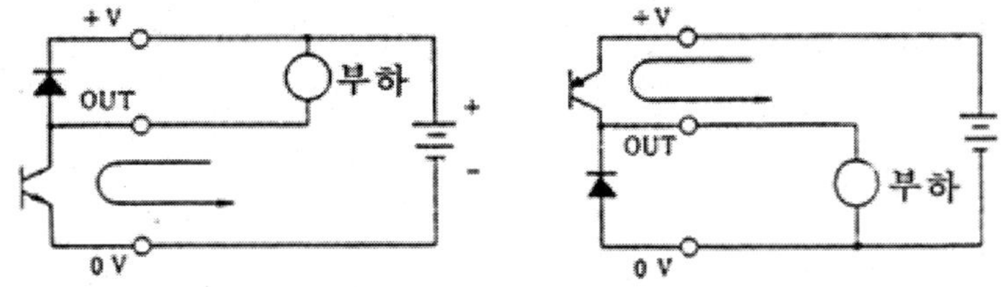

(a) 싱크 출력 (b) 소스 출력

그림 4-25 출력 형식

2.4.5 출력 모듈 사용상의 주의

특히 PLC출력부에서 중요한 것은 출력기기와 출력회로의 보호 및 제어 장치의 신뢰성과 안전을 위협하는 오동작의 방지와 그 대책이다. 따라서 여기서는 출력 모듈 사용상의 문제점과 그 대책에 대하여 살펴보자.

(1) 접점 수명에 의한 주의

릴레이 출력 모듈을 사용하는 경우에는 일반적인 릴레이와 동일하게 접점의 수명에 주의할 필요가 있다. [그림 4-26]에는 릴레이 출력 모듈의 부하 전류-접점수명 특성의 일례를 표시한 것이다. 그림에서도 알 수 있는 것처럼 부하전류가 적을수록 접점수명은 길어지므로 릴레이출력 모듈을 선택할 때는 정격전류에 대해 여유를 가질 필요가 있다. 부하 전류가 클 경우에는 외부에 릴레이를 연결하는 것이 좋다. 그러나 유도부하를 접속할 경우에는 접점수명을 높이고 노이즈발생을 억제하는 의미에서 부하측에 [표 4-2]와 같은 접점 보호 회로를 접속하는 것이 좋다.

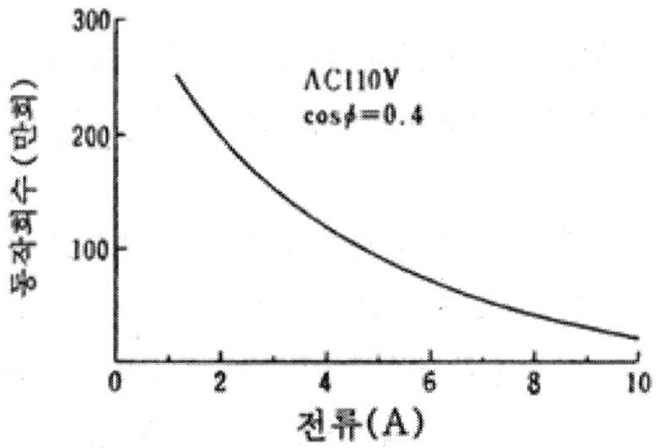

그림 4-26 접점 수명 특성

표 4-2 접점 보호회로

방 식	회 로 예	적 용		특징과 주의사항	소자선택의 방법
		AC	DC		
CR 방식	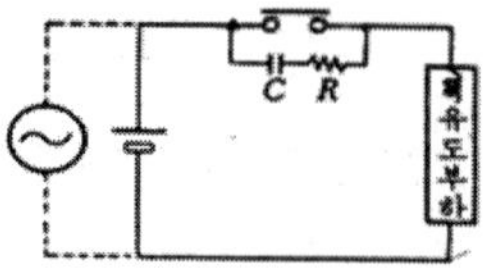	▲	○	• AC전압에서 사용하는 경우 부하 임피던스가 CR의 임피던스보다 충분히 작을 것 (누설전류에 의하여 오동작하는 수가 있다) • 부하가 릴레이, 솔레노이드 등인 경우에는 복귀시간이 늦어진다. • 전원전압이 24V, 48V인 경우 부하측만으로도 충분하지만, 100V~200V인 경우에는 접점간에도 삽입하면 효과적이다.	C, R의 설정값으로서는 C:접점류를 1A에 대하여 1~0.5 F R:접점전압 1V에 대하여 0.5~1Ω 이지만, 부하의 성질이나 특성에 따라 반드시 일치하는 것은 아니다. • C는 접점 개방시의 방전억제 효과를 담당하고, R은 차회 투입시의 전류제한을 맡는다. • C의 내압에는 충분한 주의가 필요(일반적으로 200~300V용을 사용한다. • AC의 경우에는 AC용 콘덴서(극성없음)를 이용할 것.
	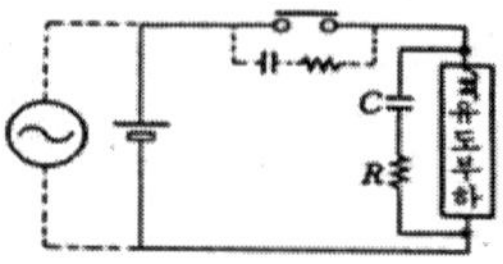	○	○		
다이오드 방 식	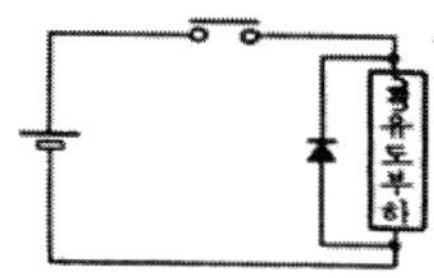	X	○	• 코일에 저장된 에너지를 병렬 다이오드에 의해 전류형으로 코일에 흐르게 하여, 유도부하의 저항분으로 주울 열로서 소비시킨다. • 복귀시간은 CR방식보다 늦다.	• 다이오드는 역내전압이 회로전압의 10배 이상이므로, 정방향전류는 부하전류 이상인 것을 사용할 것.
다이오드 + 제 너 다이오드 방 식	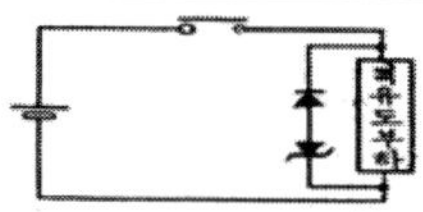	X	○	• 다이오드방식으로는 복귀 시간이 늦어질 경우에 사용하면 복귀시간이 개선된다.	• 재너 다이오드의 제너 전압은 전원 전압 정도인 것을 사용한다.
바리스터 방 식	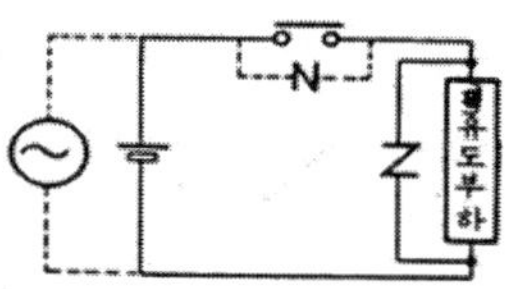	○	○	• 바리스터의 정전압 특성을 이용하여, 접점간에 고전압이 가해지지 않도록 한다. • 복귀 시간은 다소 늦어진다. • 전원전압이 24V, 48V인 경우에는 부하 측만으로도 무방하지만, 100V~200V인 경우에는 접점간에도 삽입하는 것이 효과적이다.	

(2) 돌입 전류에 대한 주의

교류 전원을 사용하는 유도성 부하(콘택터, 솔레노이드 등)에 전원을 인가하면 순간적으로 돌입전류가 흐른다. 이러한 부하에 대해서 릴레이 출력 모듈이나 트라이액 모듈을 사용할 때는 주의가 필요하다.

트라이액 출력 모듈의 경우는 투입빈도가 극단적으로 많으면 돌입 전류로 인해 트라이액의 접합부 온도 상승값을 점검할 필요가 있다. 접점출력 모듈의 경우도 최대 돌입전류가 정격 이내로 되는 것을 확인하여 접점용착이나 전이가 발생하지 않도록 주의해야 한다. 예를 들어 백열전구가 부하인 경우 콜드 스타트하면 점등 시 10배 이상의 돌입전류가 흐르는 경우가 있으므로 트랜지스터가 파괴되는 수가 있다.

트랜지스터 출력 모듈인 경우, 정격전류의 8~10배 정도의 순간전류(rush current)까지는 견디지만 다음과 같은 대책을 세워두면 좋다.

돌입 전류의 점검과 동시에 출력모듈에서 몇 점씩 코먼하여 전체 출력단자 부하전류가 최대 정격을 초과하지 않도록 한다.

[그림 4-27](a)은 각각의 출력단자에 전류 제한용 저항을 백열등과 직렬로 삽입하는 방법으로 램프의 밝기가 조금 어두워지는 결점이 있다. 그림 (b)는 출력 트랜지스터가 OFF일 때도 램프가 점등하지 않을 정도의 전류를 흐르게 해두는 방법이다. 백열등의 저항은 온도가 낮을 때(전류가 흐르지 않고 있을 때)는 저항치가 낮고 전류가 흘러 온도가 상승하면 저항값이 높아진다. 그림 (b)와 같이 저항 R을 접속하여 늘 램프를 핫 상태로 해두면 램프 자체의 저항값이 높아지므로 트랜지스터가 ON했을 때의 돌입전류가 억제되고 트랜지스터도 보호된다. 응답 시간은 통상 0.1ms정도이며 릴레이나 트라이액 출력에 비해 10배 정도 고속이다.

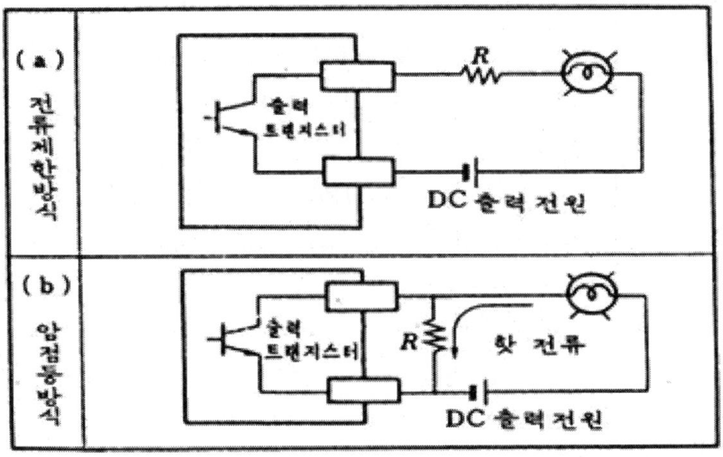

그림 4-27 돌입전류 대책

(3) 누설 전류에 대한 주의

PLC 출력 모듈의 출력형식이 릴레이식 유접점 출력이나 트라이액, 트랜지스터를 이용한 무접점 출력에서는 접점이나 소자를 보호하기 위해 보호회로를 부착하는 것이 일반적이다. CR식 보호회로(서지킬러)에서 출력전원에 AC전원을 사용할 때 누설 전류가 흐른다. 이 전류에 의하여 출력기기가 오동작하는 수가 있다.

누설 전류에 의한 영향은 출력기기가 소용량인 경부하에서 크게 나타나고 출력회로의 접점이나 트라이액의 OFF상태임에도 불구하고 빈번히 다음과 같은 문제가 발생한다.

1. 소형 릴레이가 진동하거나 오동작한다. 특히 릴레이를 ON에서 OFF로 하려 할 때 ON상태인 채 OFF되지 않거나 OFF되기까지 시간이 길어진다.
2. 솔레노이드 밸브를 ON에서 OFF로 할 때 밸브가 복귀하지 않거나 진동한다.
3. 네온 램프가 점등해버린다.

4. 전자식 타이머가 타임 오프되거나 시간이 빨라진다.
5. 모터식 타이머에서는 동작이 부정확하게 된다.

이와 같은 문제의 발생을 방지하기 위한 대책으로서는 다음과 같은 방법이 있다.

1. 접점이나 트라이액 소자의 수명을 단축시키거나 파괴할 위험이 없는 출력 기기에서는 보호회로가 없는 출력회로를 사용한다.
2. 출력기기가 릴레이 등과 같이 DC사용 가능 제품일 경우에는 그것으로 변경하고 출력전원도 DC로 변경한다.
3. 누설 전류가 코일에 흘러도 동작하지 않는 릴레이를 채용한다.
4. 출력전원을 낮추어서 사용한다(AC 200V라면 AC 100V로 내린다).
5. 더미저항에 의하여 출력기기로 흐르는 누설전류량을 감소시킨다.

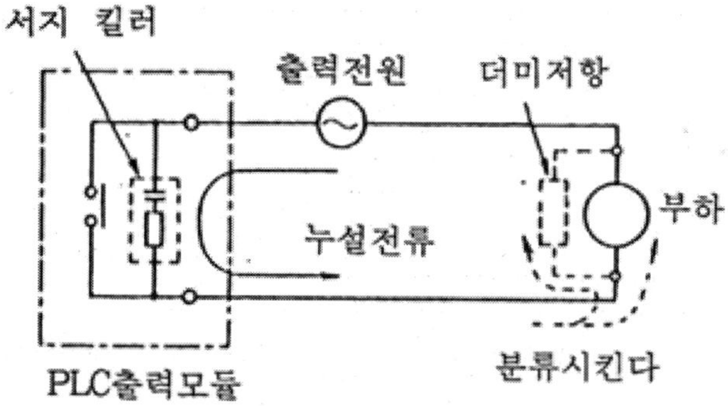

그림 4-28 누설 전류 대책

(4) 출력 회로의 지락 사고

[그림 4-29](a)와 같은 싱크 타입 출력회로에서 단락이나 지락사고가 발생한 경우 PLC측 출력회로의 트랜지스터가 ON되어 있지 않아도 사고 전류로 인해 부하가 동작해버린다. (b)와 같은 소스 타입 출력회로에서는 출력회로의 트랜지스터가 ON되어 있지 않을 때 지락이나 단락사고가 발생해도 부하가 동작해버릴 위험은 없다. 그러나 출력회로의 트랜지스터가 ON일 때 이러한 사고가 일어나면 출력 트랜지스터에는 과대전류가 흘러 파괴되어 버린다. 이 때문에 트랜지스터 보호용 퓨즈가 필요하다. 따라서 사용되는 장소나 상황에 따라 지락 내지는 단락사고의 위험이 있을 경우에는 소스타입을 채용하는 편이 좋다.

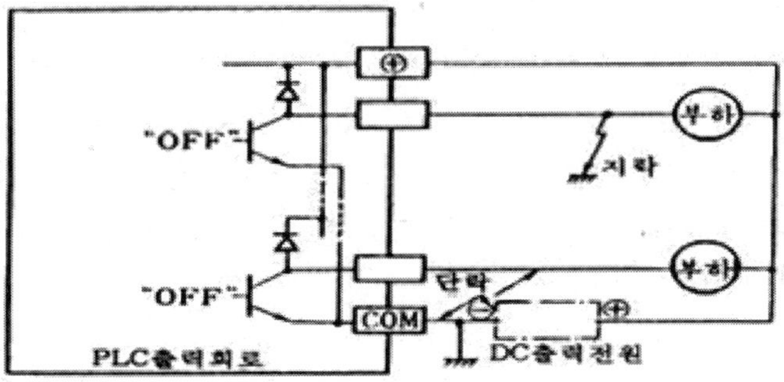

(a) 싱크 타입 출력회로

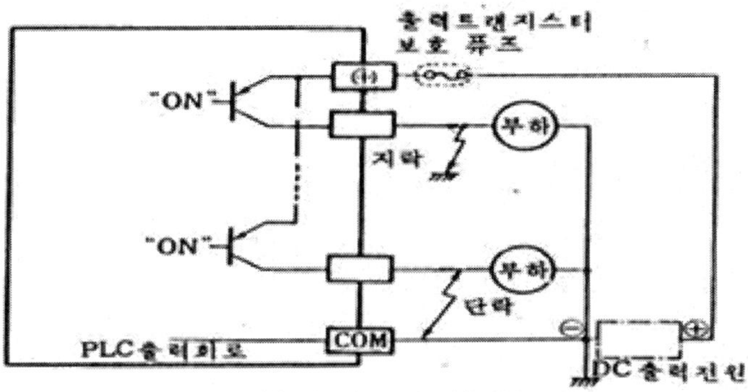

(b) 소스 타입 출력회로

그림 4-29 지락사고 대책

2.4.6 출력 방식과 적용 출력기기

표 4-19 출력 방식과 적용 출력기기

출력 방식		적용 출력기기(부하)
접점 출력	서지킬러 없음	리드릴레이, 미니어쳐릴레이, 솔리드스테이트 타이머, 네온 램프 등 누설전류가 문제가 되는 경 부하
	서지킬러 부착	전자개폐기, 전자접촉기, 솔레노이드, 전자클러치, 브레이크 중 소용량의 유도성 부하
트라이액 출력		전자개폐기, 전자접촉기, 솔레노이드, 전자클러치, 브레이크 중 비교적 대용량의 부하 돌입전류가 큰 교류 부하 등을 고빈도로 개폐할 때
트랜지스터 출력		리드릴레이, 미니어쳐릴레이, 솔리드스테이트 타이머, LED 표시등, 소용량 램프 NC제어장치나 컴퓨터에의 데이터 전송 및 제어신호 송출용

지금까지 릴레이 접점출력, 트라이액 출력, 트랜지스터 출력에 대해 각각 회로 예를 들어 살펴보고 또 그것들을 사용할 때의 문제점과 대책에 대해서도 소개하였다. 이제 출력부 선정할 때 출력 방식(회로)의 종류와 이에 적용할 수 있는 출력기기의 관계를 이해하여야 한다.

[표 4-3]은 출력부를 선정할 때의 사용할 수 있는 자료로 출력기기 각각의 특성이나 능력, 실제 동작시켰을 때 요구되는 성능은 매우 다르다. 따라서 출력부를 선택하고 결정할 경우 접속하는 출력기기의 시방을 면밀히 조사하여 출력기기의 성능을 유감없이 발휘할 수 있는 출력회로를 적용하여야 한다. 선정과 적용이 결정되면 오동작이나 안전성이 확보될 수 있어야 한다.

3. PLC의 인터페이스

앞에서 PLC의 기본 구성에 대하여 설명하였다. PLC는 입력부, 제어부, 출력부로 구성된다고 할 수 있다. 이제 이와 같은 장치를 이용하여 설비를 구성하기 위하여 입력부에는 센서를 연결하고 출력부에는 여러 출력기기를 연결할 수 있어야 한다. 이들은 연결하는 방법은 앞에서 이미 설명한 바와 같이 PLC의 입력부와 출력부의 구성 그리고 우리가 사용하고자 하는 입·출력기기에 따라 달라질 수 있다. 여기서는 이와 같은 입·출력기기의 연결과 PLC의 프로그램 작성을 위하여 반드시 필요한 PC를 연결하는 방법에 대하여 다루기로 한다.

PLC를 사용하기 위한 가장 간단한 구성은 PLC의 동작을 위하여 외부 전원을 연결하는 것과 프로그램을 할 수 있는 PC와 통신을 위한 기능, 입력과 출력을 연결할 수 있는 기기로 구성한다. 이와 같은 기기들은 대부분 모듈형으로 만들어져 있다. 또한 모듈을 장착하기 위한 베이스가 사용된다([그림 4-30] 참조). 여기서는 LG산전의 PLC 중 GLOFA GM4를 기준으로 다른 기종의 PLC를 사용하는 경우에도 기본이 되는 것들을 소개하기로 한다.

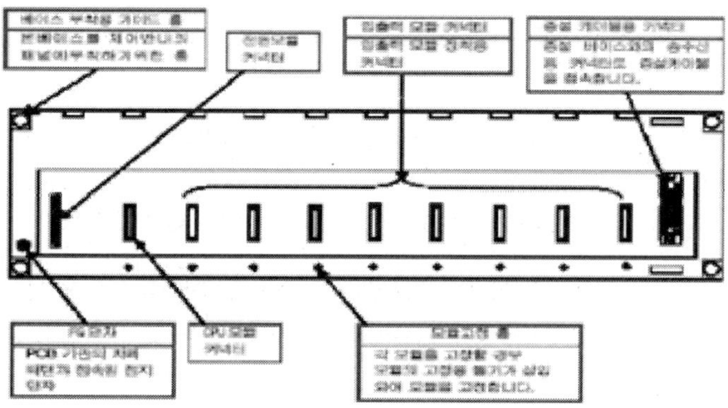

그림 4-30 PLC 베이스의 예

3.1 CPU와 전원의 연결

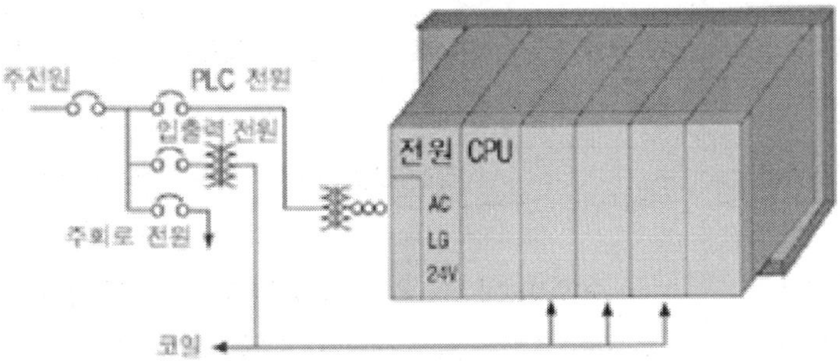

그림 4-31 PLC의 전원 연결

PLC를 사용하기 위하여 기본적으로 전원을 연결하여야 한다. 전원의 연결은 PLC의 사용자 설명서를 확인하여 공급전원을 연결한다. PLC의 공급 전원과 입출력기기의 전원, 그리고 동력기기의 전원은 [그림 4-31]과 같이 가능한 분리한다. 이와 함께 PLC를 사용하지 않을 때 메모리(RAM)의 전원공급을 위하여 배터리를 사용하는 것이 일반적이다. 배터리는 PLC의 기종에 따라 다르나 일반적으로 3V이며 사용기간은 5년 정도이다. 배터리의 수명이 다하면 이를 교환하여야 하며, 교환 시에는 사용자 설명서의 교환방법에 따라 교환하여야 한다. [그림 4-32]는 CPU의 전면 패널의 예이다. 각 기능의 설명은 [표 4-4]와 같다.

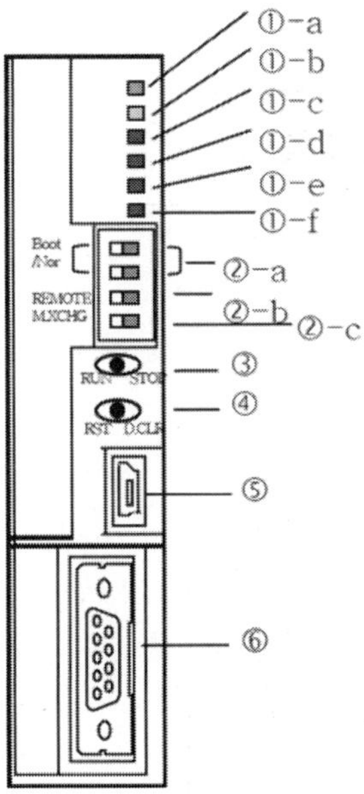

RUN/STOP LED	녹색/적색
REM LED	황색 : 리모트 허용
ERR LED	적색 : 에러
PS LED	프로그램 상태(소등)
BAT LED	배터리상태(소등)
CHK LED	표준 상태(소등)
Boot/Nor S/W	OS download(정상: 우측)
REMOTE 허용 S/W	리모트 허용 : 우측
M.XCHG S/W	모듈교체완료 : 좌측
RUN/STOP S/W	
Reset/D. clear S/W	리셋 : 좌측이동→중앙복귀
USB connector	
RS 232C connector	

그림 4-32 CPU 전면 패널의 예(XGI CPU-E)

표 4-4 CPU의 기능

명칭	용도
RUN LED	CPU모듈의 동작 상태를 표시하는 것으로, RUN 상태로 운전 중인 경우 표시
STOP LED	CPU모듈의 동작 상태를 표시하는 것으로, STOP 상태로 운전 중인 경우 표시
모드 설정 키 스위치	CPU 모듈의 운전 모드 설정 스위치
배터리	배터리 장착 위치
RS-232C 커넥터	주변기기와 RS-232C 방법에 의하여 접속하기 위한 커넥터
메모리모듈 장착용 커넥터	CPU모듈에 메모리 모듈을 장착하기 위한 커넥터
배터리 장착용 커넥터	백업용 배터리 접속용 커넥터

3.2 PLC의 통신

일반적으로 PLC의 CPU는 PC와 연결을 위한 통신기능을 제공하는 포트를 가지고 있다. 이 포트는 PC의 시리얼(serial)통신포트와 RS-232C 케이블로 연결되며 USB 방식을 이용하는 통신을 사용하기도 한다([그림 4-33] 참조).

통신을 위하여 사용하는 RS-232C 케이블은 비교적 느린 직렬 통신에서 사용하는 규격으로 [그림 4-34]와 같이 3개의 선을 이용하여 정보를 주고받게 된다.

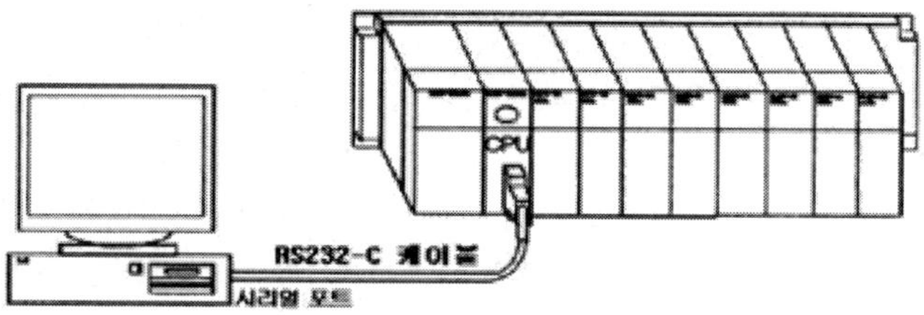

그림 4-33 PLC와 PC의 연결

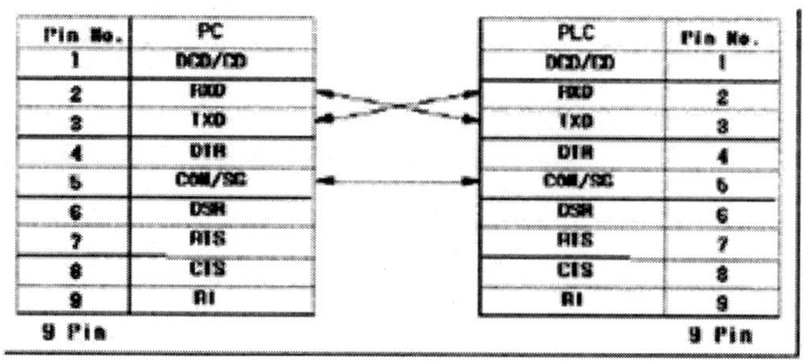

그림 4-34 RS-232C 케이블

3.3 PLC의 입·출력기기

PLC의 입력과 출력은 조건과 실행에 해당한다. 즉 PLC는 입력에 해당하는 여러 정보들의 논리적인 조합이 만족되는지 PLC에 저장되어 있는 프로그램과 비교하여 만족되는 조건이 있으면 그 조건에 해당하는 출력을 발생하는 것이다. PLC에서는 이와 같은 조건으로 센서를 사용하는 것이며 출력으로는 솔레노이드 등의 출력기기를 사용하게 된다. [표 4-5]는 이들 기기를 정리한 것이다.

표 4-5 입 · 출력 기기의 예

<table>
<tr><th></th><th>작동방법</th><th>기기의 종류</th><th>비고</th></tr>
<tr><td rowspan="4">입력
요소</td><td>수동작동</td><td>푸시버튼 스위치</td><td></td></tr>
<tr><td>기계적 작동</td><td>리미트 스위치</td><td></td></tr>
<tr><td>비접촉식</td><td>광 센서
정전용량형 센서
유도형 센서</td><td></td></tr>
<tr><td>기타</td><td>리드 스위치
초음파 센서
엔코더
포텐쇼미터
타코미터
스트레인게이지</td><td>자석형, 유도형
아날로그 형
디지털 형
아날로그 형
아날로그 형
아날로그 형</td></tr>
<tr><td>출력
요소</td><td>전기</td><td>솔레노이드
경보기
전자접촉기
릴레이</td><td>램프, 부저</td></tr>
</table>

즉 PLC를 사용하여 시스템을 구성하려면 센서에 해당하는 장치들과 PLC의 출력을 받아 액추에이터가 운동할 수 있도록 변환하는 장치가 필요하게 된다.

이와 같은 입력과 출력기기들을 연결할 때 PLC의 모듈이 싱크형인지 혹은 소스형인지 반드시 확인하여야 하며, 특히 센서를 연결하고자 할 때는 센서의 출력이 PNP형인지 NPN형인지도 확인하여야 한다.

즉 PLC의 입력 단자에 연결되는 입력기기인 센서 중에서 비접촉식의 경우에 NPN형, 혹은 PNP형이 있어서 센서가 작동하였을 때 그 출력이 양(+)의 신호로 나오는 센서가 있고, 혹은 그 반대의 신호가 출력되는 경우가 있다. 이를 그림으로 표시하면 [그림 4-35], [그림 4-36]과 같다.

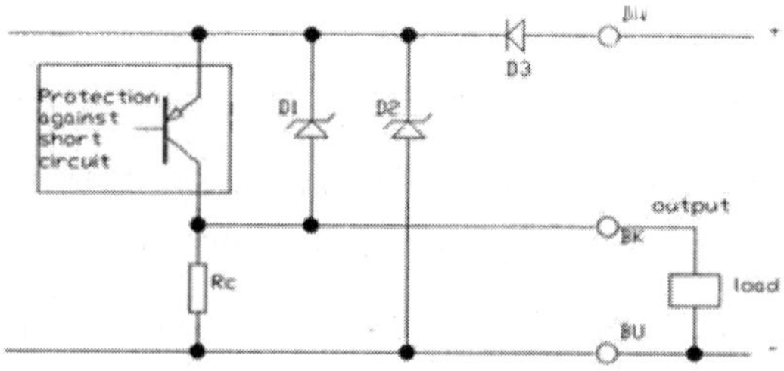

그림 4-35 PNP형 출력(a접점)

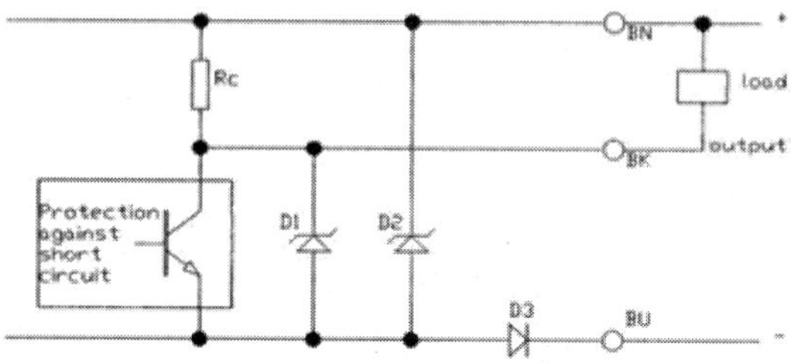

그림 4-36 NPN형 출력(a접점)

이는 NPN형 센서를 사용하는 경우 PLC의 싱크타입 입력모듈과 직접 연결할 수 없는 것이다. NPN형 센서를 사용하면 센서가 작동하였을 때 출력이 0V이다. 그리고 싱크타입 입력모듈에서 입력신호는 단자에 24V가 연결되어야 한다. 따라서 NPN형 센서와 싱크타입 입력모듈을 직접 연결하면 센서가 작동하지 않았을 때 PLC에는 신호가 있는 것으로 판단하게 된다. 그러므로 NPN형 센서와 싱크타입 입력모듈을 연결하려면 릴레이와 같은 장치를 이용하여 신호의 형태를 바꾸어야 한다. NPN형 센서와 소스타입의 입력모듈은 직접 연결할 수 있다.

[실습]

PLC에 입력기기를 연결하고 그 작동을 확인한다.

실습순서

1. PLC를 준비하고 PLC의 구성요소를 확인한다.
2. 입력 모듈의 단자들을 단자대와 연결한다(최소 5개의 입력과 4개의 출력 연결).
3. 단자대에서 COM에 해당하는 단자를 연결한다.
4. 각 입력단자에 해당하는 단자대를 입력기기와 연결한다.
5. PLC의 전원을 연결한다.
6. 각 입력기기를 동작시켜 입력 모듈 LED가 점등하는지 확인한다.

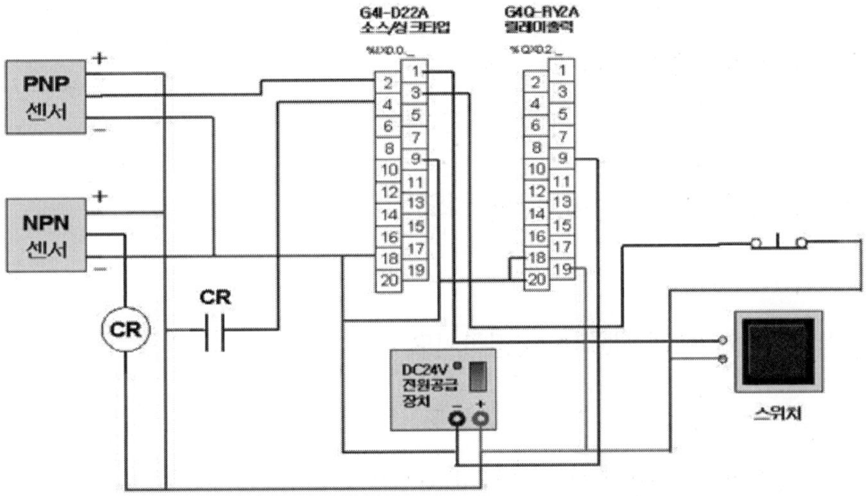

[연습문제]

1. PLC의 구성에 대하여 설명하시오.

2. PLC의 기능에 대하여 설명하시오.

3. 반도체 기억장치의 용량에 대하여 설명하시오.

4. 메모리의 종류와 가능에 대하여 설명하시오.

5. 입출력 모듈의 절연에 대하여 설명하시오.

6. 소스입력과 싱크입력에 대하여 설명하시오.

7. 센서의 NPN형과 PNP형에 대하여 설명하시오.

CHAPTER

05

PLC의 프로그램 명령어

1. IEC 표준
2. 변수의 표현
3. 기본 명령어

1. IEC 표준

앞서 PLC를 구성하는 방법에 대하여 설명하였다. 이제 이렇게 구성된 PLC를 우리가 원하는 형태로 제어를 실행하기 위해 필요한 것이 프로그램이다. 과거의 PLC는 대부분 PLC의 프로그램을 위한 전용의 프로그램 장치를 사용하였다. 요즈음도 이와 같은 전용의 프로그램 장치를 사용하는 경우도 있지만, 대부분은 PC를 이용하여 프로그램하는 방법을 많이 사용한다. 즉 PC에 PLC의 프로그램을 작성할 수 있는 소프트웨어가 있고, 이를 이용하여 PLC의 프로그램을 작성하고 PLC로 다운로드가 가능하도록 만들어져 있다. 이 장에서는 이와 같은 소프트웨어의 기능과 프로그램에 사용하는 명령어를 IEC 61131표준으로 설명하고자 한다.

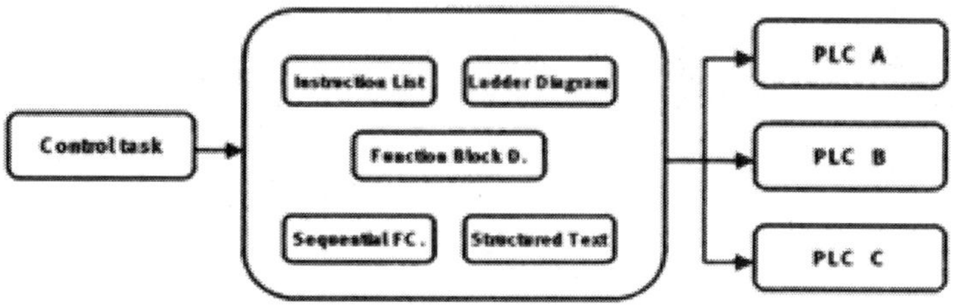

그림 5-1 PLC의 프로그램 언어

PLC 프로그램 방법을 규정한 국제표준의 IEC 61131-3은 PLC 프로그램 언어를 다섯 가지 규격으로 제정하고 있다. 바로 래더 다이어그램(LD; Ladder Diagram), 인스트럭션 리스트(IL; Instruction List), 시퀀셜 펑션 차트(SFC; Sequential Function Chart), 펑션 블록 다이어그램(FBD; Function Block Diagram), 스트럭처드 텍스트(ST; Structured Text)의 다섯 가지 언어이다. [그림 5-1]은 이와 같은 프로그램 언어로 구성되는 PLC의 프로그램 구조와 제어작업의 구성을 보여주는 블록 다이어그램이다.

LD 프로그램은 릴레이 제어 시스템의 회로도와 같은 형태의 그래픽 형태의 프로그램 언어로 수직으로 표시되는 선인 좌측의 레일(rail)과 우측의 레일 사이에 수평으로 그려지는 선인 렁(rung)으로 연결되며 이 렁 사이에 작업의 조건과 이에 대한 실행을 표시한다([그림 5-2] 참조). 일반적으로 조건은 렁의 왼쪽에 표시되고, 조건의 만족에 따른 실행은 오른쪽에 표시된다.

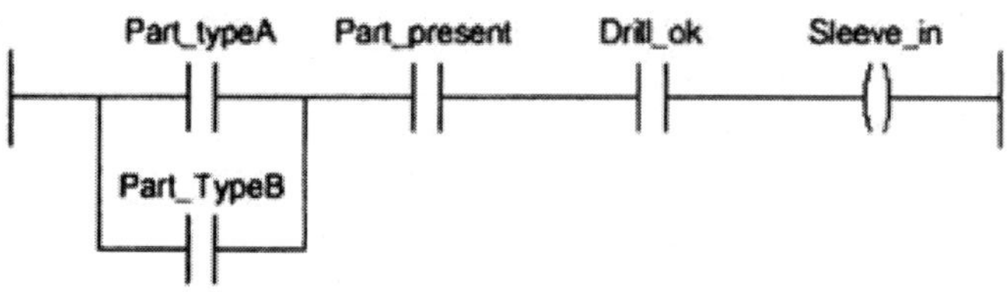

그림 5-2 LD 프로그램의 예

FBD 프로그램은 기본적으로 전자회로의 구성에 사용하는 논리 회로도로부터 만들어졌다고 볼 수 있으며 IEC 표준으로 정의된 표준의 펑션과 펑션 블록(function block)을 그래픽 형태로 표현하는 방법의 프로그램 언어이며, 펑션과 펑션 블록들은 서로 논리적으로 정해진 논리 명령의 방법으로 연결된다([그림 5-3] 참조).

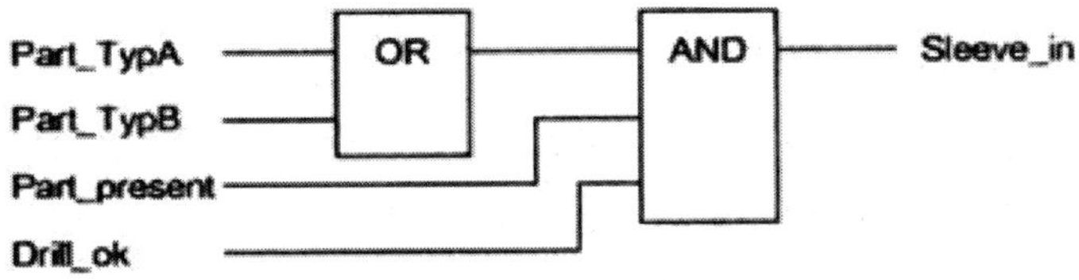

그림 5-3 FBD 프로그램의 예

SFC 프로그램은 시퀀스 제어 프로그램을 구조적으로 표현하는 방법을 이용하는 프로그램 방법으로 그래픽 형태의 프로그램 언어이다. SFC 프로그램의 구성요소는 스텝(step), 트랜지션(transition), 분기, 동작 등으로 구성한다.

스텝은 제어 시퀀스의 단위를 표현하는 것이고, 트랜지션은 스텝 간의 실행 처리, 이행 조건을 나타내는 것이다. 분기는 병렬 분기, 선택 분기, 점프 등으로 프로그램의 진행을 설정하며, 액션(action)은 스텝에 포함되어 있는 기능으로 각 스텝에서 동작의 내용과 조건을 표현하는 것이다([그림 5-4] 참조).

SFC 프로그램의 실제 구성은 그림과 같은 스텝이 세로 방향으로 연결되고 연결된 스텝들은 순서대로 작업을 진행한다. 이 프로그램의 특징은 트랜지션으로 불리는 스텝의 작동 조건을 만족하지 않으면 스텝이 진행되지 않는다는 것이다. 이는 PLC의 프로그램 작동 방법인 스캔에 의한 병렬처리 방법과 다른 형태이다.

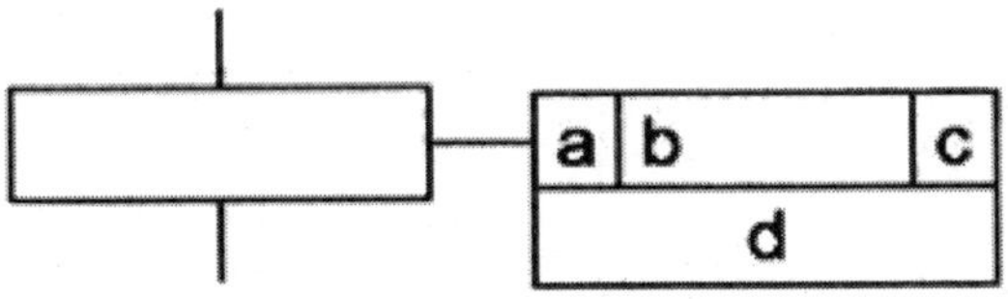

그림 5-4 SFC 프로그램의 스텝 예

IL 프로그램은 텍스트형의 어셈블러 언어이다. 이는 '무엇을 할 것인가?' 를 표현하는 연산자(operator)와 '무엇으로 할 것인가?'를 정의하는 연산부(operand)로 구성된다([그림 5-5] 참조).

```
LD    Part_TypeA
OR    Part_TypeB
AND   Part_present
AND   Drill_ok
ST    Sleeve_in
```

그림 5-5 IL 프로그램의 예

ST 프로그램은 파스칼(Pascal)을 기본으로 하는 고급의 프로그램 언어이다. [그림 5-6]과 같이 실행부와 실행을 위한 조건부로 구성하고 조건부의 조건을 표현하는 방법으로 논리적 명령어를 사용하는 방법이다.

```
Sleeve_in := (Part_TypeA OR Part_TypeB) AND Part_present AND Drill_ok;
```

그림 5-6 ST 프로그램의 예

IEC 표준에는 이와 같이 다섯 가지 종류의 언어를 사용할 수 있는데, 이는 한 가지 언어만 단독으로 사용되지 않고 표준에 정해진 여러 가지 종류의 언어들을 혼용하여 사용하는 것도 가능하도록 만들어져 있다.

이와 같은 프로그램 방법으로 프로그램을 작성하기 위하여 또 하나의 프로그램이 필요하다. 이를 PLC의 프로그램 소프트웨어라 하는데, 이 소프트웨어를 PC에 설치하여 프로그램하는 것이다. 이 소프트웨어는 프로그램만 작성하는 것은 아니고, 작성된 프로그램을 PLC로 다운로드하는 기능, PLC의 상태를 온라인(on-line)으로 확인할 수 있는 기능 등 사용자의 편리를 위한 여러 기능을 가지고 있다. 이 기능들도 IEC에서 규정하고 있으며 그 내용은 [표 5-1]과 같다.

표 5-1 PLC 프로그램 소프트웨어의 기능

필요 기능	내용
프로그램 입력	PLC 제어 프로그램 언어 중 하나의 프로그램 명령어를 사용한 프로그램의 입력과 수정
문법 검사	입력 데이터의 형식과 프로그램 문법의 검사
번역기	입력 프로그램의 기계어 변환
PC와 PLC의 연결	PLC의 프로그램을 PLC로 다운로드(download) 온라인 기능을 이용한 PLC의 상태 확인
검사 기능	배선, 에러 검사, 프로그램 검사 기능 지원
제어 시스템의 상태 표시	PLC 시스템의 상태, 제어 처리 상태 표시
프로그램 저장	EPROM 등 저장장치로 프로그램의 저장

2. 변수의 표현

앞서 설명한 방법으로 프로그램을 작성하기 위하여 먼저 필요한 것은 프로그램에 사용되는 변수를 정의하는 것이다. 즉 PLC를 이용한다는 것은 PLC에 입력 신호들을 연결하여 이들의 논리적인 만족 여부를 판단하는 것이다. 따라서 입력 신호들을 PLC의 프로그램에서 어떻게 표현할지 정의하는 것이 필요하다. 출력의 경우도 마찬가지이다. 논리적인 조건이 만족되면 그 결과가 출력으로 존재하는데, 이들을 PLC의 프로그램에서 표현하는 방법 역시 정해져 있어야 한다. 아울러 입력 신호나 출력 신호의 경우에 이를 PLC 내부에 저장할 수도 있는데 이 저장되는 메모리를 표현하는 방법도 정의되어 있어야 한다.

IEC 61131-3의 규정은 PLC 제어 시스템에 사용되는 이들 입력과 출력의 모든 변수를 정의하는 방법을 규격으로 제정하였다. 이 변수의 표현 방법은 직접 표현 방법(직접 변수; direct addressing)과 기호에 의한 표현 방법(기호 변수; symbolic addressing)으로 구분한다.

기호에 의한 표현방법은 사용자가 입력과 출력 변수의 이름을 직접 부여하는 방법으로 변수의 선언과 직접 변수와의 관계를 정의하는 것이 필요하다. 직접 변수에 의한 표현 방법은 PLC의 입력과 출력, 메모리의 가용자원을 변수의 선언 없이 정해진 메모리 영역의 식별자와 주소를 사용하여 정의하는 것이다. 이 방법에는 두 가지 규정을 사용하는데 이는 위치 접두어([표 5-2] 참조)와 크기 접두어([표 5-3] 참조)이다.

표 5-2 위치 접두어(IEC 61131)

접두어	의미
I	입력 위치(input location)
Q	출력 위치(output location)
M	내부 메모리 위치(memory location)

위치 접두어는 우리가 사용하는 변수가 입력인지 출력인지 혹은 메모리인지를 구분하는 접두어이다.

크기 접두어는 그 변수의 크기를 표현하는 규정이다. 즉 리밋 스위치와 같은 2진 신호 하나씩을 사용하는 것인지 이들이 모여 있는 여러 개를 한꺼번에 사용할 것인지를 정하는 것이다.

표 5-3 크기 접두어(IEC 61131)

접두어	의미
X	1비트(bit)의 크기('X' 는 생략 가능)
B	1바이트(1byte = 8bit)의 크기
L	1워드(1word = 16bit)의 크기

리미트 스위치와 같이 ON/OFF 기능을 가진 스위치의 데이터는 비트형 데이터이다. 그러나 제어 시스템을 구성할 때 비트형 데이터만 사용하는 것은 아니다. 비트형 데이터를 모아서 디지털 형식의 하나의 데이터처럼 취급하는 경우도 있고, 열전대와 같은 아날로그형의 센서의 경우 이를 PLC에서 처리하기 위하여 디지털 형식의 데이터를 사용하기도 한다. 이와 같은 경우 데이터를 표현할 때 사용하는 규약이 크기 접두어이다. 일부의 경우 16비트보다 더 긴 데이터를 사용해서 국제 표준으로는 정해지지 않았지만, 제조사의 규정에 의하여 32비트 데이터인 더블워드(double word)를 표시하는 'D', 64비트의 롱워드(long word)를 표시하는 'L'을 사용하기도 한다.

직접변수는 변수의 앞에 '%'의 기호를 사용하며 [그림 5-7]과 같이 구조적인 방법으로 표현한다. 변수의 위치와 크기를 표현하면 다음에는 변수의 어드레스(address)를 표시하여야 한다. 일부 PLC의 경우는 일련 번호를 사용하기도 하지만, IEC 61131의 국제 표준에서는 이를 점으로 구분된 세 개의 숫자를 사용하여 구조적으로 표현하도록 약속하고 있다.

첫 번째 숫자는 베이스 번호이다. PLC를 사용하는 시스템에서 규모가 커지면 여러 대의 PLC를 사용하는 경우가 있는데, 이때 여러 대의 PLC를 사용하는 것은 여러 대의 CCU를 사용한다는 의미이다. 모듈형의 PLC를 사용하는 경우에는 모듈을 장착하기 위하여 베이스 패널을 사용하고, 이 베이스에 CCU 한 대가 장착되는 것이 일반적이다. 베이스 번호는 이 패널에 부여된 값이며, 디폴트(default) 값은 '0'이다. 일체형 PLC의 경우에도 CCU의 번호라 할 수 있다.

두 번째 숫자는 모듈(module)번호이다. 이는 모듈형 PLC에서 사용자의 요구되는 시스템을 구축하기 위하여 사용하는 모듈을 베이스 패널의 슬롯(slot)에 삽입하여야 하는데, 모듈 번호는 이 슬롯의 번호이지만 모듈에 번호가 정의되어 있는 것은 아니다. 또한 이 슬롯은 반드시 순서대로 사용하여야 하는 것은 아니다.

세 번째 숫자는 입력 혹은 출력이나 메모리의 어드레스(address)번호이다. 이 번호 역시 순서대로 사용하여야 하는 것은 아니다.

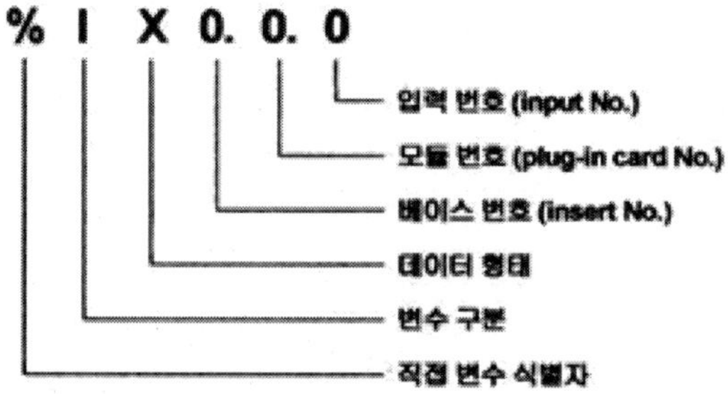

그림 5-7 직접변수 사용의 예

[그림 5-7]의 예는 입력을 표시한 예이다. 베이스 번호는 디폴트 값인 '0'을 사용하였고, 모듈번호는 '0'으로 이는 대개 CCU 오른쪽 첫 번째 슬롯이다. 그리고 입력 단자의 번호는 첫 번째인 '0'을 사용하고 있는 것을 의미한다.

[그림 5-8]은 변수 메모리의 구조의 입력을 예로 하여 표시한 것이다. 변수를 비트 단위로 취급할 때는 각각의 비트 상태가 'ON'인지 'OFF'인지 나타내지만, 'B'로 표시하는 바이트(byte) 단위로 취급할 때는 8개 비트의 값을 2진수나 10진수 혹은 8진수 등의 값으로 표현하여 상태를 표시한다. 'W'로 표시하는 워드(word)의 경우는 16개 비트가 가지고 있는 값을 표시한다.

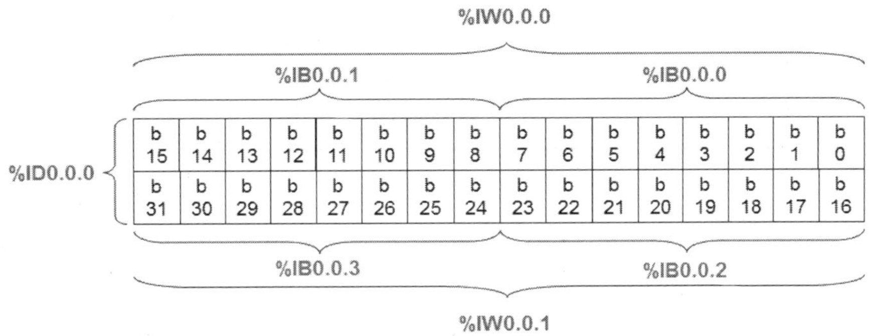

그림 5-8 변수 메모리 표시의 예

3. 기본 명령어

3.1 LD 프로그램 언어

LD 프로그램은 그래픽 형태의 프로그램 방법으로, 현재 많이 사용되고 있는 프로그램 방법이다. 이 프로그램은 몇 가지의 기본 논리를 표현하는 기호와 릴레이 제어 회로의 회로 구성 방법을 이용하는 방법으로, IEC에서 기본으로 규정하고 있는 프로그램 언어는 [표 5-4]와 같다. 표에서 보듯이 입력을 표시하는 조건은 기본적으로 논리 YES와 NOT을 가지고 있다. 실제 프로그램에서 AND 혹은 OR의 논리가 사용되는데, 이는 직렬연결 혹은 병렬연결의 연결방법으로 논리적 조건을 만족할 수 있다.

표 5-4 LD 프로그램 기본 명령어(IEC 61131-3)

구분	기호	의미
입력	—| |—	N/O 접점 (논리 YES)
	—|/|—	N/C 접점 (논리 NOT)
	—|P|—	에지(edge)신호 검출 (양 변환)
	—|N|—	에지(edge)신호 검출 (음 변환)
출력	—( )—	코일 (출력)
	—(/)—	반전 코일
	—(S)—	셋 코일 (출력 신호 유지)
	—(R)—	리셋 코일(출력 신호의 리셋)
	—(P)—	양 변환 검출 코일
	—(N)—	음 변환 검출 코일

국제표준에서 정하고 있는 LD 프로그램의 기본 명령어는 실행에 대한 조건을 표시하는 네 개의 입력 명령어와 여섯 개의 출력 명령어로 구성된다. 릴레이 제어 회로에서 사용하는 기호와 유사한 형태로 표시되는 그래픽 형태의 프로그램 명령어 중 입력 명령어는 논리 기능 YES와 NOT을 만족하는 릴레이 제어회로의 a접점과 b접점과 같은 기능이라 할 수 있는 명령어와 전자적 제어장치의 특징을 살린 에지(edge) 신호로 처리할 수 있는 기능의 명령어를 가지고 있다. 에지 신호로 처리하는 기능은 입력신호가 계속 유지된 상태로 있어도 PLC 내부에서의 처리는 펄스(pluse)와 같은 신호로 인식할 수 있도록 처리하는 것을 의미한다. 펄스 신호의 유지시간은 일반적으로 프로그램의 한번 스캔시간으로 정해진다. 에지 신호로 변환하는 것은 상승에지(positive edge)를 변환하는 'P'로 표시되는 명령어와 하강에지(negative edge)로 변환하는 'N'으로 표시되는 명령어를 가지고 있다.

실행에 해당하는 출력은 일반적인 출력을 표시하는 명령어와 이것과 반대의 기능인 조건이 만족되지 않았을 때 출력이 발생하는 반전 코일과 입력에서와 같이 에지 신호로 출력을 처리할 수 있는 기능도 있다. 그리고 출력신호를 기억하여 유지할 수 있는 기능의 셋(set) 코일과 유지되고 있는 출력을 없앨 수 있는 리셋(reset) 코일도 있다.

3.2 IL 프로그램 언어

IL 프로그램은 문장형의 프로그램 언어로 초기 PLC에 적용되었던 프로그램 언어의 하나이다. 이 프로그램 방법은 라벨(label), 연산자(operator), 연산부(operand), 코멘트(comment)로 구성하며, 기본 구조는 [그림 5-9]와 같이 구성된다. 라벨(label)과 코멘트(comment)는 프로그램의 작동과 직접 관련이 없다. 실제 프로그램의 구성은 연산자와 연산부로 구성되어 제어 동작을 실행하게 된다.

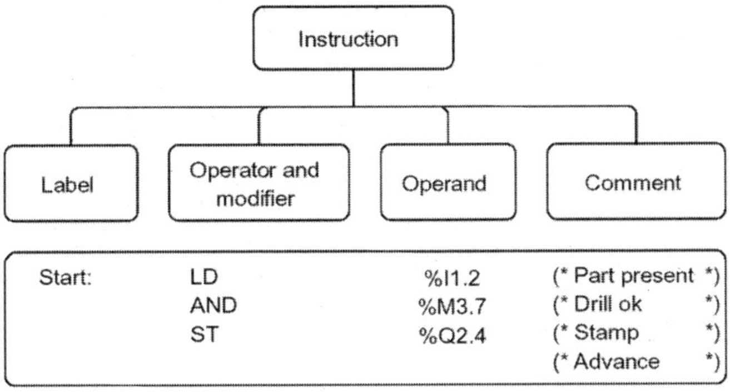

그림 5-9 IL 프로그램의 기본 구조

표 5-5 IL 프로그램 기본 명령어(IEC 61131-3)

연산자	변환기	연산부	의 미
LD	N		연결된 연산부를 읽어 현재의 상태를 저장한다
ST	N		연결된 연산부의 현재 결과를 저장한다
S		BOOL	논리 조건이 만족하면 논리 연산부의 값을 1로 셋한다
R		BOOL	논리 조건이 만족하면 논리 연산부의 값을 0으로 리셋한다
AND	N, (	BOOL	AND 논리 연산
&	N, (	BOOL	AND 논리 연산
OR	N, (	BOOL	OR 논리 연산
XOR	N, (	BOOL	Exclusive OR 논리 연산
ADD	(		더하기
SUB	(		빼기
MUL	(		곱하기
DIV	(		나누기
GT	(		비교;〉
GE	(		비교;〉=
EQ	(		비교;=
NE	(		비교;〈 〉
LE	(		비교;〈 =
LT	(		비교;〈
JMP	C, N	Lable	라벨로 점프
CAL	C, N	Name	펑션 블록의 실행
RET	C, N		펑션 혹은 펑션 블록으로부터 복귀
)			리셋 동작의 처리

IL 프로그램은 텍스트 형의 언어로 기본 명령어에 논리연산과 사칙연산 및 비교연산 기능의 명령어도 포함하고 있다. LD 프로그램 명령어와 비교하였을 때 일반적인 출력에 해당하는

명령어는 'ST'로, 조건이 만족되었을 때만 출력이 발생하는 명령이다. 출력을 기억하는 명령은 'S'를 사용하고, 기억된 출력의 해제는 리셋에 해당하는 'R'을 사용한다. 'LD'는 조건을 시작할 때, 즉 LD 프로그램에서 렁을 시작할 때 항상 사용해야 하는 명령이다. 조건을 표시하는 YES 논리는 변수의 어드레스만 표시하고 NOT 논리인 경우는 'N'을 표시하여 구분한다.

3.3 SFC 프로그램 언어

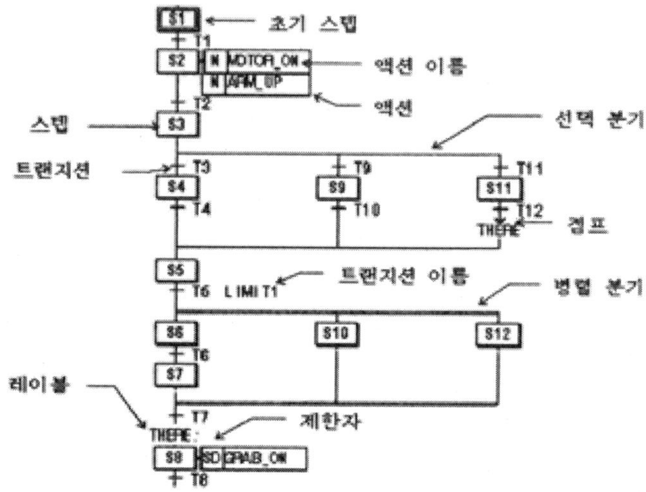

그림 5-10 SFC 프로그램의 기본 구조

SFC(Sequential Function Chart) 프로그램은 시퀀스 제어를 하는 경우 여러 종류의 프로그램 방법 중에서 가장 최적화된 프로그램 방법이라 할 수 있다. SFC 프로그램의 각 부분의 명칭을 보면 [그림 5-10]과 같이 스텝(step), 분기(branching), 트랜지션(transition)의 세 가지 기본 요소가 있다. 스텝은 액션을 포함하며 이 액션은 액션 이름, 제한자(action qualifier) 등으로 구성한다. 분기의 종류에는 선택 분기, 병렬 분기 등으로 구분하며 트랜지션도 각각의 이름으로 표시할 수 있다. 그리고 프로그램의 진행을 위하여 레이블 혹은 점프 기능을 사용한다.

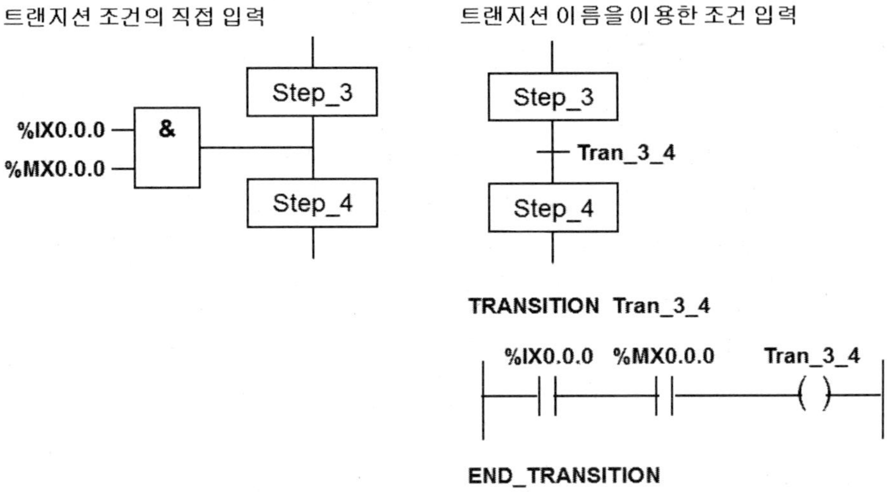

그림 5-11 트랜지션의 표시의 예

트랜지션은 스텝 진행을 위한 조건으로 스텝과 스텝을 잇는 세로 선에 가로로 표시한다. 즉 트랜지션은 조건을 표시하는 것으로, 하나의 입력 조건이나 혹은 논리적 조건으로 이루어진 프로그램으로 만들어질 수 있다. [그림 5-11]은 트랜지션을 조건을 입력하는 예이다. 직접 입력하는 방법은 트랜지션 옆에 논리적 조건을 입력하는 것으로 그림의 예는 %IX0.0.0과 %MX0.0.0이 논리 조건 AND를 만족하면 스텝3에서 스텝4로 진행한다는 것을 의미한다. 트랜지션 이름을 사용하는 방법은 트랜지션에 트랜지션 이름만 입력하고 트랜지션 조건을 프로그램하여 사용하는 방법이다. 이는 트랜지션 조건이 복잡한 경우에 유용한 방법으로, 그림의 예에서는 트랜지션 이름은 'Tran_3_4'이고 트랜지션 조건은 앞의 내용과 같이 %IX0.0.0과 %MX0.0.0의 AND 조건을 의미한다.

프로그램은 스텝을 따라 진행하며 스텝은 트랜지션의 조건이 만족되어야 활성화된다. 각 스텝에는 스텝에서 실행해야 하는 동작(액션, action)을 정의하는 액션블록(action block)을 프로그램해야 한다. 액션은 [그림 5-12]와 같이 액션의 실행을 어떤 방법으로 할 것인가를 정의하는 액션제한자와 액션에 해당하는 출력변수를 정의하는 액션의 이름과 액션을 종료하였을 때 발생하는 신호에 해당하는 피드백 변수와 설명문으로 구성된다.

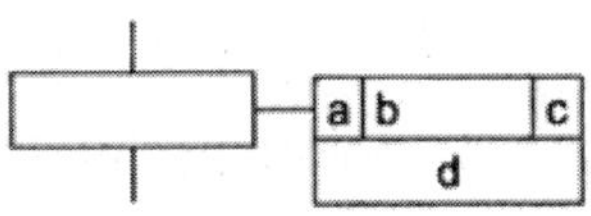

a: 액션 제한자(action qualifier)
b: 액션의 이름
c: 피드-백 변수
d: 액션의 설명문

그림 5-12 액션블록의 구성

스텝은 사각형으로 표시하며 사각형 안에 임의의 문자를 사용하는 식별자를 입력하도록 되어 있다. 스텝을 표시하는 사각형 중에서 첫 번째 스텝은 이중의 사각형으로 표시하도록 정의하고 있다.

액션 제한자는 문자를 사용하여 액션의 기능을 정의한다.'N'은 저장되지 않은 상태에서 액션의 실행을 의미하며, 'R'은 이전의 스텝에서 S, SD, DS, SL 등으로 액션이 작동된 상태로 저장되어 있었다면 그 상태를 리셋하는 기능을 가지고 있다. 'S'는 액션을 저장할 수 있는 제한자이다. 따라서 더 이상 액션이 필요 없어지면 반드시 'R'의 제한자를 이용하여 리셋하여야 한다. 'L'은 스텝이 활성화하면 설정된 시간 동안 액션이 실행되며 스텝이 활성화되어 있는 동안만 실행된다. 'D'는 스텝이 활성화되면 시간이 지연된 후 액션이 실행되는 제한자이며, 'P'의 제한자는 스텝이 활성화되는 순간만 액션이 실행된다. 'SD'의 제한자는 액션이 저장되는데 지연되는 것을 의미하는 것이고, 'DS'는 시간이 지연된 후에 액션이 저장될 수 있는 것이다. 'SL'은 액션이 저장되어 설정된 시간동안 실행되는 것이다. [표 5-6]은 액션제한자의 종류와 기능이다.

표 5-6 액션 제한자의 종류와 기능

기 호	기 능	비 고
N(Non-stored)	스텝이 활성화된 동안만 액션 실행	
R(reset)	액션 실행의 중지	
S(Set, stored)	스텝이 활성화되면 액션 실행 R 제한자가 실행되면 실행 정지	
L(time limited)	스텝이 활성화되면 설정된 시간 동안 액션 실행 스텝이 비 활성화되면 실행정지	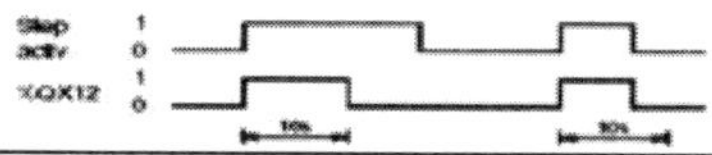
D(time delayed)	스텝이 활성화된 순간부터 설정된 시간이 지연된 후 액션 실행 스텝이 비 활성화되면 실행정지	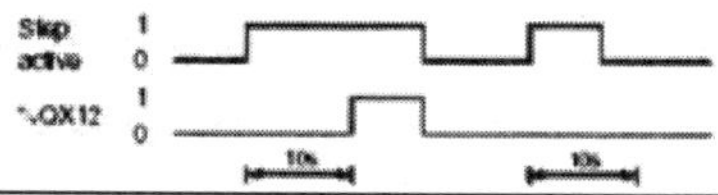
P(Pulse)	스텝이 활성화된 순간만 액션 실행	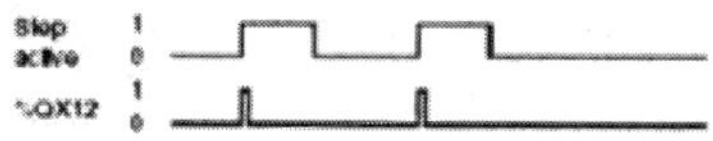

SFC 프로그램에서는 앞에서 설명한 바와 같이 분기 기능을 사용할 수 있다. 분기 기능의 첫 번째는 선택 분기이다. 이는 하나의 스텝으로부터 아래로 여러 개의 스텝이 병행으로 연결되어 있고 각 스텝은 트랜지션을 가지고 있는 상태이다. 따라서 트랜지션 조건이 만족되는 스텝으로 진행하게 된다.

기 호	기 능	비 고
N(Non-stored)	스텝이 활성화된 동안만 액션 실행	
R(reset)	액션 실행의 중지	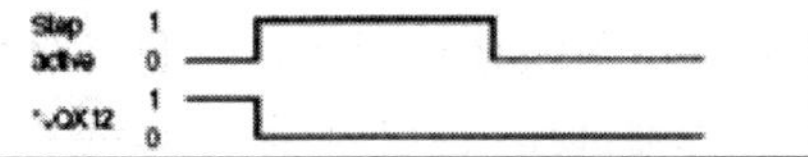
S(Set, stored)	스텝이 활성화되면 액션 실행 R 제한자가 실행되면 실행 정지	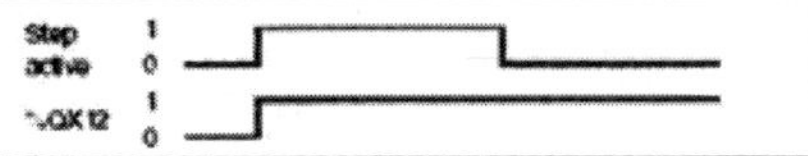
L(time limited)	스텝이 활성화되면 설정된 시간 동안 액션 실행 스텝이 비 활성화되면 실행정지	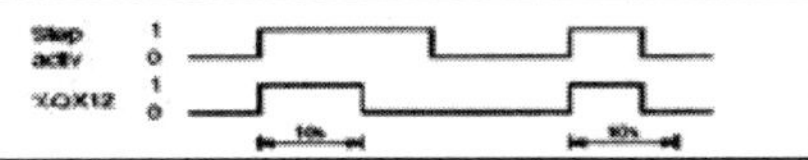
D(time delayed)	스텝이 활성화된 순간부터 설정된 시간이 지연된 후 액션 실행 스텝이 비 활성화되면 실행정지	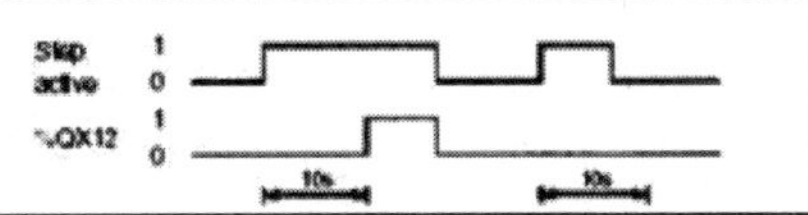
P(Pulse)	스텝이 활성화된 순간만 액션 실행	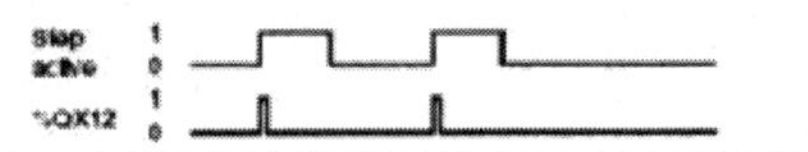

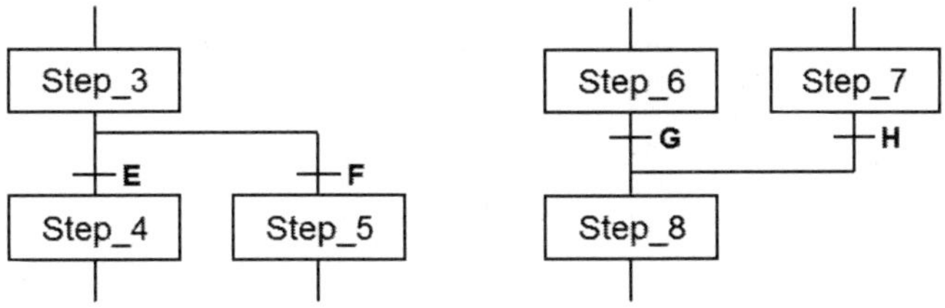

선택 분기
(Alternative branch)

선택 분기의 접합

그림 5-13 선택 분기

다음은 병렬분기이다. 이는 하나의 스텝 아래로 여러 개의 병렬로 연결된 스텝이 있고 트랜지션은 병렬로 연결된 스텝의 위쪽에 한 개가 있는 형태이다. 이와 같은 경우이면 하나의 트랜지션 조건이 만족되면 여러 개의 스텝이 동시에 진행할 수 있는 것이다. 이때 병렬 연결된 각각의 스텝이 진행된 후 다시 하나의 스텝으로 접합될 때 트랜지션 조건을 정하는 것도 필요에 따라 정할 수 있어야 한다.

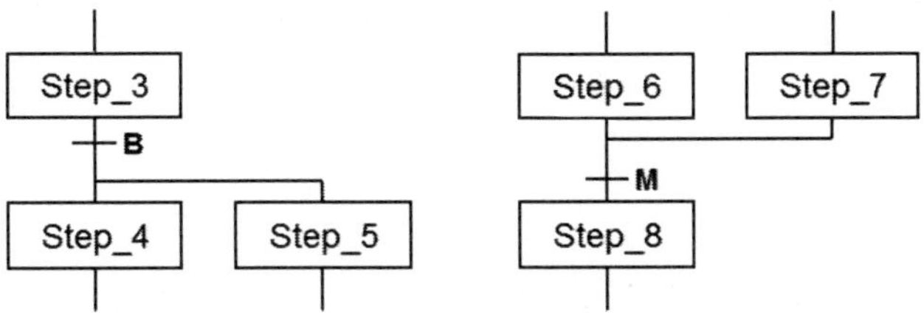

병렬 분기
(Parallel branch)

병렬 분기의 접합

그림 5-14 병렬 분기

신택 분기와 병렬 분기를 이용하면 [그림 5-15]와 같은 루프를 구성할 수 있다. 'Step_3'의 액션을 실행하고 트랜지션 'C'가 만족되고 'F'의 트랜지션이 만족되지 않은 상태이면 'Step_4'와 'Step_5'의 액션을 실행하게 된다. 이때 트랜지션 'E'가 만족되면 스텝은 아래로 진행되어 'Step_6'의 액션을 실행하지만 트랜지션 'F'가 만족되면 스텝은 다시 위쪽으로 진행되어 'Step_4'를 실행한다. 따라서 조건에 따라 반복작업과 같은 루프를 구성할 수 있다.

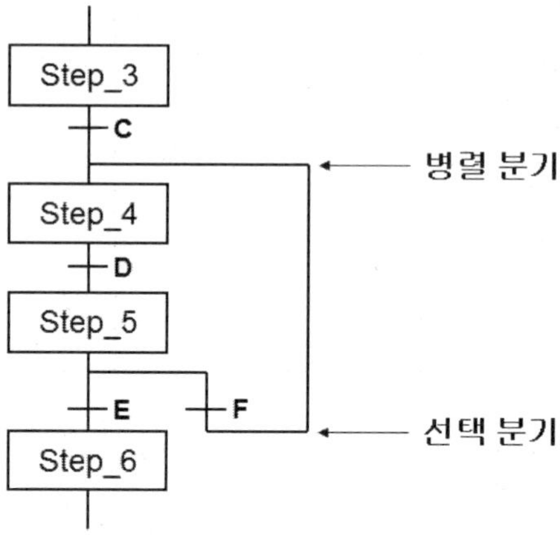

그림 5-15 루프 구성의 예

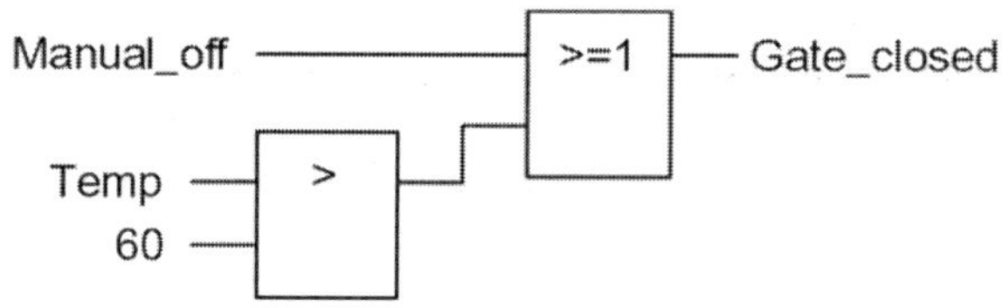

그림 5-16 FBD 프로그램의 예

FBD 프로그램 명령어는 다음에 소개되는 펑션과 펑션 블록을 사용하여 프로그램 하는 방법이다. [그림 5-16]은 FBD 프로그램의 예로 'Temp'가 60보다 크거나 'Manual_off'이면 'Gate_closed'라는 출력이 발생하는 프로그램이다. 이 프로그램에서 사용된 비교기능과 논리기능의 펑션은 국제표준에서 표준으로 정하고 있는 펑션 기능 중의 하나이다.

3.4 표준 펑션

PLC의 프로그램을 작성하는 것은 그 프로그램이 구조적으로 구성될 수 있어야 한다. 이와 같은 프로그램의 구성요소는 프로그램 언어로 구성하는 기계 혹은 공정의 요구 값을 만족할 수 있는 기본 명령어에 의한 프로그램이 있고 기본 명령어가 가지고 있지 않은 특수한 기능을 실행하는 펑션(function)과 펑션 블록(function block)으로 구성된다. 펑션과 펑션 블록은 모두 소프트웨어 모듈(software module)로 특수한 기능을 수행할 수 있도록 만들어진 일종의 명령어로, 국제표준에 정해져 있다. 국제표준에서는 펑션과 펑션 블록은 사용자가 정의하여 만드는 것도 허용하고 있다. 사용자 정의에 의하여 만들어지는 펑션이나 펑션 블록은 그것의 이름과 기능을 PLC의 프로그램 하는 방법으로 만들 수 있도록 하고 있다.

펑션은 하나의 출력을 갖는 소프트에어 모듈로 상태 정보를 유지하지 않는 프로그램 명령으로 논리 OR 연산과 같은 기능이다. IEC 표준에서 펑션은 비트 이동형 펑션, 논리형 펑션, 비교 펑션과 연산형 펑션으로 구분하고 있고 펑션의 사용방법과 종류에 대하여 표준을 정의하고 있다. [그림 5-17]은 펑션의 기본 구조를 표현하는 방법이다.

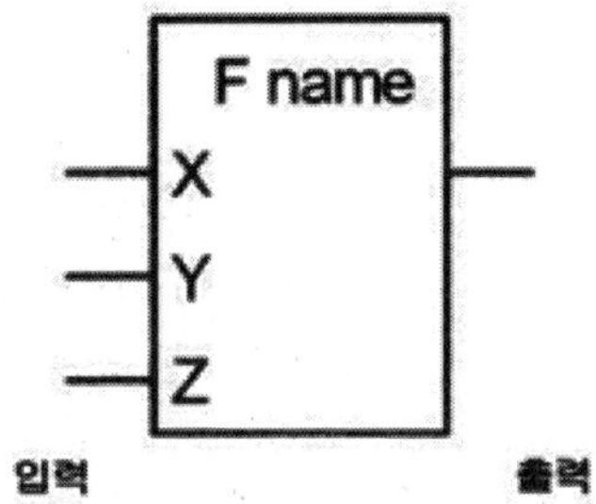

그림 5-17 펑션의 기본 구조

펑션은 사각형으로 표시하도록 약속하고 있고 사각형 안에 펑션의 기능에 따른 명칭을 위쪽에 표시한다. 래더 다이어그램에서 신호의 흐름이 왼쪽에서 오른쪽으로 진행하는 것처럼, 사각형으로 표시된 펑션의 왼쪽은 입력이고 오른쪽은 출력이다. 그리고 입력과 출력에는 인식 변수의 명칭이 기입된다.

3.4.1 표준 논리형 펑션

IEC 표준에서 정하고 있는 표준 논리형 펑션은 AND, OR, XOR, NOT의 논리연산을 할 수 있는 네 가지이다. 논리기능에 대한 자세한 설명은 다음 장에서 하기로 한다. [표 5-7]은 논리형 펑션의 명칭과 의미이다.

표 5-7 표준 논리형 펑션

명칭	기호	의미
AND	&	모든 입력의 AND 연산
OR	>=1	모든 입력의 OR 연산
XOR	= 2k+1	모든 입력의 exclusive OR 연산
NOT		부정 입력

논리형 펑션에서 입력 신호는 비트형의 입력 신호를 사용하며 출력도 비트 형식으로 출력된다. 대부분의 PLC는 AND와 OR 연산의 경우 연산하여야 하는 입력 신호의 수를 정할 수 있도록 되어 있어 두 개 이상의 입력을 연산할 수 있도록 되어 있다.

3.4.2 표준 비트 이동형 펑션

비트 이동형 펑션은 여래 개의 비트로 구성된 데이터가 입력되었을 때 데이터를 구성하는 각 비트를 필요한 형태로 이동하는 펑션으로, [표 5-8]은 IEC 표준에서 정한 표준 비트 이동형 펑션의 종류와 의미이다.

표 5-8 표준 비트 이동형 펑션

명칭	의미
SHL	IN을 N bit만큼 좌측으로 이동 우측의 bit는 0으로 채운다.
SHR	IN을 N bit만큼 우측으로 이동 좌측의 bit는 0으로 채운다.
ROR	IN을 N bit만큼 우회전 형으로 이동
ROL	IN을 N bit만큼 좌회전 형으로 이동

'SHL'은 'shift left'의 의미로 비트를 왼쪽으로 이동하는 펑션이고, 'SHR'은 'shift right', 'ROR'은 'rotate right'의 의미로 오른쪽으로 회전하는 펑션 'ROL'은 'rotate left'의 의미를 가진 펑션이다. 'shift' 명령의 경우 이동하고 나면 비어 있는 비트가 발생하는데 이 비트는 '0'으로 채워지며, 'rotate' 명령의 경우 이동하고 비어 있는 비트는 회전하여 돌아오는 비트의 값이 채워지게 된다.

3.4.3 표준 비교 펑션

IEC 표준의 펑션에는 값을 비교하는 기능을 가진 펑션을 규정하고 있다. 이는 입력되는 값을 입력에 정의된 기준 값과 비교하여 출력을 발생하는 펑션으로 입력과 출력 모두 비트 값이나 모든 수를 사용할 수 있다. [표 5-9]는 IEC 표준의 표준 비교 펑션의 종류와 의미이다.

표 5-9 표준 비교 펑션

명칭	기호	의미
GT	〉	크다
GE	〉=	크거나 같다
EQ	=	같다
LE	〈=	작거나 같다
LT	〈	작다
NE	〈 〉	같지 않다

3.4.4 표준 연산 펑션

요즈음의 PLC는 연산기능을 수행할 수 있다. 4칙 연산을 수행할 수 있는 기능의 펑션 명령어도 IEC 표준에 정의하고 있으며 [표 5-10]은 그 종류와 의미이다.

표 5-10 표준 연산 펑션

명칭	기호	의미
ADD		모든 입력의 더하기
MUL	*	모든 입력의 곱하기
SUB	–	첫 번째 입력에서 두 번째 입력 빼기
DIV	/	첫 번째 입력에서 두 번째 입력으로 나누기
MOVE	:=	입력을 출력으로 할당

비교 펑션의 모든 입력과 출력은 정수를 사용한다.

3.5 표준 펑션 블록

펑션 블록(function block)은 하나 혹은 그 이상의 출력 변수를 갖는 소프트웨어 모듈로 그 상태 정보는 직전 값 혹은 초기값을 갖는다. 이와 같이 상태 정보를 유지하고 있기 때문에 한번 정의된 펑션 블록의 값은 프로그램 어디에서든지 사용가능하다. IEC 61131-3에서 정한 표준 펑션 블록을 표시하는 방법은 표준 펑션과 같은 방법으로 표시한다. 즉 사각형 안에 펑션 블록의 명칭이 표시되고 좌측에 입력, 우측에 출력을 표시한다. 또한 펑션 블록을 작동하고 출력을 표현하는 인식 변수를 사각형 안에 표시하게 된다([그림 5-18] 참조).

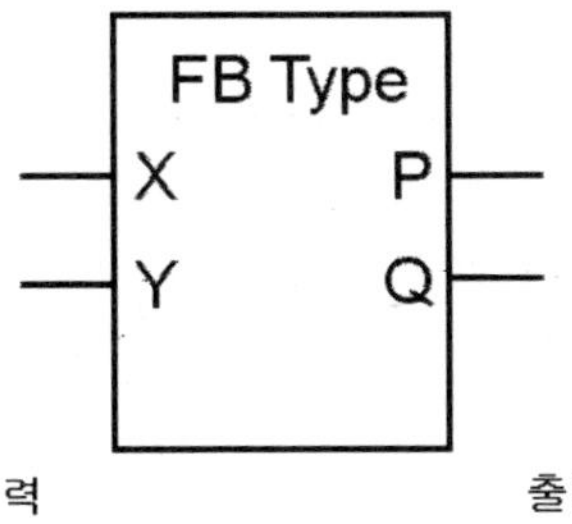

그림 5-18 펑션 블록의 구성

펑션과 같이 사각형으로 표시하며, 왼쪽은 입력이고 오른 쪽은 출력을 표시한다. 사각형 안에는 펑션 블록의 명칭이 기입되며 입력과 출력의 인식변수가 사각형안 에 표시된다. 펑션 블록은 한 번 정의되면 프로그램 내에서 필요할 때마다 사용할 수 있으므로 사용자가 정의하는 펑션 블록의 고유 명칭도 정의되어야 한다.

이와 같은 표준 펑션 블록의 종류는 IEC에서 [표 5-11]과 같이 규정하고 있다. SR과 RS는 플립 플롭(flip-flop)과 같은 메모리의 기능을 가지고 있는 펑션 블록이고 CTU와 CTD는 카운터 펑션, TP와 TON 그리고 TOF는 타이머의 서로 다른 기능에 대한 펑션 블록이다. 그리고 R_TRIG와 F_TRIG는 에지 신호를 제어하는 펑션 블록이다.

표 5-11 표준 펑션 블록

명칭	의미
SR	바이 스테이블(Bi-stable) 메모리 (초기 설정 값 : 셋)
RS	바이 스테이블(Bi-stable) 메모리 (초기 설정 값 : 리셋)
CTU	증가 카운터(up counter)
CTD	감소 카운터(down counter)
TP	펄스 타이머(pulse timer)
TON	한시 지연 타이머(On delay timer)
TOF	한시 복귀 타이머(Off delay timer)
R_TRIG	상승 에지 검출(rising edge)
F_TRIG	하강 에지 검출(falling edge)

[연습문제]

1. IEC 표준 프로그램 방법에 대하여 설명하시오.

2. SFC 프로그램의 액션 블록에 대하여 설명하시오.

3. 변수를 표현하는 방법에 대하여 설명하시오.

4. 펑션 블록에 대하여 설명하시오.

5. 텍스트형 프로그램 방법에 대하여 설명하시오.

6. 그래픽형 프로그램 방법에 대하여 설명하시오.

7. 펑션에 대하여 설명하시오.

CHAPTER

06

제어 프로그램의 작성

1. 소프트웨어의 구조
2. 논리와 프로그램
3. 표준 펑션 블록과
   프로그램
4. 표준 펑션과 프로그램

이 장에서는 제어 프로그램의 작성 방법에 대하여 알아보고자 한다. 제어 프로그램은 입력과 출력의 관계를 정의하는 것으로, 앞서 설명한 바와 같이 여러 가지 방법으로 프로그램을 작성할 수 있다. 이 중에서 우리가 많이 사용하는 방법은 래더 다이어그램을 이용하는 프로그램 방법이므로, 이 방법을 이용하는 프로그램 방법에 대하여 기본적인 논리부터 표준 펑션과 표준 펑션 블록을 사용하는 방법까지 소개하고자 한다.

1. 소프트웨어의 구조

1.1 하드와이어드와 소프트와이어드

종래의 릴레이 제어 방식은 일의 순서를 회로도에 전개하고 그곳에 필요한 제어기기를 결합하여 리드선으로 배선 작업을 해서 요구하는 동작을 실현하는 방식이었다. 이 방식을 하드와이어드 로직(hardwired logic)이라고 한다.

하드와이어드 로직 방식은 하드웨어(hardware)와 리드선으로 배선되어 있는 것을 의미하는 소프트웨어(software)가 한 쌍으로 구성되어 있어서 사양이 변경되면 하드웨어와 소프트웨어를 모두 변경해야 하는데, 바로 이것이 갖가지 문제를 발생시키는 원인이 된다. 따라서 하드웨어와 소프트웨어를 분리하는 연구 끝에 컴퓨터 방식이 개발되었다.

컴퓨터는 하드웨어만으로는 동작할 수 없다. 하드웨어 속의 기억 장치에 일의 순서를 넣어야만 비로소 기대되는 일을 할 수가 있는 것이다. 이 일의 순서를 프로그램이라 하며, 기억 장치인 이 메모리에 일의 순서를 넣는 작업을 프로그래밍이라 한다. 이는 마치 배선작업과 같다고 생각하면 된다. 이 방식을 소프트와이어드 로직(softwired logic)이라 하며 PLC는 이 방식을 취하고 있다.

1.2 릴레이 제어 회로와 PLC 프로그램의 차이

PLC는 LSI 등의 전자 부품의 집합으로, 릴레이 시퀀스와 같은 접점이나 코일은 존재하지 않으며, 접점이나 코일을 연결하는 동작은 소프트웨어로 처리되므로 실제로 눈에 보이지 않는다. 또 동작 방식도 코일이 여자되면 접점이 닫혀 회로가 활성화되는 릴레이 시퀀스와는 달리 PLC는 메모리에 프로그램을 기억시켜 놓고 순차적으로 내용을 읽어서 그 내용에 따라 동작하는 방식이다. PLC제어는 프로그램의 내용에 의하여 좌우되며, 따라서 사용자는 자유자재로 원하는 제어를 할 수 있도록 프로그램의 작성 능력이 요구된다.

1.2.1 직렬처리와 병렬처리

PLC 시퀀스와 릴레이 시퀀스의 가장 근본적인 차이점은 [그림 6-1]에 나타낸 것과 같이 '직렬 처리와 병렬 처리'라는 동작의 차이에 있다. PLC는 메모리에 있는 프로그램을 순차적으로 연산하는 직렬 처리 방식이고, 릴레이 시퀀스는 여러 회로가 전기적인 신호에 의해 동시에 동작하는 병렬처리 방식이다. 따라서 PLC는 어느 한 순간을 포착해보면 한 가지 일밖에 하지 않는다.

직렬처리 방식은 프로그램되어 있는 모든 입력 조건과 출력을 왼쪽으로부터 오른쪽으로 그리고 위에서 아래로 하나씩 읽어가면서 해당되는 작업을 실행하는 방법이고, 병렬처리 방식은 왼쪽에 수직으로 그려진 동력선에 연결된 모든 입력 조건을 동시에 읽어가며 동작을 실행하는 방법이다. 릴레이 제어는 이 동력선에 전원이 모두 연결된 상태이므로 병렬처리 방식으로 처리되는 것이라 할 수 있다.

두 가지 처리방식에 따라 결과는 달라질 수 있다. [그림 6-2]의 예에서 왼쪽의 경우 입력이 G→J→H의 순서로 만족되는 경우 병렬처리 방식에서는 출력 I가 발생하지 않지만, 직렬처리 방식에서는 출력 I가 잠깐의 시간동안 발생할 수 있게 된다. PLC는 직렬연산 처리되므로 최초의 연산 때 G가 닫히면 I가 출력되고 J가 닫히면 H가 출력된다. 두 번째 연산에서 비로소 최초의 연산 때 출력된 H에 의해서 I의 출력이 해제된다.

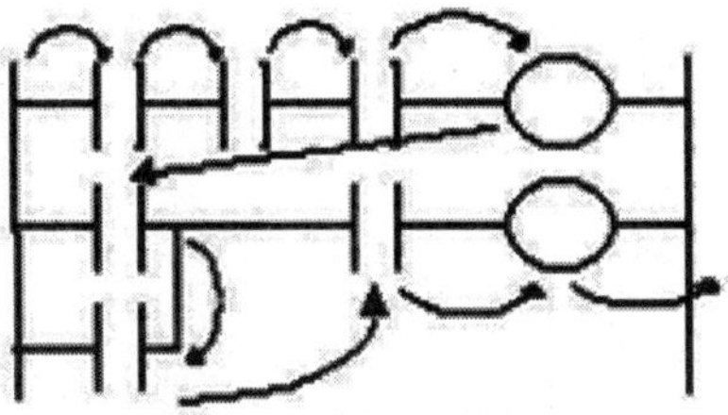

(a) 직렬처리 방식

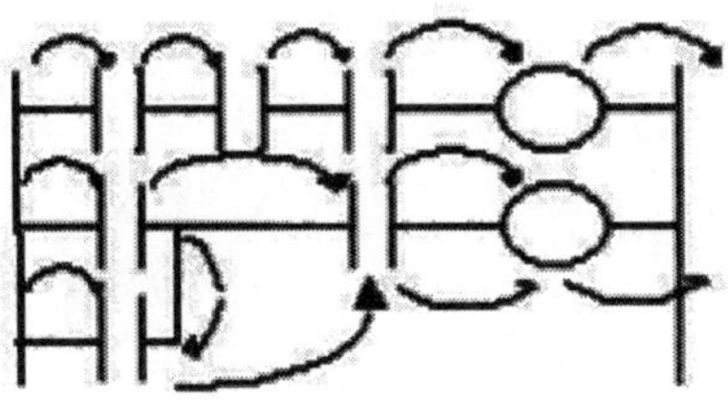

(b) 병렬처리 방식

그림 6-1 연산처리 방식

오른쪽의 프로그램에서도 입력조건이 D→E→A→B의 순서로 만족되는 경우 병렬처리 방식에서는 출력 C와 F가 동시에 출력이 발생하지만, 직렬처리 방식의 경우에는 출력 F가 먼저 발생하고 출력 C가 순서대로 발생한다.

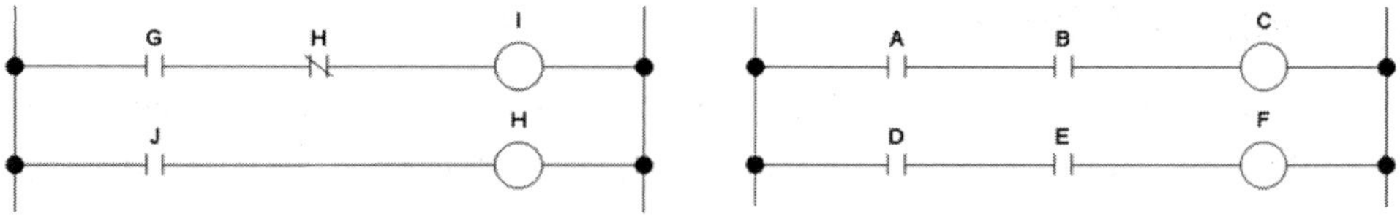

그림 6-2 프로그램의 예

1.2.2 사용 접점 수의 제한

릴레이는 일반적으로 개당 가질 수 있는 접점 수에 한계가 있다. 따라서 릴레이 시퀀스를 작성할 때에는 가능한 한 접점 수를 절약해야 한다. 이에 비하여 PLC는 동일 접점에 대하여 사용 횟수에 제한을 받지 않는다. 이는 동일 접점에 대한 정보(ON/OFF)를 정해진 메모리에 저장해 놓고 연산할 때 메모리에 있는 정보를 읽어서 처리하기 때문이다.

1.2.3 접점과 코일 위치의 제한

PLC 프로그램을 래더 방법으로 작성하는 경우 PLC 시퀀스는 릴레이 시퀀스에 없는 약속 사항이 있다. 그 하나는 코일 이후 접점을 금지하는 사항이다. PLC 시퀀스에서는 코일을 반드시 오른쪽 모선에 붙여서 작성해야 한다. 그 밖에 PLC 시퀀스에서는 항상 신호가 왼쪽에서 오른쪽으로 전달되도록 구성되어 있다. 따라서 PLC 시퀀스는 릴레이 시퀀스와는 다르게 오른쪽에서 왼쪽으로 흐르는 회로나 상하로 흐르는 회로 구성을 금지하고 있다. PLC 시퀀스의 약속 사항을 [그림 6-3]에 나타낸다.

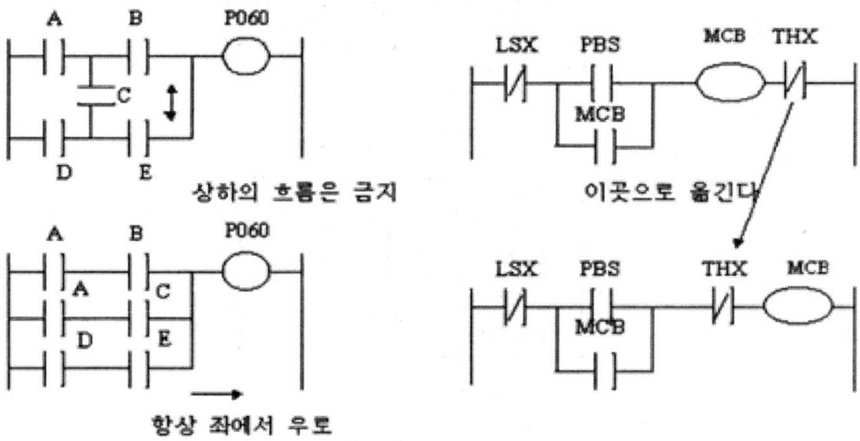

그림 6-3 PLC 프로그램(LD)의 약속 사항

2. 논리와 프로그램

제어 시스템을 구성하는 것은 지금까지 소개한 여러 요소를 이용하는 것이다. 이를 이용하는 것은 입력과 출력의 관계를 설정하기 위하여 배선하거나 혹은 배관, PLC를 사용하는 경우에는 프로그램을 작성해야 한다. 이와 같은 배관, 배선 혹은 프로그램은 입력과 출력 사이의 관계를 논리적으로 표현하는 방법인 것이다. 또한 제어시스템의 많은 형태가 시퀀스적으로 제어를 진행하게 되는데, 이와 같은 시퀀스 제어는 논리적으로 구현할 수 있는 논리제어를 시퀀스적으로 진행한다는 의미이다. 즉 제어 시스템을 구성하기 위하여 필수적인 지식은 논리를 이해하는 것이라 할 수 있다. 논리를 이해하여 제어시스템을 구성하는 것은 시스템에서 하고자 하는 제어를 논리적으로 분석할 수 있어야 하며, 다음은 분석된 논리를 어떻게 현실화하는가이다. 실제로 논리적으로 시스템을 구성하는 것은 제어 시스템의 여러 입력들을 어떻게 확인하는가 하는 문제와 이에 해당하는 출력이 어떤 것인지 찾는 것이라 할 수 있다. 이와 같은 논리 중에는 기본적으로 사용하는 논리들이 있으며 대부분 작업조건들은 이 기본 논리를 이용하여 표현할 수 있다. 논리 중에는 기본 논리를 이용하여 만들어진 논리의 형태로 많이 사용되는 것들이 있는데 이는 응용논리라 한다. 이들 논리를 알면 시스템을 쉽게 구성할 수 있다.

2.1 논리의 표현

2.1.1 논리식

논리식은 함수를 표현하는 일반적인 방법이다. 변수 사이에 실행되는 동작은 논리기호를 이용하여 표현한다.

$$예:\ y = \overline{a} + b$$

예에서 종속변수 y는 독립변수 a = 0 혹은 b = 1일 때 y = 1의 값이 됨을 나타낸다.

2.1.2 진리표

같은 예로 $y = \overline{a} + b$를 사용하면 입력변수 a와 b인 두 개의 변수에서는 $2^2 = 4$개 조건의 조합이 가능하다. 이와 같은 조합을 얻기 위해서는 2진수 코드를 이용한다. $\overline{a} + b$식 에서 a와 b의 조합에 의한 결과 y = 1이 되는 경우는 a = 0 또는 b = 1 또는 a = 0이고 b = 1의 세 경우이다. 나머지 경우는 y = 0이 된다. 이것을 진리표로 나타내면 [표 6-1]과 같다.

표 6-1 $\overline{a}+b$의 진리표

a	b	y
0	0	1
0	1	1
1	0	0
1	1	1

2.1.3 벤 다이어그램

벤 다이어그램(venn diagram)과 같은 그래픽 표현은 집합론(set theory)을 기초로 한다. 스위칭 대수에서 벤 다이어그램은 실용성을 갖지 못하나, 스위칭 대수의 법칙을 설명하는데는 적합하다. 또한 스위칭 대수와 집합론의 관계를 설명할 때도 사용된다. 전체 집합에서 원 안에 포함된 점들을 부분집합 A라 하면, 원 외부의 점들은 부분집합 'A가 아니다라고 할 수 있다. 이와 같이 원 외부의 점들의 집합을 스위칭 대수로 나타내면 $\overline{A}$라 한다. 이를 집합 A의 여집합이라 한다.

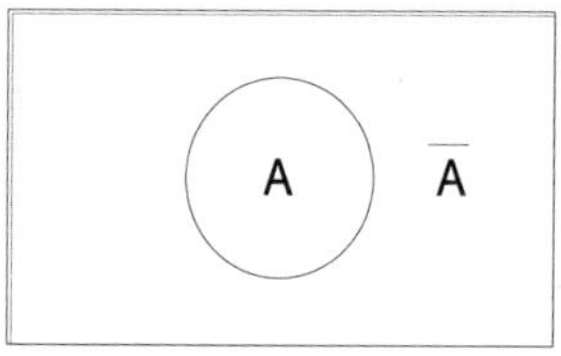

그림 6-4 벤 다이어그램

2.1.4 카르노도-비치 도

카르노도-비치 도(Karnaugh-Veitch map)는 Veitch에 의해 불 대수를 간략화하기 위해 개발되었으며 후에 카르노에 의해 더욱 발전되었다. 스위칭 식을 이용한 논리 회로는 카르노도를 이용하여 간략화할 수 있다. 그러나 근본적으로 카르노도가 불린식(boolean algebra)을 표현하는 새로운 방법은 아니다. 카르노도는 진리표에 비유되는 기하학적인 배열을 갖는 변수를 이용한다. [그림 6-5]는 벤 다이어그램과 카르노도를 하나의 변수를 사용하여 비교한 것이다.

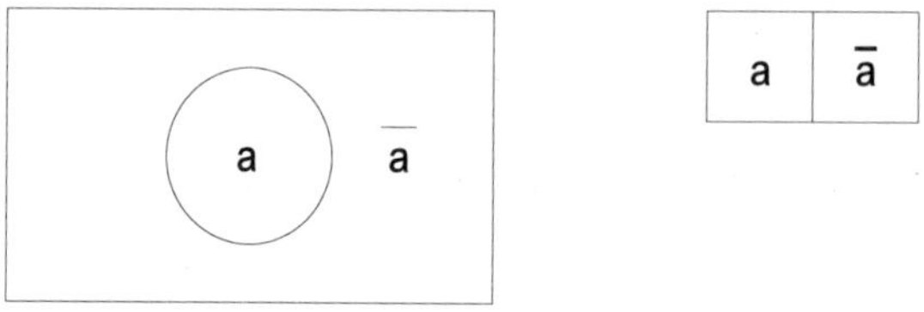

그림 6-5 벤 다이어그램과 카르노도

많은 수의 변수를 이용한 벤 다이어그램을 이해하는 데는 어려움이 있으나 카르노도에서는 많은 변수를 쉽게 사용할 수 있다. 카르노도는 [그림 6-6]에서와 같이 굵은 선을 대칭으로 하여 조직적으로 표현할 수 있다.

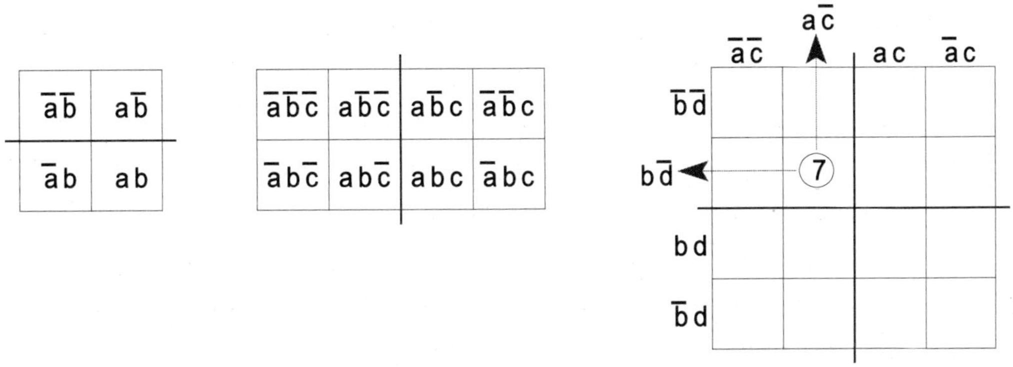

2변수　　3변수　　4변수

그림 6-6 카르노도

이때 모든 변수들은 진리표에서와 같이 논리적인 조합이 가능하여야 하므로 n개 변수에 대해서는 2^n개의 조합이 가능하도록 구성되어야 한다. 카르노도에서 변수를 사각형 내부가 아니라 외부 변에 기록하며 내부에는 다른 내용을 기입하게 된다. [그림 6-7]의 4개 변수를 갖는 카르노도에서 $a \cdot b \cdot \bar{c} \cdot \bar{d}$는 ⑦에 기록된다. 이때 기록되는 정보는 그림의 변에 기록된 변수에 의해 결정된다. 일반적으로 카르노도의 내부에는 0 또는 1이 기록된다. 이때의 0 또는 1의 값은 작성된 카르노도의 출력 조건에 따라 결정된다. 이것은 진리표를 작성하는 과정과 같다. 즉 주어진 회로나 식이 카르노도에서 표기된 입력변수에 따라 y = 0 또는 1이 되는 것에 따른다.

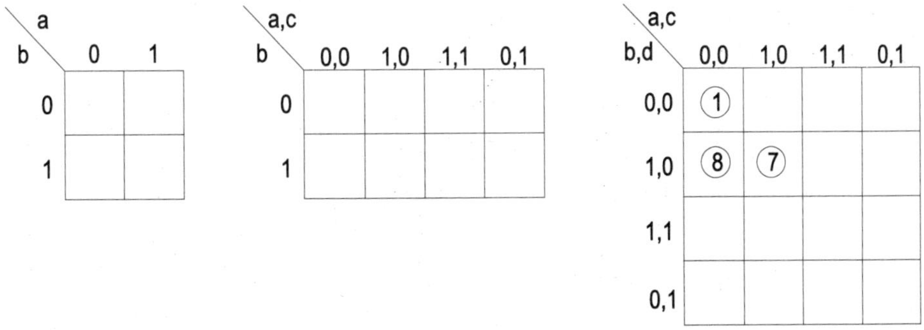

2변수　　3변수　　4변수

그림 6-7 카르노도의 일반적 표현

[그림 6-7]의 4개 변수를 갖는 카르노도에서 ⑦은 $a, b, \bar{c}, \bar{d}$의 조합을 의미한다. 이때 y=1 또는 0이 되는 것은 식 또는 회로에서 a, b, c, d의 4개 변수에 따르므로 a=1, b=1, $\bar{c}=1$, $\bar{d}=1$일 때의 y값을 ⑦에 기록한다. 이와 같은 방법으로 카르노도의 모든 필드(field)를 채운다. 이제 카르노도의 외부 변에는 변수대신에 이에 의해 조합 가능한 변수들의 결과인 값들을 기록한다. [그림 6-7]는 이와 같은 방법으로 표현한 카르노도이다.

4개의 변수를 표현하는 카르노도에서 ①에는 변수(a, b, c, d)에 대한 (0, 0, 0, 0)의 조합을, ⑦에는 (1, 1, 0, 0)의 조합을, ⑧에는 (0, 1, 0, 0)의 조합을 갖는 결과가 기록된다. 여기서 괄호 안에 쓰여진 숫자는 변수 a, b, c, d가 쓰인 변의 0과 1의 값을 의미한다. 경우에 따라서는 카르노도 내에 쓰이는 괄호 안의 숫자들을 생략하기도 한다.

카르노도를 작성할 때 가로와 세로 변에 기록되는 변수들은 서로 이웃하는 조합 사이에 단지 한 개의 변수만이 달라야 한다. 변수 상태를 배열하는 것은 그레이 코드(gray code)를 이용하여 표현한다. 이러한 기본 조건을 준수하면 카르노도의 변에 기록되는 변수들을 서로 바꿀 수 있다. [그림 6-7]의 4개 변수를 갖는 그림에서 가로변의 (a, c) 대신에 (a, b)를, 세로변의 (b, d) 대신에 (c, d)를 사용할 수 있다.

2.2 기본논리와 프로그램

2.2.1 YES 논리

YES 논리는 논리의 조건 중에서 가장 기본적인 논리이다. 이는 입력 조건이 만족되면 출력이 존재하고 입력 신호가 없으면 출력도 없어지는 논리를 의미하는 것으로, [그림 6-8]은 논리기호로 표현하는 방법이다. 좌측의 기호는 유럽에서 많이 사용되는 독일 규격이고, 우측의 기호는 미국 규격이다. 두 그림 모두 기호의 좌측은 입력이고 우측은 출력이다. [표 6-2]는 YES논리를 진리표로 표현한 것으로 입력신호 a가 존재할 때(1) 출력 y가 존재하고(1), 입력신호가 없어지면(0) 출력도 없어지는 것(0)을 표현한 것이다. 이 논리는 논리식으로 표현하면 y=a와 같이 등호를 이용한다.

표 6-2 YES 논리

a	y
0	0
1	1

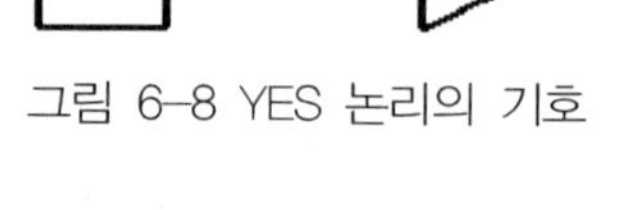

그림 6-8 YES 논리의 기호

[그림 6-9]는 YES 논리를 PLC의 프로그램으로 구현하는 방법이다. 입력 조건이 만족하면 출력이 발생하는 것으로 LD 프로그램에서는 N/O 접점을 사용하여 해결한다. 대부분의 프로그램 방법이 왼쪽에 입력을 표시하고 오른쪽에 출력을 표시하지만, ST 프로그램에서는 출력을

먼저 표시하고 출력이 발생하는 조건을 오른쪽에 표시한다.

(가) LD 프로그램

%IX1 ———— %QX2

(나) FBD 프로그램

```
LD   %IX1

ST   %QX2
```

(다) IL 프로그램

```
%QX2 := %IX1;
```

(라) ST 프로그램

그림 6-9 YES 논리 프로그램 예

2.2.2 NOT 논리

NOT 논리는 부정의 논리로서 입력이 존재하지 않을 때 출력이 존재하는 논리를 의미한다. 즉, 입력이 존재하면 출력은 없어지는 기능으로 YES 논리와는 논리적으로 반대의 기능을 가지고 있다. NOT 논리의 기호는 [그림 6-10]과 같다. 논리기호로 표현하는 것은 YES 논리의 기호에 작은 원을 표시하는데 이는 입력이나 혹은 출력 측에 표시한다.

논리 방정식에서 부정은 $\overline{a}$와 같이 나타낸다. 즉, $y = \overline{a}$ 또는 $\overline{y} = a$와 같이 나타내며 진리표로 나타내면 [표 6-3]과 같다.

표 6-3 NOT 논리

a	y
0	1
1	0

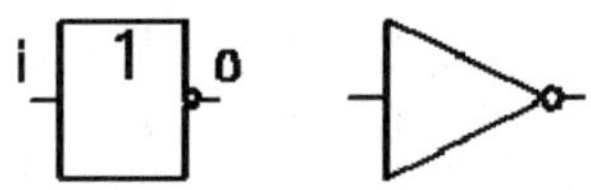

그림 6-10 NOT 논리의 기호

IEC 표준에 의하여 NOT 논리를 프로그램하는 방법은 [그림 6-11]과 같다. LD 프로그램에서는 NOT 논리를 표현하는 N/C 접점 형태의 기호를 사용한다. 이의 의미는 %IX1이 연결된 단자에 '입력 신호가 존재하지 않으면' 이라는 의미이다. 즉 연결되어 있는 센서의 형태와 관계없이 입력 단자에 신호가 존재하지 않을 때 출력을 발생한다는 의미이다. 다른 프로그램 방법도 같은 의미이며 프로그램의 방법에 따라 NOT 혹은 N의 기호를 사용한다.

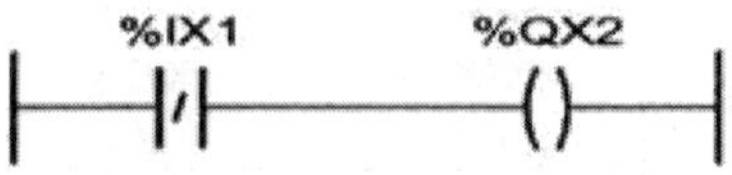

(가) LD 프로그램

(나) FBD 프로그램

```
LDN   %IX1

ST    %QX2
```

(다) IL 프로그램

```
%QX2 := NOT %IX1;
```

(라) ST 프로그램

그림 6-11 NOT 논리 프로그램 예

2.2.3 AND 논리

AND 논리는 직렬 결합(conjunction) 또는 논리곱(boolean product)이라고 알려져 있다. AND 논리는 모든 입력 신호가 1인 경우 즉, 주어진 입력 신호가 모두 존재할 때 출력 신호가 존재하게 되는 논리로서 이들 기호는 [그림 6-12]와 같다.

2개의 입력 변수가 있는 AND 논리에 대하여 진리표로 나타내면 [표 6-4]와 같다. 진리표에서 두 개의 변수를 서로 곱하면 출력과 같은 형태가 만들어진다. 이와 같이 AND논리는 논리의 곱으로 표현할 수 있고 따라서 $y = a \cdot b$의 논리식으로 쓸 수 있다. 이를 집합으로 표현하면 교집합에 해당하므로 $y = a \cap b$의 식으로도 표현할 수 있다.

표 6-4 AND 논리

입력		출력
a	b	y
0	0	0
0	1	0
1	0	0
1	1	1

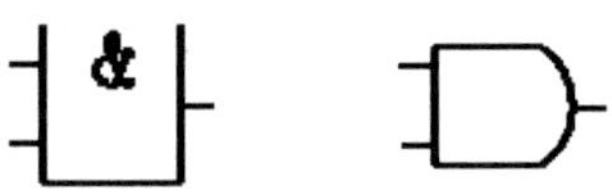

그림 6-12 AND 논리의 기호

[그림 6-13]은 AND 논리를 프로그램하는 방법의 IEC 표준이다. %IX1과 %IX2가 모두 만족하면 출력 %QX3이 발생한다. LD 프로그램에서 AND 논리를 프로그램하는 방법은 릴레이 제어회로에서 회로를 구성하는 방법과 같다. 릴레이 제어회로에서 AND 논리를 만족하기 위하여 두 개의 YES 논리를 직렬로 연결하는 것과 같이 LD 프로그램에서는 논리 조건을 직렬로 연결하게 된다.

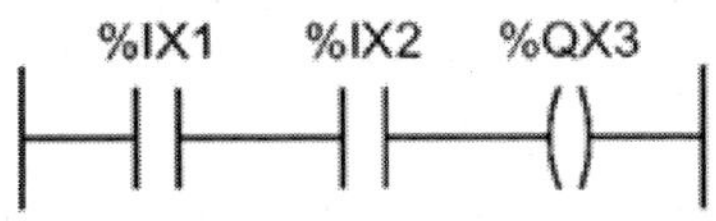

(가) LD 프로그램

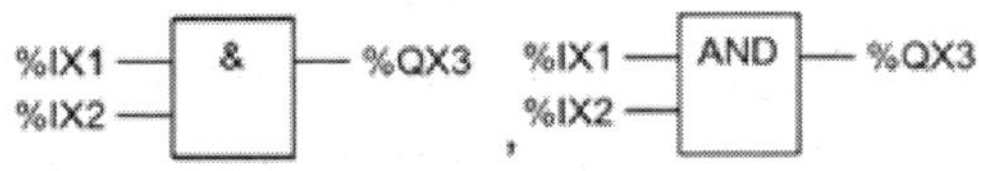

(나) FBD 프로그램

```
LD    %IX1
AND   %IX2
ST    %QX3
```

(다) IL 프로그램

```
%QX3 := %IX1 & %IX2;
```

혹은

```
%QX3 := AND(%IX1, %IX2);
```

(라) ST 프로그램

그림 6-13 AND 논리 프로그램 예

2.2.4 OR 논리

표 6-5 OR 논리

입력		출력
a	b	y
0	0	0
0	1	1
1	0	1
1	1	1

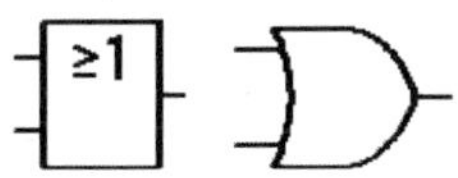

그림 6-14
OR 논리의 기호

OR 논리는 병렬 결합(disjunction) 또는 논리합(boolean sum)이다. 여러 개의 입력 중 단지 하나의 입력 변수만 입력되어도 출력이 존재하게 되는 논리로 이를 기호로 표시하면 [그림

6-14]와 같다. OR 논리는 여러 개의 입력 변수 중에서 어느 하나의 입력변수만 만족되어도 출력이 존재하며 OR논리의 입력에 연결된 모든 변수가 작동된 상태로 있어도 출력이 존재한다. 즉 여러 개의 입력 신호 중 하나의 입력신호만 있어도 출력이 존재하는 것이다. 여러 개의 입력 신호 중 반드시 한 개의 입력에만 신호가 있을 때 출력이 존재하여야 하는 논리는 exclusive OR로, 응용논리중 하나이다. OR논리를 진리표로 나타내면 [표 6-5]와 같다. OR 논리는 논리합이기 때문에 논리식으로는 '+'의 기호를 사용하여 $y = a + b$로 나타낸다. 또한 이를 집합으로 표현하면 합집합이 되므로 $y = a \cup b$로 나타낸다. 역시 진리표의 두 입력을 더하면 출력의 상태가 계산될 수 있다.

IEC 표준에 의하여 OR 논리를 프로그램 하는 방법은 [그림 6-15]와 같다. LD 프로그램은 릴레이 제어회로를 구성하는 방법과 같은 방법을 사용한다. 즉 두 개의 YES 논리를 병렬로 연결하는 방법을 사용한다. 따라서 두 개의 입력 중 하나만 신호가 존재하면 출력이 존재할 수 있는 조건을 만족할 수 있다. 그림의 프로그램 내용은 %IX1 혹은 %IX2의 두 입력 중 하나가 만족하면 출력 %QX3이 발생한다.

FBD 프로그램에서는 독일 표준을 원용하여 사용하는데, 사각형 안에 논리의 종류를 표시하는 방법으로 'OR'의 기호를 사용하기도 하고 혹은 다른 기호로 '〉=1'의 기호를 사용해도 무방하다. 역시 신호의 흐름은 좌측으로부터 우측으로 진행한다.

IL 프로그램과 ST 프로그램도 유사한 방법으로 프로그램한다. 단 ST 프로그램에서는 출력을 먼저 표시한다.

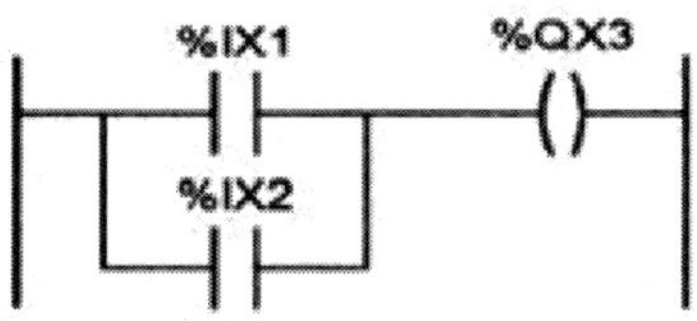

(가) LD 프로그램

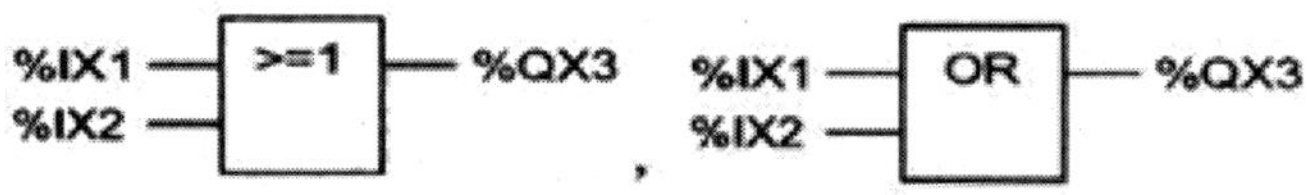

(나) FBD 프로그램

```
LD    %IX1
OR    %IX2
ST    %QX3
```

(다) IL 프로그램

```
%QX3 := %IX1 OR %IX2;
```

(라) ST 프로그램

그림 6-15 OR 논리 프로그램 예

2.3 논리의 연산

제어 시스템을 구성할 때 시스템의 입력 조건은 하나 이상 여러 개를 사용할 수 있다. 이때 출력이 존재하는 입력조건은 여러 개의 입력들이 논리적으로 조건을 만족하여야 하고 이들 논리적인 조건을 이용하여 시스템을 구성할 때 입력조건들이 많아지면 회로는 복잡하게 되고 또한 실제로 시스템을 구성할 때 비용도 많이 들게 된다. 따라서 시스템을 구성할 때 논리적인 조건은 만족하면서 가능한 간단하게 회로를 구성할 필요가 있다. 이를 위하여 주어진 조건에 대한 논리식을 연산하여 간단하게 하는데, 이때 정해진 연산 규칙이 있다. 이를 불 대수(boolean algebra)의 연산 규칙이라 한다. 이와 같은 불 대수는 a접점과 b접점을 이용하여 해결할 수 있다. 기본 논리에서도 소개한 바와 같이 a접점은 YES 논리를 만족하는 기능이며, b접점은 NOT 논리를 만족할 수 있는 기능이다.

2.3.1 논리 연산규칙

(1) NOT 논리 연산규칙

$\bar{\bar{a}}$를 표현하는 방법은 부정의 논리를 직렬로 연결한 것으로 이는 a와 같게 된다. 이때 첫째 부정논리는 입력된 신호를 반전시키며 둘째 부정논리는 그 값을 다시 반전시켜 처음의 값을 출력시키게 된다. [그림 6-16]은 이를 논리기호를 이용하여 논리회로로 표현한 것이다.

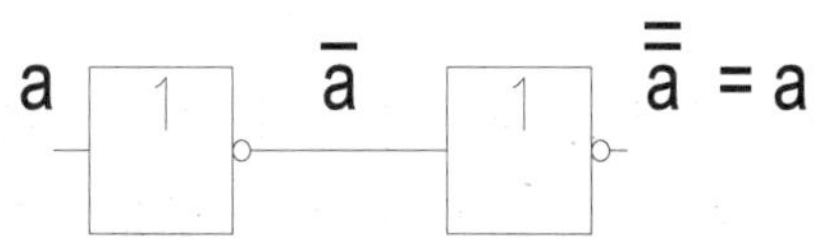

그림 6-16 $\bar{\bar{a}}$의 표현

(2) AND 논리 연산규칙

AND 논리는 두 개의 a접점을 직렬로 연결하면 만족할 수 있다. 이때 모든 접점들이 동작되지 않았으면 표현은 다음과 같다.

$$0 \cdot 0 = 0$$

이 중 하나만이 동작할 때는 $1 \cdot 0 = 0 \cdot 1 = 0$과 같이 되므로 직렬로 연결된 접점들은 모든 접점들이 닫혀있을 때만 출력의 값이 1로 나타난다.

$$1 \cdot 1 = 1$$

따라서 접점들의 배열순서는 아무런 의미를 갖지 못하므로 아래의 식이 성립하게 된다.

$$a \cdot b = b \cdot a$$

만일 하나의 접점이 닫혀 있는 상태로 연결되어 있다면 출력의 값은 남은 접점에 의해 결정된다. 이 그림으로 표현하면 [그림 6-17]과 같다.

$$y = a \cdot 1 = 1 \cdot a = a$$

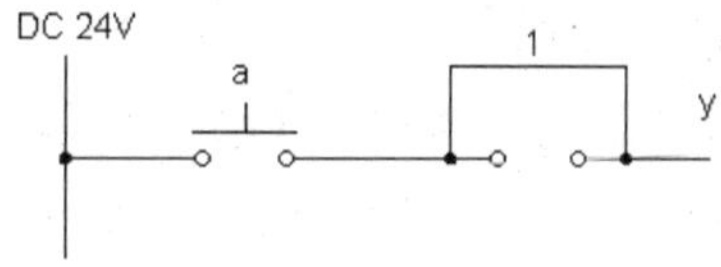

그림 6-17 1과 AND 논리

두 개의 접점 중 하나가 개방된 상태로 고정되어 있으면 다른 접점은 아무런 의미를 갖지 못하며 y의 값은 항상 논리 0이 된다. 이 그림으로 표현하면 [그림 6-18]과 같다.

$$y = a \cdot 0 = 0 \cdot a = 0$$

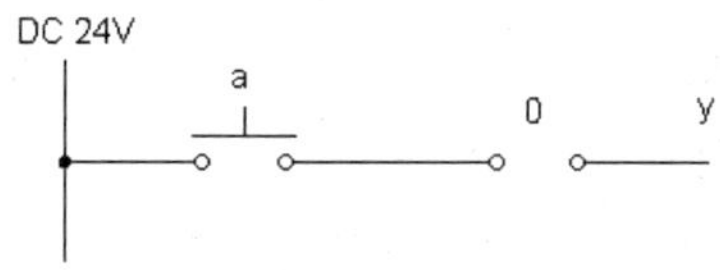

그림 6-18 0과 AND 논리

두 개의 접점이 동시에 동작할 때는 하나의 접점으로 대체할 수 있다. [그림 6-19]는 이와 같은 등가를 회로로 표현한 것으로 두 개의 푸시버튼이 모두 같은 하나의 작동방법을 가지고 있으면, 즉 작동방법은 하나의 푸시버튼이고 접점은 두 개를 가지고 있으면 하나의 푸시버튼을 눌렀을 때 접점이 모두 동작하므로 하나의 스위치와 같다.

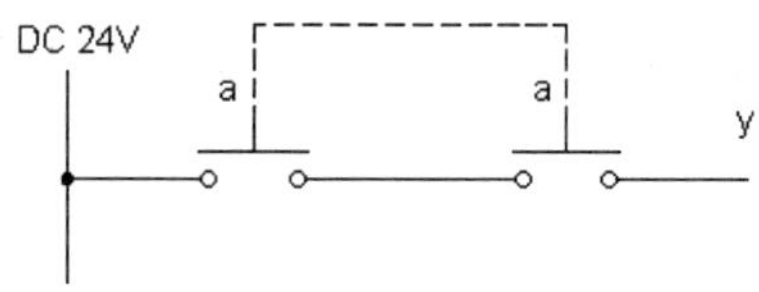

$$a \cdot a = a$$

그림 6-19 등가

정상상태 열림 접점의 동작된 상태는 닫힘 접점으로, 정상상태 닫힘 접점이 동작된 상태는 열림 접점이 된다. 정상상태 열림 접점과 정상상태 닫힘 접점을 직렬로 연결하고 두 접점에 동시에 입력을 가하면 항상 출력은 없는 상태가 된다. [그림 6-20]은 이 관계를 회로로 표현한 것으로 한 개의 푸시버튼으로 작동하는 a접점과 b접점이 직렬로 연결되어 푸시버튼이 작동하거나 하지 않거나 모두 출력은 존재하지 않게 된다.

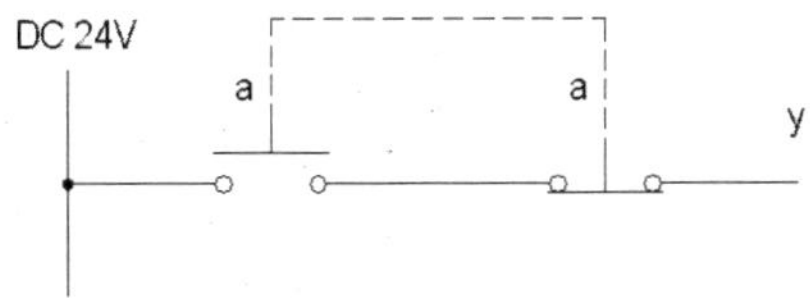

$$a \cdot \bar{a} = \bar{a} \cdot a = 0$$

그림 6–20 항상 0

(3) OR 논리 연산규칙

$$0 + 0 = 0$$
$$0 + 1 = 1 + 0 = 1$$
$$1 + 1 = 1$$

[표 6-5]의 OR 논리를 표현하는 진리표의 의미는 다음과 같은 논리를 표현하는 것이다.

$$a + b = b + a$$

OR논리는 a접점 스위치를 병렬로 연결하면 만족할 수 있으며 이는 스위치의 연결순서에 관계없이 같은 진리값을 나타내므로 다음이 성립한다.

만일 하나의 접점이 항상 닫혀 있는 상태로 연결되어 있다면 출력의 값은 항상 1이 된다. 이 그림으로 표현하면 [그림 6-21]과 같다.

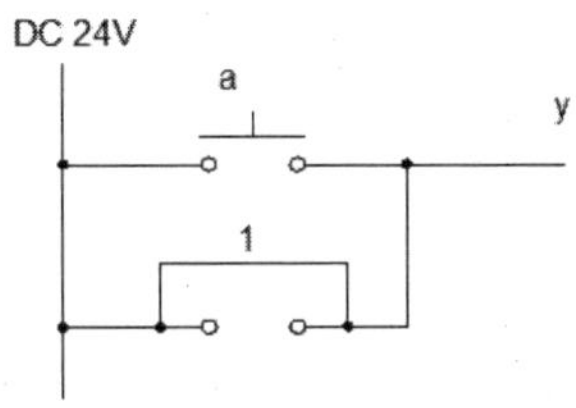

$$y = a + 1 = 1 + a = 1$$

그림 6–21 1과 OR 논리

두 개의 접점 중 하나가 개방된 상태로 고정되어 있으면 출력은 남은 접점의 상태에 따라 결정된다. 이 그림으로 표현하면 [그림 6-22]와 같다.

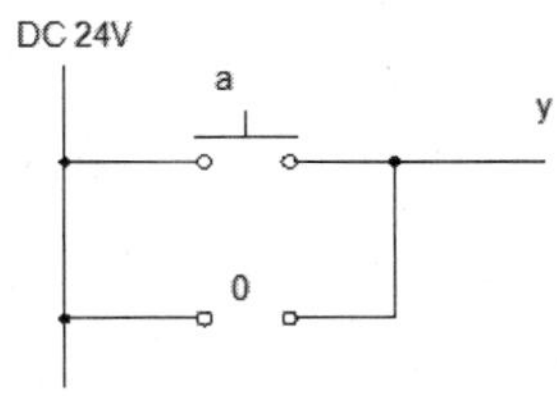

$$y = a + 0 = 0 + a = a$$

그림 6–22 0과 OR 논리

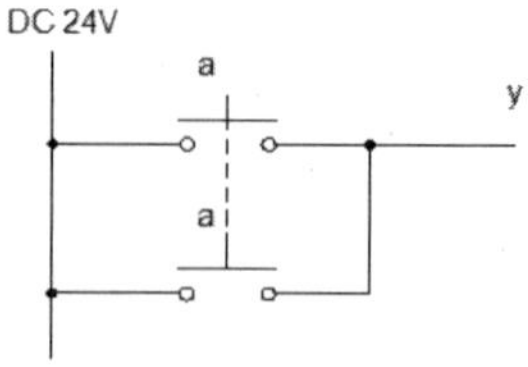

두 개의 접점이 동시에 동작할 때는 하나의 접점으로 대체할 수 있다. [그림 6-23]은 이와 같은 등가를 회로로 표현한 것으로 두 개의 푸시버튼이 모두 같은 하나의 작동방법을 가지고 있으면, 즉 작동방법은 하나의 푸시버튼이고 접점은 두 개를 가지고 있으면 하나의 푸시버튼을 눌렀을 때 접점이 모두 동작하므로 하나의 스위치와 같다.

$$a + a = a$$

그림 6-23 등가

정상상태 열림 접점의 동작된 상태는 닫힘 접점으로, 정상상태 닫힘 접점이 동작된 상태는 열림 접점이 된다. 정상상태 열림 접점과 정상상태 닫힘 접점을 병렬로 연결하고 두 접점에 동시에 입력을 가하면 항상 출력이 존재하는 상태가 된다. [그림 6-24]는 이 관계를 회로로 표현한 것으로 한 개의 푸시버튼으로 작동하는 a접점과 b접점이 병렬로 연결되어 푸시버튼이 작동하거나 하지 않거나 항상 출력이 존재한다.

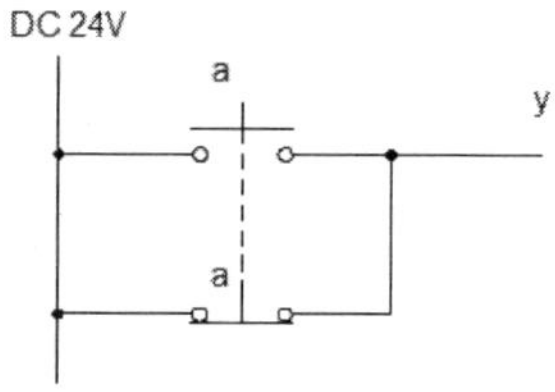

$$a + \overline{a} = \overline{a} + a = 1$$

그림 6-24 항상 1

(4) AND와 OR 논리연산의 다른 규칙

AND와 OR 회로는 서로 조합될 수 있다.

$$y = a \cdot c + b \cdot c = (a + b) \cdot c$$

이 식에서 a와 c의 AND 연산과 b와 c의 AND 연산을 OR 연산하는 것은 괄호 a와 b 사이의 OR 논리 연산결과에 c를 AND 논리 연산한 것과 같은 것을 의미한다. 이때 등식의 오른쪽 부분에서 괄호는 생략할 수 없다. 이와 같이 괄호를 사용하면 회로를 간단히 할 수 있다. a • c + b • c의 논리식을 표현하기 위해서는 3개의 논리요소가 필요한 반면, (a + b) •

c를 표현하는 데는 2개의 논리요소면 충분하다. [그림 6-25]는 논리회로도와 전기회로도이다.

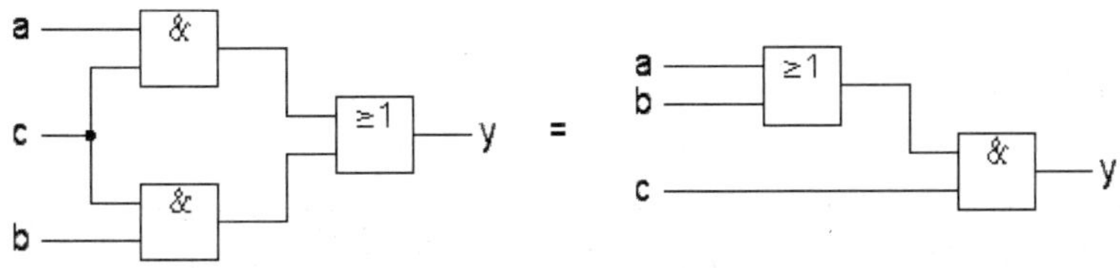

(가) 논리회로도

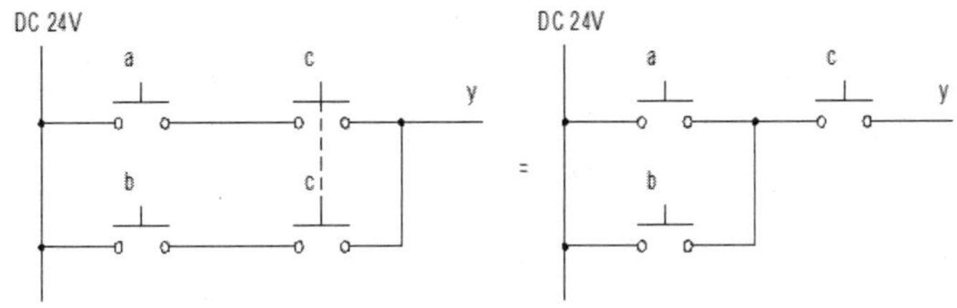

(나) 전기회로도

그림 6–25 회로의 조합(y = (a + b) • c)

OR 논리 연산결과를 AND 논리의 입력으로 사용하면 스위치에 의한 논리(a + c) • (b + c)는 a • b + c로 간략하게 된다. 이와 같은 표현을 분배 법칙이라 한다.

$$(a+b) \cdot c = a \cdot c + b \cdot c$$
$$a \cdot b + c = (a+c) \cdot (b+c)$$

일반대수에서 연산하는 순서는 스위치를 이용한 논리에도 같은 순서로 적용한다.

1. 부정(역)
2. 논리곱(AND 논리 연산)
3. 논리합(OR 논리 연산)

이 순서는 괄호가 없는 경우나 논리식의 전체 부정이 실행되지 않는 경우에 해당된다. a • c + b • c의 경우 논리 실행 순서는 다음과 같다.

첫째 a와 c 그리고 b와 c 사이의 AND 논리가 실행된다. 그리고 a • c와 b • c 사이의 OR 논리가 실행된다. 이 경우 부정의 논리는 사용되지 않고 있다. (a + b) • c와 같이 괄호가 사용된 논리식에서는 a와 b 사이의 OR 논리가 먼저 실행되고 이 결과와 c 사이의 AND 논리가 실행된다.

전체부정이 사용된 $\overline{a \cdot c + b \cdot c}$에서는 a와 c, b와 c 사이의 AND 논리가 실행된 후, 그

결과인 a • c와 b • c의 OR 논리가 순서대로 실행된다. 끝으로 앞의 결과 a • c + b • c의 NOT 논리를 실행하면 된다.

(5) 쌍대성 원리(duality)

표 6-6 쌍대성 원리

a	$\bar{a}$	b	$\bar{b}$	c	$\bar{c}$	a • b • c	$\bar{a}+\bar{b}+\bar{c}$ $\overline{a \cdot b \cdot c}$	a + b + c	$\bar{a} \cdot \bar{b} \cdot \bar{c}$ $\overline{a+b+c}$
0	1	0	1	0	1	0	1	0	1
0	1	0	1	1	0	0	1	1	0
0	1	1	0	0	1	0	1	1	0
0	1	1	0	1	0	0	1	1	0
1	0	0	1	0	1	0	1	1	0
1	0	0	1	1	0	0	1	1	0
1	0	1	0	0	1	0	1	1	0
1	0	1	0	1	0	1	0	1	0

[표 6-6]에서 세 개의 변수 a, b, c 사이에 모두 AND 논리가 실행된 a • b • c는 입력변수 a, b, c가 모두 1일 때 1이 된다. 또한 입력변수 중 어느 하나라도 0이면 0이 된다. OR논리가 실행되는 a + b + c에서 입력변수 중 어느 하나라도 1이면 1이 되고 세 개의 입력변수가 모두 0일 때 0이 된다. 또한 a, b, c 또는 이들의 역인 $\bar{a}$, $\bar{b}$, $\bar{c}$를 이용한 논리도 나타내고 있다. $\overline{a \cdot b \cdot c}$의 결과는 $\bar{a}$, $\bar{b}$, $\bar{c}$ 각각의 OR 논리 연산의 결과와 같고, $\overline{a+b+c}$의 결과는 $\bar{a}$, $\bar{b}$, $\bar{c}$ 각각의 AND 논리 연산의 결과와 같음을 알 수 있다. 표에서 $\overline{a \cdot b \cdot c} = \bar{a}+\bar{b}+\bar{c}$와 $\overline{a+b+c} = \bar{a} \cdot \bar{b} \cdot \bar{c}$가 성립함을 알 수 있다. 이와 같은 규칙을 드 모르간(1806~1971)의 법칙이라 한다.

2.3.2 카르노도를 이용한 논리의 연산

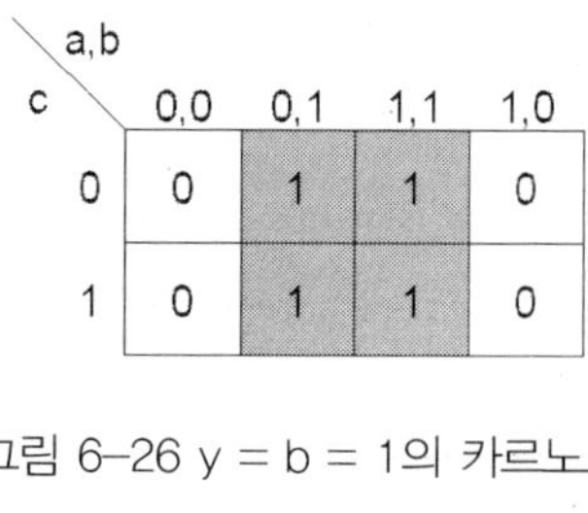

그림 6-26 y = b = 1의 카르노도

불 대수의 논리 연산방법을 이용한 간략화에는 많은 연습이 필요하고, 시간이 많이 필요하며 글씨를 많이 씀으로 오류발생의 염려가 있다는 단점이 있다. 이와 같은 이유로 카르노는 스위칭 대수의 표현을 간략화하기 위한 카르노도를 개발하였다. 간략화를 위하여 카르노도를 작성할 때 논리 연산이 수행되는 변수들은 앞에서 연산법칙을 설명한 경우와 같이 1로 표현한다. [그림 6-26]은 세 개의 변수 a, b, c 중 변수 b = 1이 되는 경우에 출력이 발생하는 것을 카르노도로 표현한 것이다.

[그림 6-26]에 나타난 출력들은 [그림 6-27]과 같이 4개의 신호부분으로 구성되어 있다.

c \ a,b	0,0	0,1	1,1	1,0
0	0	1	0	0
1	0	0	0	0

$\bar{a}b\bar{c} = 1$

c \ a,b	0,0	0,1	1,1	1,0
0	0	0	1	0
1	0	0	0	0

$ab\bar{c} = 1$

c \ a,b	0,0	0,1	1,1	1,0
0	0	0	0	0
1	0	1	0	0

$\bar{a}bc = 1$

c \ a,b	0,0	0,1	1,1	1,0
0	0	0	0	0
1	0	0	1	0

$abc = 1$

그림 6–27 b = 1의 요소

즉, 필드에서 1로 표현된 조건은 출력이 존재하여야 하며 이는 OR 논리이다. 따라서 식으로 표현하면 $y = \bar{a} \cdot b \cdot \bar{c} + a \cdot b \cdot \bar{c} + \bar{a} \cdot b \cdot c + a \cdot b \cdot c = 1$이며 이와 같은 긴 스위칭 대수식은 [그림 6-26]에서와 같이 y = b = 1로 간략화하여 표현할 수 있다. 이와 같은 결과는 논리 연산 규칙을 사용하여도 같은 결과를 얻을 수 있다. 카르노도에서는 이와 같이 각각의 필드들이 하나의 블록으로 연결될수록 식의 표현은 더욱 간단해지는 것이다.

[그림 6-27]에서 $\bar{a} \cdot b \cdot \bar{c} = 1$과 $a \cdot b \cdot \bar{c} = 1$을 표현한 부분을 [그림 6-28]에 OR논리 연산을 수행하여 표현하였다.

c \ a,b	0,0	0,1	1,1	1,0
0	0	1	1	0
1	0	0	0	0

$$\bar{a} \cdot b \cdot \bar{c} + a \cdot b \cdot \bar{c} = b \cdot \bar{c}\,(\bar{a} + a) = b \cdot \bar{c} = 1$$

그림 6–28 $\bar{a} \cdot b \cdot \bar{c} + a \cdot b \cdot \bar{c}$의 카르노도

카르노도에서 $\overline{a}$의 조건과 a의 상태에서 모두 출력이 존재한다. 따라서 변수 a는 진리값 0과 1의 부분을 모두 포함하여 출력이 존재하는 것을 표현하고 있는 것이다. 스위칭 대수에서 이와 같은 표현은 $(\overline{a}+a)=1$로 간략화되므로 카르노도에 표시된 출력이 1이 되는 부분을 논리식으로 표현할 때 변수의 값이 0과 1의 부분에 모두 포함되어 있는 것은 생략할 수 있다. 이러한 원리를 $a \cdot b \cdot c = 1$과 $\overline{a} \cdot b \cdot c = 1$의 부분에 적용하면 [그림 6-29]와 같다.

c \ a,b	0,0	0,1	1,1	1,0
0	0	0	0	0
1	0	1	1	0

$$a \cdot b \cdot c + \overline{a} \cdot b \cdot c = b \cdot c = 1$$

그림 6-29 $a \cdot b \cdot c + \overline{a} \cdot b \cdot c$의 카르노도

이제 [그림 6-28]과 [그림 6-29]에 OR 논리 연산을 적용하면 수직방향으로 0과 1의 부분에 모두 포함되는 변수 c는 생략할 수 있다. 즉 논리식을 간략화하는 데는 블록끼리 결합할 수도 있고, 각각의 요소들끼리 결합할 수도 있다. 이와 같은 방법으로 [그림 6-26]의 결과는 y = b가 되는 것이다.

카르노도를 이용한 스위칭 식의 간략화는 앞에서 사용한 OR 논리 연산의 표준 형태에서만 적용시킬 수 있다. 즉 카르노도에서 필드에 1이 기입된 곳을 OR 연산하는 것이다. 그러나 다른 방법으로 필드에 0이 기입되는 곳을 이용할 수도 있다. 이 경우 스위칭 대수의 표현은 AND 연산으로 표현된다.

카르노도를 작성할 때는 설명한 바와 같이 이웃하는 논리조합들이 서로 하나의 변수 값만을 변화시키도록 하여야 한다. 카르노도에서 블록을 이용하여 간략화된 논리식을 유도할 때에는 블록 내에서 진리값 0과 1을 모두 포함하는 변수를 생략할 수 있다.

카르노도를 이용하여 간략화하기 위하여 블록을 작성할 때 다음 사항들이 적용된다.

1. 각각의 요소를 포함한 블록들은 가능한 한 크게 만든다.
2. 블록을 형성하는 요소의 수는 쌍(power of two)을 이루도록 한다.
3. 블록을 형성하는 요소들은 인접하여야 한다. 형성된 블록이 대칭선(mirror line, extrapolation line)에 의해 나누어지면, 이 선을 중심으로 블록은 대칭이 되어야 한다.
4. 한 블록 내에 진리값 0과 1을 모두 갖는 변수는 생략할 수 있다.

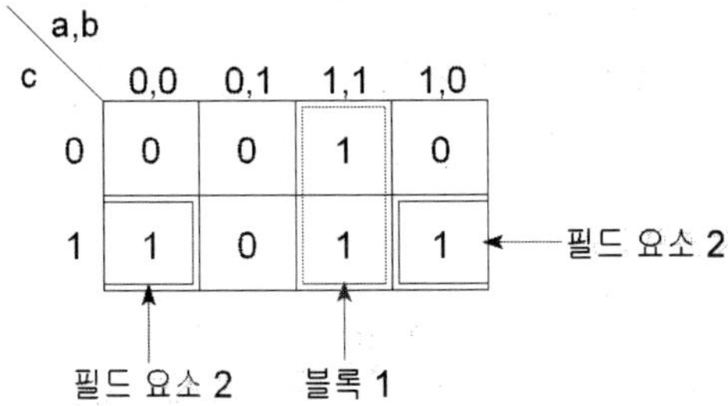

그림 6–30 블록의 작성

[그림 6-30]으로부터 블록 1의 간략화된 결과는 ab이고 필드요소 2는 $a \cdot \overline{b} \cdot c$, 필드요소 3은 $\overline{a} \cdot \overline{b} \cdot c$이다. 따라서 다음과 같은 과정으로 간략화할 수 있다.

$$\begin{aligned} y &= a \cdot b + a \cdot \overline{b} \cdot c + \overline{a} \cdot \overline{b} \cdot c \\ &= a \cdot b + \overline{b} \cdot c \cdot (a + \overline{a}) \\ &= a \cdot b + \overline{b} \cdot c \end{aligned}$$

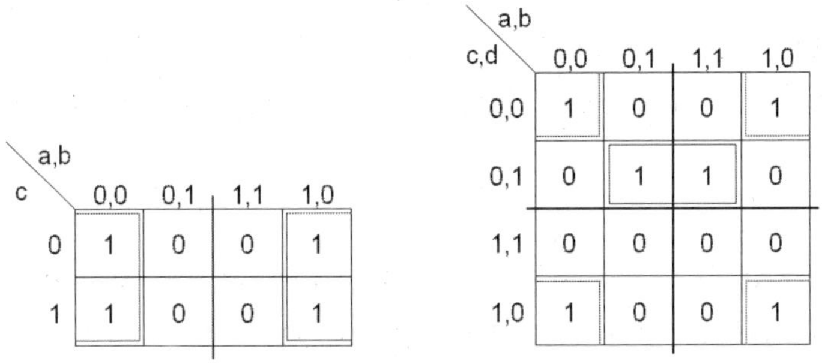

그림 6–31 대칭 블록의 예

$$y = \overline{b} \cdot \overline{d} + b \cdot \overline{c} \cdot d \qquad y = \overline{b}$$

간략화된 식 $y = a \cdot b + \overline{b} \cdot c$는 필드요소 2와 필드요소 3을 하나의 블록으로 생각하여 직접 유도할 수 있다. 필드요소 2와 필드요소 3을 서로 인접한 것으로 간주하여 블록을 만들 수 있다. 이 결과는 필드요소 2와 필드요소 3에 포함된 변수 a가 진리값 0과 1을 모두 포함하며, 수직으로 그어진 대칭선에 의해 대칭되어 블록의 작성과 생략이 가능하기 때문이다. 따라서 수직 또는 수평으로 대칭선과 대칭되는 요소들은 블록을 형성하도록 한다. 또한 요소들의 합에 의한 블록은 쌍(power of two)을 이루어야 한다. [그림 6-31]은 이와 같은 블록 형태의 예를 보여주고 있다.

따라서 카르노도를 이용하여 간략화하기 위한 규칙에 다음의 규칙들이 추가되어야 한다.

1. 수평선 또는 수직선으로 표시되는 대칭선에 대칭되는 다수의 요소들 또는 개개의 요소들은

간략화하기 위한 블록으로 형성될 수 있다. 따라서 요소들의 합은 쌍을 이루어야 한다.

2. 각 요소들은 블록을 형성하는 데 여러 번 사용될 수도 있다.

2.4 응용 논리

AND, OR, YES, NOT 회로 이외에도 이들 기본 논리를 응용하면 다양한 논리적인 조건을 만족할 수 있다. 다시 말하면 제어 시스템을 구성하기 위한 입력조건들의 논리적 연산은 모두 네 가지의 기본 논리를 이용하여 표현할 수 있는 것이다. 이들은 매우 많은 종류들이 있으나 그 중에서 일반적으로 유용한 논리들을 응용논리라 하여 정리하게 된다.

응용논리 중에서 NAND와 NOR 기능은 매우 중요하다. 모든 논리 회로는 NAND나 NOR 회로만으로 표현이 가능하다. 즉, 실제의 시스템을 구성할 때 NAND 혹은 NOR의 기능을 만족하는 요소가 있으면 모든 제어 시스템을 구성할 수 있다는 의미이다. NAND 기능은 AND 회로 다음에 NOT 기능을 부가한 것이다. 또한 NOR 기능은 OR 회로 다음에 NOT 기능을 부가한 것이다. 이러한 사실로부터 모든 논리 회로들을 기본 논리 연산인 AND, OR, YES, NOT으로 분해할 수 있으며, 드모르간의 식을 이용하면 OR 논리 연산을 AND 논리 연산으로 변환할 수 있다. 즉 NAND와 NOR 회로를 이용하면 모든 논리 회로를 표현할 수 있게 된다.

2.4.1 NAND

NAND는 Not AND를 의미하는 것으로, AND 논리를 부정한 것이다. [표 6-7]는 이와 같은 논리를 진리표로 표현한 것이며 [그림 6-32]는 NAND 논리의 카르노도이다.

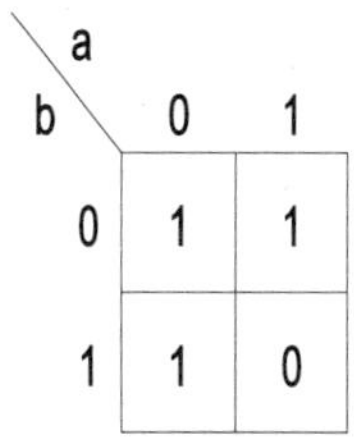

그림 6-32 NAND 논리의 카르노도

표 6-7 AND와 NAND의 진리표

입력		출력 Y	출력 y
a	b	(AND)	(NAND)
0	0	0	1
0	1	0	1
1	0	0	1
1	1	1	0

두 개의 입력을 사용하면 모두 네 가지의 경우가 발생하고 이들 조건에서 AND연산을 수행하면 출력이 발생하는 경우가 한 가지 경우로 두 개의 입력이 모두 1일 때이다. NAND논리는 AND논리의 부정이므로 출력이 발생하는 경우는 모두 세 가지 경우로 [표 6-7] 및 [그림 6-32]와 같다. 이와 같은 논리의 조건을 실제로 현실화하기 위하여 논리연산을 하여야 하고 이 방법에는 출력이 1인 논리들을 이용하는 OR 논리 표준 형태를 이용하는 방법이 일반적이다. 즉, 카르노도의 1의 값으로부터 논리식을 유도할 수 있다. [그림 6-33]과 같이 카르노도에서 출력이 1인 경우는 두 개의 블록을 만들 수 있고 이에 대하여 간략화된 논리식을 유도할 수 있다.

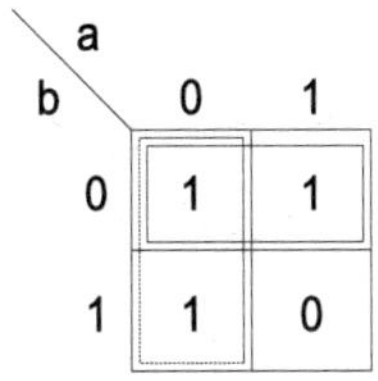

$$y = \overline{a} + \overline{b}$$

그림 6-33 NAND의 카르노도와 논리식

[그림 6-34]는 이 결과를 논리회로도와 전기회로도로 표현한 것이다.

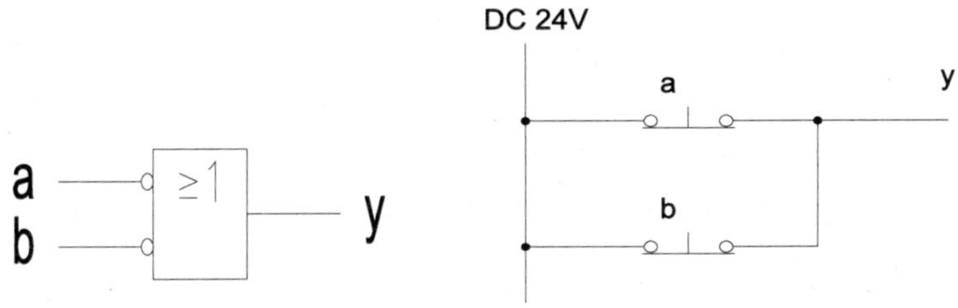

(가) 논리회로도 (나) 전기회로도

그림 6-34 $\overline{a}+\overline{b}$ 논리

[그림 6-32]의 카르노도에서 출력이 0이 되는 필드에 대하여 논리를 연산하여도 같은 결과를 얻을 수 있다. 즉 출력이 0이 되는 결과에 대하여 NOT 연산을 하는 것이다. 이를 논리식으로 표현하면 $y = \overline{a \cdot b}$이며 [그림 6-35]는 이와 같은 논리에 대한 논리회로도와 전기회로도이다. 래더 방법으로 PLC의 프로그램을 할 때 CR1은 내부 메모리를 사용한다.

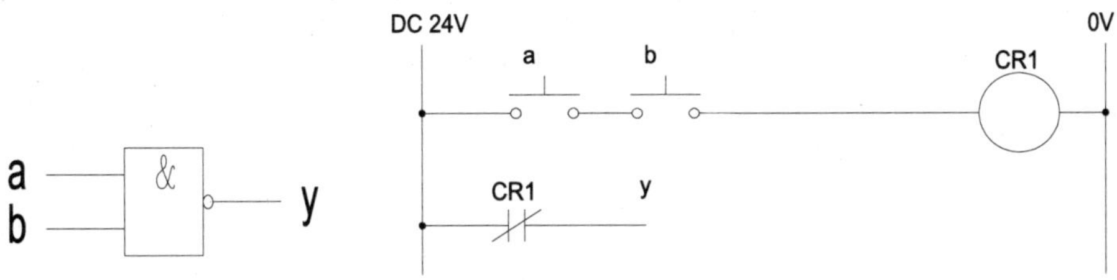

(가) 논리회로도 (나) 전기회로도

그림 6-35 $y = \overline{a \cdot b}$논리

2.4.2 NOR

NOR는 Not OR를 의미하는 것으로, OR 논리를 부정한 것이다. [표 6-8]은 이와 같은 논리를 진리표로 표현한 것이며 [그림 6-36]은 NOR 논리의 카르노도이다.

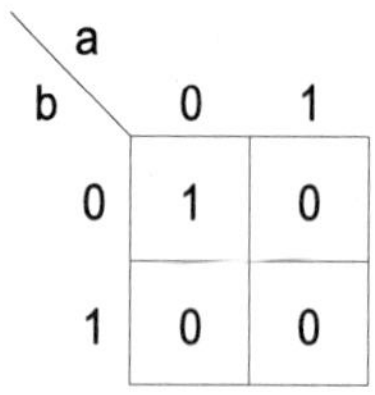

그림 6-36 NOR의 카르노도

표 6-8 OR와 NOR의 진리표

입력		출력 Y	출력 y
a	b	(OR)	(NOR)
0	0	0	1
0	1	1	0
1	0	1	0
1	1	1	0

[그림 6-36]의 카르노도에서 출력을 논리식으로 표현하면 $y = \overline{a} \cdot \overline{b}$ 이고 이를 논리회로도와 전기회로도로 표현한 것은 [그림 6-37]이다.

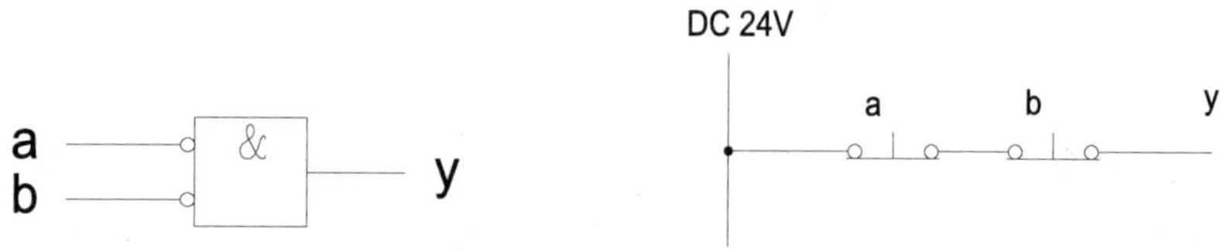

(가) 논리회로도 (나) 전기회로도

그림 6-37 $y = \overline{a} \cdot \overline{b}$ 논리

이와 같은 논리는 [그림 6-36]의 카르노도에서 출력이 0인 필드들을 블록으로 만들어 간략화하면 $y = \overline{a + b}$ 이며 [그림 6-38]은 이 식을 회로도로 표현한 것이다. 래더 방식의 PLC 프로그램에서 CR1은 내부메모리를 사용하여 프로그램한다.

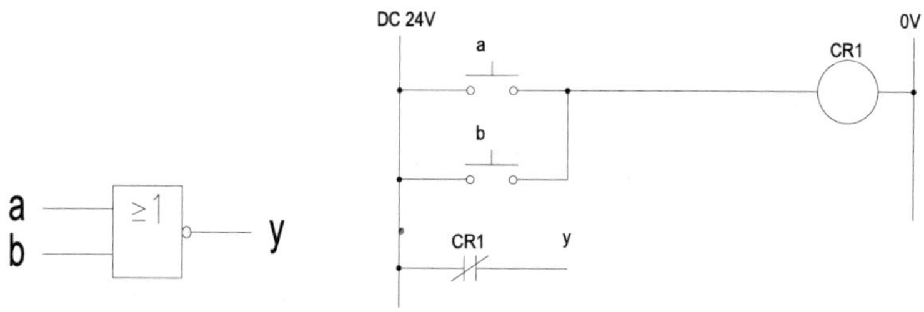

(가) 논리회로도 (나) 전기회로도

그림 6-38 $y = \overline{a + b}$ 논리

2.4.3 Exclusive-OR

Exclusive-OR 회로는 배타적 OR 회로라고 불리기도 한다. 이는 [표 6-9]의 진리표와 [그림 6-39]의 카르노도를 이용하여 그 기능을 설명할 수 있다.

a	b	y
0	0	0
0	1	1
1	0	1
1	1	0

표 6-3 EX-OR 진리표

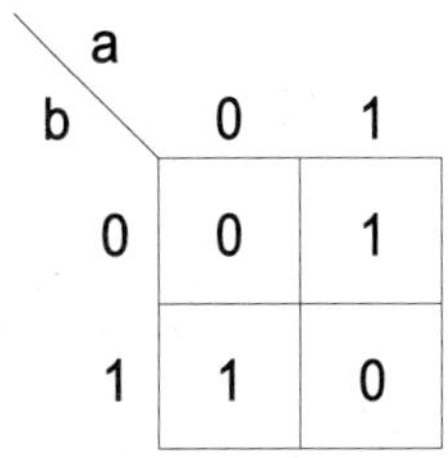

그림 6-39 EX-OR의 카르노도

두 변수 중 하나만이 1의 값을 가질 때 y는 1이 된다. 두 변수 모두 1일 때는 제외된다. 다르게 표현하면, a와 b의 값이 같지 않을 때 y는 1이 된다. 이때 변수의 수가 두 개 이상일 때에도 배타적 OR회로를 이용하여 설명할 수 있다. 두 개의 변수일 때, 카르노도로부터 논리식을 유도하면 다음과 같다.

$$y = a \cdot \bar{b} + \bar{a} \cdot b = (a+b) \cdot (\bar{a} + \bar{b})$$

[그림 6-40]는 EX-OR 논리의 회로도와 전기 릴레이 회로이다. 래더 방법의 PLC 프로그램에서 CR1과 CR2는 내부 메모리를 사용한다.

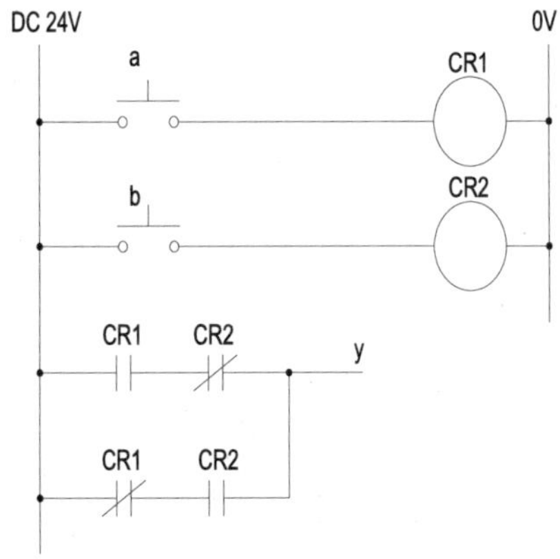

(가) 논리회로도

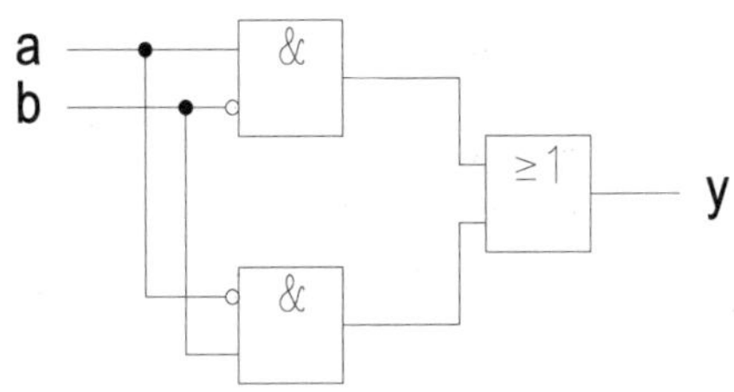

(나) 전기회로도

그림 6-40 EX-OR 논리

2.4.4 Equivalence

Equivalence는 등가회로라 하는 논리이며 두 개의 입력 변수가 있을 때 두 변수의 값이 모두 1일 때와 모두 0일 때 출력이 존재하는 논리이다. [표 6-10]는 등가회로의 진리표이며 [그림 6-41]은 이 논리의 카르노도이다.

표 6-10
Equivalence의 진리표

a	b	y
0	0	1
0	1	0
1	0	0
1	1	1

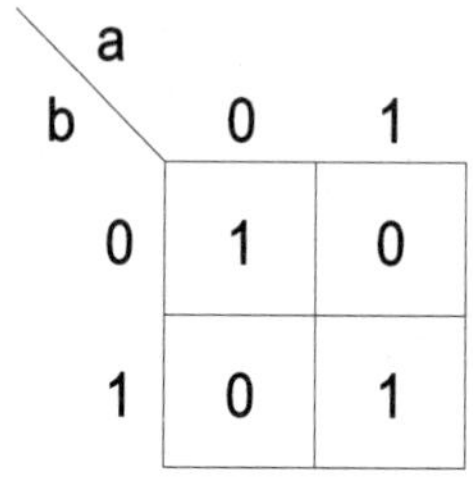

그림 6-41 Equivalence 카르노도

두 변수 중 하나가 1의 값을 가질 때 y는 0이 된다. 다르게 표현하면, a와 b의 값이 같을 때 y는 1이 된다. 두 개의 변수일 때, 카르노도로부터 논리식을 유도하면 다음과 같다.

$$y = a \cdot b + \overline{a} \cdot b = (\overline{a} + b) \cdot (a + \overline{b})$$

[그림 6-42]은 Equivalence 논리의 회로도이다. 래더 방법의 PLC 프로그램에서 CR1과 CR2는 내부 메모리를 사용한다.

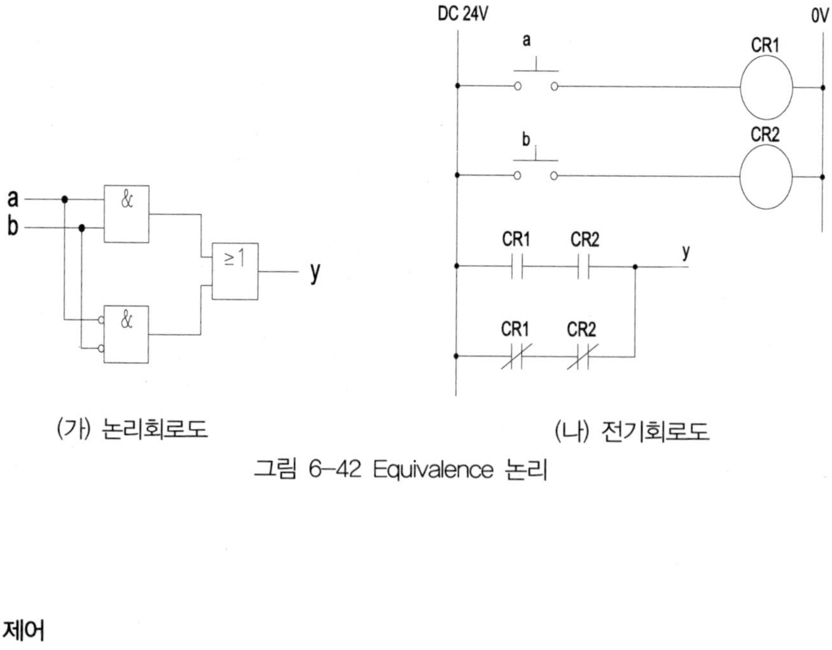

(가) 논리회로도

(나) 전기회로도

그림 6-42 Equivalence 논리

3. 표준 펑션 블록과 프로그램

3.1 메모리 펑션 블록(RS, SR)

제어 시스템을 구성하는 방법 중에서 파일럿 제어 방법은 신호의 조건이 만족하는 경우에만 출력이 존재하도록 프로그램 하는 방법이다. 이는 조건이 만족된 것을 기억하지 않는 제어의 방법이다. 그러나 다른 제어 방법인 메모리 제어 혹은 프로그램 제어의 경우는 입력된 신호를 기억하는 것이 반드시 필요하게 된다.

3.1.1 공압 밸브에 의한 신호의 기억

[그림 6-43]의 밸브는 스프링에 의하여 복귀하는 밸브이다. 즉, 솔레노이드에 신호가 존재하는 동안만 밸브가 작동할 수 있는 것이다.

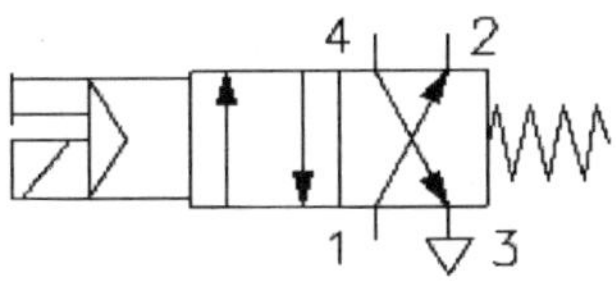

그림 6-43 4/2-way 단동 솔레노이드 밸브

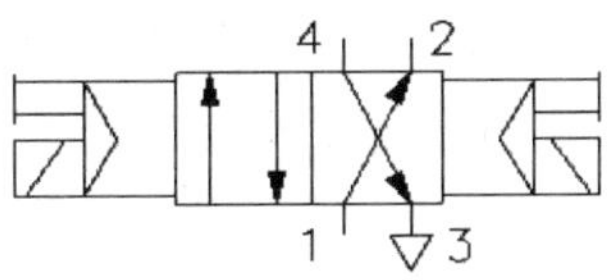

그림 6-44 4/2-way 복동 솔레노이드 밸브

[그림 6-44]은 복동 솔레노이드 밸브이다. 이 밸브는 밸브를 원 위치로 복귀시키는 스프링을 가지고 있지 않은 밸브이다. 즉 솔레노이드에 한 번 신호가 존재하면 반대편의 솔레노이드에 신호가 존재하기 전까지 밸브는 계속 작동된 상태를 유지할 것이다. 밸브가 입력된 신호를 기억할 수 있는 것이다. 단, 주의할 점은 양쪽의 솔레노이드에 신호가 동시에 공급되지 않도록 하여야 한다. 또한 원 위치로 복귀하기 위한 신호가 필요하다.

3.1.2 자기 유지 회로(self holding circuit)

신호를 기억하는 방법은 하드웨어적인 밸브를 이용하는 방법도 있지만, 실제로는 회로를 구성하여 신호를 기억하는 방법을 많이 사용한다. 이것이 자기유지 회로이다. 자기유지 회로는 두 가지 방법이 있는데, 출력이 존재하는 것이 우선인 ON 우선회로와, 출력이 존재하지 않는 것이 우선인 OFF 우선회로가 있다. [그림 6-45]와 [그림 6-46]는 이와 같은 자기유지 회로를 릴레이를 사용하여 구성한 것이다. PLC에서 프로그램할 때 PLC에 정의되어 있는 자기유지 방법으로 프로그램할 수 있지만 이와 같은 방법의 논리를 사용하여 프로그램하는 것도 한 방법이다.

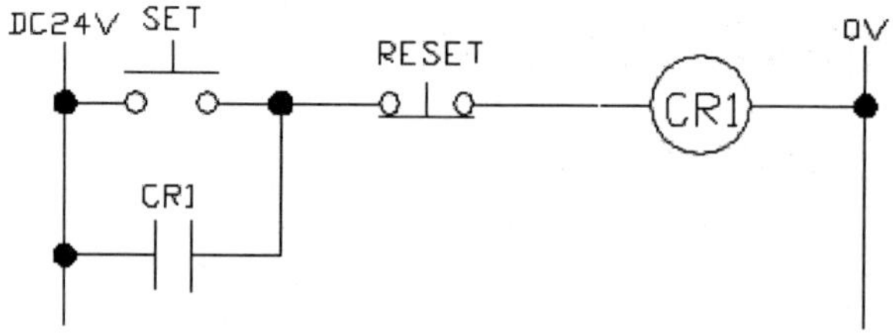

그림 6-45 OFF 우선 자기유지회로

릴레이 제어회로에서 신호를 기억하는 ON 신호는 'SET'으로 표시된 스위치이고 기억된 신호를 리셋하는 OFF 신호는 'RESET' 스위치이다. 자기유지회로에서 ON 신호는 N/O 접점을 사용하고 OFF 신호는 회로를 차단해야 하기 때문에 N/C 접점을 사용한다. 이는 PLC 프로그램에서도 같은 방법으로 하여야 하는데, OFF 우선회로는 ON 신호와 OFF 신호가 모두 존재할 때 출력이 발생하지 않기 때문이다. 이 회로에서 'CR1' 릴레이로 신호를 기억할 대상을 의미한다. PLC 프로그램에서는 릴레이를 사용하지 않으므로 내부 메모리를 사용하거나 출력에 할당되어 있는 메모리를 사용하여 신호를 기억한다.

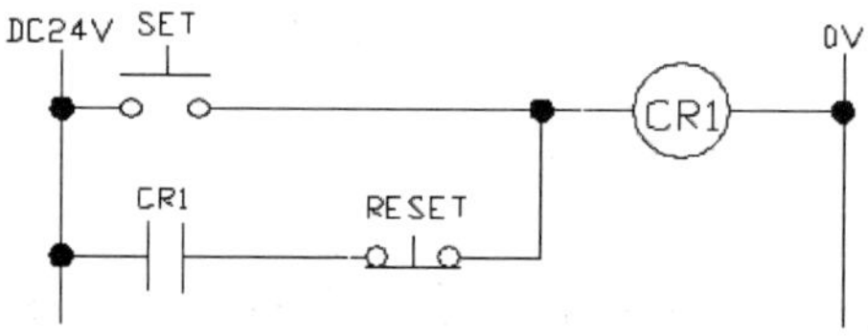

그림 6-46 ON 우선 자기유지회로

ON 우선회로는 ON 신호와 OFF 신호가 모두 존재할 때 출력이 발생하는 회로이다. PLC에서 프로그램할 때 'CR1'을 출력으로 사용하면 입력의 'CR1'도 같은 변수를 사용한다. 이와 같이 할 수 있는 이유는 PLC에서 입력과 출력 그리고 메모리의 변수는 각각의 고유한 영역의 메모리를 할당하고 있기 때문이다.

3.1.3 PLC의 내부 메모리

PLC의 프로그램에서 신호를 기억하는 방법으로는 앞에서 설명한 자기유지회로를 이용하는 경우 회로를 구성하여 신호를 기억하는 릴레이와 같은 메모리 요소가 필요하다. 이는 앞서 설명한 바와 같이 PLC의 프로그램에서 사용되는 변수의 하나로 PLC의 변수들에는 입력과 출력 그리고 내부 메모리가 있는 것이다. 내부 메모리를 사용할 때도 변수를 정의할 수 있어야 하는데, 입출력의 변수와 다른 것은 내부 메모리는 CCU에만 존재한다는 것이다. 입력과 출력 모듈처럼 하나의 CCU에 여러 모듈을 사용하는 것이 아닌 것이다. [그림 6-47]은 내부 메모리 변수를 설정하는 예이다. 즉 내부 메모리를 표현할 때 크기 접두어의 표현이 bit가 아닐 때 bit를 표현하려면 소수점을 사용하여야 한다.

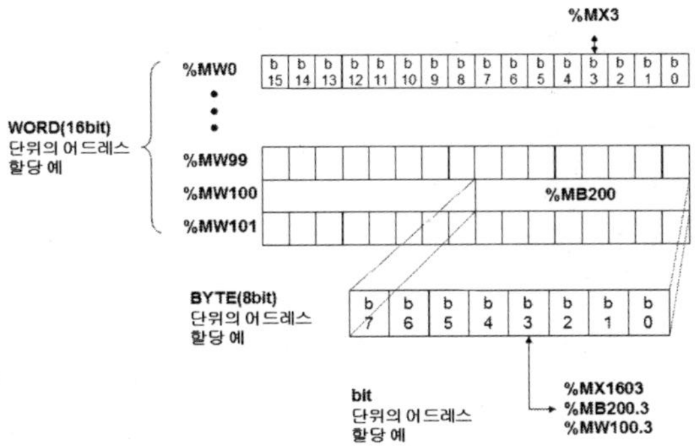

그림 6-47 메모리의 어드레스 할당 예

3.1.4 플립플롭

디지털 회로에서 신호의 기억기능을 갖는 회로를 플립플롭(flip-flop)이라고 한다. 기억기능을 논리적으로 만드는 방법은 [그림 6-48]과 같이 OR의 출력을 입력측으로 되돌려 주는 것으로 가능하게 된다. 위의 그림은 논리회로도이고 아래의 그림은 신호 작동에 대한 블록선도이다. 이와 같은 기억회로에서 또 필요해지는 것은 리셋신호이다.

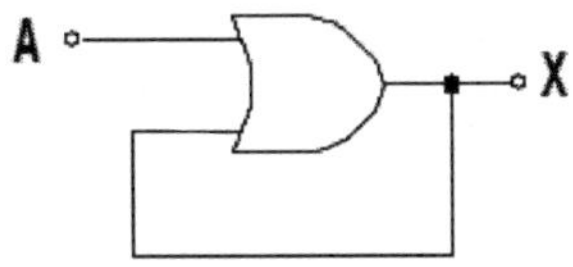

그림 6-48 신호의 기억

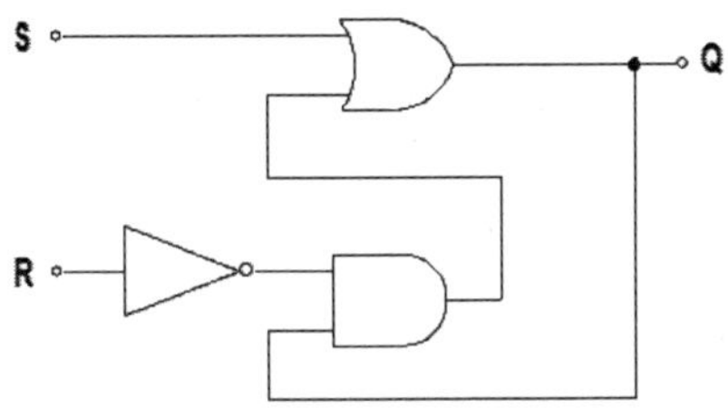

그림 6-49 리셋기능을 가진 플립플롭 회로

[그림 6-49]는 리셋신호가 있는 플립플롭 형태의 기능을 논리 회로도로 표시한 것이다. 이 회로의 기능을 진리표로 표시하면 [그림 6-50]과 같은 형태로 표시할 수 있으며 이에 대한 논리식도 표현할 수 있다. 실제로 사용하는 플립플롭은 [그림 6-49]의 회로를 변형하여 NAND 게이트(gate) 혹은 OR 게이트를 사용하는 형태로 정형화되어 있고, 출력에 부정이 되는 다른 하나의 출력을 더 가지고 있게 된다. [그림 6-51]은 NAND 게이트를 사용하는 플립플롭이다.

S	R	Q
0	0	Q_0
1	0	1
0	1	0
1	1	부정

$$Q = S + (Q \bullet \overline{R})$$

그림 6-50 플립플롭의 진리표와 논리식

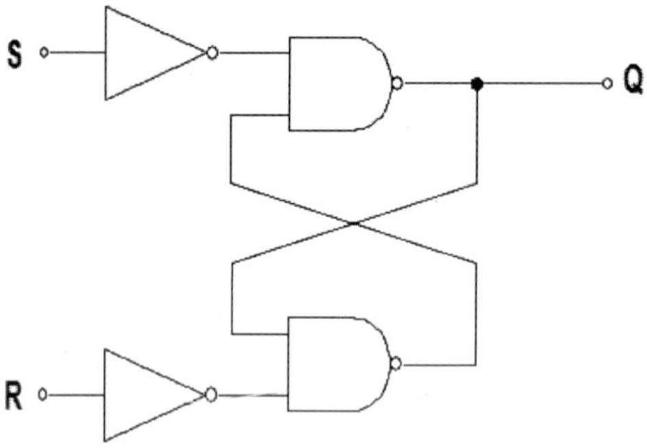

그림 6-51 NAND 게이트를 사용한 플립플롭

플립플롭의 메모리 기능을 프로그램하는 방법은 프로그램 언어에 따라 다른 표현 방법을 갖는다. [그림 6-52]는 IEC 표준에서 플립플롭을 표현하는 방법이다. 플립플롭은 표준 펑션 블록의 하나로 이 플립플롭은 셋 신호가 우선권을 가지고 있는 플립플롭이다. 사각형 안의 'RS' 기호는 리셋-셋 플립플롭이라는 의미이고, 좌측은 입력이고 우측은 출력이다. 입력에서 'S1'은 플립플롭을 셋하는 신호이며 'R'에 연결되는 비트 신호로 플립플롭은 리셋된다.

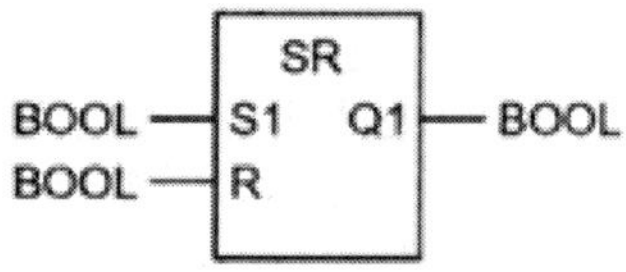

그림 6-52 플립플롭의 표준기호

[그림 6-53]는 이와 같은 플립플롭의 여러 기능을 프로그램하는 방법이다. 이 예는 셋 신호만 연결한 것이다. FBD 프로그램은 플립플롭의 표준 기호와 같은 방법으로 프로그램 한다.

LD 프로그램에서는 출력을 표시하는 괄호 안에 'S'를 표시하여 출력이 기억되는 것을 표시한다. 이 출력을 리셋하기 위하여 괄호 안에 'R'의 기호를 사용한다.

IL 프로그램에서는 두 가지 방법을 사용할 수 있는데 하나는 출력을 기억하는 명령어인 'S'를 사용하는 방법이다. 이때 이 출력을 리셋하려면 'R'의 명령어를 사용하여야 한다. 다른 방법으로는 펑션 블록을 호출하여 사용하는 방법이 있다. 호출 명령으로 'CAL'을 사용하며 호출된 플립플롭의 명칭은 'SR_H2', 셋 신호는 'S1:=' 다음에 표시된 S2이다. 'SR_H2.Q1'은 플립플롭의 출력을 의미하는 것이다. ST 프로그램도 유사한 방법으로 프로그램 한다.

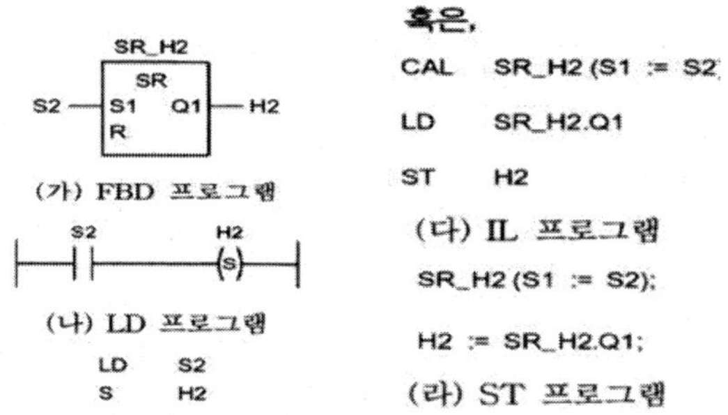

그림 6-53 플립플롭 프로그램

3.2 타이머(TON, TOF, TP)

3.2.1 시간 정보의 표현

표 6-11 시간 데이터의 표현

기호	의미
d	days
h	hours
m	minutes
s	seconds
ms	milliseconds

IEC 61131-3의 규정에 시간을 표시하는 방법이 규정되어 있다. 시간에 대한 정보는 시간의 양을 표시하는 것이 일반적인 값의 표현이다. 이와 같은 양을 표현하는 약어는 [표 6-11]과 같다.

실제로 PLC라는 장치는 디지털화된 장치라 할 수 있다. 이는 여러 개의 비트를 조합하여 우리가 필요로 하는 정보를 저장하고 혹은 연산을 하게 되는 것이다. 시간의 정보를 저장하고 연산하는데 있어서도 단위 비트로는 표현할 수 없게 된다. [표 6-12]는 시간 정보를 표시하는 방법을 IEC 61131-3의 규정에 의하여 표시한 예이다. IEC 표준에서 시간 정보를 표시할 때는 시간 데이터를 표시하는 기호와 '#'을 사용한다.

표 6-12 시간 정보의 표시

구분	예
경과 시간	T#18ms, t#3m4s, t#3.5s t#6h_20m_8s TIME#18ms
날짜	D#1994-07-21 DATE#1994-07-21
시간	TOD#13:18:42.55 TIME_OF_DAY#13:18:42.55
날짜와 시간	DT#1994-07-21-13:18:42.55 DATE_AND_TIME#1994-07-21-13:18:42.55

이와 같은 정보를 표시하려면 정수를 표시하는 방법도 정의되어야 하고 소수를 표시하는 방법도 정의되어야 한다. PLC에서도 이와 같은 정보를 액세스하려면 이 정보의 형태에 대하여 미리 정의하여야 한다. IEC 61131-3의 표준에 의하면 이와 같은 데이터의 형식을 정의하는 기준을 [표 6-13]과 같이 규정하고 있다.

표 6-13 수치 데이터의 표현

기호	데이터 형태	값의 범위
BOOL	2진 논리	0, 1
SINT	short integer	0 ~ 255
INT	integer	-32 768 ~ +32 767
DINT	double integer	-2 147 483 648 ~ +2 147 483 647
UINT	unsigned integer	0 ~ 65 535
REAL	floating point number	+/- 2.9E-39 ~ 3.4E+38
TIME	time duration	
STRING	variable-long string	
BYTE	8 bit	
WORD	16 bit	

3.2.2 시간 지연

산업용 기계의 자동화에 있어서 시간 지연 기능은 필수적인 기능이다. 실제로 현장에 사용하는 시간 지연 기능은 두 가지가 있다. 하나는 신호가 존재한 순간부터 시간을 지연하는 요소와 신호가 없어지는 순간부터 시간을 지연하는 요소가 있다. 전자를 한시지연(switch-on delay)이라 하고 후자를 한시복귀(switch-off delay)이라 한다. 일반적으로는 한시지연이 많이 사용된다. [그림 6-54]은 한시지연의 시간선도이다.

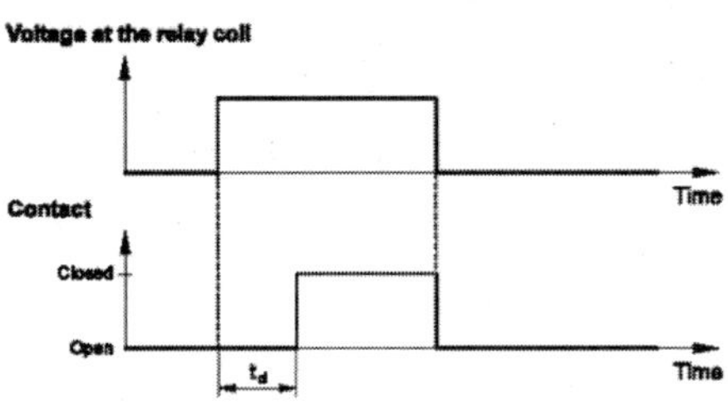

그림 6-54 한시지연 시간선도

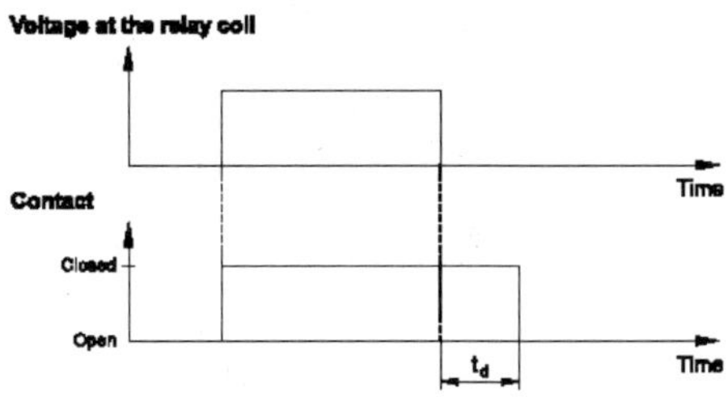

그림 6-55 한시복귀 시간선도

다음으로 한시복귀 타이머는 실제로 산업 기계에서는 많이 사용하지 않고 오히려 일상생활에서 그 사용을 많이 볼 수 있다. 예를 들면 자동차의 실내등과 같다. 이 등은 자동차의 문을 열면 켜지고 문을 닫으면 꺼지는데, 문을 닫으면 즉시 꺼지는 것이 아니라 일정 시간이 경과한 후에 꺼지게 된다. 이와 같은 기능을 가지고 있는 타이머를 한시복귀 타이머라 한다. [그림 6-55]는 이 기능을 가지고 있는 한시복귀 타이머의 시간선도이다.

PLC에서 이와 같은 시간 지연을 프로그램하는 방법은 펑션 블록을 이용하는 것이다. 펑션 블록의 종류는 [그림 6-56]과 같이 세 가지가 있다.

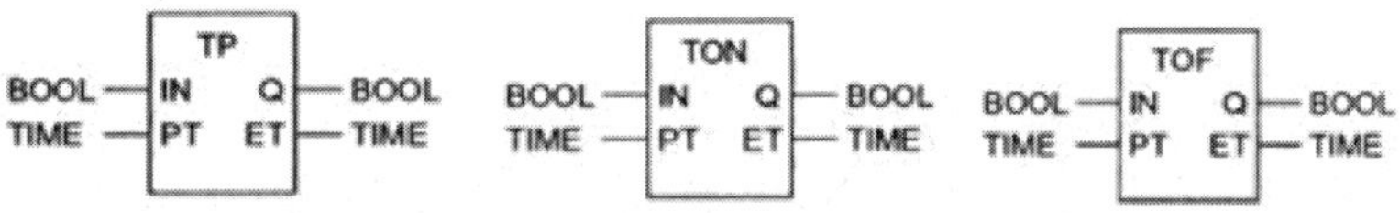

(가) 펄스 타이머 (나) 한시지연 (다) 순시지연

그림 6-56 시간지연 표준 펑션 블록

펄스 타이머는 'TP'로 표시되며 타이머의 'IN'으로 표시되는 입력 신호에 신호가 펄스의 형태로 존재하면 'PT'에 설정된 시간 동안 출력이 'Q'에 존재한다([그림 6-57] 참조).

한시지연 타이머는 'TON'으로 표시되며 신호가 'IN'에 있으면 그 때부터 시간이 지연되어 출력이 존재하기 시작하고 입력 신호가 없어지면 출력도 없어지는 타이머이다. 펄스 타이머와 다른 점은 입력 신호의 존재 시간이 지연시간 보다 길어야 한다는 점이다. 입력신호의 존재시간이 지연시간보다 짧으면 출력은 존재하지 않게 된다([그림 6-58] 참조).

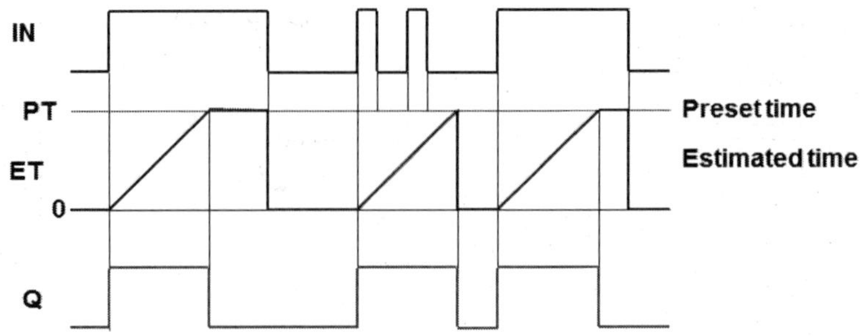

그림 6-57 펄스 타이머 작동의 시간선도

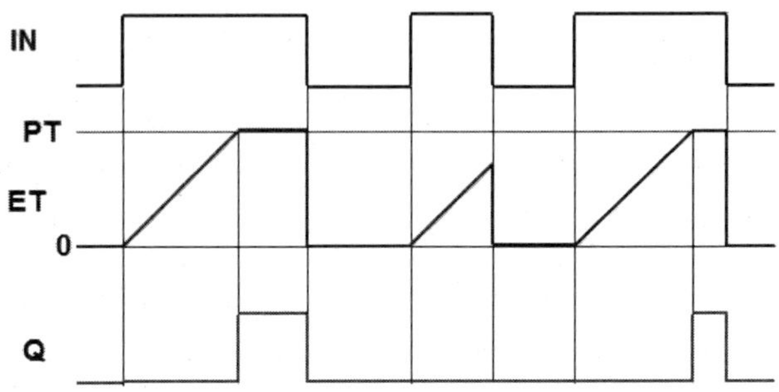

그림 6-58 한시지연 타이머 작동의 시간선도

한시복귀 타이머는 'TOF'로 표시되며, 입력신호가 'IN'에 존재하면 출력도 동시에 존재한다. 그리고 입력 신호가 없어지면 그때부터 시간을 지연한 후 출력신호가 없어지는 타이머이다([그림 6-59] 참조).

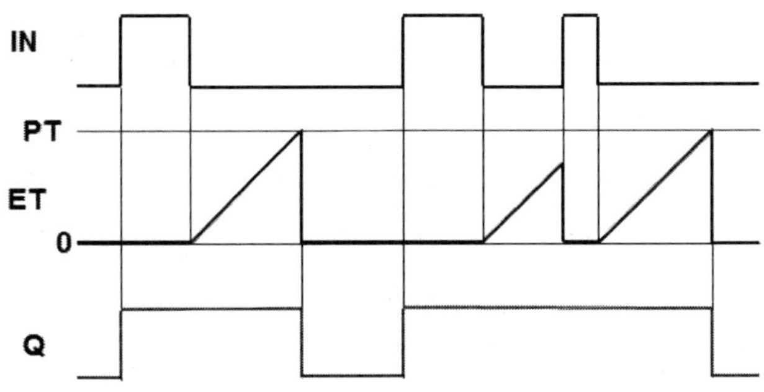

그림 6-59 한시복귀 타이머 작동의 시간선도

타이머 펑션 블록에서 사각형의 우측에 'ET'로 표시된 부분은 타이머의 시간 지연 동작을 표시할 수 있는 출력이다. 이 값은 출력이므로 비교, 연산 등의 입력으로 사용하여 프로그램을 구성할 수 있다. 이때 이 변수는 타이머 펑션 블록을 정의할 때 사용한 명칭에 마침표로 구분되어 '타이머펑션 블록명칭.ET'와 같은 형태로 사용한다. 타이머의 출력도 같은 방법으로 출력의 기호에 해당하는 'Q'를 사용하여 '타이머펑션 블록명칭.Q'와 같이 프로그램한다.

3.2.3 시간 지연 프로그램 예

IEC 61131-3 표준에 의하면 타이머의 펑션 블록을 사용하는 방법이 정의되어 있다. 먼저 FBD 프로그램([그림 6-60] 참조)은 앞에서 설명한 펑션 블록을 그대로 이용한다. 단, 모든 다른 펑션 블록과 같이 펑션 블록을 사용하면 그 명칭을 정의해야 한다. 이 프로그램에 사용한 타이머는 펄스 타이머이고 그 명칭은 'TP_Y1'이다. 타이머 동작을 위한 입력 신호는 'S1', 지연시간은 12초이다. 이 타이머는 펄스 타이머이므로 그 동작은 신호가 'S1'에 존재하면 출력이 'Q'에 발생하여 12초 동안 유지된 후 없어진다. PLC 프로그램 소프트웨어에 따라 약간의 차이가 있을 수 있는데 펑션 블록은 대부분 프로그램 소프트웨어의 도구상자에서 호출하여 사용한다. 이때 이 펑션 블록의 명칭과 입력을 입력해야 한다. 지연시간의 입력은 'PT' 부분을 더블클릭하면 입력이 가능하다.

다른 프로그램 언어를 사용하는 경우도 같은 방법으로 타이머 펑션 블록을 호출하여 프로그램하는 것이며([그림 6-60] (가), (나), (다), (라) 참조) 한시지연 타이머와 한시복귀 타이머도 같은 방법으로 프로그램한다.

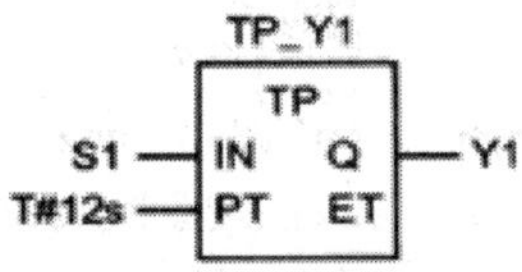

(가) FBD 프로그램

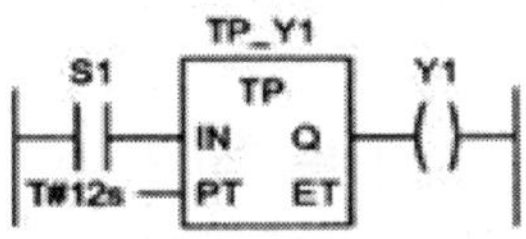

(나) LD 프로그램

```
CAL   TP_Y1 (IN := S1, PT := T#12s)
LD    TP_Y1.Q
ST    Y1
```

(다) IL 프로그램

```
TP_Y1 (IN := S1, PT := T#12s);

Y1 := TP_Y1.Q;
```

(라) ST 프로그램

그림 6-60 타이머 프로그램 예

3.3 에지신호와 제어 프로그램(R_TRIG, F_TRIG)

PLC에서 프로그램할 때 신호가 존재하는 순간이나 없어지는 순간의 출력을 이용하여야 하는 경우나 길게 지속되는 신호에서 펄스와 같은 아주 짧은 신호를 사용해야 하는 경우가 있다. 에지(edge) 신호를 검출하는 기능을 이용하면 이와 같은 프로그램을 작성할 수 있다. 에지 신호는 [그림 6-61]과 같이 두 종류가 있다.

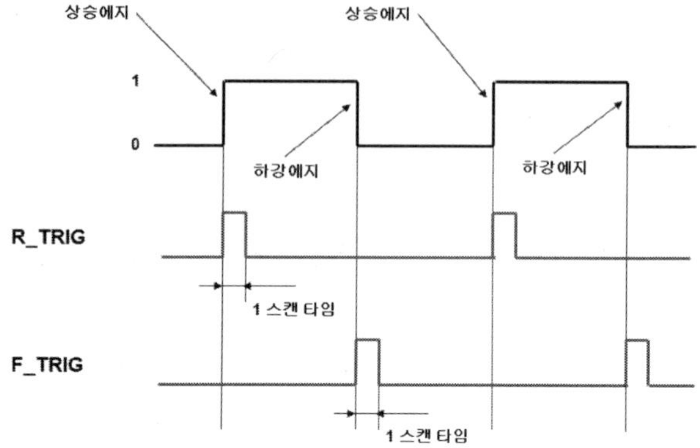

그림 6-61 에지신호와 트리거 출력

하나는 신호가 존재하는 순간을 표시하는 상승 에지(rising edge) 신호이고 다른 하나는 신호가 없어지는 순간을 표시하는 하강 에지(falling edge) 신호가 있다. IEC의 펑션 블록에는 이와 같은 상승 에지 신호를 검출하는 펑션 블록의 기능을 'R_TRIG'를 사용하고, 하강 에지를 검출하는 경우에는 'F_TRIG'의 펑션 블록을 사용한다([그림 6-62], [그림 6-63] 참조). 펑션 블록의 좌측에는 비트형 변수가 연결되며 이 변수의 상태가 0으로부터 1로 변하는 순간 출력이 우측의 연결선에 존재하는 것이 상승에지 검출 펑션 블록이다. 하강 에지 펑션 블록은 좌측의 신호가 1로부터 0으로 변할 때 출력이 존재한다. 이 출력이 존재하는 시간도 PLC에 따라 정해져 있어서 GLOFA GM4인 경우 1스캔 타임 동안 존재한다.

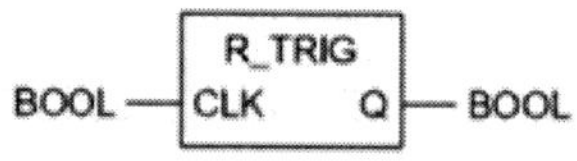

그림 6-62 R_TRIG

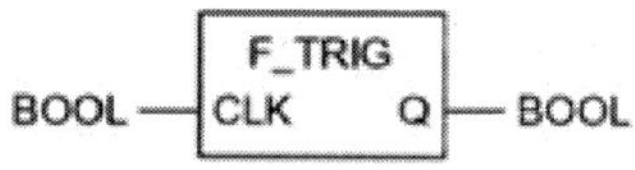

그림 6-63 F_TRIG

```
VAR
    S1  AT   %IX0.0.0  : BOOL;     (* 누름버튼 스위치 S1      *)
    H1  AT   %QX0.2.0  : BOOL;     (* 램프 H1                 *)
    R_TRIG_S1          : R_TRIG    (* S1의 상승 에지          *)
    RS_H1              : RS;       (* 출력 H1의 플립 플롭     *)
END_VAR
```

그림 6-64 변수의 선언

상승 에지를 검출하는 프로그램을 예를 들어 작성하여 보자. 푸시버튼 스위치 S1을 누르면 램프 H1이 점등되어야 하고, 다시 한번 S1스위치를 누르면 램프 H1이 소등되어야 한다면 프로그램의 작성을 위하여 먼저 변수를 선언하여야 한다([그림 6-64] 참조). 변수의 선언에서 R_TRIG_S1은 상승에지를 검출하는 기능의 펑션 블록의 명칭이다. 그리고 RS_H1은 램프 출력 H1을 기억하기 위한 플립플롭의 펑션 블록이다.

[그림 6-62]는 FBD 프로그램으로 AND 펑션을 사용한 것은 상승 에지 신호와 램프의 현재 상태를 비교하여 램프가 소등된 상태이면 플립플롭에 셋 신호를 주고, 램프가 켜진 상태이면 리셋 신호를 주도록 프로그램한 것이다.

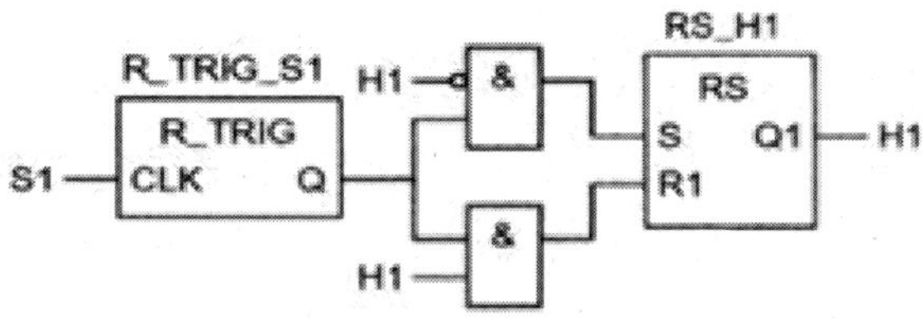

그림 6-65 FBD 프로그램 예

[그림 6-66]은 같은 내용의 LD 프로그램이다.

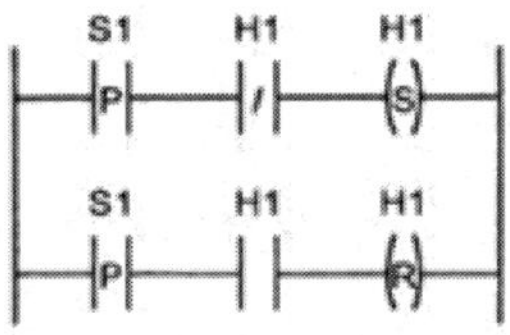

그림 6-66 LD 프로그램 예

[그림 6-67]는 IL 프로그램으로 프로그램의 시작에서 펑션 블록을 사용하기 위하여 'CAL' 명령을 이용하여 입력 신호 S1을 가진 펑션 블록 'R_TRIG_S1'을 부른 것이다. 그리고 'R_TRIG_S1.Q'는 상승 에지 검출 펑션 블록의 출력 신호를 의미하는 것이다.

```
CAL   R_TRIG_S1 (CLK := S1)

LD    R_TRIG_S1.Q
ANDN  H1
S     H1

LD    R_TRIG_S1.Q
AND   H1
R     H1
```

그림 6-67 IL 프로그램 예

[그림 6-68]은 ST 방법의 프로그램으로 IL과 유사한 방법으로 프로그램된 것을 알 수 있으며 'RS_H1.Q1'은 출력 H1 신호를 기억하는 플립플롭 기능의 펑션 블록 출력을 의미한다.

```
R_TRIG_S1 (CLK := S1);
RS_H1 (S := R_TRIG_S1.Q & NOT H1,
       R1 := R_TRIG_S1.Q & H1);
H1 := RS_H1.Q1;
```

그림 6-68 ST 프로그램 예

3.4 카운터와 프로그램(CTU, CTD)

릴레이를 이용하는 하드와이어드 제어 시스템에서 같은 작업의 반복 혹은 정해진 회수만큼의 작업수행 등을 위하여 카운터를 사용한다. 카운터는 릴레이의 한 종류로, 일반적인 릴레이는 신호가 존재하는 순간 릴레이의 접점이 동작하는 장치이지만, 카운터 릴레이는 정해진 회수만큼의 신호가 존재하였을 때 출력이 나올 수 있도록 만들어진 장치이다. 이와 같은 카운터 릴레이는 가산과 감산 카운터가 있다. PLC에서는 이와 같은 카운터의 기능이 이미 내장되어 있으므로 프로그램을 이용하여 사용할 수 있다. 카운터의 기능은 표준 펑션 블록으로 IEC 61131-3에서 표준으로 정하고 있고 그 종류에는 가산 카운터(incremental counter), 감산 카운터(decremental counter)가 있다.

[그림 6-69]은 가산 카운터 펑션 블록과 시간선도이다. 이 펑션 블록의 명칭으로 CTU를 사용하는데 U의 의미는 'up'의 의미를 가지고 있는 것이다. 'R'(reset)에 연결된 조건이 '0'이 되면 카운터가 작동을 시작한다. 즉 'CU'(count up)에 신호가 있을 때마다 상승에지에서 'CV'(counter value)의 값을 1씩 증가시킨다. 그리고 이 'CV'의 값이 'PV'(preselect value)에 정의된 정수값(INT)과 같거나 크면 즉시 'Q'에 출력이 존재하게 된다.

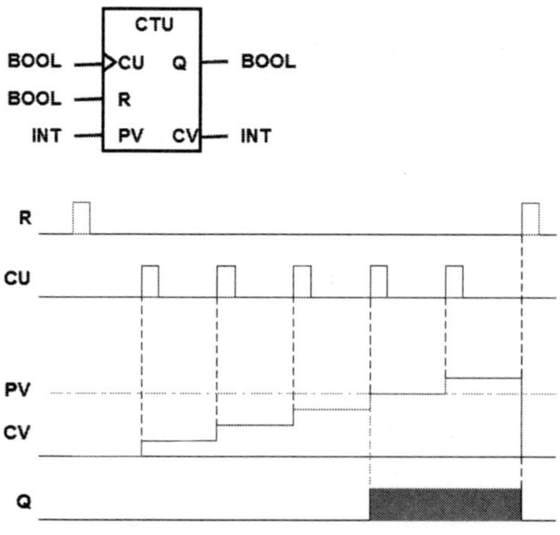

그림 6-69 가산 카운터 펑션 블록과 시간선도

[그림 6-70]은 감산 카운터의 펑션 블록과 시간선도이다. 이 펑션 블록의 명칭은 'CTD'로 표시하는데, 여기서 'D'는 down의 의미이다. 이 감산 카운터는 가산 카운터와 약간 다른 특징이 있다. 'PV'에 정의하는 정수 값은 사용자가 정하는 반복 회수로 이는 가산 카운터와 같다. 그리고 'LD'(load)는 이 'PV'의 값을 'CV'로 로드하는 명령이다. 즉, 가산 카운터의 'R'과 같은 기능을 가지고 있다고 할 수 있다. 가산 카운터는 PLC가 run 상태로 전환되면 즉시 사용가능하고, 다시 사용하고자 할 때 'R'에 신호를 주면 가능하다. 감산 카운터는 PLC가 run 상태로 전환되면 'CV'값은 0이고, 따라서 카운터에서 출력이 존재한다. 그러므로 반드시 처음 프로그램에 스캔되는 순간에 'LD'에 신호를 주어야 한다. 이제 'CD'(count down)에 신호가 들어올 때마다 상승에지에서 'CV'에 로드된 정수 값이 하나씩 감소하게 된다. 그 결과 'CV'의 값이 '0' 혹은 '0'보다 작으면 출력이 'Q'에 존재한다.

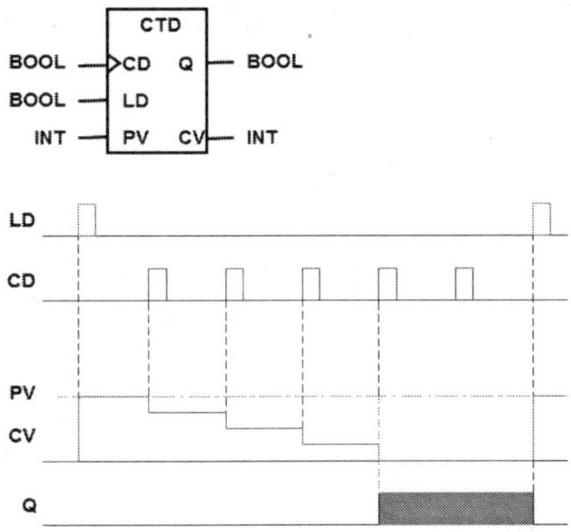

그림 6-70 감산 카운터의 펑션 블록과 시간선도

스위치를 5회 작동하였을 때 램프가 점등되는 프로그램을 카운터 펑션 블록을 이용하여 프로그램을 작성한다. [그림 6-71]은 변수 설정내용이다. 변수 설정에서 '가산.Q'와 '가산.CV'는 카운터를 설정하면 자동으로 생성되는 변수이며 '가산'은 카운터 펑션 블록의 명칭이고 'Q'와 'CV'는 카운터의 출력에 해당하는 변수이다.

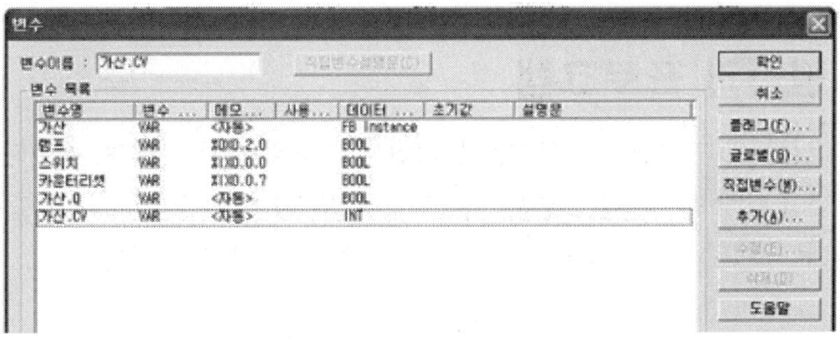

그림 6-71 카운터 프로그램 예의 변수 선언

[그림 6-72]는 LD 프로그램 예이다. [그림 6-73]은 IL 프로그램 예이며 [그림 6-74]와 [그림 6-75]은 각각 FBD 프로그램과 ST 프로그램의 예이다.

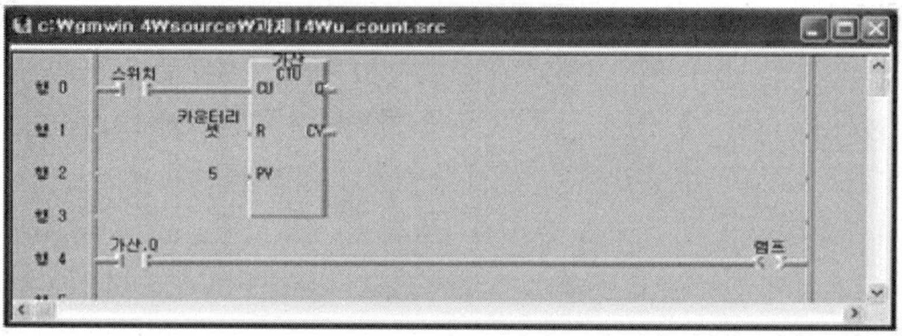

그림 6-72 LD 프로그램의 카운터

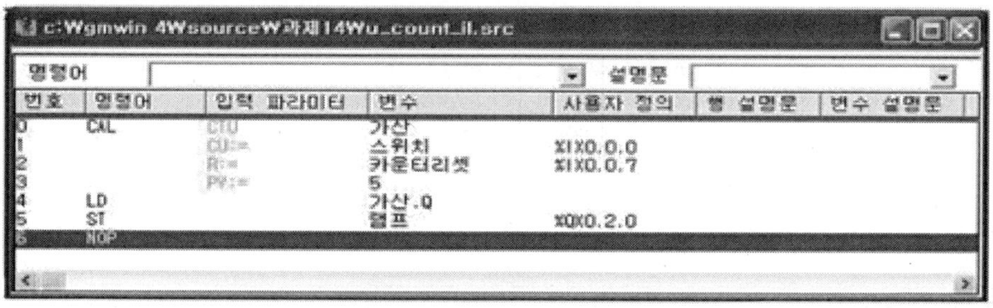

그림 6-73 IL 프로그램과 카운터

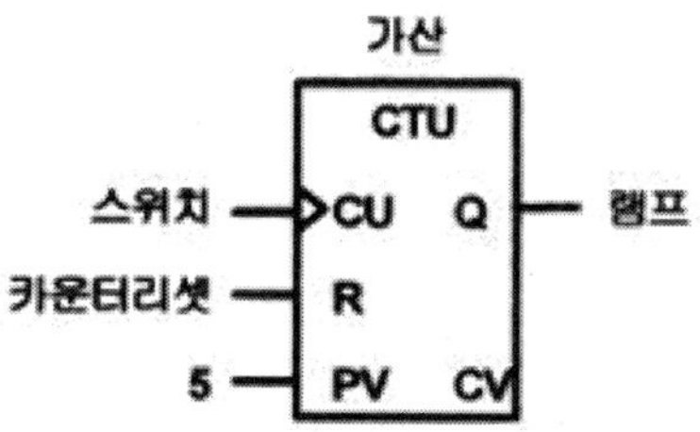

그림 6-74 FBD 프로그램의 카운터

```
PROGRAM 가산카운터
   가산 (CU:=스위치, R:=카운터리셋, PV:=5);
   램프:=가산.Q;
END_PROGRAM
```

그림 6-75 ST 프로그램과 카운터

4. 표준 펑션과 프로그램

IEC표준에 의한 표준 펑션의 종류에는 논리연산 기능을 가진 논리형, 데이터 비트의 상태를 필요한 비트만큼 이동할 수 있는 비트 이동형, 데이터의 크기를 비교하여 출력을 발생할 수 있는 비교형과 데이터의 산술연산 기능을 가진 연산형 펑션이 있다.

4.1 논리형 펑션

논리형 펑션은 입력되는 데이터에 대하여 각각의 논리 연산을 수행한 결과를 출력할 수 있는 기능을 가지고 있다. 표준으로 정해진 논리형 펑션은 논리 연산을 할 수 있어야 하므로 입력 데이터는 ON/OFF의 신호를 가진 비트형 데이터가 입력되고 출력은 펑션이 가지고 있는 논리적 기능을 만족하였을 때 출력이 발생한다. 출력 또한 비트형 출력이 발생한다.

[그림 6-76]은 실제로 논리형 펑션을 사용하여 프로그램한 예로써 입력 X와 Y의 AND연산을 하는 경우이고 연산은 입력 신호 A가 있을 때 수행하며 출력은 Z에 발생한다. 프로그램 상단에 표시되어 있는 것은 변수를 선언한 내용이다.

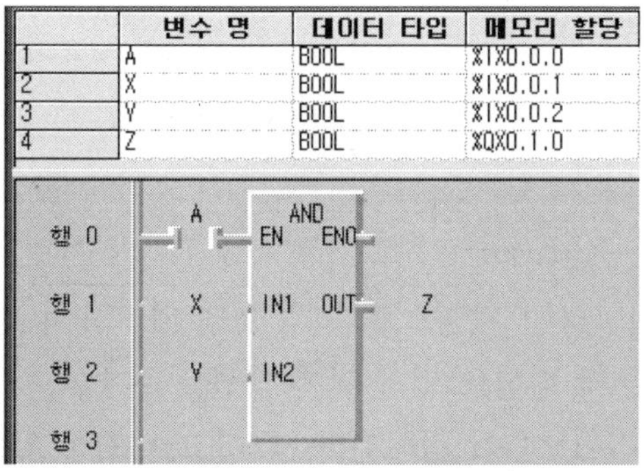

그림 6–76 AND 논리 프로그램 예

4.2 비트 이동형 펑션

비트 이동형 펑션은 입력되는 비트열을 정해진 비트의 수만큼 이동시키는 기능을 가진 펑션이다. 비트열의 입력은 워드 값을 사용하며 출력 또한 워드 값으로 출력된다. 이동하고자 하는 비트의 수는 정수로 입력한다.

[그림 6-77]은 비트 이동형 펑션의 각 명령을 수행하고 난 후 결과를 나타낸 것이다. 데이터로 여덟 개의 비트가 입력되고 이를 2개의 비트를 이동하는 것이다. 2개의 비트를 이동한다는 명령은 사각형으로 표시된 펑션의 왼쪽 'N'의 인식변수를 가진 입력에 'SINT2'로 표시되어 있고 이는 'short integer 2'의 의미로 8비트로 표시되는 정수로 2개의 비트를 나타내고 있는 것이다.

'SHL'은 왼쪽으로 두 개의 비트를 이동하였으므로 왼쪽에 있는 두 개의 비트는 '0'으로 채워진 상태이고 'SHR'은 오른쪽 두 개의 비트가 '0'으로 채워진 상태이다. 'ROR'에서 왼쪽 두 개의 비트는 오른쪽에서 밀려 나오는 두 개의 비트로 채워졌고 'ROL'에서 오른 쪽 두 개의 비트는 왼쪽에서 밀려 나오는 두 개의 비트로 채워진 것을 볼 수 있다.

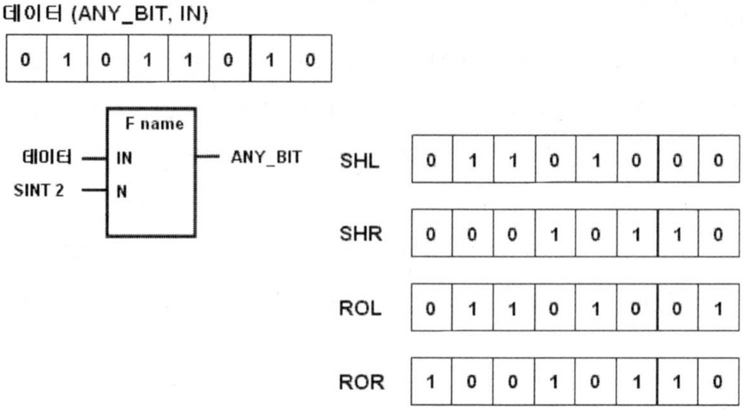

그림 6-77 비트 이동형 펑션의 작동 예

4.3 비교 펑션

비교는 값의 크기를 비교하는 기능으로, 기준값을 비교하여 출력을 발생하는 기능을 가진 소프트웨어 모듈이다. 이들의 펑션은 먼저 언제 펑션을 실행할 것인지 조건을 정의('EN')하여야 하고 기준값, 즉 비교될 값('IN1')이 정의된다. 그리고 비교하고자 하는 값('IN2')을 정의하여 프로그램을 구성한다. 'GT'의 명령인 경우 'IN1'의 값이 'IN2'의 값보다 커야 출력이 존재하는 것이다. [그림 6-78]은 'GT' 프로그램 명령을 사용한 프로그램 예이다.

그림 6-78 GT의 프로그램 예

프로그램 예는 타이머를 사용하였다. 타이머는 100초를 지연하는 타이머이고 '%IX0.0.1'의 신호가 있으면 타이머는 작동을 시작하고 시간이 지연되는 과정은 타이머 'INST'의 출력 중 하나인 'INST.ET'에 표시된다. 'GT'의 비교 펑션은 이 값을 비교하는 것이다. 'IX0.0.0'의 신호가 계속 존재한 상태로 있고 'INST.ET'의 값이 0으로부터 증가하여 'IN2'에 정의된 10진수 값 50보다 크면 '%QX0.2.0'으로 출력이 발생하는 프로그램이다. 다른 비교 펑션의 경우도 같은 방법으로 프로그램 하며 'GT'는 'greater than', 'GE'는 'greater than or equal', 'EQ'는 'equal', 'LE'는 'less than or equal', 'LT'는 'less than', 'NE'는 'not equal'의 의미를 가지고 있다.

4.4 연산 펑션

연산 펑션은 사칙연산을 하는 기능으로 더하기(ADD), 곱하기(MUL), 빼기(SUB), 나누기(DIV)와 입력 값을 출력으로 할당하는 'MOVE'의 명령이 IEC 표준에 정의되어 있다. [그림 6-79]는 더하기 명령의 프로그램 예이다.

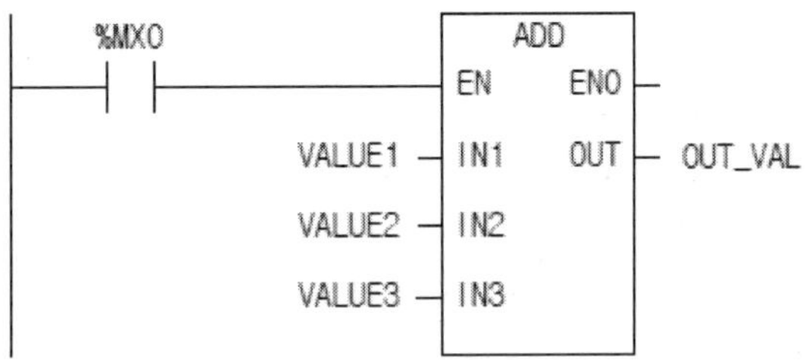

그림 6-79 ADD 명령의 프로그램 예

'ADD' 명령을 실행하기 위하여 실행조건으로 %MX0를 사용하였다. 즉 이 조건이 만족하면 'ADD' 명령이 실행된다. 'IN1'과 'IN2', 'IN3'에 입력되는 값을 더하여 출력으로 정의된 'OUT_VAL'에 출력한다. 입력은 모든 수치 데이터를 사용할 수 있고 출력은 명령의 결과가 표시될 수 있는 적절한 크기의 출력이나 내부메모리가 정의되어야 한다. [그림 6-80]은 [그림 6-79]의 프로그램에서 입력변수의 값에 따른 출력의 결과이다.

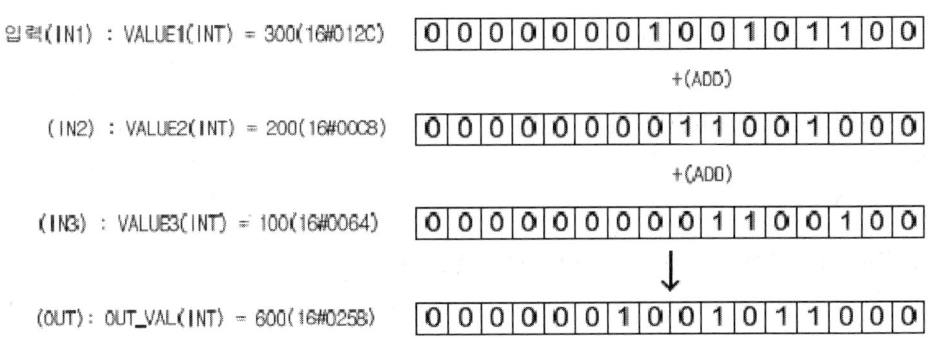

그림 6-80 ADD 명령 프로그램의 실행 예

연산의 다른 명령을 사용하는 것도 같은 방법으로 할 수 있으나 'MUL'의 명령의 경우 출력으로 사용하는 변수의 크기에 주의하여야 한다.

[연습문제]

1. 기본논리와 프로그램 방법에 대하여 설명하시오.

2. 다음 진리표의 작업내용에 대하여 물음에 답하시오.

X	Y	Z
1	1	0
1	0	0
0	1	0
0	0	1

가) 논리식을 쓰시오.
나) 논리식을 논리연산규칙에 의하여 간략화하시오.
다) 논리조건을 카르노도로 표현하시오.
라) 카르노도의 간략화 방법에 의하여 간략화하시오.
마) 래더 방법에 의하여 프로그램 하시오.

3. 신호를 기억하는 방법에 대하여 설명하시오.

4. 타이머의 종류에 대하여 설명하시오.

5. 카운터의 종류에 대하여 설명하시오.

6. 펑션과 펑션 블록의 차이에 대하여 설명하시오.

7. 2번 슬롯의 출력 16개(0 ~ 15)를 모두 0.5초의 간격으로 점멸하는 프로그램을 작성하시오.

CHAPTER

07

제어 시스템의 구성

1. 문제의 정의
2. 하드웨어의 선정
3. 제어 시스템의 구성
4. 시퀀스 프로그램의 작성

앞에서 우리는 IEC 61131 표준에 의하여 PLC가 가진 기본 명령어들을 공부하였다. 프로그램을 작성하는 데 필요한 것은 기본 명령어뿐만 아니라 펑션과 펑션 블록을 사용할 수 있는 능력이며, 이에 대해서도 예제 프로그램을 이용하여 프로그램을 작성하는 기본적인 방법을 소개하였다.

이제 본 장에서는 PLC를 이용하는 제어 시스템의 구성을 소개하고자 한다. PLC의 기종을 선정하고, 프로그램을 작성하는 방법과 설치, 시운전 그리고 실제 제어 프로그램을 작성하는 방법을 소개하고자 한다. 다시 말하면 지금까지의 기본 명령어들을 잘 조합하여 우리가 원하는 작업을 수행할 수 있어야 하는 것이다. 이 프로그램 작성의 응용을 소개하기 위하여 본 장에서는 시퀀스 프로그램을 작성하는 방법으로 설명하고자 한다.

1. 문제의 정의

작업 내용에 대한 제어 시스템을 구성하기 위한 프로그램의 일반적인 절차는 작업분석, 구조적 설계, 프로그램 작성 및 시운전의 단계를 거치게 된다. [그림 7-1]은 이에 대한 설명이다.

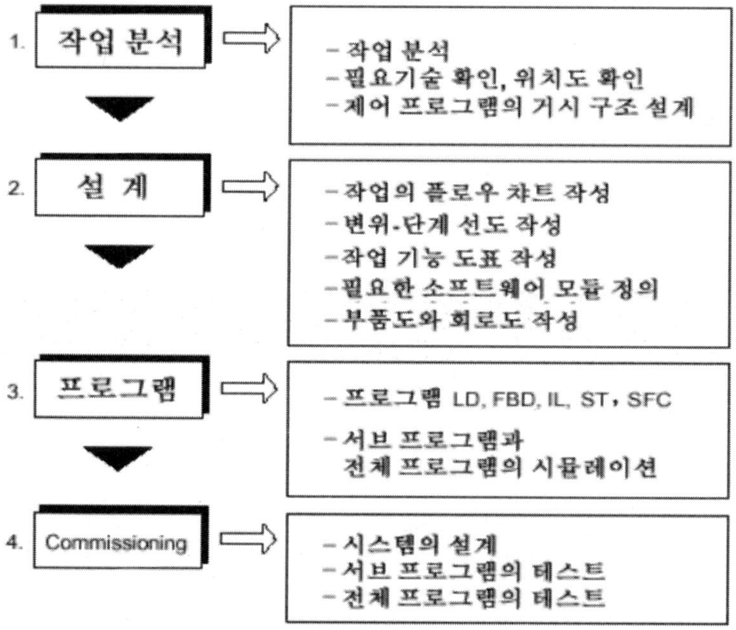

그림 7-1 제어 프로그램 설계 절차

2. 하드웨어의 선정

2.1 선정 기준

최적의 기종을 선정하는 것은 당면한 제어시스템을 단순히 기능적으로 처리하는 하드웨어라는 것만이 아니라, ① 장래의 확장성 ② 만일의 경우의 보수성 ③ PLC 전용의 주변기기의 충실성 및 조작성 등 총체적으로 신뢰할 수 있고 경제적이라고 판단되는 기종이 최적기종의 정의라고 봐야 할 것이다.또한 기종을 선정하는 최종단계에 있어서는 주변기기를 포함한 기능과 성능상의 시리즈의 선택, 보수성, 가격, 납기 등을 고려하여 결정하는 것이 실제이다.

[그림 7-2]에는 기종 선정 시 종합적으로 검토하여야 할 항목을 나타내고 있다.

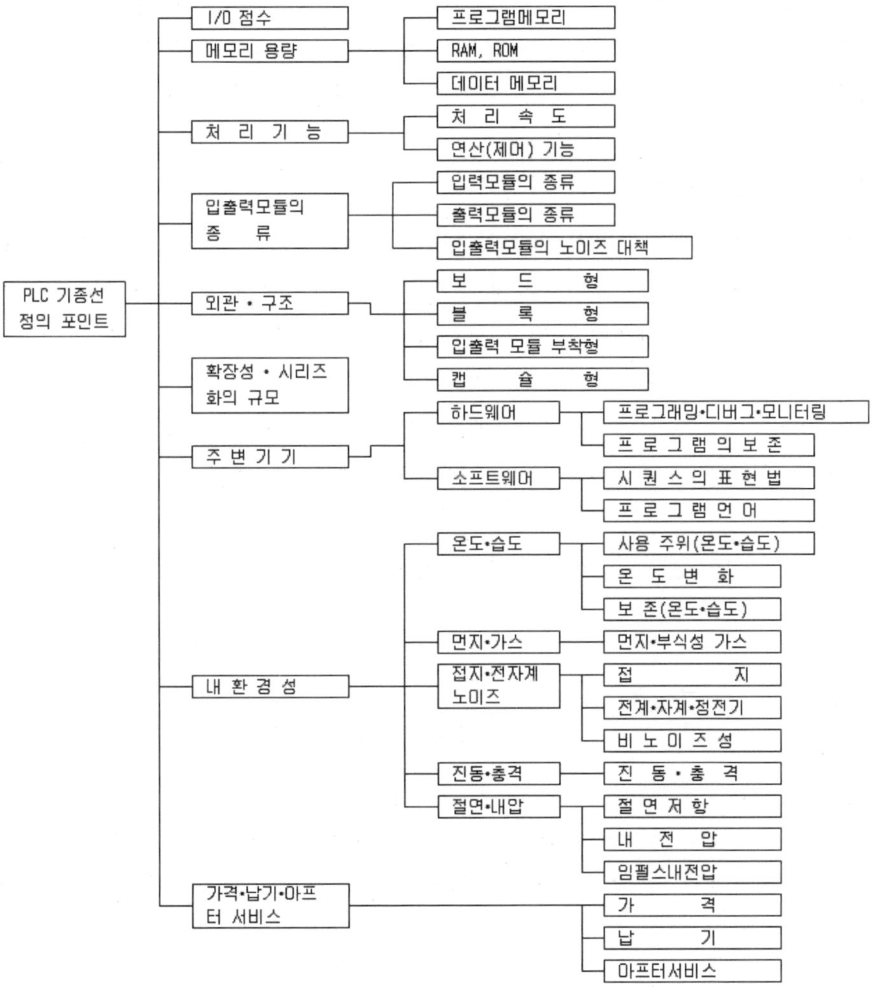

그림 7-2 PLC의 기종 선정

2.2 I/O 점수

제어대상의 제어범위의 입출력 점수가 최대 얼마가 되는가를 산출한다. 대규모의 제어인 경우는 전반적인 것을 사전에 완전히 파악하는 것은 곤란한 경우가 많으며, 또 입출력의 추가변경도 발생하게 된다. 이를 위해 입출력 점수는 10~20%정도 여유를 두는 것이 좋다.

2.3 메모리 용량

PLC의 메모리는 프로그램 메모리와 데이터 메모리로 구분된다. 프로그램 메모리는 제어내용을 PLC 고유의 명령어로 표현한 프로그램을 기억한다. 이에 반해 데이터 메모리는 입출력에 의한 데이터나 보조릴레이와 같은 연산의 도중결과를 기억하는 부분이다. 메모리용량은 입출력 점수의 규모와 제어의 복잡도에 따라 필요한 용량이 선정된다. 입출력점수의 선정과 용량의 선정에 있어서는 약간의 여유를 취하면 프로그램의 변경, 회로, 확장 등에 대응할 수 있다.

2.3.1 프로그램 메모리

프로그램을 기억하는 메모리이며, CPU와 나란히 PLC의 중추이다. 프로그램 메모리는 프로그램을 구성하는 명령어가 워드라는 형태로 기억되어 있으나 1워드마다 어드레스가 붙여져 있다. 또 최근에는 이 어드레스의 관리를 사용자가 의식하지 않고 사용하는 방식이 많아지고 있다.

프로그램 용량은 사용자가 이용 가능한 메모리영역 즉, 유저 프로그램영역의 용량을 말한다. 프로그램 용량은 최대 입출력 점수와 거의 비례관계에 있으며, 제어 내용이 복잡하면 프로그램 용량은 증가한다.

시퀀스제어회로의 난이도를 표현하는 방법으로 K를 제어난이도로 하여 다음 식으로 표현하기도 한다.

$$K = \frac{\text{필요한프로그램스텝수}}{\text{입출력점수의합계}}$$

K=6(간단), K=8(보통), K=10(조금복잡), K=12(복잡)를 산출하여 가늠하면 편리하다. [표 7-1]에는 현재의 범용 PLC의 입출력과 프로그램메모리의 관계를 개략적으로 정리한 것이다.

표 7-1 PLC의 규모별 분류

규모	소 · 중규모	중규모	중 · 대규모	대규모
입출력점수의 확장성	약 20 ~ 128점	약 64 ~ 256점	약 128 ~ 512점	약 512 ~ 2,048점
프로그램 메모리 용량	0.3kW, 0.5kW, 1kW	1 ~ 2kW, (4kW)	2kW, 4kW, 6kW,(8kW)	4 ~ 16kW, (32kW)

2.3.2 데이터 메모리

프로그램 메모리를 입출력점수와 제어의 복잡도에 비례하여 용량을 선정하는 것과 같이 데이터 메모리도 마찬가지이다. 일반적으로 PLC 메이커는 프로그램 메모리에 비교하여 부족하지 않도록 배려하여 제조하고 있다.

2.4 PLC의 연산처리

2.4.1 처리속도

PLC가 컴퓨터의 원리와 기본적으로 같은데도 마이크로프로세서의 출현 초기에 PLC에 활용되지 않았던 이유는 PLC의 처리속도에 문제가 있었기 때문이었다.

컴퓨터의 연산처리는 보통 입출력 점수가 적고, 내부의 처리는 복잡하며 대규모이다. PLC는 입출력점수 최소 10여점~ 최대 2,000점을 처리할 때 입력신호 → 데이터처리 → 출력신호까지 전체 처리 시간을 생각하면 허용되는 처리속도가 ms~ 수십 ms이어야 하며 그 이상이 되면 시퀀스제어로서 목적에는 걸맞지 않는다. 즉 릴레이를 사용하는 시퀀스제어에 사용하는 릴레이의 동작시간(릴레이 ON, OFF시의 접점개폐시간)의 특성을 바르게 인식하여 시퀀스설계를 하는 것이 중요한 것처럼 PLC의 선정에서도 제어 규모에 알맞은 처리 속도의 선정이 필요하다. 특히 기계를 제어할 때는 기계의 타이밍과 PLC의 처리속도에 불일치가 발생하지 않도록 선정 시 검토할 필요가 있다.

2.4.2 연산 제어 기능

PLC에는 시퀀스제어(논리연산)기능 외에 타이머, 카운터 기능이 상비되어 있는 것이 보통이다. 이외에 시퀀스제어를 보다 효과적으로 하는 확장기능명령으로서 쉬프트레지스터, 대소비교, 전송, 가감산 등을 위한 다양한 데이터 메모리와 그것을 실행시키는 명령기능을 갖춘 것이 바로 PLC이다. 제어시스템에서 시퀀스연산, 산술연산, 아날로그 조절연산, 데이터 조작, 데이터 변환, 리모트 I/O, 데이터 링크, 퍼스널컴퓨터 인터페이스 등 어떠한 기능을 필요로 하느냐에 따라 PLC의 기종 선정이 달라진다.

2.5 입·출력 모듈의 종류

2.5.1 입력 모듈의 종류

일반적으로 AC 100/200V, DC24/100V급이 많다. 또한 최근에는 AC 100~200V의 공용의 것도 출현하고 있다. 정격선정에 있어서는 최대한 종류를 적게 하도록 조작기기, 근접스위치, 광전센서, 정전 용량형 센서, 유도형 센서 등의 입력기기 정격을 선정하는 것을 염두에 두어야 한다.

표 7-2 입력 모듈의 종류

입력신호의 종류	신호인가 방법	신호 변환 방식	코먼극성
교류 직류 겸용	유전압 입력 무전압 입력	절연형 비절연형	+ − 무극성

입력 모듈은 입력신호의 종류와 입력 모듈에 신호를 인가하는 방법, 신호를 변환하는 방법과 코먼 극성을 어떻게 하느냐로 분류할 수 있다. 신호를 인가하는 방법은 외부에 별도의 전원 공급 장치를 설치하여 이로부터 전원을 공급하는 유전압 입력 방법과 사용전원을 내장하고 있는 무전압 입력 방법이 있다. 일반적으로는 유전압 입력 방법을 사용한다. 입력신호를 PLC 내부의 연산처리 계통으로 공급할 때 절연을 할 것인가 혹은 하지 않을 것인가로 신호변환방식을 구분하며, 입력 모듈의 코먼 극성을 정하는 것도 입력 모듈을 선정할 때 고려하여야 할 사항이다.

2.5.2 출력 모듈의 종류

릴레이출력, 트라이액출력, 트랜지스터출력의 3종류가 기본적이지만, 제어대상에 의해 목적을 명확히 하여 분류하는 것이 좋다. 릴레이출력형도 독립접점형, 코먼형이 있어 전압, 전류뿐만 아니라 배선, 보수유지 등을 고려한 선정이 필요하다. 또 반도체소자 특유의 누설 전류, 접점출력형의 경우에도 서지 킬러가 들어가 있기 때문에 소용량 부하에서 특성상의 문제점 등에 대해서도 유의할 필요가 있다.

표 7-3 출력 모듈의 종류

출력신호의 종류	개폐소자	신호 변환 방식	코먼극성
교류 직류 겸용	반도체 접점	절연형 비절연형	+ − 무극성

2.6 외관

PLC의 본체는 CPU와 메모리부, 입출력부, 전원부로 나눌 수 있다. 장착형태로는 기본 유니트와 증설 유니트로 나눌 수 있으며 기본 유니트는 CPU, 전원부 등 기본부분을 가지며 여유가 있으면 입출력부도 가진다. 증설 유니트는 입출력부 전용으로 CPU와 입출력부와의 인터페이스도 부착하는 것이 보통이다.

2.6.1 보드형

일반적으로 입출력점수가 적은 중소규모의 기종에 많으며, 메카트로닉스 지향으로서 개발된 것으로 기계의 제어박스에 내장하며, 경우에 따라서는 제어박스 문의 안쪽에 부착하여 공간의 유효한 활용 등 소형화, 경량화, 박형화된 구조이다. 원보드(one board)형으로 불리는 PLC는 PCB 위에 CPU부 입출력부 등이 일체화되어 탑재된 것이다. 입출력점수의 어드레스는 고정되어 변경의 자유성이 없고 확장성도 거의 없으나 일반기계의 동일 패턴으로 양적효과를 기대하는 제어대상인 경우는 저렴한 면이 평가된다.

원보드형의 PLC의 단점을 보완하여 입출력점수의 자유변경화, 확장성 등 다양한 입출력시방이 가능한 보드형 PLC는 증설유닛의 부착이 가능하며 또한 고기능(리모트 I/O, personal computer interface, 사칙 연산기능 등)을 발휘할 수 있다.

2.6.2 블록형

블록형 PLC는 하나의 몸체에 CCU, 입력모듈 그리고 출력모듈을 모두 가지고 있는 일체형의 PLC로 소규모의 제어 시스템 구성에 많이 채용되는 형태이다. 증설단위는 블록단위로 확장한다. 블록형 PLC는 제어박스 내에 장착될 경우 작업을 쉽게 하기 위해 딘레일(DIN rail)에 쉽게 부착되도록 되어 있는 것이 많다. 기본 유니트의 입출력점수는 고정되어 있는 것이 대부분이며 증설 유니트에 입출력 모듈을 풍부하게 준비하고 있다. 또 만일 PLC 고장 시 유니트별로 교환할 수 있도록 되어 있어 쉽게 사용자가 대응할 수 있다. 블록형 PLC의 출현은 일반 소형 시퀀스 제어분야의 유접점 릴레이시대를 종결시킬 정도로 확장성과 가격 면에서 크게 기여하였다. [그림 7-3]은 블록형 PLC의 예로, 미쓰비시의 FX0 PLC이다.

그림 7-3 블록형 PLC(FX1N, 미쓰비시)

2.6.3 모듈형

그림 7-4 모듈형 PLC(S7-300, SIEMENS)

모듈형 PLC는 각각의 기능을 개별적으로 구성하는 PLC로, 사용자의 작업 내용에 따라 모듈 구성이 달라진다. 입출력모듈, 아날로그 입력모듈, 위치제어 모듈, 통신 모듈 등을 비롯하여 다양한 기능의 모듈을 사용할 수 있으며 각 모듈은 버스 시스템에 의하여 연결된다. 입출력모듈을 증설용 베이스에 부착하는 것으로 중대규모제어에 적합하다. 증설단위는 4점, 8점, 16점, 32점 등으로 증설용 베이스에 부착하여 일반적으로 64점, 128점, 256점 단위의 증설 베이스(레일)을 사용하고 있다. [그림 7-4]는 지멘스(SIEMENS)사의 S7-300 PLC이다.

2.6.4 카드형

카드형 PLC는 표준화된 몸체에 여러 개의 PCB 형태로 만들어진 카드가 장착되는 형태의 PLC이다. 카드는 사용자의 작업 내용에 따라 필요한 기능의 카드를 장착할 수 있으나 표준화된 몸체를 사용하기 때문에 사용할 수 있는 카드의 수는 제한된다. 이에 대하여 모듈형은 다양한 크기의 베이스 패널을 가지고 있기 때문에 확장이 용이하다. 요즈음은 대부분 모듈형을 사용하는 추세이다. [그림 7-5]는 FESTO의 FPC405 PLC이다.

그림 7-5 카드형 PLC(FPC405, FESTO)

어떤 특정한 제어대상에 알맞게 선정한 기종이 다른 제어시스템에 있어서도 최적의 기종이라고는 할 수 없다. 보드형 PLC로 충분한 제어대상에 통일성을 겨냥하여 대규모 시스템에서 사용하는 입출력모듈 부착형의 PLC를 사용하면 비경제적이 된다. 즉, 소규모 제어에서 대규모 제어까지 동일기종으로 선정하는 것은 비경제적이기 때문에 일반적으로 PLC메이커는 기종의 동일성과 경제성의 균형을 취하기 위해 다음과 같이 배려를 하고 있다.

1. 상위의 PLC를 조작하는 주변기기는 하위기종에도 적용할 수 있게 한다.
2. 입출력모듈에 상위, 하위의 구별 없이 호환성을 가지게 된다.
3. 특수기능은 될수록 모듈화하여 기본가격을 낮춘다.
4. 베이스를 공통화하여 CPU에서 불필요한 기능을 생략한다.
5. 블록형, 보드형도 외형구조 및 처리기능의 규모 등이 변해도 공통처리기능의 호환성을 가지도록 한다. 즉 하위기종에서 작성한 프로그램도 그 부분은 상위 기종에서도 적용가능토록 주변기기에서 배려한다.

2.7 주변기기

주변기기의 역할은 1. 프로그래밍 및 디버그(debug), 2. 모니터링, 3. 프로그램 리스트 작성, 서류(document) 작성, 4. 프로그램의 보존 등 PLC의 운용을 지원하는 것이다.

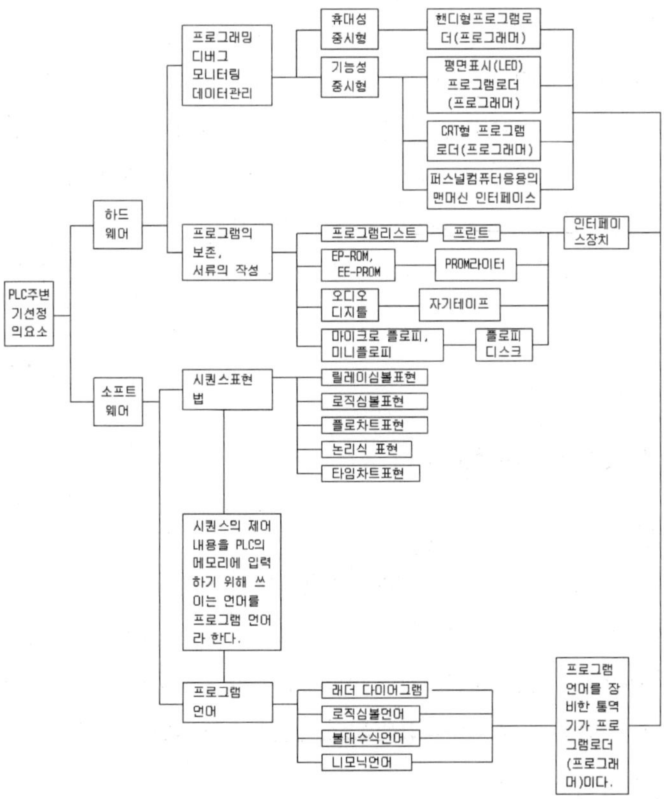

그림 7-6 PLC 주변기기의 선정 요소

PLC의 기종선정 시 관련 주변기기가 어떻게 구성되어 있는가의 검토는 중요하다. 특히 각종 하드웨어보다 시퀀스표현법 프로그램 언어 등 PLC의 기본인 소프트웨어의 기술진보를 충분히 검토하여 선정하는 것이 좋다. [그림 7-6]은 PLC 주변기기 선정의 요소를 나타낸 것이다. 현재로서는 릴레이 심볼 표현법이 많이 사용된다. 또 프로그램 언어에서는 래더 다이어그램 언어가 일반적으로 많이 사용되고 있다.

2.8 내환경성

PLC가 사용되는 주위환경에서 주의해야 할 점은 사용 주위온도, 습도, 온도변화, 보존온도, 먼지, 부식성가스, 접지, 전계, 자계, 정전기, 노이즈, 진동, 충격, 절연저항, 내전압, 임펄스 내전압 등의 설치 환경조건에 선정한 PLC가 잘 적용될 수 있는가를 검토하여야 한다는 것이다.

2.9 소프트웨어의 선정

PLC를 이용하여 제어하기 위하여 제어를 위한 명령문, 즉 프로그램을 작성하여 PLC를 사용해야 한다. 그러나 예전에는 프로그램은 전문가가 아니면 작성하기 어렵다는 것이 일반적이었지만, 현재는 프로그램 작성을 위한 명령어들이 표준화 되어 있어 쉽게 접근할 수 있다. IEC 61131이라는 국제표준이 있지만 PLC 메이커들이 자사 프로그램 전용 언어 등을 개발하고 표준화된 명령어를 사용하는 방법도 메이커마다 다르므로 정해진 선정기준을 가지고 있어야 한다.

PLC 프로그램을 작성하는 소프트웨어는 PLC 제조 메이커에서 공급하는 것이 일반적이다. 요즈음의 PLC는 대부분 개인용 컴퓨터에서 프로그램을 작성하여 PLC로 다운로드(download)하여 사용하는 것이 일반적이고 따라서 각 사의 PLC마다 고유의 프로그램 소프트웨어를 가지고 있다. 따라서 소프트웨어를 사용하는 방법에 대하여 알 수 있어야 한다.

3. 제어 시스템의 구성

3.1 도면의 준비

PLC는 고정부를 포함하여 설비 내에 공간을 확보하여 제어되는 설비에 고정되어 설치되거나 완전한 형태로 제어되는 설비 옆에 매달려 설치될 수 있다. 전기적으로는 PLC로부터 센서로, PLC로 부터 액추에이터로 가는 배선도가 준비되어야 한다. 실제의 배선도에는 입력과 출력기기에 대한 심볼이나 라벨을 사용하여 정의되어야 한다. [그림 7-7]은 입출력 배선도의 예이다.

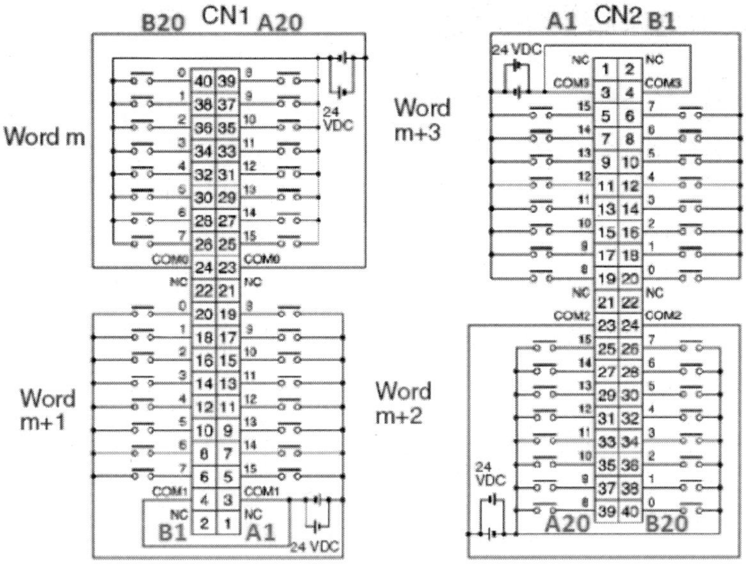

그림 7-7 입출력 배선의 예

3.2 배선과 설치

기계 조립작업은 프로그래밍과 더불어 준비될 수 있고 서브랙(subrack)은 통산 19" 서브랙 혹은 double Eurocard형이 사용되는데 원하는 위치에 설치하면 된다. 제어시스템이 조립과 센서 및 액추에이터와의 배선은 병행하여 준비할 수 있다. 제어 프로그램은 오프라인(off-line) 또는 온라인(on-line)으로 읽힌다.

3.3 코미셔닝(commissioning)

시스템은 테스트 모드(test mode)에서 시험될 수 있는데 이때는 프로그래밍 유니트와 입출력모듈(module)의 지시(indication)상태로 판단한다. 에러가 발생되면 프로그램의 수정 및 확장을 통하여 제거한다. 만약 I/O 모듈이 더 필요하다면 제어 시스템은 모듈설계가 되어 있으므로 사용자의 입장에서 즉시 추가할 수 있다.

4. 시퀀스 프로그램의 작성

4.1 제어 조건의 표현

제어 시스템을 구성하기 위하여 프로그램을 설계하고자 할 때 그 문제에서의 운동 순서와 작업의 스위칭 조건 및 제어요소를 분명하게 표시하여야 한다. 제어 시스템이 복잡하고 조건이 많을 때 적당한 표현 방법을 선택하여야 여러 관련된 동작조건 및 작업 순서 등을 명확하게 결정할 수 있다. 또한 시스템이 방대한 경우 적절한 표현 방법이 문제를 정확하고 분명하게 이해할 수 있는 방법이다. 운동 순서와 작업의 스위칭 조건을 나타내기 위해서 [그림 7-8]과 같은 예를 들기로 한다.

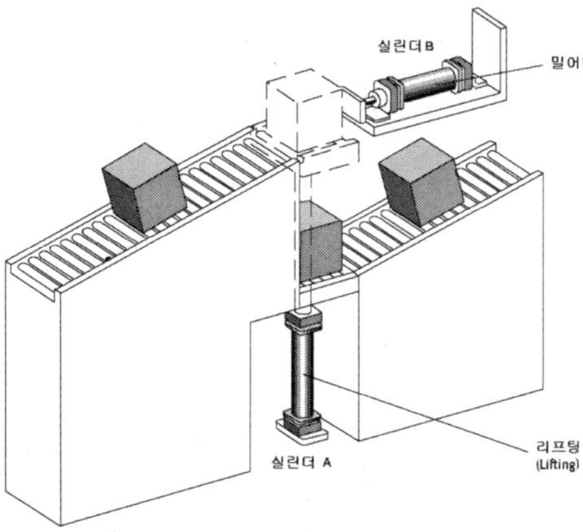

그림 7-8 상자 운반 장치

롤러 컨베이어의 의해서 운반된 상자가 공압 실린더 A로 들려 올려지고 두 번째 실린더 B에 의해 다른 컨베이어로 옮겨진다. 또한 귀환운동의 조건은 실린더 A가 후진위치에 도달했을 때 실린더 B가 귀환하는 것이다.

이와 같은 장치에서 제어 시스템 구성을 위하여 먼저 작동 순서와 작업 조건을 명확하게 표현하는 방법이 필요하다. 이는 다음과 같은 방법들을 사용할 수 있다.

(1) 운동의 시간적 순서에 따른 서술

이 방법은 시간이 흘러감에 따라 장치의 운동이 어떻게 변화하는가를 서술식으로 표현하는 가장 초보적인 방법이다.

- 실린더 A가 상자를 들어올린다.
- 실린더 B가 상자를 컨베이어로 옮긴다.
- 실린더 A가 내려온다.
- 실린더 B가 귀환한다.

(2) 테이블을 이용한 표현

이 방법은 작업단계에서 따른 각 실린더의 동작 상태를 테이블을 이용하여 간략화한 것이다.

표 7-4 테이블을 이용한 동작순서 표현

작업단계	실린더 A	실린더 B
1	전진	–
2	–	전진
3	후진	–
4	–	후진

(3) 기호에 의한 표시

이 방법은 전진운동을 +, 후진운동을 -로 표현하는 동작순서를 중요시하는 방법이다. [그림 7-8]의 동작 순서는 다음과 같이 표현한다.

A+, B+, A-, B-

(4) 기능 도표(Function chart)

시퀀스 제어 시스템은 여러 개의 단계(step)로 구성되는 것이 일반적이며 각 단계의 진행을 위하여 필요한 조건이 만족되어야 한다. 기능 도표는 위로부터 아래 방향의 수직적으로 작업조건과 순서 등을 표현하는 방법으로 사용하는 기호의 형태와 도표를 구성하는 방법은 IEC 848에 규정되어 있다.

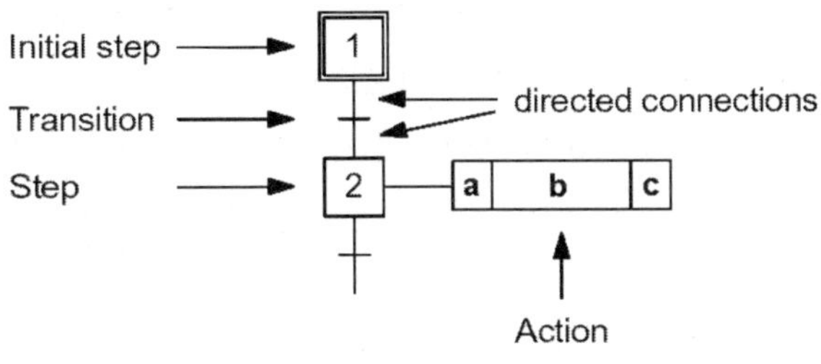

그림 7-9 기능도표의 기본구조

기능도표는 실행되어야 하는 동작과 순서의 두 가지 중요한 내용을 표현하여야 한다. 따라서 기능도표도 두 부분으로 나누어서 표현하며 순서를 표현하는 부분은 단계(step)로 시간의 경과를 기준으로 표현한다. 이 부분에는 동작의 내용에 대하여 표현하지 않으며 동작내용은 기능도표의 동작부(action part)에 표현한다. 이와 같은 동작부는 단계의 우측에 표현한다.

기능도표는 단계를 기준하여 구조화된다. 단계는 사각형으로 표현하며 해당되는 단계번호를 표현한다. 제어장치는 초기 시작단계로 작동을 시작한다. 각 단계는 실질적으로 동작하는 부분을 위하여 작동명령이 포함된다. [그림 7-9]는 기능도표의 기본 구조를 나타낸다.

트랜지션(transition)은 한 단계에서 다음 단계로 연결하는 조건이다. 트랜지션의 표현은 수평의 짧은 선으로 표현한다. 트랜지션 조건이 만족되면 다음 단계의 동작이 실행되는 것이다.

표 7-5 동작특성의 기호

기호	의미
S	출력 신호의 기억
N	신호 기억하지 않음
D	시간의 지연
F	실행 기능 신호
L	제한 시간 동안 출력
P	펄스 출력
C	조건부 출력

기능도표의 각 단계에는 실제의 동작 명령을 위한 동작부를 포함한다. 동작부는 [그림 7-9]와 같이 세 부분으로 구성되며 이 중에서 c의 부분은 필요한 경우에만 표현한다. a는 실행되어야 하는 동작의 특성을 표현하는 부분으로 [표 15-2]의 내용으로 표현한다. b는 동작의 내용을 표현하는 부분이고 c는 연관 명령으로 인한 피드백 신호 등을 표현한다.

[표 7-5]의 특성기호는 여러 기호를 혼합하여 사용할 수 있다. 예를 들어 SL로 표현하면 해당되는 단계가 활성화되었을 때 관련된 출력을 기억하고 제한된 시간 동안 출력이 발생하는 것을 의미한다.

실제로 제어 시스템을 구성할 때 작업에 따라 동시에 여러 작업을 진행할 수 있으며 혹은 해당되는 조건에 따라 정해진 작업을 수행하는 경우가 있다. 기능도표로 이와 같은 작업내용을 표현하기 위하여 조건부 분기, 혹은 병행 작업 등을 표현하는 방법도 규정하고 있으며 하나의 단계에서 그 상세 작업내용이 여러 단계를 이용하여 표현되는 경도 있다. [그림 7-10]은 이와 같은 기능도표에 의하여 [그림 7-8]의 상자 운반 장치를 표현한 것이다.

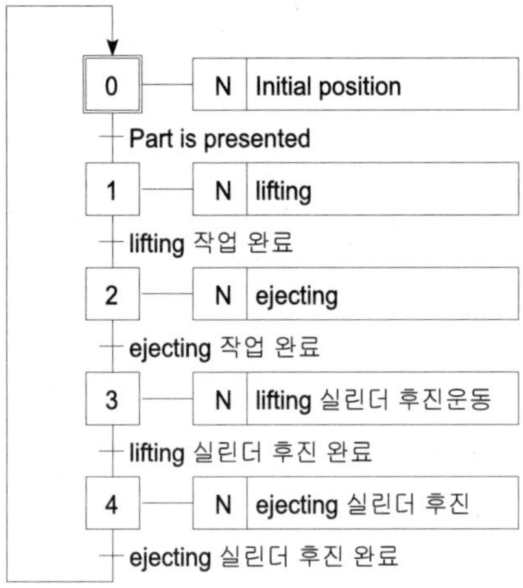

그림 7-10 상자운반장치의 기능도표

[그림 7-10]의 기능 도표에서 동작부의 동작 특성을 표시하는 부분에 N을 표시한 것은 출력을 기억하지 않는다는 의미이다. 이는 예를 들어 실린더를 이용하여 리프팅 작업을 할 때 즉 실린더가 전진운동을 하는 동안 계속 신호가 존재하지 않아도 운동을 종료할 수 있다는 의미이다. 그러나 실린더가 운동하는 동안 계속 신호가 존재하고 있어야 한다면 동작 특성을 표시할 때 S로 표시하여야 한다. 기능도표의 예를 통하여 시스템의 작업 완료를 위하여 네 개의 단계를 이용한다는 것을 알 수 있고 각 단계의 진행을 위하여 필요한 트랜지션, 즉 작동을 위한 조건을 알 수 있다.

(5) 그래프에 의한 표시 방법

작동의 순서를 쉽게 이해할 수 있는 운동선도(motion diagram)와 작동의 조건을 알 수 있는 제어선도(control diagram)를 그리는 것이 그래프에 의한 표현 방법이다. 이 두 선도를 합하여 기능선도(function diagram)라고 한다. 운동선도에는 구동요소와 각 부품에 관련된 조건을 기록하며 제어선도로부터는 각각의 제어 요소의 조건에 정보를 알 수 있다.

(가) 변위 단계 선도(displacement-step diagram)

이 선도에는 작업요소의 작업순서를 표시하며 변위는 액추에이터의 상태변화를 의미하는 각 단계에 대해서 기록한다. 만일 여러 개의 작업요소로 제어 시스템이 이루어져 있을 경우에는 각 구동 요소의 운동 상태를 아래로 이어가면서 그린다. 따라서 이들의 관계는 각 단계에 의해 연결될 수 있다.

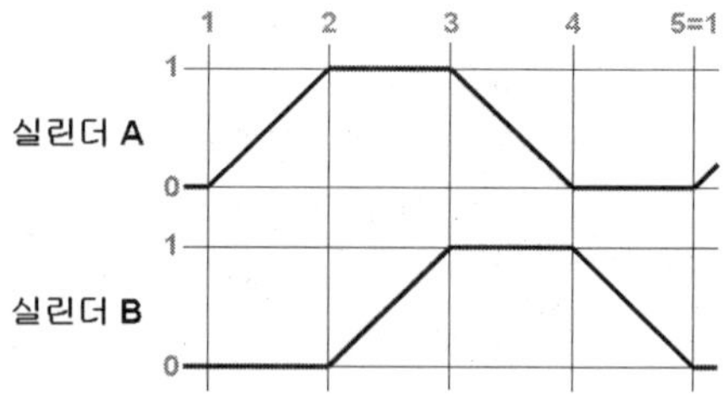

그림 7-11 상자 운반장치의 변위-단계선도

상자 운반장치의 변위 단계선도를 나타내면 [그림 7-11]과 같다. 단계 1에서는 실린더 A가 전진하며 실린더 B는 후진된 상태를 유지하고 있다. 단계 2에서는 실린더 A가 전진 상태에 머물러 있고 실린더 B가 전진운동을 한다. 단계 3에서는 실린더 A가 후진하고 실린더 B는 전진된 상태를 유지하고 있다. 마지막으로 단계 4에서는 실린더 A는 후진된 상태로 머물러 있고 실린더 B가 후진하여 한 사이클의 작업을 완료하게 된다.

변위-단계 선도를 그릴 때는 다음 사항에 유의해야 한다.

- 단계는 가능한 직선으로 그리고 수평으로 그려야 한다.
- 변위를 표현하는 부분의 길이는 액추에이터의 실제 행정거리로 표현하는 것이 아니라 모든 요소에 대하여 같은 크기로 그린다.
- 부품이 여러 개일 경우에는 각각의 사이를 너무 가깝게 배치하지 않는다.
- 작동 중에 시스템의 상태가 변할 때, 예를 들면 실린더가 중간 위치에 있을 때 리미트 스위치가 작동하거나, 또는 전진속도가 변하는 등의 경우에는 중간 단계를 표현한다.
- 필요한 경우에는 단계별로 번호를 붙인다.
- 작동의 상태를 표시하는 것은 편리한 방법을 선택해서 사용한다. 예를 들면 앞의 예제에서와 같이 실린더의 위치를 표시하거나(후진, 전진, 전진위치, 후진위치) 또는 이진법의 표시를 사용한다(예: 후진 '0', 전진 '1').
- 부품의 표시에 관계된 것은 선도의 좌측에 나타내야 한다.

(나) 변위 시간 선도(displacement-time diagram)

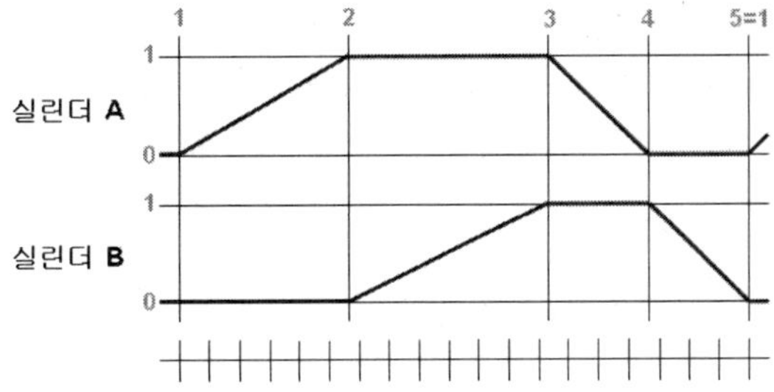

그림 7-12 변위-시간 선도의 예

각 부품의 변위를 시간을 기준하여 그린다. 변위 단계 선도와 달리, 이 선도에서는 시간을 가로 직선으로 그리고 각 부품간의 관계를 세운다. 상자 운반장치의 변위 시간 선도를 [그림 7-12]와 같이 그릴 수 있다.

변위 시간 선도를 그리는 방법은 변위 단계 선도와 거의 같다. 변위 시간 선도에서 각 단계는 실선으로 표시하며 변위 단계 선도와 다른 점은 각 단계의 간격이 일정하지 않다는 것이다. 변위 단계 선도에서 여러 관계되는 사항들을 분명하게 알 수 있으나 간섭과 속도변화 등은 변위 시간 선도에서 더 자세히 알 수 있다. 회전운동 작업요소에 대하여 선도를 그리는 경우도 같은 과정을 따라 그린다. 그러나 시간에 따른 상태의 변화는 고려하지 않는다.

(다) 제어 선도(control diagram)

제어 선도에는 단계나 시간에 따른 제어 요소의 스위칭 상태를 나타내며 스위칭 시간 자체만을 고려하지 않는다. 제어 선도를 그릴 때 다음 사항을 주의해야 한다.

- 가능하다면 제어 선도는 운동 선도와 연관시켜서 그린다.
- 단계나 시간은 직선으로 또 수평으로 그린다.
- 높이와 간격은 자유롭게 하더라도 분명하게 이해할 수 있도록 그려야 한다.

상자 운반 장치의 제어선도를 그리면 [그림 7-13]과 같이 그릴 수 있다.

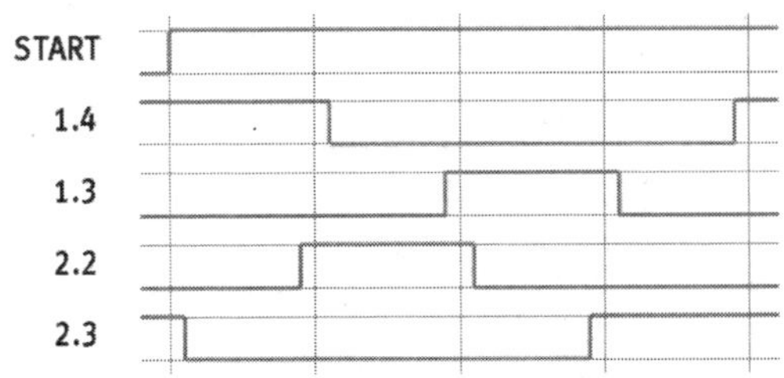

그림 7-13 제어 선도의 예

제어 선도에서는 실린더를 제어하는 방향 제어 밸브와 실린더 A의 행정 종료 위치에 설치된 리미트 스위치 2.2의 상태를 알 수 있다. 이미 언급한 바와 같이 부품의 스위칭 타입은 이 선도에서는 고려하지 않는다. 그러나 [그림 7-13]에서 알 수 있듯이 리미트 스위치 2.2가 사실상 끝점에서 작동되지 않고 그 끝점을 바로 전후하여 작동하기 때문에 이 리미트 스위치의 작동선(actuating line)은 단계선(step line)의 바로 전후에 그려야 한다. 이렇게 그려야 현재 문제시하고 있는 단계에서 신호가 존재한다는 것, 즉 단계선에서 이미 신호가 완전하게 존재한다는 것을 분명하게 알 수 있다.

4.2 제어 회로의 표현

(1) KS B ISO 1219-2:2004의 규정

공압과 유압의 회로를 표현하는 방법은 KS B ISO 1219-2 '유체 동력 시스템 및 부품-그래픽 기호 및 회로도-제2부:회로도'에서도 그 표현 방법을 정의하고 있다. 이 표준에 의하면 공압 및 유압 회로를 그릴 때 부품을 도면에 배치하는 방법은 에너지원은 도면의 밑 부분 왼쪽, 시퀀스 제어 부품은 왼쪽에서 오른쪽 위 방향으로, 액추에이터는 왼쪽에서 오른쪽으로 맨 윗부분에 표시하는 것으로 규정하고 있다. 즉 에너지의 흐름이 아래에서 위로 향하도록 배치하는 것으로 규정한 것이다.

회로도에 배치되는 부품의 식별코드는 박스를 이용하여 표시하는데 설비번호, 회로번호, 부품코드와 부품번호를 표시하도록 규정하고 있다.

설비번호는 전체회로가 1개 이상의 설비로 구성될 때 사용되며 1로 시작하는 숫자로 표현한다. 설비가 하나인 경우 설비번호는 생략할 수 있으며 설비번호와 다음의 회로 번호 사이는 '-'으로 구분한다. 회로번호 역시 숫자로 구성되며 동력공급요소에 해당하는 것은 0으로 시작하고 회로의 구성 부품에 대하여는 번호 순서를 이용한다. 부품코드는 부품의 기능에 따라 서로 다른 기호를 사용하도록 규정하고 있는데 그 내용은 [표 7-6]과 같다. 마지막은 부품번호를 표시하는데 이는 1로 시작하는 숫자로 표시하며 주어진 회로 내에서 각 부품은 연속적인 번호를 부여한다. [그림 7-14]는 이와 같은 방법에 의하여 그려진 회로도와 부품의 표시방법이다.

표 7-6 부품 코드 기호

부품	기호
펌프와 압축기	P
작동기(액추에이터)	A
원동기	M
센서	S
밸브	V
모든 기타 장비	Z 또는 위와 다른 문자

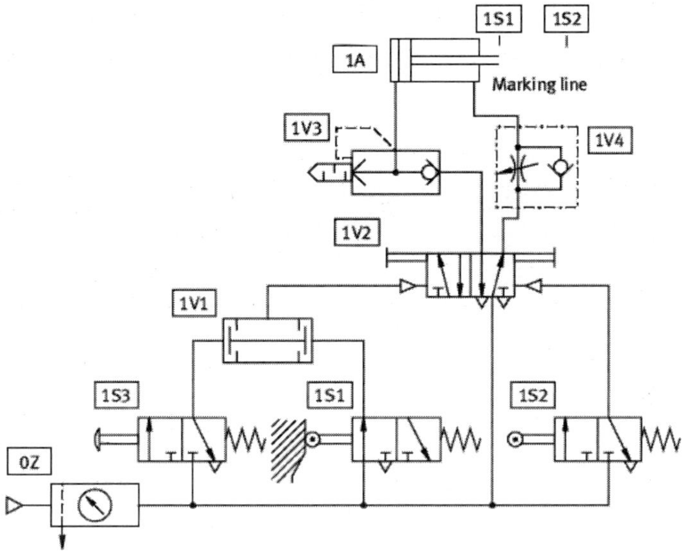

그림 7-14 KS B ISO 1219-2 규정에 의한 회로의 예

(2) 요소의 상태 표시법

모든 요소는 회로도에서 제어계가 작동을 시작할 수 있는 상태로 표시되어야 하며 이것이 불가능한 경우에는 적절한 주석을 달아야 한다. 만약 초기 위치에서 밸브가 작동된 상태일 경우에는 이것을 화살표, 또는 다른 방법으로 작동된 상태라는 것을 표시해 주어야 한다.

밸브에 어떠한 외력도 작용하지 않고 있을 때 밸브에 내장되어 있는 스프링 등에 의하여 유지되는 위치를 정상 위치(normal position)라고 하는데, 이에 대하여 밸브를 시스템 내에 설치하고 작업을 시작하려고 할 때가지는 위치가 초기 위치(initial position)된다. 이때 압축 공기나 전기와 같은 에너지는 아직 공급이 되지 않고 모든 수동 조작 스위치는 작동되지 않은 상태이며, 작업할 대상물인 피가공물은 존재하는 상태이다. 그러므로 제어 회로도에서는 모든 밸브가 초기 위치 상태로 그려져야 한다. [그림 7-15]는 정상상태 닫힘의 리미트 스위치의 기호이며 이것이 초기 위치에서 작동된 상태로 있음을 표시한다. 예를 들어 실린더의 후진 운동된 상태가 초기위치이고 리미트 스위치를 이용하여 이 위치를 확인하고자 한다면 실린더가 후진 완료된 위치에 리미트 스위치를 설치하여야 하고 따라서 이 리미트 스위치는 초기 위치에서 작동된 상태로 있을 것이다.

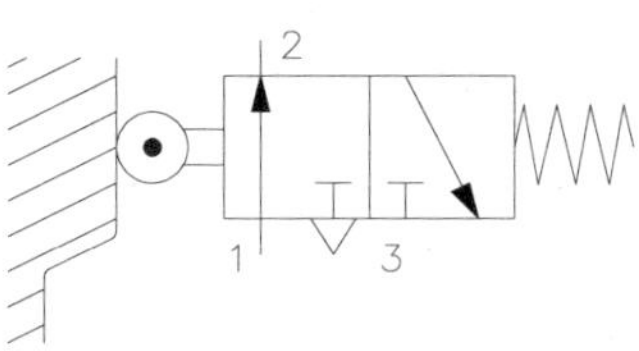

그림 7-15 리미트 스위치의
초기위치 작동

릴레이 제어회로를 그리는 경우에도 같은 방법으로 리미트 스위치가 초기 위치에 작동된 상태로 있으면 작동된 상태로 표시하여야 한다. [표 7-7]은 이를 표시한 것이다.

표 7-7 리미트 스위치의 상태 표시

	IEC규격		Ladder 기호	
	정상상태	초기위치 작동 상태	정상상태	초기위치 작동 상태
a접점	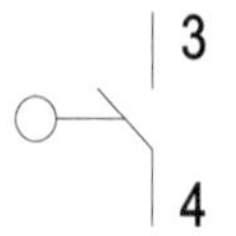	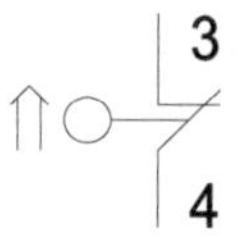		
b접점	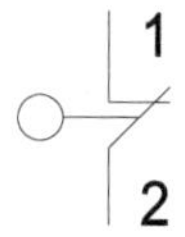	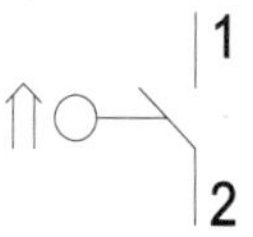		

[그림 7-8]의 상장 운반장치에 대한 공압 회로도를 작성하면 [그림 7-16]과 같다. 두 개의 복동 실린더 A와 B가 있고 각 실린더는 전진운동과 후진운동을 완료한 위치를 확인하기 위하여 리미트 스위치를 설치한 상태이다. 그리고 실린더의 왕복운동을 위하여 두 개의 단동 솔레노이드 밸브를 사용한다.

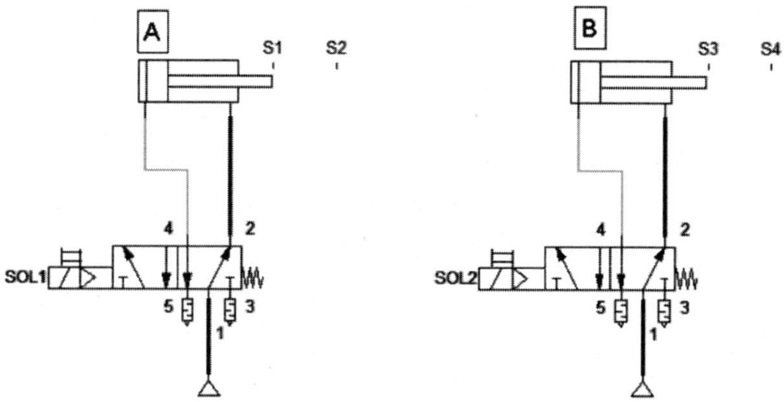

그림 7-16 공압 회로도의 예

4.3 변수 할당표의 작성

표 7-8 변수 할당표의 예

구분	기호	데이터크기	어드레스	비고
입력	PB1	BOOL	%IX0.0.0	푸시버튼 스위치
	S1	BOOL	%IX0.0.1	리미트 스위치
	S2	BOOL	%IX0.0.2	리미트 스위치
	S3	BOOL	%IX0.0.3	리미트 스위치
	S4	BOOL	%IX0.0.4	리미트 스위치
출력	SOL1	BOOL	%QX0.2.1	솔레노이드 코일
	SOL2	BOOL	%QX0.2.2	솔레노이드 코일

입 · 출력 및 메모리 등의 변수 할당표(allocation list)는 PLC를 이용하여 시스템을 구성할 때 PLC에 연결되는 입력기기와 출력기기가 PLC의 어느 단자에 연결되는 것인지와 그 연결된 단자의 직접 변수를 알 수 있는 표이다. 이 표는 프로그램을 작성할 때도 유용하게 사용되지만 실제의 부품들을 설치하고 배선할 때와 시스템의 고장 시 점검에도 매우 유용하게 사용될 수 있는 표이다. [표 7-8]은 [그림 7-8] 상자운반 장치의 변수 할당표 예이다.

4.4 프로그램의 작성

시퀀스 제어 시스템은 앞에서 언급한 바와 같이 작업의 진행 공정을 명백하게 분리된 스텝으로 표현할 수 있어야 한다. 하나의 스텝으로부터 다른 스텝으로 전환하는 것은 공정의 상태에 따라 결정되는 것이다. 즉, 공정의 상태에 따라 병행으로 작업이 진행될 수 있다는 의미이다. 그러므로 시퀀스 제어의 프로그램은 [그림 7-17]과 같은 세 가지 기본적인 기능을 만족해야 한다.

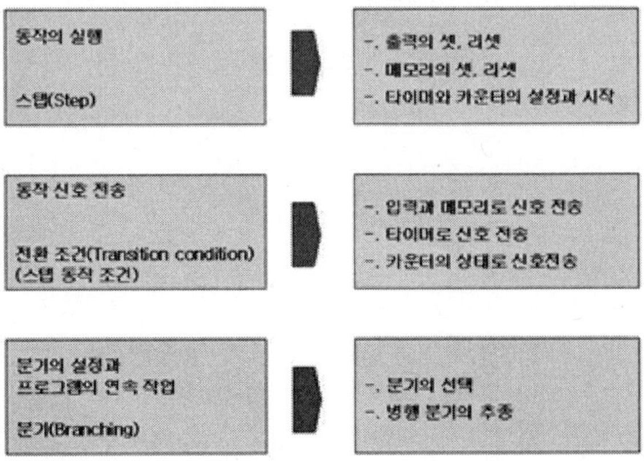

그림 7-17 시퀀스 제어 프로그램의 기능

프로그램 작성 시 래더 다이어그램을 이용하는 경우, 릴레이 제어 회로도를 잘 이해하고 있어야 한다. 왜냐하면 시퀀스제어 시스템의 프로그램 작성 시 항상 신호의 간섭이 발생할 수 있고 이를 제거할 수 있는 방법이 필요하기 때문이다. 그러나 [그림 7-8]의 작업 형태는 간섭이 발생하지 않아 쉽게 그 프로그램을 완성할 수 있다. [그림 7-18]은 래더 다이어그램을 이용하여 작성한 프로그램이다.

그림 7-18 래더 다이어그램 프로그램 작성 예

4.5 신호의 간섭과 시퀀스제어 프로그램

4.5.1 신호의 간섭

시퀀스제어 시스템은 여러 개의 액추에이터들이 정해진 순서대로 작동하여야 하며 이 순서를 지키기 위하여 많은 센서들을 사용하여야 한다. 이 센서들은 액추에이터가 동작하면서 작동하고 액추에이터는 센서의 동작으로 작동한다. 이때 하나의 액추에이터의 동작에 대하여 서로 반대동작을 하도록 신호가 발생하기도 한다. 이를 제어 신호의 간섭(signal overlap) 혹은 중첩이라 한다. 따라서 제어 회로도를 작성하기 위해서는 우선 시스템의 구성 내용을 명확히 하기 위해 변위단계선도를 그리고, 다음은 제어 신호의 간섭현상을 어떻게 제거할 것이냐 그리고 어느 곳에서 제어 신호의 간섭 현상이 발생되느냐 하는 것이다. 제어 신호의 중첩 현상을 파악하기 위해서는 리미트 스위치의 작동상태를 나타내는 제어선도를 작성하여야 한다. 리미트 스위치의 제어선도를 작성하면 같은 실린더의 상반된 제어 신호가 같이 존재하고 있는가를 파악할 수 있어 제어 신호의 간섭현상을 알 수 있다. 이를 [그림 7-19]와 같은 예를 들어 설명하기로 한다.

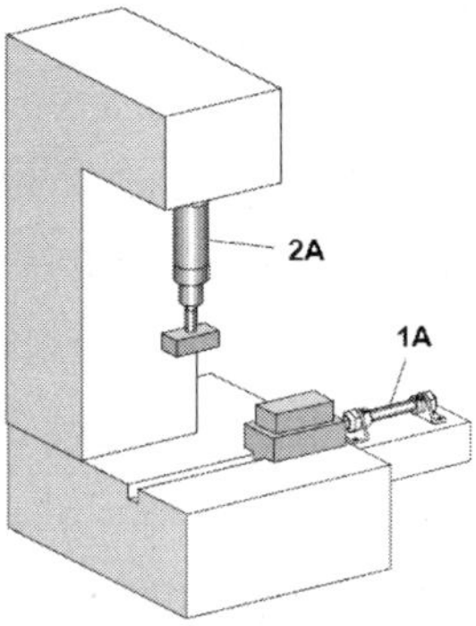

그림 7-19 엠보싱 장치

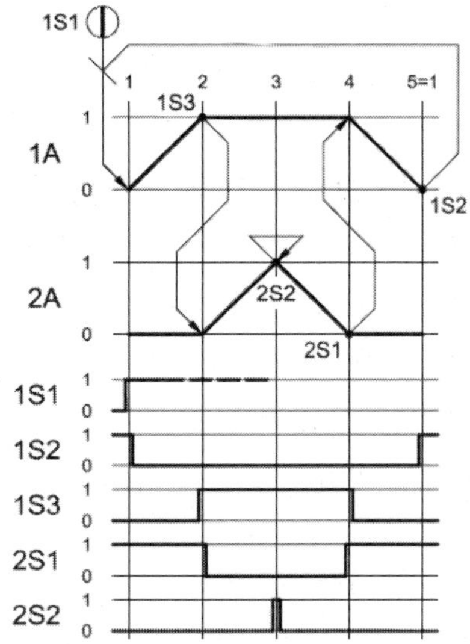

그림 7-20 엠보싱 장치의 변위-단계선도와 제어선도

두 개의 복동 실린더를 이용하여 작업하는 엠보싱 장치(embossing device)이다. 실린더 1A가 전진운동하여 소재를 엠보싱할 위치로 이송하면 실린더 2A가 엠보싱 작업을 완료하고 원래의 위치로 복귀하면 실린더 1A가 후진 운동하여 한 사이클의 작업을 완료한다.

[그림 7-20]은 엠보싱 장치의 변위-단계선도와 제어선도이다. 제어선도에서 실린더 1A의 전진운동 신호는 1S1과 1S2가 모두 작동하여야 하고, 후진운동은 2S1의 작동으로 시작한다. 그런데 사이클의 시작에서 이 두 신호는 동시에 존재하기 때문에 간섭이 생긴다. 또한 실린더 2A의 전진운동 신호인 1S3과 후진운동 신호인 2S2 세 번째 스텝의 시작에서 동시에 존재한다. 역시 간섭이 발생하는 것이다. 이와 같은 간섭이 발생하면 간섭을 없앨 수 있는 방법으로 회로를 구성하여야 한다.

간섭 신호의 제거는 기본적으로 필요 없는 신호가 자기 스스로 없어질 수 있도록 하여야 한다. 이 방법에는 기구적인 장치를 이용하는 방법과 간섭 신호가 없어질 수 있도록 논리적으로 회로를 구성하는 방법이 있다. 예를 들어 리미트 스위치가 작동하여 출력을 발생한다면 이는 동력이 공급되고 리미트 스위치가 기계적으로 작동되어야 한다는 AND 논리를 만족하고 있는 것이다. 논리적인 방법으로 시스템을 구성하여 간섭이 발생하지 않도록 하는 것은 신호가 필요할 때 리미트 스위치에 동력이 공급될 수 있도록 회로를 구성하는 방법이다. 실제로 제어 시스템을 구성할 때 이와 같은 논리적인 방법을 이용하는 것이 기구적인 방법을 이용하는 것보다 더욱 안정된 방법으로 시스템을 구성하는 것이다.

신호의 간섭이 발생하는 원인은 시퀀스의 동작에 필요 없는 신호가 오랫동안 계속되기 때문이다. 따라서 간섭을 없애려면 리미트 스위치 등의 센서가 작동하였을 때 발생하는 출력 신호가 아주 짧은 시간 동안만 발생하도록 기구적으로 제어하는 방법이다. 이는 오버센터장치를 이용하는 기계적인 신호 제거 방법, 방향성 리미트 스위치를 이용하는 방법, 타이머를 이용하여 펄스 형태의 신호를 만드는 방법 등이 있다.

4.5.2 스테퍼(stepper) 제어 방법

제어 시스템을 구성하기 위하여 간섭의 발생을 제거하여야 하고 이를 위하여 보조메모리를 사용하는데 [표 7-7]은 시스템 구성을 위한 보조메모리를 각 작업단계마다 하나씩의 보조메모리를 사용한 것이다. 즉, 간섭의 여부와 관계없이 보조메모리를 사용하는 방법이다. 보조메모리는 표에서 보는 바와 같이 각 단계에서 단지 하나만의 보조메모리가 동작할 수 있도록 제어하는 것이다. 이와 같은 방법으로 제어회로를 구성하는 방법이 스테퍼 방법이다.

제어 시스템을 구성하기 위해서는 각 보조메모리의 논리적 조건을 간략화해야 한다. 이와 같은 방법에서 보조메모리의 작동은 앞에서 설명한 바와 같이 전 단계의 보조메모리의 상태와 리미트 스위치의 작동상태가 조건을 만족하면 셋 한다. 보조메모리의 리셋은 다음 단계의 보조 메모리가 작동되었을 때 리셋해야 한다.

표 7-9 스테퍼 제어의 진리표

step	1S2	1S3	2S1	2S2	*u*	*v*	*w*	*x*	명령	cylinder
1	1	0	1	0	1	0	0	0	*sA*	1A+
2	0	1	1	0	0	1	0	0	*sB*	2A+
3	0	1	0	1	0	0	1	0	*rB*	2A-
4	0	1	1	0	0	0	0	1	*rA*	1A-
5=1										

이는 각 단계에서 하나만의 보조메모리가 작동하기 위한 제어이다. 이와 같은 보조메모리의 작동 조건은 모든 단계에서 사용되는 보조메모리에 대하여 같은 방법이 적용된다. 각 단계의 보조메모리마다 단지 리미트 스위치의 작동조건만 변경될 것이다. 리미트 스위치의 작동조건도 모든 리미트 스위치의 상태를 고려하지 않는다. 실제로 제어 시스템의 진행은 새롭게 상태가 변경되는 리미트 스위치만 영향을 미치게 된다. 따라서 각 단계에서 보조메모리의 작동조건으로 사용되는 리미트 스위치는 상태가 변하는 리미트 스위치만 조건으로 이용하게 된다. 액추에이터의 동작을 위한 메모리는 보조메모리가 각 단계에서 한 개만 작동하므로 이 보조 메모리를 이용하여 액추에이터의 셋 명령과 리셋 명령을 제공한다. 액추에이터의 동작을 위한 메모리의 셋 혹은 리셋을 위한 특별한 조건은 필요하지 않은 것이다.

실제로 시퀀스 프로그램을 작성할 때 신호의 간섭이 발생하는 것을 제거하려면 각 동작을 스텝으로 구분하고 스텝마다 각각의 메모리 요소를 사용하여야 한다. 그리고 그 메모리 요소의 작동은 이전 스텝의 출력과 해당 스텝 활성화 조건을 이용하며, 다음 스텝이 실행되면 현 스텝의 메모리 요소는 리셋되어야 하는 것이다. 이를 위하여 프로그램에서 사용할 수 있는

한 가지 요소가 플립플롭이다. 플립플롭 펑션 블록은 스텝의 순차적인 진행뿐만 아니라 해당 스텝이 작동하였을 때 출력을 PLC의 출력단자를 통하여 솔레노이드로 내보내는데도 필요하다. 즉, 한 스텝의 작동을 위하여 스텝 진행을 위한 플립플롭과 동작을 위한 플립플롭이 필요하다. [그림 7-21]은 시퀀스 프로그램을 작성할 때 각각의 동작을 위하여 사용하는 플립플롭의 작동 조건을 논리도의 형태로, 즉 FBD 프로그램의 형태로 나타낸 것이다. 이와 같은 개념을 이용하여 다른 방법의 시퀀스 프로그램에도 적용할 수 있다.

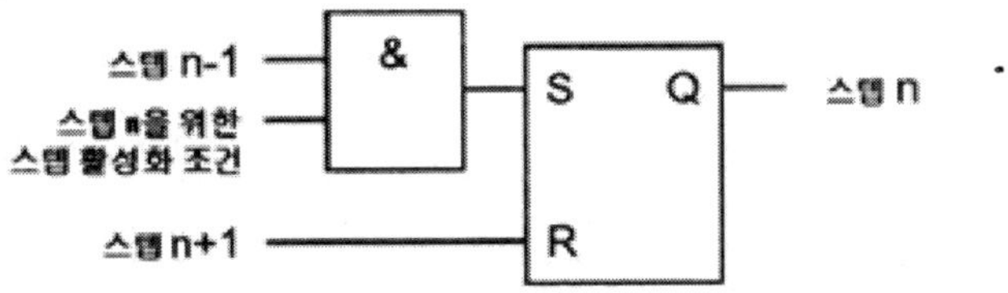

그림 7-19 스텝 메모리의 동작 조건

4.5.3 시퀀서(sequencer) 제어 방법

시퀀서 방법의 제어회로를 구성하는 것도 신호의 간섭을 제거하기 위하여 각 단계마다 보조메모리를 하나씩 사용하는 것은 스테퍼 방법과 동일하다. 그러나 스테퍼 방법에서는 각 단계에서 단지 하나의 보조메모리만 작동할 수 있도록 제어하였는데 시퀀서 방법에서는 보조메모리를 순서대로 작동시키는 것은 스테퍼 방법과 같지만 보조메모리의 리셋을 제어시스템 전체 사이클의 마지막 단계에서 실행한다는 것이 다르다. [표 7-10]은 시퀀서 방법으로 제어시스템을 구성하는 조건에 대한 진리표를 나타낸 것이다.

표 7-10 시퀀서 제어의 진리표

step	1S2	1S3	2S1	2S2	*u*	*v*	*w*	*x*	명령	cylinder
1	1	0	1	0	1	0	0	0	*sA*	1A+
2	0	1	1	0	1	1	0	0	*sB*	2A+
3	0	1	0	1	1	1	1	0	*rB*	2A-
4	0	1	1	0	1	1	1	1	*rA*	1A-
5=1										

시퀀서 방법에서 간섭 신호의 제거를 위하여 사용되는 보조메모리는 순서대로 하나씩 작동시킨다. 물론 작업을 시작하기 전에 모든 보조메모리의 상태는 리셋된다. [표 7-10]에서 모든 작업단계가 종료된 후 마지막 단계에 표시되어 있는 모든 보조메모리의 리셋 상태가 이를 표시한다. 실제로 제어 시스템을 구성할 때 하나의 단계가 더 필요한 것은 아니다. 단지 마지막 보조메모리가 이 문제의 사이클 마지막 단계인 네 번째 단계에서 셋 되면 이를 이용하여 모든

보조메모리를 리셋하는 것이다.

시퀀서 방법 역시 액추에이터를 작동시키는 보조메모리를 사용하지 않아도 시스템을 구성할 수 있다. 왜냐하면 액추에이터의 동작을 위한 각 단계를 정하는 보조메모리들이 각각 하나씩 사용되기 때문이다. 또한 각 단계에 해당하는 보조메모리들이 계속 작동된 상태에 있으므로 액추에이터를 움직이는 메모리가 신호를 기억하는 기능을 가지고 있지 않아도 제어시스템을 구성할 수 있다. 그리고 각 단계에서 앞 단계의 보조메모리가 리셋되지 않기 때문에 이에 대한 회로가 간단하게 만들어질 수 있다. 또한 제어시스템의 처음에 모든 보조메모리들이 리셋되어 있는 상태이므로 마지막 보조메모리를 강제로 동작시키기 위한 스위치 등을 사용하지 않아도 된다.

이 방법도 스테퍼 방법과 마찬가지로 일종의 규칙성을 가진다. 제어 체인에서 보조 메모리의 리셋은 앞에서 언급한 바와 같이 마지막 보조 메모리가 작동하면 리셋된다. 이때 마지막 보조 메모리가 작동하면 첫 번째 보조 메모리에 리셋 신호가 존재하고 이 보조 메모리가 리셋되면 이어서 두 번째 보조 메모리에 리셋 신호가 존재하게 된다. 이와 같이 진행되어 마지막 보조 메모리도 리셋되는 것이다. 즉, 보조 메모리의 리셋도 순서대로 하나씩 리셋되는 것이며 물론 그 시간은 매우 빠른 시간에 진행되어 시스템의 연속진행에 영향을 미치지 않게 된다. 보조 메모리가 작동하는 조건의 규칙성을 논리식으로 표현하면 다음과 같다.

$$\text{보조메모리}_n = (L/S + \text{보조메모리}_n) \bullet \text{보조메모리}_{n-1}$$

$$\text{보조메모리}_1 = (\mathrm{ST} \bullet \mathrm{L/S} + \text{보조메모리}_\mathrm{n}) \bullet \overline{\text{보조메모리}_{\text{마지막}}}$$

[연습문제]

1. 변위-단계선도의 작성방법에 대하여 설명하시오.

2. KS B ISO 1219-2규정에 의한 회로도 구성요소의 기호를 표시하는 방법에 대하여 설명하시오.

3. 리미트 스위치의 초기위치를 그리는 방법에 대하여 설명하시오.

4. 두 개의 센서가 있을 때 센서가 모드 작동하지 않거나 둘 중 하나의 센서가 작동하였을 때 출력이 발생하여 실린더를 전진운동 시키는 시스템이 있다.

(가) 진리표를 작성하시오.
(나) 논리식을 작성하시오.
(다) 공압 회로도를 그리시오.
(라) 변수 할당표를 작성하시오.
(마) 입출력 전기 회로도를 그리시오.
(바) 프로그램을 작성하시오.

5. PLC의 구조에 대하여 설명하시오.

6. 제어 신호의 간섭에 대하여 설명하시오.

7. 공압 프레스를 이용하여 프레스 작업을 수행한다. 실린더 1A는 프레스 작업을 수행하는 실린더이고, 실린더 2A는 작업이 완료된 소재를 제거하는 실린더이다. 작업의 순서는 START 스위치를 누르면 실린더 1A가 프레스 작업을 하고 귀환하면 실린더 2A가 전진운동하여 작업이 완료된 제품을 제거하고 원래의 위치로 복귀한다. 제어 시스템을 구성하시오.

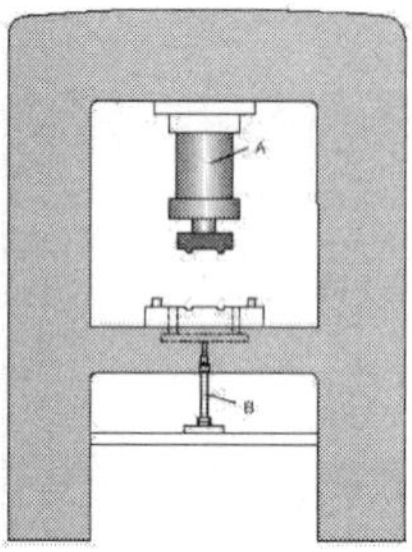

(가) 구성도

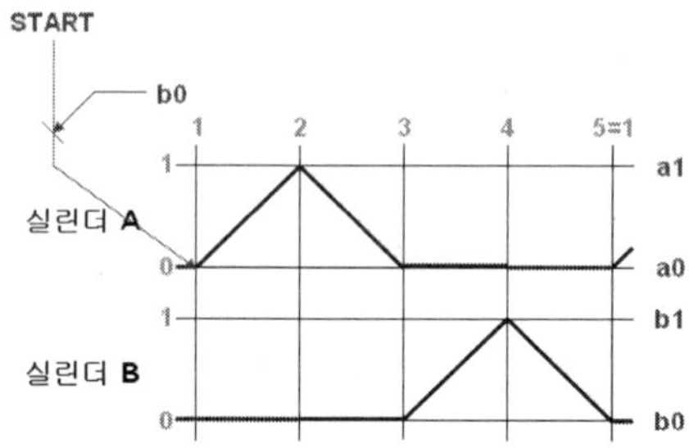

(나) 변위단계선도

CHAPTER

08

PLC의 설치와 보수유지

1. 사용 조건과 설치 환경
2. 노이즈 대책
3. PLC의 보수유지
4. PLC의 고장 수리

1. 사용 조건과 설치 환경

일반적인 제어 기술로서 해결할 수 있는 제어 문제들 역시 PLC로 해결이 가능하다. 또한 PLC를 사용할 경우 거둘 수 있는 부차적인 효과는 다음과 같다.

- 신속한 프로그램 변환으로 공정변환을 할 수 있는 유연성(flexibility)
- 현재의 제어시스템의 집적화(integration)
- 공정변수의 기록(documentation)
- 프로그램의 기록
- 값싸고 신뢰성 있는 데이터 미디어(data media)를 사용하여 서가형태로 저장가능(library storage)
- 신속한 고장탐지 및 제거
- 최소의 배선(wiring)

설비의 개발과 더불어 또는 설비 개발 이전에 제어시스템의 구입 및 소프트웨어'개발가능 등 PLC의 장점은 응용을 다양화 할 수 있는 것이다. 즉, 같은 프로그램으로 여러 대의 생산설비에 적용 가능하다. 공구제작 장치에서의 PLC사용 논리제어 시스템은 복잡해질수록 대량생산에 적합하다. 반면에 PLC는 짧은 비가동 시간만으로도 공정상에 큰 무리 없이 신속한 프로그램의 교환이 이루어지므로 쉽게 공정을 변경시킬 수 있어 주조, 제강, 압연공업, 일반기계공업, 출판, 제지, 식료품업 같은 분야에 많이 사용된다.

기계나 설비가 사용자나 기계안전에 관련되어 전자제어 장치와 같은 특별한 장치와 함께 PLC가 사용될 때 부가적인 배선(wiring)이 문제될 수 있는데, 운송라인, 프레스, 발전소, 화학 산업 등이 이에 해당된다. PLC를 포함하여 전자제어장치는 그 자신에 대하여 안전기능을 실행할 수 없으므로 고장 시 안전보장을 위하여 비상정지 기능과 같은 부가적인 장치를 설치해야만 한다.

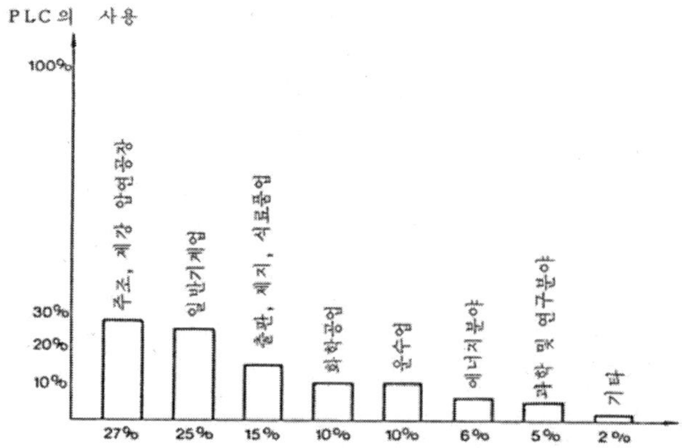

그림 8-1 PLC 사용 분야

PLC는 제조사가 다양하고 기술적으로 서로 많이 다르므로 제어작업을 확실히 구별해야 하고 구입비도 고려해야 한다. 구입비는 PLC 자체에만 국한시켜서는 안 되고 적용될 제어시스템의 용도와 취급성, 프로그래밍 등을 최적화하여 책정하여야 한다.

소프트웨어 비용은 하드웨어 비용보다 훨씬 더 판단하기가 어렵다. 왜냐하면 프로그래밍의 기여비용, 테스트 및 기록장치가 평가되어야 하기 때문이다. 또한 소프트웨어 비용은 사용되는 장비의 형태, 프로그래밍 타입, 사용자의 장비 및 프로그래밍 유닛, 시험 및 보수장비, 기록장치의 설비 그리고 사용자의 가격에 따라 달라진다. 비록 그 장비들의 구입비가 간단한 프로그래밍 유닛보다도 몇 배 더 비싸지라도 전체적으로는 이익이 되므로 막강한 프로그래밍 및 테스트 장비를 사용하는 것이다.

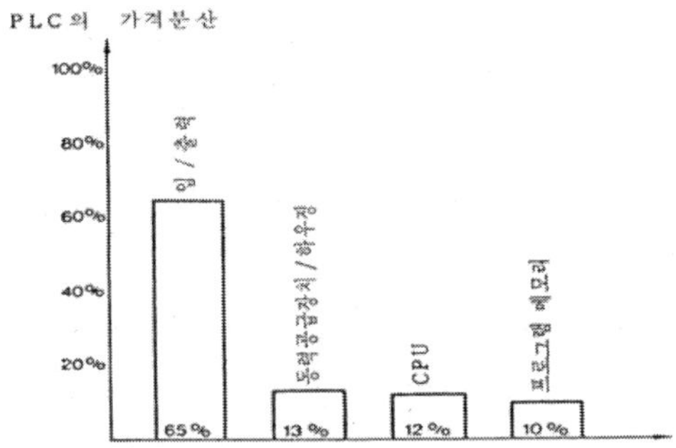

그림 8-2 PLC의 가격

가격이 비슷한 경우 재래의 제어 기술보다도 PLC제어 설비를 하면 훨씬 더 유익하다. PLC와 재래 제어 시스템과의 비교에 있어서 보수유지의 편리성, 가동률과 환경의 영향에 유의할 필요가 있다.

PLC는 보수유지(maintenance)에 신경 쓸 필요가 없다. 오직 내장된 소멸성(volatile) 프로그램 메모리의 내용을 유지시키기 위해서 백업(back-up) 배터리를 체크해주면 된다. 또한 환기장치도 깨끗이 해야 한다. PLC는 제조사로부터 완전한 시스템으로 공급되는데, 모든 구성품은 가혹한 조건에서 연속테스트 완료된 것이다. 그러므로 사용자는 초기 고장율에 대해서 염려할 필요가 없다.

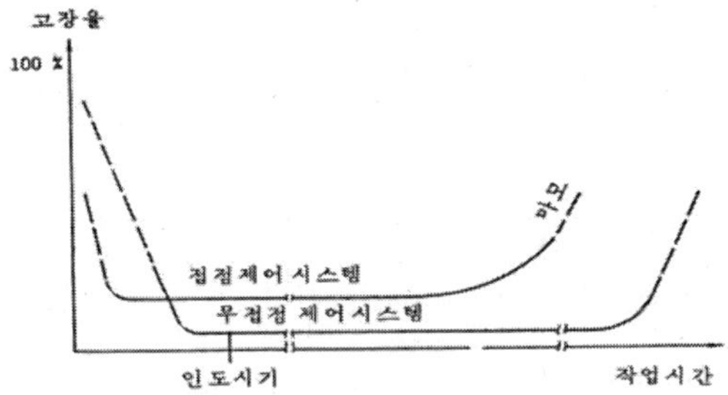

그림 8-3 제어 시스템의 고장률

유닛의 슬라이드 인(side-in) 설계로 PLC의 사용자는 신속히 오작동 하드웨어를 교체시킬 수 있다. 이때는 물론 예비부속품(spare part)이 준비되어 있어야 한다. PLC의 각 모듈의 고장 분포를 백분율로 표시하면 다음의 [그림 8-4]와 같다.

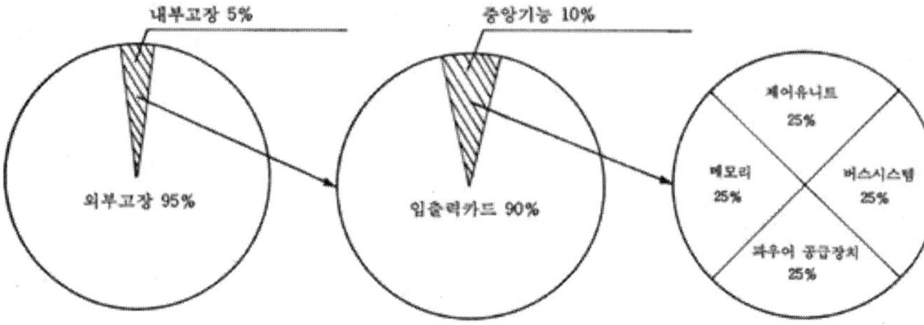

그림 8-4 PLC 구성요소의 고장 백분율

최근 PLC의 두뇌 부분에는 IC 특히 LSI, Custom IC가 많이 사용되고 있으며 그 부분만 따로 3~5년 전과 비교해 본다면 엄청난 발전이 있었다고 할 수 있으나, 그 이외의 기계적 접촉 부분이나 납땜 부분 등이 존재하는 이상 비약적인 진보는 기대할 수 없는 것이 현실이다. 이런 의미에서는 산업용 컴퓨터도 마찬가지이지만, [표 8-1]에는 제조사가 설계의 단계에서 고려해야 할 사항 또한 사용자가 운용 도중에 고려해야할 사항이 기재되어 있으며 신뢰성이 높고 고장이 적은 시스템을 운용하기 위해서는 이와 같은 점을 모두 검토해야 한다.

표 8-1 신뢰성 향상을 위한 요인과 대책

분류	제조사 측에서의 대책	사용자 측에서의 대책
운전기간을 길게 하는 요인	신뢰성이 높은 부품 사용 부품을 최소화하여 사용 안정된 회로 에이징 내환경 설비 높은 수준의 품질관리	시방 범위 내에서의 사용 사용환경의 점검 일상점검과 정기점검
고장을 줄이는 요인	보안성을 고려한 설비 자체진단 기능의 구비 보수유지 체제 사용자의 보전 교육	보전원의 교육과 보전 체계 예비품의 준비 계측기의 준비 시스템 진단 프로그램의 채택

MTBF(mean time between failure, 평균고장간격)에 관해서 가장 중요한 것은 고장의 복구 시간의 평균값을 MTTR(Mean Time to Repair)이라 부르며 가동율을 A라 하면 다음 식으로 표현할 수 있다.

$$A = \frac{MTBF}{MTBF + MTTR}$$

예를 들어 MTBF = $1X10^4$ 시간, MTTR = 6시간이면 A≒99.9%가 된다.

일반적으로 고장에 의한 시스템 다운(system down)이 절대적으로 허용되지 않는 시스템은 없으나, 오히려 다운 시 복구 시간을 어떻게 빨리 단축하느냐가 가장 큰 문제라 할 수 있다. 따라서 사용자 측에서는 PLC가 가지고 있는 기능의 한계를 충분히 파악하여 사용하는 것이 바람직하며, 이것은 사용자가 PLC에 대한 기대로서 경제성, 기능성, 신뢰성, 보수성 등 모든 면이 실현된 경우를 말하는 것이다.

제어박스 내에의 PLC의 설비 및 설치환경에 대하여 주의를 기울여야 하는 가장 큰 이유는 PLC 제어장치를 장기간에 걸쳐 안정감 있고 또 안전하게 가동시키기 위한 것이다. 세심한 주의와 노력을 기울여 완성시킨 제어 프로그램이 PLC를 제어박스 내에 설치할 때 부주의 혹은 설치환경에 대한 부주의한 대책으로 인하여 오동작을 일으키면 안 되기 때문이다. 또 고장을 야기하더라도 신속히 그 장애를 제거하고 시스템의 다운 시간을 최소화하기 위한 배려도 필요하다. 이를 위하여 보수점검교환의 용이성도 설치할 때 고려하여야 할 사항이다.

다음은 PLC의 설치 환경조건과 설치공사 시 주의할 점이다.

1) 환경조건

(1) 방수 및 방진이 가능한 제어박스에 설치할 것.
(2) 충격이나 진동이 계속 가해지지 않을 것.
(3) 직사광선에 직접 노출되지 않을 것.
(4) 급격한 온도 변화에 의해 이슬이 맺히지 않을 것.
(5) 주위 온도가 0~55℃ 범위를 넘지 않을 것.
(6) 상대습도가 5~95% 범위를 넘지 않을 것.
(7) 부식성 가스나 가연성 가스가 없을 것.
(8) 강한 전계나 자계가 발생하지 않는 곳.

2) 설치공사

(1) 나사구멍의 가공이나 배선공사를 할 경우 PLC 안으로 배선 찌꺼기가 들어가지 않도록 할 것.
(2) 설치위치는 조작하기 좋은 위치로 할 것.
(3) 고압기기와 동일 패널(panel)에 설치하지 말 것.
(4) 배선용 덕트 및 주변 모듈과의 거리는 50mm 이상으로 할 것.
(5) 주변 노이즈 환경이 양호한 곳에 접지를 시킬 것.

제어 박스 내의 PLC용 전원을 포함한 제어전원은 전압변동에 주의해야 한다. 전압시방은 일반적으로 정격의 ±10% 범위이면 문제없지만, 부하를 투입했을 때에 이를 초과하여 높아지거나 반대로 부하가 가벼워졌을 때 현저히 상승하지 않는지 체크할 필요가 있다. 전압변동이 심한 경우에는 정전압전원을 준비한다. 또 규정시간 이상의 순간단절이 일어나면 문제가 된다. 필요하면 전용 전원라인을 준비하거나 비교적 안정되어 있는 전등용 라인에서 공급하는 것도 생각해 본다. 동력용 라인에서 제어용전원을 직접 공급하지 않아야 한다.

PLC를 설치할 때 특히 주의를 기울여야 할 것은 고온에 대한 대책이다. 고온은 반도체 부품이나 캐패시터 등을 약화시키며 그 밖에도 전자회로의 전압 여유를 감소시켜 동작을 불안정하게 한다. 제어 박스 내 온도상승은 제어 박스 내에 발열체(부품)가 어느 정도 있느냐에 따라 변화하는데, 통상적으로는 주위 온도보다 20~30℃가량 상승될 것을 예상하고 설계해야 한다.

온도상승에 대한 대책은 첫 번째로 통풍을 좋게 하는 것이다. 특히 PLC의 통풍구를 배선 덕트나 다른 기기로 막히지 않게 하고 충분한 간격을 두는 것이 중요하다. 그리고 팬을 설치하여 제어반 내를 강제통풍하고 PLC를 열원보다 아래쪽에 두거나 가능하면 멀리 둔다. 또한 전원 트랜스의 상부는 발열량이 많으므로 주의해야 한다. 저온이 초래하는 것은 극단적으로 낮아지지만 않으면 고온보다 문제는 없다. 그렇지만 온도규격 이하로 될 경우는 제어 박스 내에 히터를 설치하는 방법도 있는데 전원을 차단하지 않고 자가 발열에 의해 온도를 유지하는 것도 하나의 방법이다.

습도가 높은 장소에서는 소자의 성능저하를 재촉하고 동시에 절연을 약화시켜 고장이나 사고로 연결될 위험이 있다. 일반적으로 전원이 공급되고 제어 박스 내의 부품 발열이나 PLC의 자가 발열에 의하여 습도는 낮아지지만, 특히 주의를 요하는 것은 이슬이 맺히는 문제이다. 전원을 차단하는 것에 의하여 제어 박스 내 온도가 급격히 내려가거나 운전 중이라도 바깥기온이 급격히 변화함에 따라 이슬이 맺히는 경우가 있다. 이에 따라 제어 박스 내의 판금부나 부품에 부착된 단자 등에 녹이 슬게 되면 제습에 대한 대책이 필요해진다.

주변 환경의 영향으로 염소 가스 등의 부식성 가스, 유기용제, 염분, 기름때, 분말이나 먼지 등의 주위 환경에 대해서는 제어 박스를 밀폐구조로 할 필요가 있다. 그러나 완전한 밀폐구조는 너무 비용이 많이 들고 그 외 온도 상승이나 습도 문제에도 주의를 기울여야 할 것이다.

2. 노이즈 대책

대표적인 노이즈의 발생원으로는 싸이리스터(thyrister) 기기, 전자 개폐기의 코일이나 접점이 있다. PLC는 실내에 설치되는 컴퓨터 등과는 달리 직접 기계와 접속하여 싸이리스터나 전자 개폐기 등으로 파워가 큰 모터를 제어하는 등 노이즈가 대단히 많은 장소에 설치된다. PLC의 입출력부에서는 신호의 입출력선으로 노이즈 난입이나 유도전압에 대한 배려에서부터 동작전압을 24V로 하거나 포토커플러로 절연하는 등 우선 대책이 취해지고 있지만, PLC 내부의 회로는 마이크로프로세서를 중심으로 5V라는 낮은 전압 그리고 2~3MHz 이상의 고주파수로 동작하고 있어서 노이즈에 대해서는 매우 조건이 열악한 기기이다.

2.1 접점

PLC 측에서도 노이즈 대책을 강구하고 있는데 일반적으로 접지를 하지 않아도 사용할 수 있게 되어 있다. 대전류가 흐르는 동력기기의 접지선에 접속하면 오히려 나쁜 결과를 초래하는 수도 있다. 양호한 접지를 기대할 수 없으면 접지를 하지 않는 편이 더 좋다. 접지를 하는 경우에는 PLC의 접지단자로부터 가능한 한 굵은 선으로 접지한다. 노이즈 트러블이 발생하고 접지에 원인이 있는 것 같으면 접지를 제거하여 그 상태를 점검한다. 접지를 제거해도 변화가 없고 개선되지 않으면 접지를 사용하는 것이 좋은 방법이다. 또한 신호용 GND(SG) 단자는 일반적으로 접지하지 않는다.

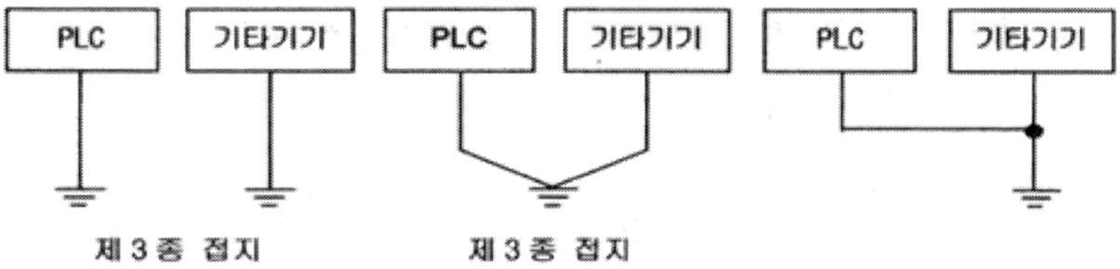

그림 8-5 접지 방법

2.2 전원부 대책

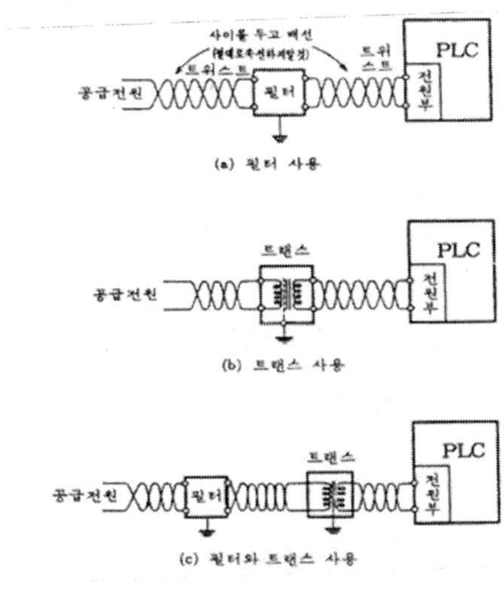

그림 8-6 전원부의 노이즈 대책

전원부의 노이즈 대책으로서는 [그림 8-6]과 같이 필터를 설치하는데, PLC에 유해한 노이즈를 저지하는 주파수 영역의 필터를 선정하는 일은 대단히 어렵다. 왜냐하면 노이즈의 주파수 성분이나 파워의 크기가 매우 다양하기 때문이다. 가장 무난하고 효과적인 것은 그림(b)처럼 쉴드 트랜스(shield transformer)를 이용하는 방법이다. 쉴드 트랜스를 설치할 수 없을 때는 일반적인 절연 트랜스를 이용해도 그 효과는 충분히 기대할 수 있다. 특히 노이즈가 많은 경우에는 [그림 8-6]의 (a), (b)를 병용하여 그림 (c)와 같이 하면 보다 효과적이다.

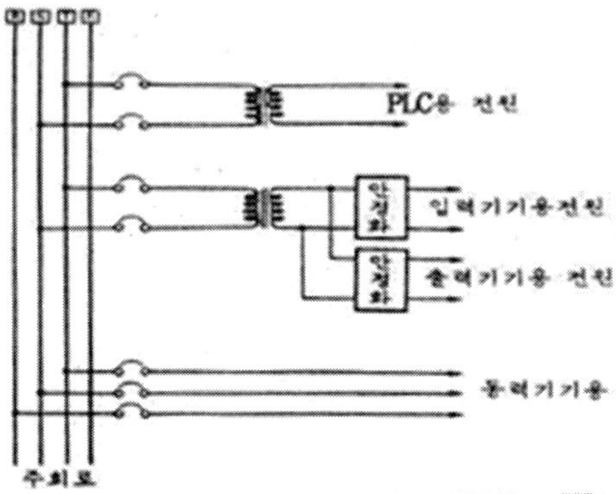

그림 8–7 전원을 분리한 노이즈 대책

전원부의 배선은 가능한 한 균일하게 트위스트(twist)함과 동시에 1차측과 2차측(PLC측)의 배선을 접근시키거나 같이 묶지 않는 것이 좋다. 1차측과 2차측 배선을 같이 묶어 처리하면 노이즈 억제효과가 거의 없어진다. 또 공급전원은 [그림 8-7]과 같이 주전원로나 입 출력기기용, 동력전원의 회로와는 분리하고 사용 트랜스의 용량은 여유를 두는 것이 좋으며 레귤레이션이 좋은 것을 사용한다.

2.3 배선 대책

입출력 신호를 제어박스 내에 배선하는 경우 노이즈 대책은 다음과 같다.

1. 입출력 신호선과 동력선은 가능한 한 떨어뜨려 배선하고 가능하면 별도의 배선 덕트나 배관 내를 통하여 그것들을 접지한다.
2. 입력 신호선과 출력 신호선은 별도의 케이블을 사용하는 것이 바람직하다. 특히 장거리 배선인 경우는 별도로 계획을 세운다.

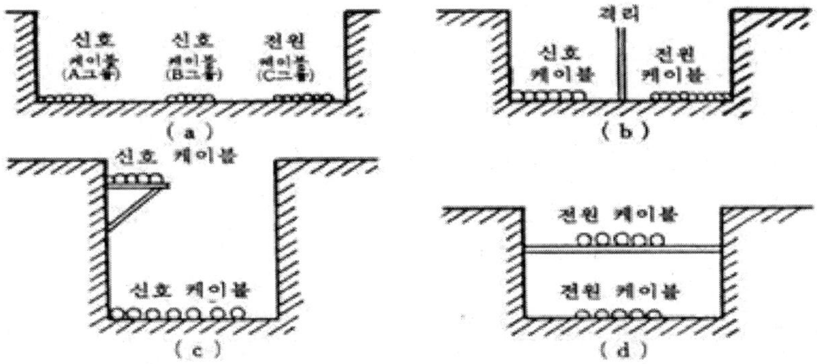

그림 8-8 신호용 전선과 전원용 전선의 격리

3. AC 입출력 신호선과 DC 입출력 신호선은 별개의 케이블을 사용한다.
4. IC나 트랜지스터 입출력 기기와의 접속은 실드가 부착된 케이블을 사용한다.

그림 8-9 실드 케이블에 의한 배선

5. 고전압이나 전력선에서 200mm 이상 떼어서 PLC를 설치한다.

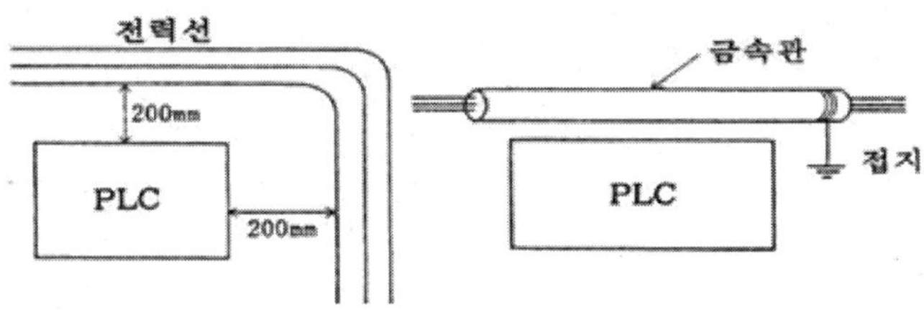

그림 8-10 전력선으로부터 PLC의 격리

고가품인 실드 부착 케이블을 쓰거나 배선 공사비 부담이 큰 덕트 배선을 시행하여 제어 박스 내로 연결되는 신호는 제어박스 내에서 확실하게 신호를 PLC까지 전달하기 위한 대책을 세울 필요가 있다. 제어 박스 내에도 강전회로용 전자접촉기나 릴레이 등 강력한 노이즈원 기기가 수없이 많다. PLC는 이러한 노이즈원 내부에 설치되어 있는 것이다.

제어박스 내에서는 다음과 같은 대책이 세워져야 한다.

1. 트랜스의 2차측은 트위스트로 하고 PLC와는 최단 배선이 되도록 한다.
2. 트랜스의 1차측과 2차측은 가능한 한 떨어뜨리고 양측을 절대로 한 묶음으로 처리하지 말 것.

3. 전원선은 가능한 한 굵은 선을 쓰고 트위스트할 것.

4. 접지는 가능한 한 굵은 선을 쓰고 제어박스와 접지선까지의 거리는 되도록 짧게 한다.

PLC의 입출력 모듈에 전원을 공급하기 위하여 배선할 때 1대의 전원모듈을 DC24V 출력용량이 부족하면 [그림 8-11]과 같이 외부 전원 공급장치를 사용한다. [표 8-2]는 배선에 사용되는 전선의 규격이다.

표 8-2 전선의 규격

외부 접속의 종류	전선 규격(㎟)	
	하한	상한
디지털 입력	0.18(AWG24)	1.5(AWG16)
디지털 출력	0.18(AWG24)	2.0(AWG14)
아날로그 입출력	0.18(AWG24)	1.5(AWG16)
통신	0.18(AWG24)	1.5(AWG16)
주전원	1.5(AWG16)	2.5(AWG12)
보호 접점	1.5(AWG16)	2.5(AWG12)

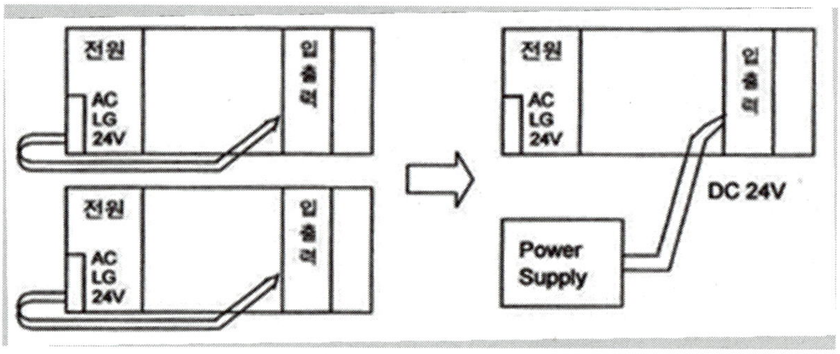

그림 8-11 전원공급장치의 분리

3. PLC의 보수유지

3.1 PLC의 필드 점검

PLC 시스템이 설치되면 모든 접속이 정확히 이루어졌는지 확인하기 위하여 철저한 검사가 필요하다. 전원은 시스템을 완전히 검사한 후에 공급하여야 한다. 일단 전원이 공급되면 모든 입력과 출력을 점검하여 동작 상태를 확인하여야 한다. 이 예비 시동 검사(pre-start-up) 절차를 필드 체크(field check) 또는 코미셔닝(commissioning)이라 한다. 다음 단계는 시스템의 예비 시동이 필요할 때마다 행한다.

1. CPU 및 I/O 시스템의 검사의 단계는 I/O 모듈이 랙의 적절한 슬롯 위치에 있는지 및

CPU가 적절히 배선되었는지 확인한다.

2. 인입 전원 추적은 CPU 및 I/O 랙에 대한 인입 전원을 육안으로 확인하여 모든 전기적 접속과 접지 기술이 전기관련 규정에 준용되었는지 확인한다.

3. 모든 결선의 조임 상태 체크는 모든 단자의 나사가 단단히 조여 있는지 확인하여 기동 시 배선이 느슨하게 되어 위험을 초래하는 문제를 방지한다.

4. 시스템에 퓨즈가 적절히 설치되었는지 확인하는 단계는 PLC 시스템의 필드 체크 시 특히 중요하다. 퓨즈의 용량이 틀리는 경우 시스템에 과전류 상태를 초래하여 심각한 문제를 발생시킬 수 있다(시방서에 의거하여 CPU, 전원 및 I/O 모듈에 대한 퓨즈의 정격값을 반드시 확인한다).

5. 모든 실제 배선된 부품, 예컨대 Stop/Start 장치, 전동기의 마그네트 등을 점검하여 필드 부품에 대한 모든 결선이 정확한지 확인한다. 또한 모든 필드 장치가 입출력 할당표에 맞는 어드레스를 갖고 있는지를 확인한다.

6. 필드 체크 시에는 CPU의 RAM 메모리를 소거하는 것이 바람직하다. 이는 예기치 않게 입력되는 테스트 프로그램에 의해 출력이 동작되지 않도록 하기 때문이다. EPROM을 사용하여 프로그램을 영구 입력하는 경우 시스템을 시동 전에 EPROM 칩을 제거할 필요가 있다.

필드 체크는 일반적으로 예비 점검과 시스템 점검의 두 단계로 행해진다.

(1) 예비 점검

I/O 랙 및 전원 케이블을 설치한 후에 랙의 내부 배선을 테스트한 다음 I/O 모듈을 개별적으로 테스트한다. 대부분 I/O 랙 및 모듈의 테스트는 테스트 트롤리(test trolley)를 사용한다. 테스트 트롤리는 하나의 프로세서, 하나 또는 두개의 I/O 랙 및 테스트 프로그램으로 구성된다. 테스트 프로그램은 입력점에 배선된 출력점을 순차적으로 ON시킨다.

PLC 시스템 예비 체크의 다음 단계는 CPU 및 I/O 시스템에 전원을 인가하는 것이다. CPU는 이 테스트를 할 때 오프라인(off-line) 상태에 있어야 한다. 대부분의 PLC는 이 테스트를 프로그램 모드에서 CPU를 투입하는 것으로 하고 있다. CPU가 통전되면 이를 표시하기 위해 파일럿 램프가 점등된다.

I/O 모듈에서는 각 입력을 테스트하고 동작을 확인한다. 모듈의 파일럿 램프는 필드 장치의 폐회로에서 점등되고 필드 장치의 개방 시 소등된다. PLC 내에 실제 배선된 비상 정지 회로가 있을 경우에는 비상 정지 버튼을 눌렀을 때 I/O 시스템의 전원이 차단되는 것을 확인하는 테스트도 해야 한다.

(2) 시스템 체크

PLC 시스템에 대한 필드 배선이 완료되면 실제 배선도를 사용하여 필드 장치 및 배선을 확인한다. 시스템의 기능을 체크하는 경우 회전기의 리드선을 모터 기동기 또는 회로 차단기와 같은 장치로부터 분리한다. 분리된 모터 기동기와 차단기는 회전기가 돌아가지 않는 상태에서 PLC에 의해 동작시켜 확인한다. 이러한 시험에 사용되는 문서는 공정 시스템에서 제시된 제어 논리도를 참조한다.

제어 프로그램을 PLC 내에 입력한 후에는 프로그램을 프린트하여 복사본을 확보한다. 이 프린트는 필수적인 사항은 아니지만 기계에 입력되는 프로그램에 대한 원래의 제어 프로그램을 체크하기 위하여 유용하게 사용될 수 있다. 프로그램을 입력할 때 어떤 오류도 발생되지 않은 것을 확인하기 위하여 원래 프로그램에 대한 프로그램의 명령을 체크한다. 이들 오류는 타이머, 카운터 및 아날로그 I/O에 대한 설정량과 같은 레지스터값은 물론 부적절한 I/O의 어드레싱까지도 포함한다.

3.2 PLC의 보수유지

PLC의 CPU는 유지 보수의 필요성을 최소화하도록 설계되어 있으나 프로세서는 다수의 인쇄 회로 기판을 갖고 있기 때문에 CPU에 축적되는 먼지나 기타 오물 등을 깨끗이 청소할 필요가 있다. 과거의 CPU는 동작의 신뢰성을 유지하기 위해 주기적인 청소를 필요로 하는 팬이나 필터 시스템을 구비하고 있었으나 최근의 CPU는 랙-장착(rack-mounted) 형태로 설계되어 유지 보수를 필요로 하지 않는다. 다량의 분진이 존재하는 장소에 PLC를 설치할 때는 CPU 및 I/O 시스템을 가능한 밀폐된 용기 내에 설치하는 것이 좋다. 대부분의 경우 밀폐 용기는 팬에 의해 냉각되므로 이 팬은 적절한 필터를 구비하여 밀폐 용기 오염을 방지하여야 한다. 따라서 밀폐 용기의 냉각 시스템의 일부인 필터를 검사하여 CPU 및 I/O 시스템의 청정 상태를 유지시킬 필요가 있다.

PLC 시스템의 주기적인 보수 시에는 CPU의 RAM 메모리를 백업하는 리튬 배터리의 상태도 체크하여야 한다. 대부분의 CPU는 배터리의 전압이 PLC에 저장된 메모리를 백업하기에 충분한지를 나타내는 상태 표시기가 있다. 진동이 발생되어 체결 나사의 풀림이 발생하는 경우에 대비하여 결선용 나사도 정기적으로 체크할 필요가 있다. 대형 회전기기를 사용하고 있는 공장에서는 특히 진동의 영향을 받기 쉬워서 장시간 경과 후에는 단자 나사가 느슨하게 되는 일이 빈번하게 일어난다. I/O 모듈과 관련된 플러그 및 소켓도 정기적으로 점검하여 양호한 접속을 유지하고 모듈들이 단단히 부착되어 있는지 확인하여야 한다. 이는 특히 PLC가 항시 진동이 발생하는 환경에 있을 때 중요하다.

대부분의 제조업체에서는 PLC 시스템에만 의존함으로써 PLC의 동작 없이는 플랜트가 동작할 수 없는 경우가 있다. 이 상황에서는 비가동 시간(down-time)을 최소한으로 유지하는 것이 중요하다. 대다수의 경우에 PLC 시스템의 유지 보수자는 고장이 발생되면 즉시 고장이 수리되길 기대하고 있다. 매우 드문 경우이기는 하나 비가동 시간을 감소시킬 수 있는 몇몇 단계가 있다.

첫 번째 단계는 여분의 부품 목록을 보관하는 것이다. 일반적으로 각 형태의 I/O 모듈마다 적어도 10% 정도의 여유분을 보유하여야 한다. 예를 들어 어떤 형태의 시스템이 10개 이하의 I/O를 갖는 경우에도 1개의 카드를 여분으로 보유해야 한다. CPU에 대해 하나의 여분 기판을 보유하는 것도 또한 필요하다. CPU의 고장은 잘 일어나지 않더라도 고장이 발생되면 수주의 교체 기간을 필요로 할 수도 있다. 대부분의 PLC는 I/O 카드로 인해 문제가 발생하기 때문에 의심스러운 모듈을 간단히 교체한 후 기계를 동작시킨다. 그리고 난 후, 손상입은 I/O 카드를 검사하는 것이 보다 빠른 문제 해결 방법이다. 트라이액과 SCR 같은 반도체 장치는 그들이 손상 여부를 저항계로 체크한다. 대부분의 경우 저항계를 사용하여 정확히 판독하기 위해서는 먼저 반도체 소자를 인쇄 회로 기판으로부터 분리시켜야 한다.

모듈을 교체하고자 할 경우에는 반드시 동일한 형태의 모듈로 교체하여야 한다. PLC에 따라서는 시스템이 통전되는 동안에도 모듈의 교체가 가능하나 어떤 시스템은 반드시 전원을 차단시킨 후에 교체해야 한다. 모듈의 제조시방서에는 전원의 통전 시에도 모듈의 교체가 가능한지를 명시하고 있다. 새로운 모듈을 설치한 후 퓨즈가 용단되면 모듈 그 자체는 문제가 없으나 솔레노이드 및 전동기 마그네트와 같은 출력장치는 단락될 수도 있다.

PLC를 항상 최상의 상태를 유지하기 위하여 정기적인 점검을 하여야 한다. 정기적인 점검항목은 [표 8-3]과 같다. [표 8-4]는 일상적인 PLC의 점검내용이다.

표 8-3 정기 점검 항목

점검 항목		점검 방법	판정 기준	조치
주위환경	주위 온도	온도/습도계로 측정 부식성 가스 측정	0~55℃	일반 규격에 맞게 조정 (제어 박스 내 환경 조건)
	주위 습도		5~95 %RH	
	주위 오염도		부식성 가스가 없을 것	
PLC 상태	풀림, 흔들림	각 모듈을 움직여본다.	단단히 고정되어 있을 것	나사 조임
	먼지, 이물질 부착	육안 검사	부착이 없을 것	
접속상태	나사의 풀림	조임	풀림이 없을 것	조임
	압착단자의 근접	육안 검사	적당한 간격일 것	교정
	커넥터 풀림	육안 검사	풀림이 없을 것	커넥터 고정나사 조임
전원 전압 점검		입력 전압 단자 사이 전압 측정	– AC110V : AC 85~132V – AC220V : AC 170~264V – DC24V : DC 20~28V	공급 전원 변경
배터리		배터리 교환 시기 전원 전압 저하 확인	– 합계 정전 시간 및 보증기간 확인 – 배터리 전압 저하가 없을 것	배터리 용량 저하 표시가 없어도 보증기간 초과 시 교환할 것
휴즈		육안검사	용단되어 있지 않을 것	용단되지 않아도 돌입전류에 의한 소자의 열화가 발생하므로 정기적으로 교환할 것

표 8-4 일상 점검 항목

점검 항목	점검 내용	판정 기준	조치
베이스의 부착 상태	부착나사의 풀림 확인	확실하게 부착되어 있을 것.	나사 조임
입출력 모듈의 부착 상태	모듈의 부착나사가 확실하게 조여 있는지 확인 모듈 위 커버의 이탈여부 확인	확실하게 조여 있을 것.	나사 확인
단자대 및 증설 케이블의 접속 상태	단자나사의 풀림	풀림이 없을 것.	나사 조임
	압착단자 간의 근접	적정한 간격일 것.	교정
	증설 케이블의 커넥터 부	커넥터가 풀려 있지 않을 것.	교정
표시 LED	전원 LED	점등(소등은 비정상)	
	RUN LED	점등(소등 또는 점멸은 비정상)	
	STOP LED	점등은 이상	
	입력 LED	입력 ON시 점등 입력 OFF시 소등	
	출력 LED	출력 ON시 점등 출력 OFF시 소등	

4. PLC의 고장 수리

4.1 PLC의 고장

전기 기계 설비에서 신뢰성을 보장하기 위한 기본적인 사항은 고장 수리 기술이다. 먼저 문제를 처리할 때 조심스럽고 체계적인 접근 자세가 필요하다. 산업용 기기의 고장 수리에서 가장 중요한 것은 안전이다. 고장 수리를 하는 동안 통전 상태에 있는 기기를 PLC가 제어할 때는 기기의 통전을 차단하거나 또는 기기가 테스트 중에 있다는 것을 공장 내의 다른 사람에게 알리기 위해 태그(tag) 표시해두는 것이 중요하다. 일단 안전 조치가 완료되면 다음단계는 시스템의 고장이 정확히 무엇인지를 분석하는 것이다.

고장 수리중인 PLC의 실제 동작에 익숙하지 않은 상황에서는 가능한 시스템에 관한 많은 정보를 얻는 것이 매우 유용하다. 이 정보는 항상 PLC에 관련된 일을 하고 있는 기술자나 제조업자를 통해 얻을 수 있다. 또한 PLC 제조업체의 시방서는 물론 시스템에 기억된 프로그램에서 입수 가능한 서류를 검토하여 시스템의 기본적 동작을 이해할 수도 있다.

고장 수리는 항상 가장 단순한 문제로부터 접근해야 한다. 문제는 퓨즈의 용단에 대한 것을 확인하기 위하여 PLC 시스템의 커버를 완전히 분해하는 일 등은 할 필요가 없다는 것이다.

PLC 및 모든 관련 기기의 육안 검사를 먼저 시행한다. 퓨즈의 용단, 접속의 느슨함 및 다른 명백하게 보이는 고장원을 점검하여야 한다.

모든 제어 회로에 적절한 전원이 인가되고 있는지, 모든 스위치들이 적절한 위치에 설정되어 있는지를 확인한다. 프로그램에 대한 문서와 PLC 메모리에 입력된 프로그램과는 동일한지를 확인한다. 변경 내용 중 문서화되지 않은 것이 프로그램되어 있을 경우에는 이들 변경에 의한 문제가 야기될 수 있다.

PLC 그 자체에 의해서도 고장 수리가 가능하기도 하다. 대부분의 시스템은 프로그래밍 단말기의 키보드를 통해 확인할 수 있는 진단 테스트(diagnostic test) 기능을 구비하고 있다. 가능하면 프로그래밍 단말기를 사용하여 CPU를 진단하고 CPU가 문제를 발생시키는지의 여부를 결정한다. 이 CPU 진단 테스트는 실제 CPU의 IC는 물론 ROM 및 RAM과 같은 파손된 IC들을 체크한다. 또한 대부분의 PLC는 적절한 전원이 프로세서에 공급되는지를 확인하기위해 CPU의 전원에 대해 진단한다.

CPU의 상태 표시기기를 점검하여야 한다. 이들 표시기기는 직류 전원, 메모리 이상, I/O 이상 및 배터리 백업과 같은 여러 상태를 육안으로 판독할 수 있도록 한다. CPU 표시기기는 제조업체에 따라 다소 부실할 수 있다. 표시기기의 파일럿 램프가 결함이 있는 조건을 표시하면 이는 점검하여야 한다. I/O 모듈도 I/O 슬롯이 현재 동작 상태에 있는지 또는 비동작 상태에 있는지는 물론 퓨즈의 용단 상태를 표시하는 이상 표시기기를 내장한다.

PLC 시스템에서 일반적으로 가장 많은 고장 개소는 I/O 모듈이다. 그러나 I/O 시스템에 있어서 정확한 고장 원인을 찾아내는 것이 항상 용이하지는 않다. I/O에 접속된 센서 및 액추에이터의 문제가 가장 많고 다른 요인은 I/O에 접속된 장치들 간의 배선 문제이다. 최근의 PLC는 I/O 시스템에 이상 또는 고장을 검출 및 기록할 수 있는 자동 또는 반자동식의 장치가 내장되어 있다. PLC 시스템에 있어서 이와 같은 성능은 진단 시스템(diagnostic system)이라 한다. 진단 시스템은 문제 해결 방법에 관한 것이 아니라 고장 검출을 기본으로 하고 있다. 이러한 형태의 시스템은 일반적으로 통신 같은 오류, I/O 모듈의 고장, 전원 공급 또는 I/O 랙의 고장 또는 연속적인 I/O 통신의 손실 등을 검출하는 성능이 있다. 인공지능 형태의 진단 시스템이 바람직한데, 그 이유는 검출 시스템에서 얻은 사실에 근거하여 결론을 도출할 수 있기 때문이다. 진단 시스템에 의해 행해진 결정은 표시등(indicator light)뿐만 아니라 표시 단말기에 발생된 진단 메시지까지 다양한 방법으로 보고된다.

PLC 제어에서 진단 시스템의 장점은 실제 PLC와 관련된 문제를 CPU에 보고할 뿐만 아니라 필드 배선 장치의 동작 상태도 보고되는 점이다. 이는 PLC 시스템 고장의 약 50%가 액추에이터 및 센서에 의해 발생되기 때문에 매우 중요하다. 실제로 PLC 자체는 모든 시스템 고장의 약 20% 이하에 불과하다. [표 8-5]는 제어 시스템 진단에 관한 General Electric사에서 연구된 최근의 통계를 예시한 것이다.

표 8-5 PLC의 고장 통계

고장 형태/고장 원인	고장 분포	고장 보고율	검출 부위
CPU 패리티 에러, 프로세서 등	5%	100%	100%
I/O, 전원 모듈 고장	15%	20%	95%
배선의 단선, 단락	5%	0%	70%
가동기 등의 액추에이터	15%	0%	60 ~ 90%
70% 단락, 과부하			
20% 코일			
10% 기타			
센서, 리밋 스위치	45%	0%	10%
90% 기계적 원인			
10% 전선의 단선			
	100%	8%	45 ~ 54%

4.2 트러블 슈팅

4.2.1 트러블 슈팅의 기본절차

시스템의 신뢰성을 높이기 위하여 신뢰성이 높은 기기를 사용하는 것이 중요하지만, 이상이 발생한 경우 어떤 방법으로 신속히 조치하는가도 중요하다. 시스템을 신속히 가동시키려면 트러블의 발생 원인을 신속히 발견하여 조치하는 것이 무엇보다 중요한 사항으로 이러한 트러블 슈팅을 실시하는 경우에 유의하여야 할 기본적인 사항은 다음과 같다.

(1) 육안에 의한 확인

다음 사항들을 육안으로 확인한다.

- 기계 동작 상태(정지 상태, 동작 상태)
- 전원 인가 상태
- 입출력기기 상태
- 배선 상태(입출력 배선, 증설 및 통신 케이블선)
- 각종 표시기의 표시상태(Power LED, Run LED, Stop LED, 입출력 LED 등)를 확인한 후 주변기기를 접속하여 PLC 동작 상태나 프로그램 내용을 점검한다.

(2) 이상 확인

키 스위치를 Stop 위치로 하고 전원을 On/Off하여 이상이 어떻게 변화하는가를 관찰한다.

(3) 범위 한정

아래와 같은 방법에 의해 고장 요인이 다음의 어떤 것인가를 추정한다.

- PLC 자체인가? 외부요인인가?
- 입출력 모듈인가? 기타인가?
- PLC 프로그램인가?

4.2.2 트러블 슈팅의 예

가. Power LED가 소등한 경우의 조치방법

전원 투입 시 또는 운전 중에 Power LED가 소등한 경우의 조치 순서이다.

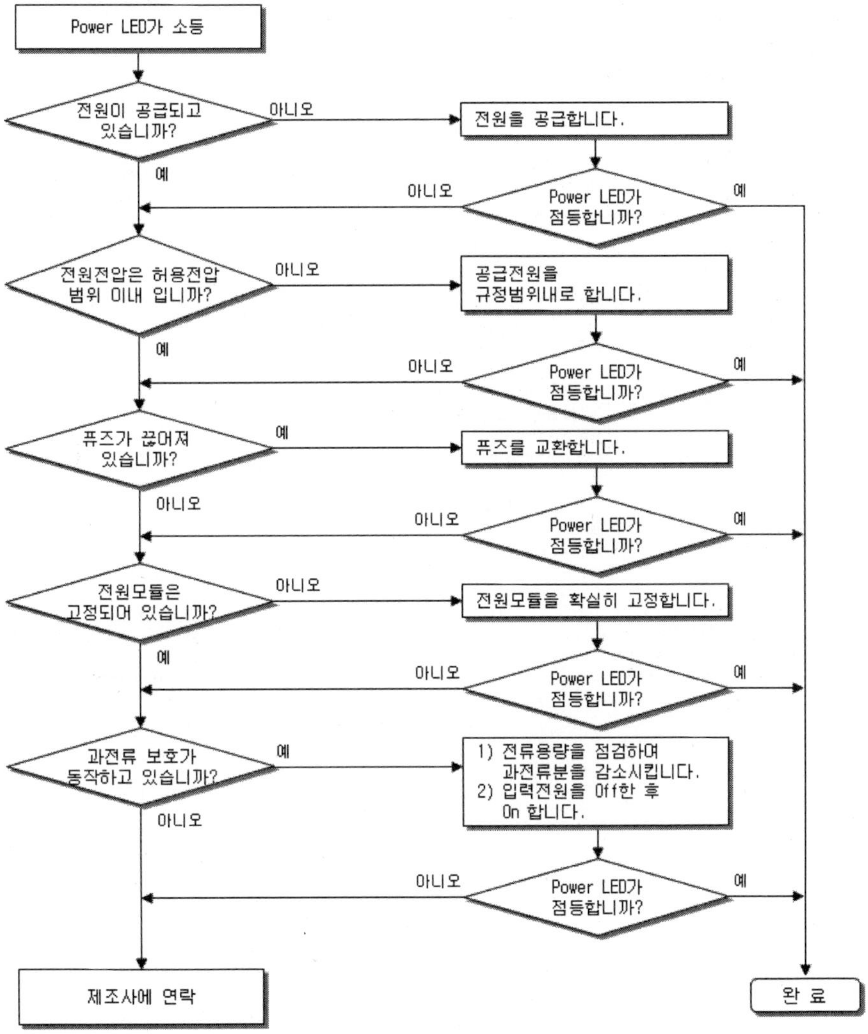

나. 입출력 모듈이 정상동작하지 않는 경우의 조치방법

운전 중 입출력 모듈의 정상적으로 동작 하지 않는 경우의 조치 순서에 대해 아래 프로그램의 예로 설명한다.

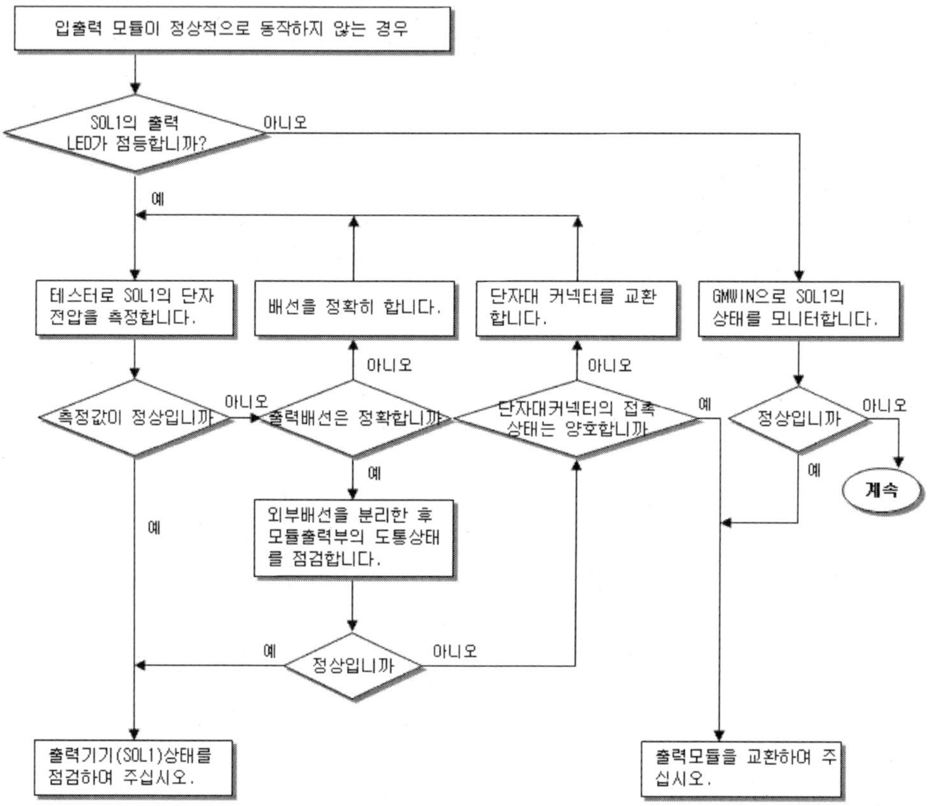

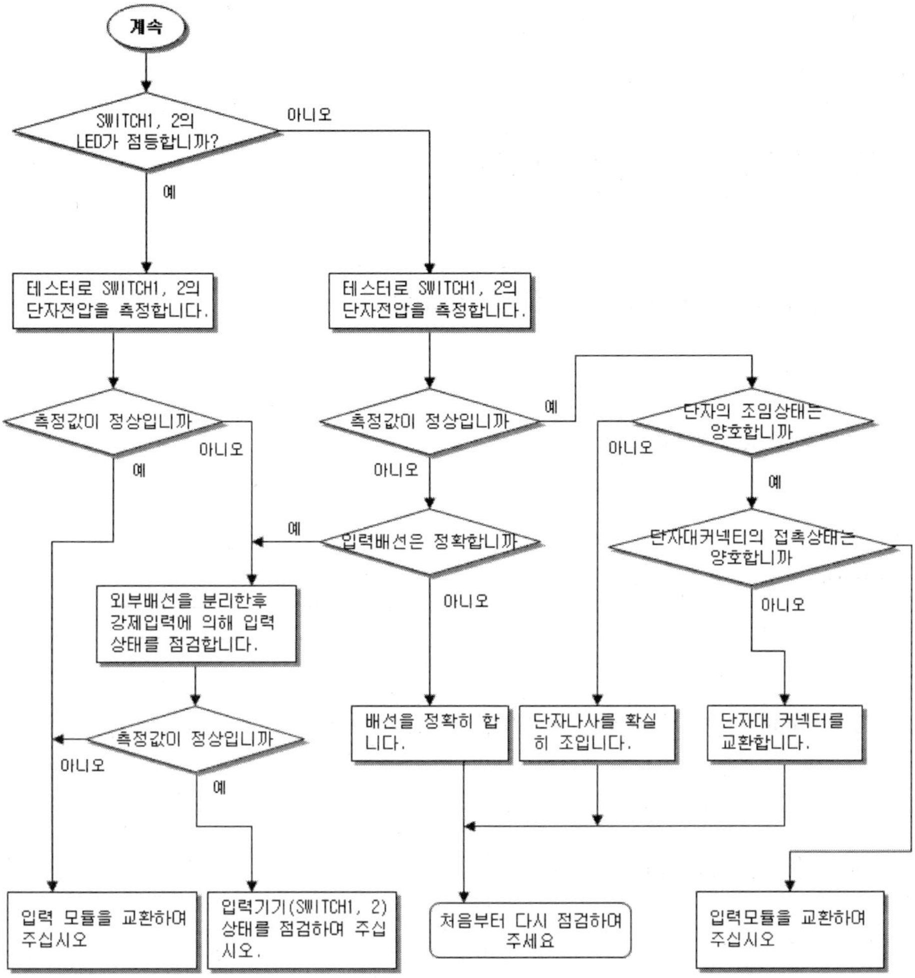
계속
SWITCH1, 2의 LED가 점등합니까?
아니오
예
테스터로 SWITCH1, 2의 단자전압을 측정합니다.
테스터로 SWITCH1, 2의 단자전압을 측정합니다.
측정값이 정상입니까
아니오
예
측정값이 정상입니까
예
아니오
단자의 조임상태는 양호합니까
아니오
예
입력배선은 정확합니까
예
아니오
단자대커넥터의 접촉상태는 양호합니까
아니오
외부배선을 분리한후 강제입력에 의해 입력상태를 점검합니다.
측정값이 정상입니까
아니오
예
배선을 정확히 합니다.
단자나사를 확실히 조입니다.
단자대 커넥터를 교환합니다.
입력 모듈을 교환하여 주십시오
입력기기(SWITCH1, 2) 상태를 점검하여 주십시오.
처음부터 다시 점검하여 주세요
입력모듈을 교환하여 주십시오

[연습문제]

1. 시스템의 고장률에 대하여 설명하시오.

2. 운전을 길게 하는 요인에 대하여 설명하시오.

3. MTBF에 대하여 설명하시오.

4. 접지방법에 대하여 설명하시오.

5. 노이즈 대책에 대한 배선방법에 대하여 설명하시오.

6. PLC의 정기 점검항목에 대하여 설명하시오.

7. 트러블 슈팅의 기본 절차에 대하여 설명하시오.

CHAPTER

09

실습

실습 1 램프의 제어

과제 목표:

① 전기회로의 기본 구성을 이해하고 배선한다.
② 전기의 접점을 이해하고 배선한다.

작업 내용:

푸시버튼 스위치(push button switch) S1을 누르면 램프(lamp) H1이 점등된다. 램프 H1은 푸시버튼 스위치 S1을 누르는 동안만 점등된다.

구성도:

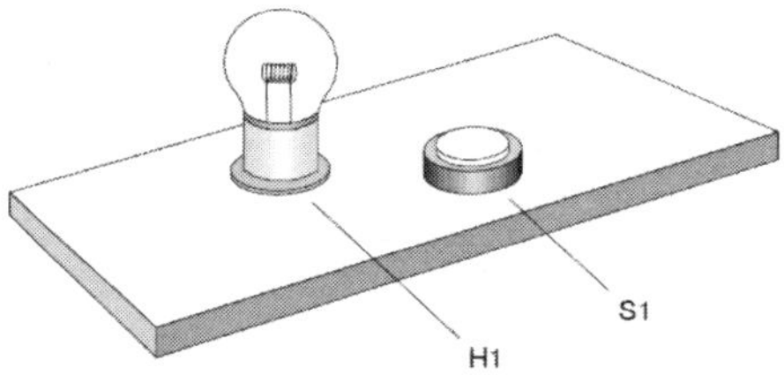

안전 및 유의사항:

- 전원 공급상태를 확인하여 전원이 차단된 상태에서 작업한다.
- 전원을 공급한 후 쇼트가 발생하면 즉시 전원을 차단한다.
- 압축공기 공급상태를 확인하여 공압이 차단된 상태에서 작업한다.
- 산업안전 법규를 준수하고, 항상 위급상황을 예방할 수 있어야 한다.

장비 및 도구, 소요재료:

구 분	명 칭	규격(사양)	비 고
장 비	압축공기생산설비	토출압력 600kPa 이상	
	PLC 실습장비	전기공압 포함	
소요 재료	전기 스위치-램프 셋	2a-2b접점, 3개	
	전기 케이블 셋		

실습 1 램프의 제어

학과(전공)　　　　　　　　　반　학번　　　　　　　　　성명

실습 과제:

① Ladder 기호를 사용하여 전기 회로를 그리고 회로에 사용된 기호의 명칭 및 기능을 정리하시오.
② 그려진 전기회로를 보고 실습장비에서 배선하여 '작업내용'을 만족하는지 확인하시오.
③ 배선된 접점을 b접점으로 바꾸어 연결하고 동작내용을 확인하시오.
④ ③의 내용을 전기회로로 표현하고 회로에 사용된 기호의 명칭 및 기능을 정리하시오.

Solution:

실습 2 램프의 제어(PLC)

과제 목표:

① PLC의 기능을 이해한다.
② PC를 이용하여 기본 명령어 YES 논리를 이용한 PLC의 프로그램을 작성한다.
③ PLC와 입출력 기기를 배선하고 시운전한다.

작업 내용:

푸시버튼 스위치(push button switch) S1을 누르면 램프(lamp) H1이 점등된다. 램프 H1은 푸시버튼 스위치 S1을 누르는 동안만 점등된다. 단 제어를 위하여 PLC를 사용한다.

구성도:

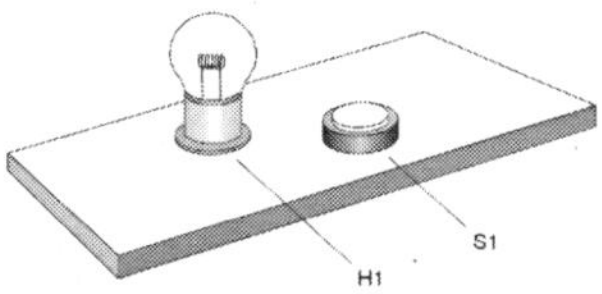

안전 및 유의사항:

- 전원 공급상태를 확인하여 전원이 차단된 상태에서 작업한다.
- 전원을 공급한 후 쇼트가 발생하면 즉시 전원을 차단한다.
- 실습 중 전기의 사용에 대하여 주의한다.
- 전기배선과 공압배관이 액추에이터의 동작에 방해가 되지 않도록 배선을 정리한다.
- 압축공기 공급상태를 확인하여 공압이 차단된 상태에서 작업한다.
- 산업안전 법규를 준수하고, 항상 위급상황을 예방할 수 있어야 한다.

장비 및 도구, 소요재료:

구 분	명 칭	규격(사양)	비 고
장 비	압축공기생산설비	토출압력 600kPa 이상	
	PLC 실습장비	전기공압 포함	
공구	컴퓨터(프로그램 소프트웨어)		
소요 재료	전기 스위치-램프 셋	2a-2b접점, 3개	
	전기 케이블 셋		

실습 2 램프의 제어(PLC)

학과(전공) 반 학번 성명

실습 과제:

① 입출력 할당표(allocation list)를 작성하고, PLC의 배선도를 그리고, 래더 방법(Ladder diagram)의 프로그램을 작성하시오.

② 작성된 프로그램을 PLC로 다운로드(download)하고 실습장비에서 배선하여 '작업내용'을 만족하는지 확인하시오.

③ 배선된 접점을 b접점으로 바꾸어 연결하고 동작내용을 확인하시오.

Allocation List:

구분	기호	데이터의 크기	할당번지	비고
입력				
출력				

배선도:

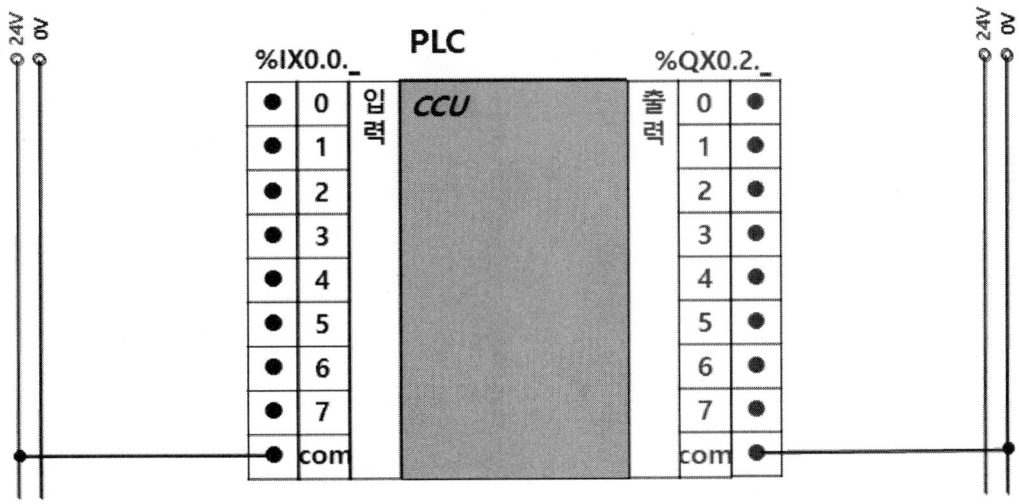

실습 2 램프의 제어(PLC)

학과(전공)　　　　　　반　학번　　　　　　　성명

Program:

실습 3 논리 제어(PLC)

과제 목표:

① 기본 논리를 이해한다.
② LD 기본 명령어를 이용하여 논리를 이용한 PLC의 프로그램을 작성한다.
③ PLC와 입출력 기기를 배선하고 시운전한다.

작업 내용:

두 개의 푸시버튼 스위치 S1과 S2를 사용하여 부저를 제어하려고 한다. 다음의 조건에 맞는 프로그램을 LD 기본 명령어를 이용하여 작성하고 배선하여 시운전한다.
① 두 개의 푸시버튼 스위치를 모두 눌렀을 때 부저가 작동한다.
② 두 개 중 하나의 푸시버튼 스위치를 누르면 부저가 작동한다.

구성도:

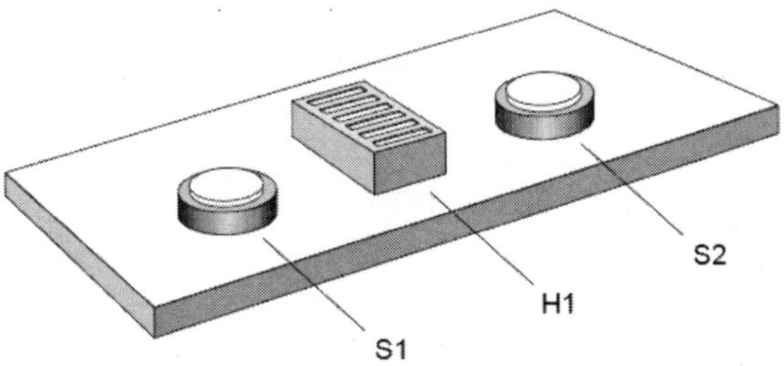

안전 및 유의사항:

- 전원 공급상태를 확인하여 전원이 차단된 상태에서 작업한다.
- 전원을 공급한 후 쇼트가 발생하면 즉시 전원을 차단한다.
- 실습 중 전기의 사용에 대하여 주의한다.
- 전기배선과 공압배관이 액추에이터의 동작에 방해가 되지 않도록 배선을 정리한다.
- 압축공기 공급상태를 확인하여 공압이 차단된 상태에서 작업한다.
- 산업안전 법규를 준수하고, 항상 위급상황을 예방할 수 있어야 한다.

실습 3 논리 제어(PLC)

장비 및 도구, 소요재료:

구 분	명 칭	규격(사양)	비 고
장 비	압축공기생산설비	토출압력 600kPa 이상	
	PLC 실습장비	전기공압 포함	
소요 재료	전기 스위치-램프 셋	2a-2b접점, 3개	
	전기 케이블 셋		
공 구	컴퓨터(프로그램 소프트웨어)		

실습 과제:

① 입출력 할당표(allocation list)를 작성하고, PLC의 배선도를 그리고, 래더 방법(Ladder diagram)의 프로그램을 작성하시오.

② 작성된 프로그램을 PLC로 다운로드(download)하고 실습장비에서 배선하여 "작업내용"을 만족하는지 확인하시오.

실습 3 논리 제어(PLC)

학과(전공) 반 학번 성명

Allocation List:

구분	기호	데이터의 크기	할당번지	비고
입력				
출력				

배선도:

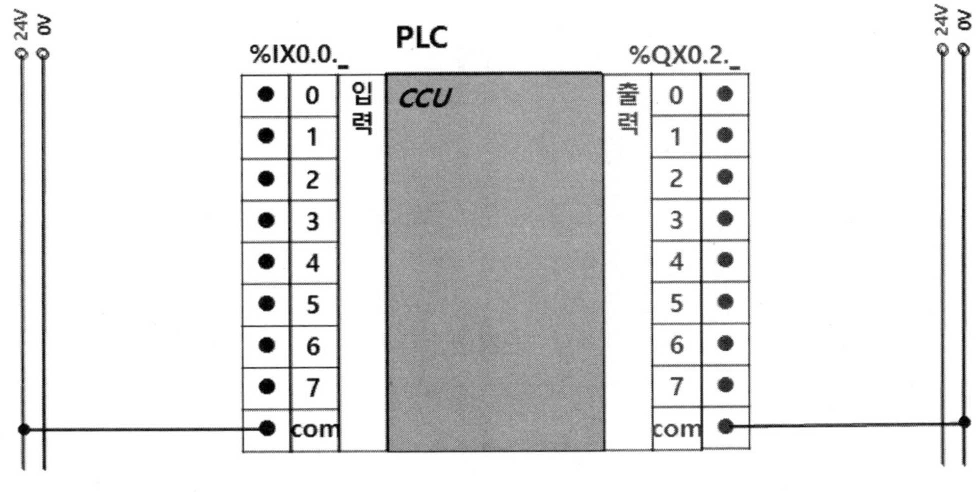

Program:

실습 4 논리 제어 시스템의 설계

과제 목표:

① 기본 논리를 이해하고 논리 연산을 한다.
② LD 기본 명령어를 이용하여 논리를 이용한 PLC의 프로그램을 작성한다.
③ PLC와 입출력 기기를 배선하고 시운전한다.

작업 내용:

공압 복동 실린더를 이용하여 펀칭(punching)작업을 하려고 한다. 소재는 세 방향에서 로딩(loading)될 수 있다. 펀칭 작업 위치를 확인하기 위하여 세 개의 센서(sensor)를 사용한다. 세 개의 센서 중 두 개의 센서가 작동하면 펀칭 작업이 수행된다.

구성도:

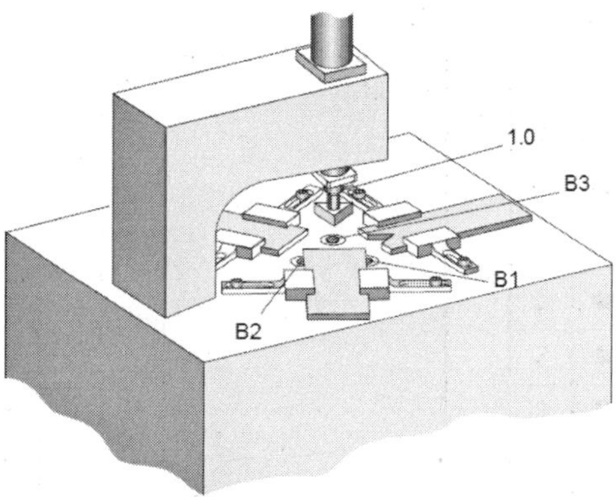

안전 및 유의사항:

- 전원 공급상태를 확인하여 전원이 차단된 상태에서 작업한다.
- 전원을 공급한 후 쇼트가 발생하면 즉시 전원을 차단한다.
- 실습 중 전기의 사용에 대하여 주의한다.
- 전기배선과 공압배관이 액추에이터의 동작에 방해가 되지 않도록 배선을 정리한다.
- 압축공기 공급상태를 확인하여 공압이 차단된 상태에서 작업한다.
- 산업안전 법규를 준수하고, 항상 위급상황을 예방할 수 있어야 한다.

실습 4 논리 제어 시스템의 설계

장비 및 도구, 소요재료:

구 분	명 칭	규격(사양)	비 고
장 비	압축공기생산설비	토출압력 600kPa 이상	
	PLC 실습장비	전기공압 포함	
소요재료	푸시버튼 스위치 셋	푸시버튼 3개, 2a-2b,	
	복동실린더	Ø25, 200mm, 1개	
	단동 솔레노이드 5포트 2위치 밸브	M5, 1/8 ", 1개	
	공압 호스 셋	외경 Ø4, Ø6	
	전기 케이블 셋		
공 구	컴퓨터(프로그램 소프트웨어)		

실습 과제:

① 입출력 할당표(allocation list)를 작성하고, PLC의 배선도와 공압 회로도를 그리시오.

② 진리표를 작성하고 작업을 하는 경우에 대한 논리식을 작성하시오.

③ 작성된 논리식을 간략화 하시오.

④ 래더 방법(Ladder diagram)의 프로그램을 작성하시오.

⑤ 작성된 프로그램을 PLC로 다운로드(download)하고 실습장비에서 배선하여 "작업내용"을 만족하는지 확인하시오.

실습 4 논리 제어 시스템의 설계

학과(전공) 반 학번 성명

Allocation List:

구분	기호	데이터의 크기	할당번지	비고
입력				
출력				

공압 회로도:

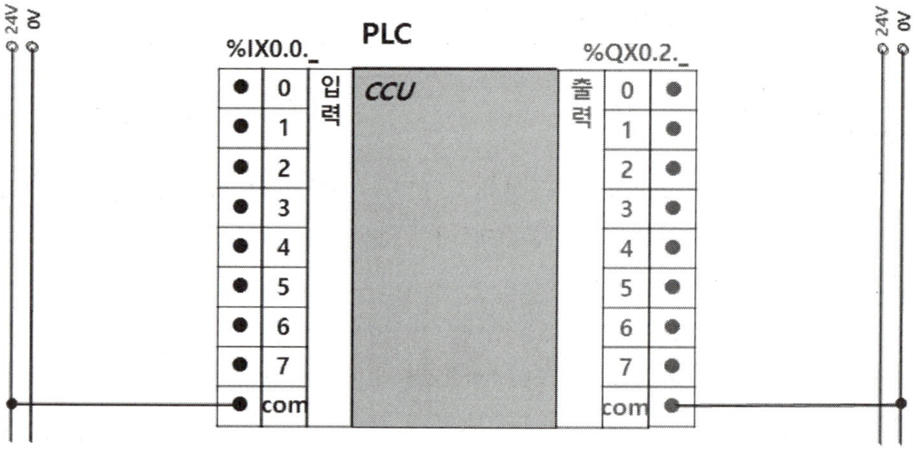

배선도:

실습 4 논리 제어 시스템의 설계

학과(전공) 반 학번 성명

진리표(Truth table)

Sensor			Cylinder
a	b	c	X

논리식 및 간략화 과정

Program:

실습 5 실린더의 자동 왕복운동 제어

과제 목표:

① 신호의 기억에 대하여 이해한다.
② LD 기본 명령어를 이용하여 신호를 기억하는 프로그램을 작성한다.
③ Function Block의 플립플롭(Flip-Flop)을 이용하여 프로그램을 작성한다.
④ 위치 확인을 위한 센서를 사용한다.
⑤ PLC와 입출력 기기를 배선하고 시운전한다.

작업 내용:

1A 복동 실린더를 사용하여 매거진(magazine)에 적재되어 있는 부품을 이송하려 한다. 작업시작 스위치(Start switch) S1을 누르면 1A 실린더가 전진운동하여 부품을 이송하고 이송이 종료되면 실린더는 자동으로 원래의 위치로 복귀할 수 있어야 한다. 1A 실린더의 방향제어를 위하여 스프링(spring)에 의하여 복귀하는 편 솔레노이드 밸브(single solenoid valve)를 사용하며 실린더의 전진운동은 후진운동 완료 상태를 확인하여야 한다. 단, 실린더의 왕복운동을 위하여 복동 솔레노이드 밸브를 사용한다.

구성도:

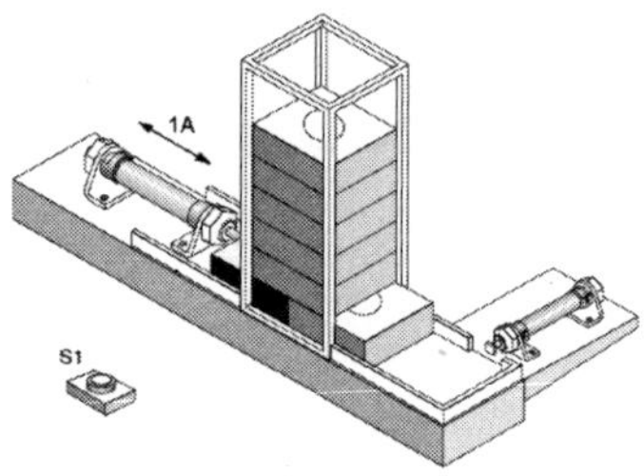

안전 및 유의사항:

- 전원 공급상태를 확인하여 전원이 차단된 상태에서 작업한다.
- 전원을 공급한 후 쇼트가 발생하면 즉시 전원을 차단한다.
- 실습 중 전기의 사용에 대하여 주의한다.
- 전기배선과 공압배관이 액추에이터의 동작에 방해가 되지 않도록 배선을 정리한다.
- 압축공기 공급상태를 확인하여 공압이 차단된 상태에서 작업한다.
- 산업안전 법규를 준수하고, 항상 위급상황을 예방할 수 있어야 한다.

실습 5 실린더의 자동 왕복운동 제어

장비 및 도구, 소요재료:

구 분	명 칭	규격(사양)	비 고
장 비	압축공기생산설비	토출압력 600kPa 이상	
	PLC 실습장비	전기공압 포함	
소요 재료	푸시버튼 스위치 셋	푸시버튼 3개, 2a-2b,	
	복동실린더	Ø25, 200mm, 1개	
	단동 솔레노이드 5포트 2위치 밸브	M5, 1/8 “, 1개	
	복동 솔레노이드 5포트 2위치 밸브	M5, 1/8 “, 1개	
	공압 호스 셋	외경 Ø4, Ø6	
	전기 케이블 셋		
공 구	컴퓨터(프로그램 소프트웨어)		

실습 과제:

① 입출력 할당표(allocation list)를 작성하고, PLC의 배선도와 공압 회로도를 그리시오.
② 프로그램을 작성하시오.
③ 작성된 프로그램을 PLC로 다운로드(download)하고 실습장비에서 배선하여 “작업내용”을 만족하는지 확인하시오.
④ S1 스위치를 계속 누르고 있을 때 나타나는 현상에 대하여 토의하시오.

실습 5 실린더의 자동 왕복운동 제어

학과(전공) 반 학번 성명

공압 회로도:

Allocation List:

구분	기호	데이터의 크기	할당번지	비고
입력				
출력				

실습 5 실린더의 자동 왕복운동 제어

학과(전공)　　　　　　　　　　반　학번　　　　　　　　　　　　성명

배선도:

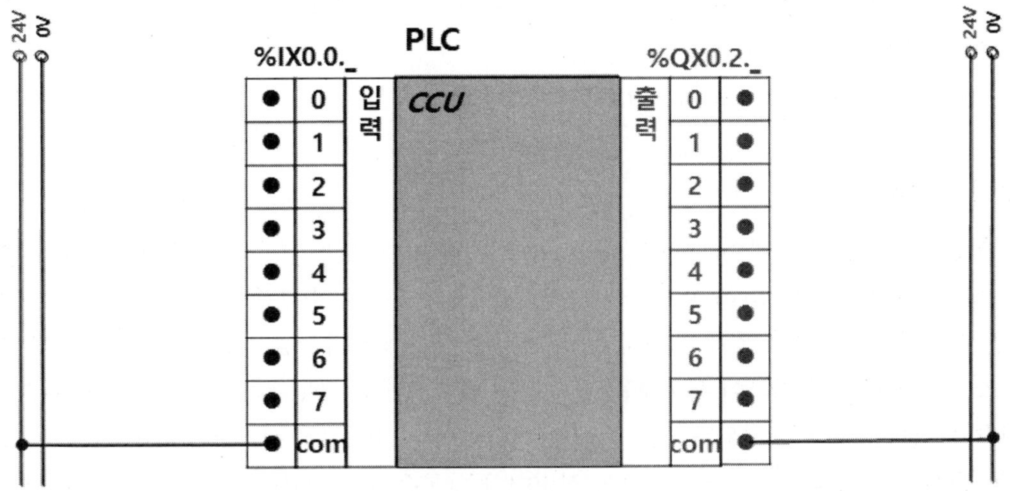

Program:

실습 6 실린더의 자동 왕복운동 제어

과제 목표:

① 신호의 기억에 대하여 이해한다.
② LD 기본 명령어를 이용하여 신호를 기억하는 프로그램을 작성한다.
③ Function Block의 플립플롭(Flip-Flop)을 이용하여 프로그램을 작성한다.
④ 위치 확인을 위한 센서를 사용한다.
⑤ PLC와 입출력 기기를 배선하고 시운전한다.

작업 내용:

1A 복동 실린더를 사용하여 매거진(magazine)에 적재되어 있는 부품을 이송하려한다. 작업시작 스위치(Start switch) S1을 누르면 1A 실린더가 전진운동하여 부품을 이송하고 이송이 종료되면 실린더는 자동으로 원래의 위치로 복귀할 수 있어야 한다. 1A 실린더의 방향제어를 위하여 스프링(spring)에 의하여 복귀하는 편 솔레노이드 밸브(single solenoid valve)를 사용하며 실린더의 전진운동은 후진운동 완료 상태를 확인하여야 한다. 단, 실린더의 왕복운동을 위하여 단동 솔레노이드 밸브를 사용한다. 단, 실린더의 왕복운동을 위하여 단동 솔레노이드 밸브를 사용한다.

구성도:

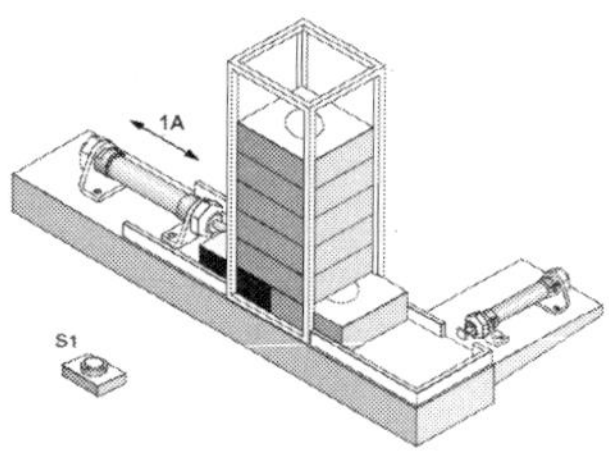

안전 및 유의사항:

- 전원 공급상태를 확인하여 전원이 차단된 상태에서 작업한다.
- 전원을 공급한 후 쇼트가 발생하면 즉시 전원을 차단한다.
- 실습 중 전기의 사용에 대하여 주의한다.
- 전기배선과 공압배관이 액추에이터의 동작에 방해가 되지 않도록 배선을 정리한다.
- 압축공기 공급상태를 확인하여 공압이 차단된 상태에서 작업한다.
- 산업안전 법규를 준수하고, 항상 위급상황을 예방할 수 있어야 한다.

실습 6 실린더의 자동 왕복운동 제어

장비 및 도구, 소요재료:

구 분	명 칭	규격(사양)	비 고
장 비	압축공기생산설비	토출압력 600kPa 이상	
	PLC 실습장비	전기공압 포함	
소요 재료	푸시버튼 스위치 셋	푸시버튼 3개, 2a-2b,	
	복동 실린더	Ø25, 200mm, 1개	
	단동 솔레노이드 5포트 2위치 밸브	M5, 1/8 ", 1개	
	복동 솔레노이드 5포트 2위치 밸브	M5, 1/8 ", 1개	
	공압 호스 셋	외경 Ø4, Ø6	
	전기 케이블 셋		
공 구	컴퓨터(프로그램 소프트웨어)		

실습 과제:

① 입출력 할당표(allocation list)를 작성하고, PLC의 배선도와 공압 회로도를 그리시오.

② 자기유지회로를 이용하여 프로그램을 작성하시오.

③ 작성된 프로그램을 PLC로 다운로드(download)하고 실습장비에서 배선하여 '작업내용'을 만족하는지 확인하시오.

④ 셋 코일(set coil, (S)) 및 리셋 코일(reset coil, (R))의 명령어를 이용하여 프로그램을 작성하고 시운전하시오.

⑤ RS Function block을 이용하여 프로그램을 작성하고 시운전하시오.

⑥ S1 스위치를 계속 누르고 있을 때 나타나는 현상에 대하여 토의하시오.

실습 6 실린더의 자동 왕복운동 제어

학과(전공) 반 학번 성명

공압 회로도:

Allocation List:

구분	기호	데이터의 크기	할당번지	비고
입력				
출력				

배선도:

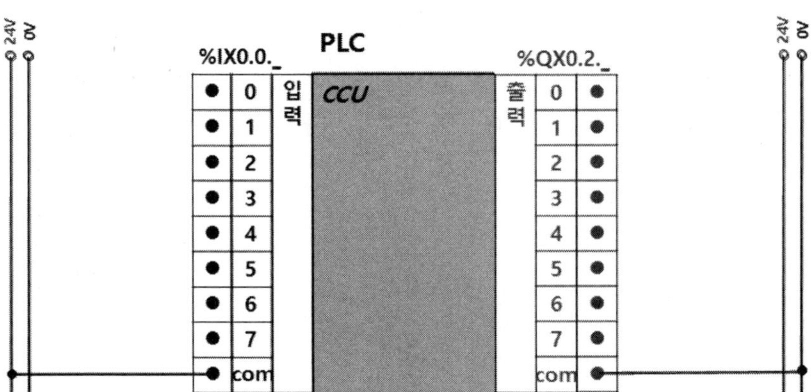

실습 6 실린더의 자동 왕복운동 제어

학과(전공)　　　　　　　　반　학번　　　　　　　　성명

Program:

실습 7 부품 공급기

과제 목표:

① 신호의 기억에 대하여 이해한다.
② LD 기본 명령어를 이용하여 신호를 기억하는 프로그램을 작성한다.
③ Function Block의 플립플롭(Flip-Flop)을 이용하여 프로그램을 작성한다.
④ 위치 확인을 위한 센서를 사용한다.
⑤ PLC와 입출력 기기를 배선하고 시운전한다.

작업 내용:

중력형 매거진에 쌓여 있는 널빤지를 복동실린더를 사용하여 이송하려 한다. 푸시버튼 스위치를 누르면 실린더는 전진 운동을 하여 매거진의 가장 아래쪽 널빤지를 이송하고 전진 운동을 완료하면 실린더는 자동으로 후진 운동하여야 한다. 실린더의 왕복운동은 널빤지가 없어질 때까지 계속한다. 단, 실린더의 왕복운동을 위하여 단동 솔레노이드 밸브를 사용한다.

구성도:

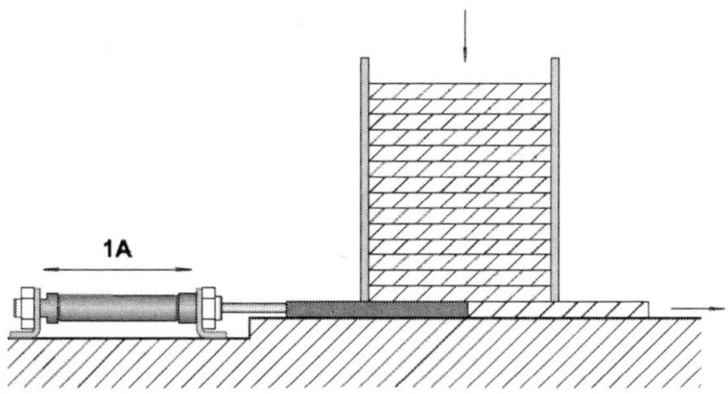

안전 및 유의사항:

- 전원 공급상태를 확인하여 전원이 차단된 상태에서 작업한다.
- 전원을 공급한 후 쇼트가 발생하면 즉시 전원을 차단한다.
- 실습 중 전기의 사용에 대하여 주의한다.
- 전기배선과 공압배관이 액추에이터의 동작에 방해가 되지 않도록 배선을 정리한다.
- 압축공기 공급상태를 확인하여 공압이 차단된 상태에서 작업한다.
- 산업안전 법규를 준수하고, 항상 위급상황을 예방할 수 있어야 한다.

실습 7 부품 공급기

장비 및 도구, 소요재료:

<table>
<tr><th>구 분</th><th>명 칭</th><th>규격(사양)</th><th>비 고</th></tr>
<tr><td rowspan="2">장 비</td><td>압축공기생산설비</td><td>토출압력 600kPa 이상</td><td></td></tr>
<tr><td>PLC 실습장비</td><td>전기공압 포함</td><td></td></tr>
<tr><td rowspan="6">소요
재료</td><td>푸시버튼 스위치 셋</td><td>푸시버튼 3개, 2a-2b,</td><td></td></tr>
<tr><td>복동실린더</td><td>Ø25, 200mm, 1개</td><td></td></tr>
<tr><td>단동 솔레노이드
5포트 2위치 밸브</td><td>M5, 1/8 ", 1개</td><td></td></tr>
<tr><td>복동 솔레노이드
5포트 2위치 밸브</td><td>M5, 1/8 ", 1개</td><td></td></tr>
<tr><td>공압 호스 셋</td><td>외경 Ø4, Ø6</td><td></td></tr>
<tr><td>전기 케이블 셋</td><td></td><td></td></tr>
<tr><td>공 구</td><td>컴퓨터(프로그램 소프트웨어)</td><td></td><td></td></tr>
</table>

실습 과제:

① 입출력 할당표(allocation list)를 작성하고, PLC의 배선도와 공압 회로도를 그리시오.

② 프로그램을 작성하시오.

③ 작성된 프로그램을 PLC로 다운로드(download)하고 실습장비에서 배선하여 '작업내용'을 만족하는지 확인하시오.

실습 7 부품 공급기

학과(전공)　　　　　　　　반　학번　　　　　　　　성명

공압 회로도:

Allocation List:

구분	기호	데이터의 크기	할당번지	비고
입력				
출력				

배선도:

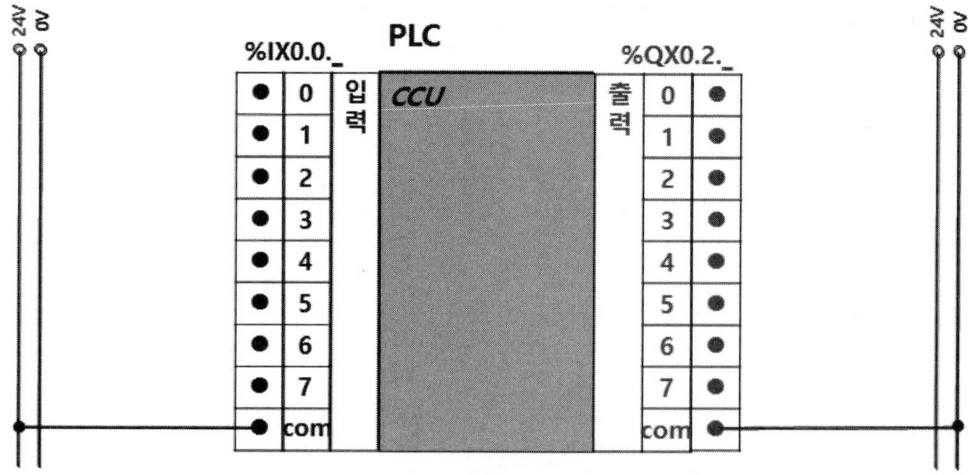

실습 7 부품 공급기

학과(전공) 반 학번 성명

Program:

실습 8 부품 압착기

과제 목표:

① 타이머를 이용하여 프로그램을 한다.
② PLC와 입출력 기기를 배선하고 시운전한다.

작업 내용:

1A 복동 실린더를 사용하여 두 개의 부품을 압착하려 한다. 실린더의 후진운동 상태에서 작업 시작 스위치(Start switch)를 누르면 1A 실린더가 전진운동하여 두 부품의 압착을 시작한다. 확실한 압착을 위하여 실린더는 5초 동안 계속 누르고 있어야 한다. 압착이 완료되면 실린더는 자동으로 원래의 위치로 복귀한다. 1A 실린더의 방향제어를 위하여 스프링(spring)에 의하여 복귀하는 편 솔레노이드 밸브(single solenoid valve)를 사용한다.

구성도:

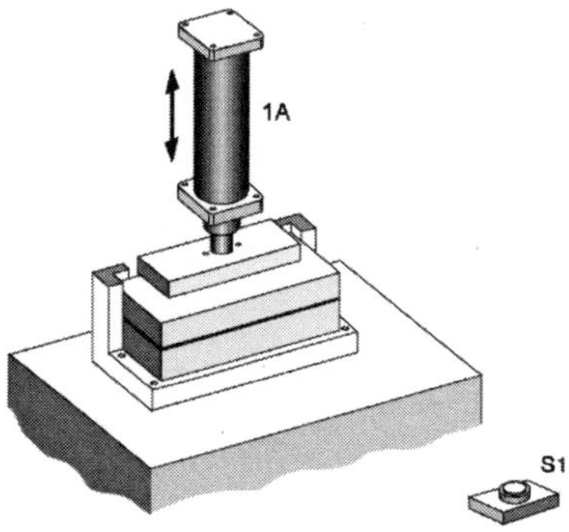

안전 및 유의사항:

- 전원 공급상태를 확인하여 전원이 차단된 상태에서 작업한다.
- 전원을 공급한 후 쇼트가 발생하면 즉시 전원을 차단한다.
- 실습 중 전기의 사용에 대하여 주의한다.
- 전기배선과 공압배관이 액추에이터의 동작에 방해가 되지 않도록 배선을 정리한다.
- 압축공기 공급상태를 확인하여 공압이 차단된 상태에서 작업한다.
- 산업안전 법규를 준수하고, 항상 위급상황을 예방할 수 있어야 한다.

실습 8 부품 압착기

장비 및 도구, 소요재료:

구 분	명 칭	규격(사양)	비 고
장 비	압축공기생산설비	토출압력 600kPa 이상	
	PLC 실습장비	전기공압 포함	
소요재료	푸시버튼 스위치 셋	푸시버튼 3개, 2a-2b,	
	복동 실린더	Ø25, 200mm, 1개	
	단동 솔레노이드 5포트 2위치 밸브	M5, 1/8 ", 1개	
	복동 솔레노이드 5포트 2위치 밸브	M5, 1/8 ", 1개	
	공압 호스 셋	외경 Ø4, Ø6	
	전기 케이블 셋		
공 구	컴퓨터(프로그램 소프트웨어)		

실습 과제:

① 입출력 할당표(allocation list)를 작성하고, PLC의 배선도와 공압 회로도를 그리시오.

② 실습 6과 같은 여러 가지 방법으로 프로그램을 작성하고 시운전하시오.

③ 스프링 복귀형이 아닌 양 솔레노이드 밸브(double solenoid valve)를 사용할 경우 공압 회로도와 프로그램에 대하여 토의하시오.

④ S1 start S/W를 계속 누르고 있을 때 현상에 대하여 토의하시오.

실습 8 부품 압착기

학과(전공) 반 학번 성명

공압 회로도:

Allocation List:

구분	기호	데이터의 크기	할당번지	비고
입력				
출력				

배선도:

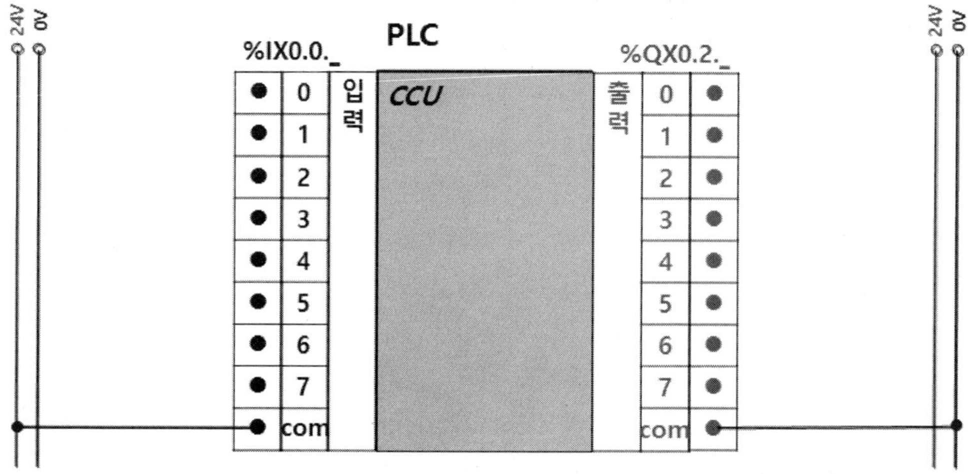

실습 8 부품 압착기

학과(전공) 반 학번 성명

Program:

실습 8 부품 압착기

학과(전공)　　　　　　　　　반　학번　　　　　　　　　　성명

공압 회로도:

Allocation List; Double solenoid valve의 이용

구분	기호	데이터의 크기	할당번지	비고
입력				
출력				

Program:

실습 8 부품 압착기

학과(전공)　　　　　　　　　　반　　학번　　　　　　　　　　　　성명

실습 9 자동이송장치

과제 목표:

① 카운터를 이용하여 프로그램을 한다.
② 연속 작업의 프로그램을 한다.
③ PLC와 입출력 기기를 배선하고 시운전한다.

작업 내용:

1A 복동 실린더를 사용하여 부품을 이송하려 한다. 실린더의 후진운동 상태에서 작업시작 스위치(Start switch)를 누르면 1A 실린더가 전진운동하여 부품의 이송을 시작한다. 다섯 개의 부품을 이송하면 실린더는 자동으로 정지하여야 하며 혹은 매거진에 부품이 없으면 정지하여야 한다. 이 때 매거진에 부품을 공급하면 나머지 부품을 이송하고 작업을 정지하여야 한다. 1A 실린더의 방향제어를 위하여 스프링(spring)에 의하여 복귀하는 편 솔레노이드 밸브(single solenoid valve)를 사용한다.

구성도:

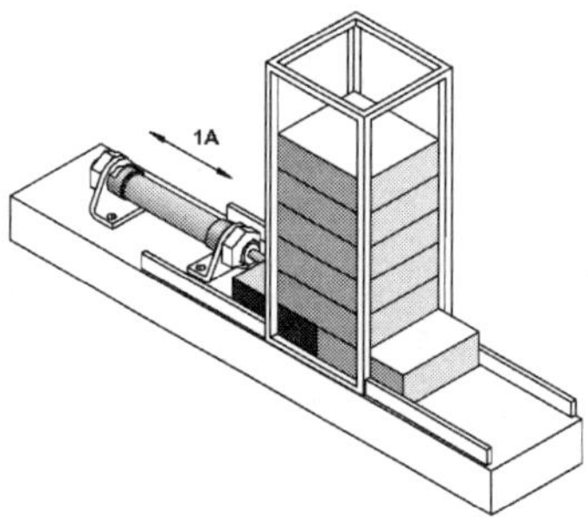

안전 및 유의사항:

- 전원 공급상태를 확인하여 전원이 차단된 상태에서 작업한다.
- 전원을 공급한 후 쇼트가 발생하면 즉시 전원을 차단한다.
- 실습 중 전기의 사용에 대하여 주의한다.
- 전기배선과 공압배관이 액추에이터의 동작에 방해가 되지 않도록 배선을 정리한다.
- 압축공기 공급상태를 확인하여 공압이 차단된 상태에서 작업한다.
- 산업안전 법규를 준수하고, 항상 위급상황을 예방할 수 있어야 한다.

실습 9 자동이송장치

장비 및 도구, 소요재료:

구 분	명 칭	규격(사양)	비 고
장 비	압축공기생산설비	토출압력 600kPa 이상	
	PLC 실습장비	전기공압 포함	
소요재료	푸시버튼 스위치 셋	푸시버튼 3개, 2a-2b,	
	복동실린더	Ø25, 200mm, 1개	
	단동 솔레노이드 5포트 2위치 밸브	M5, 1/8 ", 1개	
	복동 솔레노이드 5포트 2위치 밸브	M5, 1/8 ", 1개	
	공압 호스 셋	외경 Ø4, Ø6	
	전기 케이블 셋		
공 구	컴퓨터(프로그램 소프트웨어)		

실습 과제:

① 입출력 할당표(allocation list)를 작성하고, PLC의 배선도와 공압 회로도를 그리시오.
② 실습 6과 같은 여러 가지 방법으로 프로그램을 작성하고 시운전하시오.
③ Stop S/W를 설치하여 작업 중 임의의 개수에서 정지시킬 수 있는 방법에 대하여 토의하고 프로그램을 작성하여 시운전하시오.
④ 스프링 복귀형이 아닌 양 솔레노이드 밸브(double solenoid valve)를 사용할 경우 공압 회로도와 프로그램에 대하여 토의하시오.

실습 9 자동이송장치

학과(전공) 반 학번 성명

공압 회로도:

Allocation List:

구분	기호	데이터의 크기	할당번지	비고
입력				
출력				

배선도:

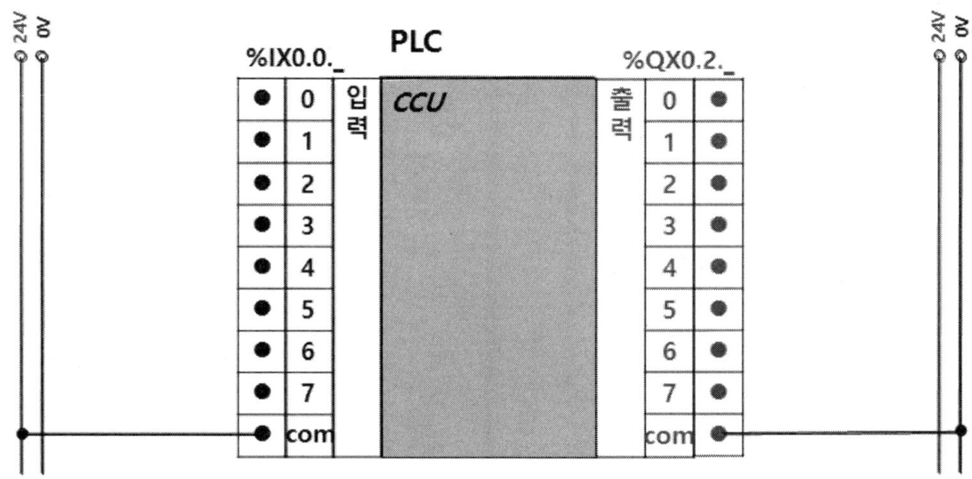

실습 9 자동이송장치

학과(전공) 반 학번 성명

Program:

실습 9 자동이송장치

학과(전공) 반 학번 성명

③ Stop S/W를 설치하여 작업 중 임의의 개수에서 정지시킬 수 있는 방법에 대하여 토의하고 프로그램을 작성하여 시운전하시오.

공압 회로도:

Allocation List; Stop S/W의 이용

구분	기호	데이터의 크기	할당번지	비고
입력				
출력				

배선도:

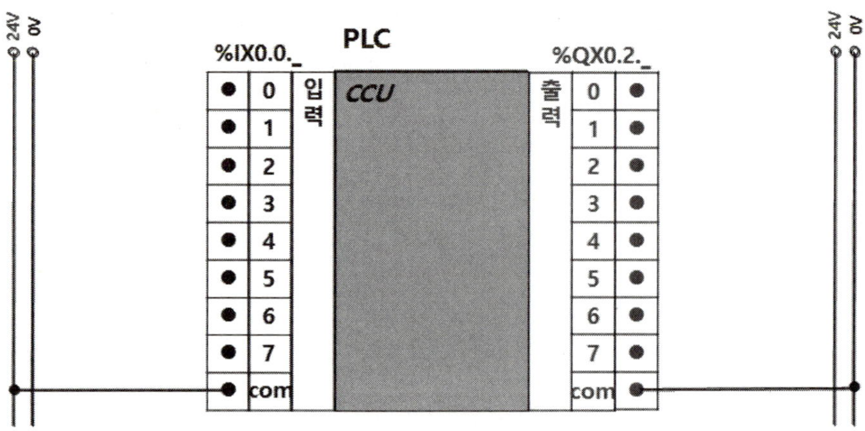

실습 9 자동이송장치

학과(전공) 반 학번 성명

Program:

실습 9 자동이송장치

학과(전공) 반 학번 성명

④ 스프링 복귀형이 아닌 양 솔레노이드 밸브(double solenoid valve)를 사용할 경우 공압 회로도와 프로그램에 대하여 토의하시오.

공압 회로도:

Allocation List: Double solenoid valve의 이용

구분	기호	데이터의 크기	할당번지	비고
입력				
출력				

배선도:

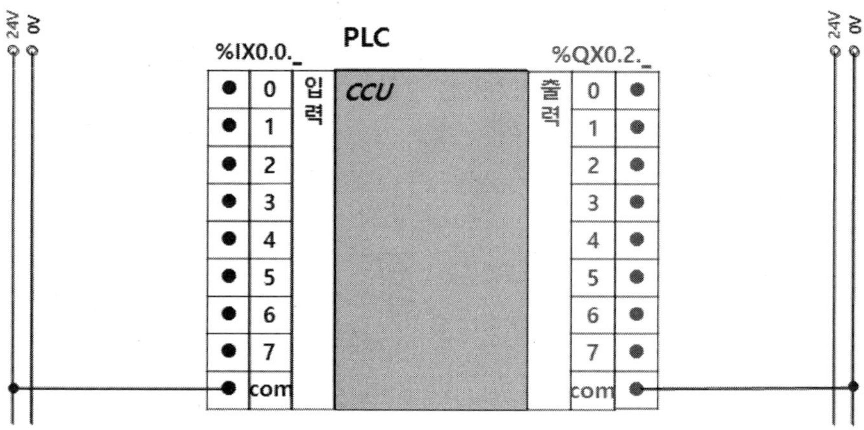

실습 9 자동이송장치

학과(전공)　　　　　　　　　　반　학번　　　　　　　성명

Program:

실습 10 출력 LED 제어

과제 목표:

① 펑션(Function)의 사용방법을 익힌다.
② 디지털(Digital) 수 체계를 익힌다.
③ 워드(word) 단위의 제어와 정수(integer)의 개념을 익힌다.
④ 배선하여 시운전한다.

작업 내용:

PLC의 출력을 이용하여 여러 개의 램프를 크리스마스 트리(Christmas tree)나 네온사인(Neon sign)과 같이 다양한 방법으로 점등하려 한다. 단, 16개의 출력을 이용한다.

안전 및 유의사항:

- 전원 공급상태를 확인하여 전원이 차단된 상태에서 작업한다.
- 전원을 공급한 후 쇼트가 발생하면 즉시 전원을 차단한다.
- 실습 중 전기의 사용에 대하여 주의한다.
- 전기배선과 공압배관이 액추에이터의 동작에 방해가 되지 않도록 배선을 정리한다.
- 압축공기 공급상태를 확인하여 공압이 차단된 상태에서 작업한다.
- 산업안전 법규를 준수하고, 항상 위급상황을 예방할 수 있어야 한다.

실습 10 출력 LED 제어

장비 및 도구, 소요재료:

구 분	명 칭	규격(사양)	비 고
장 비	압축공기생산설비	토출압력 600kPa 이상	
	PLC 실습장비	전기공압 포함	
소요재료	푸시버튼 스위치 셋	푸시버튼 3개, 2a-2b,	
	복동실린더	Ø25, 200mm, 1개	
	단동 솔레노이드 5포트 2위치 밸브	M5, 1/8 ", 1개	
	복동 솔레노이드 5포트 2위치 밸브	M5, 1/8 ", 1개	
	공압 호스 셋	외경 Ø4, Ø6	
	전기 케이블 셋		
공 구	컴퓨터(프로그램 소프트웨어)		

실습 과제:

① 2번 slot의 출력 module에서 0번부터 15번까지 16개의 출력 LED를 0번부터 순서대로 하나씩 점등한 후 15번까지 모두 점등되면 모두 소등하고 다시 처음부터 같은 동작을 반복하도록 한다. 램프 점등의 시작은 start S/W를 사용하고 작동의 중지는 stop S/W를 사용한다.

실습 10 출력 LED 제어

학과(전공) 반 학번 성명

Allocation List:

구분	기호	데이터의 크기	할당번지	비고
입력	START	BOOL	%IX0.0.0	Push button S/W(작업시작)
	STOP	BOOL	%IX0.0.1	Push button S/W(작업종료)
출력	H0	BOOL	%QX0.2.0	Lamp #0 ~ Lamp #7 %QW0.2.0의 word 단위 출력으로 제어
	H1	BOOL	%QX0.2.1	
	H2	BOOL	%QX0.2.2	
	H3	BOOL	%QX0.2.3	
	H4	BOOL	%QX0.2.4	
	H5	BOOL	%QX0.2.5	
	H6	BOOL	%QX0.2.6	
	H7	BOOL	%QX0.2.7	

배선도:

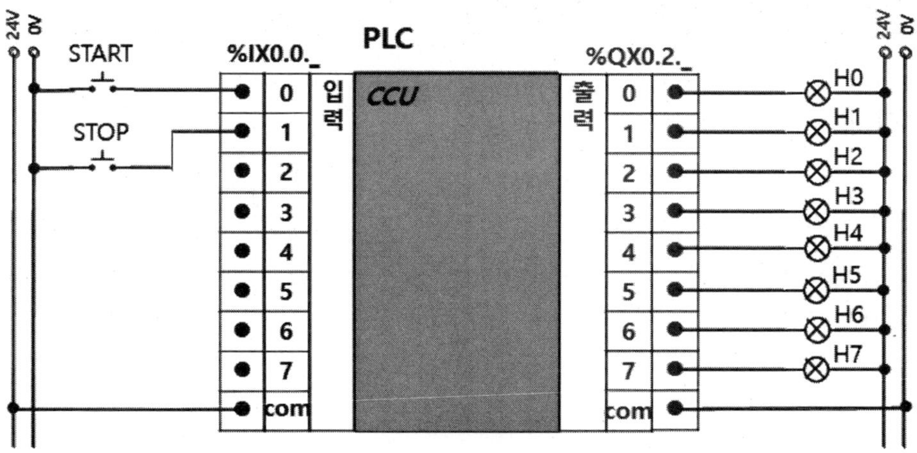

실습 10 출력 LED 제어

학과(전공) 반 학번 성명

Program:

실습 11 상자의 이송

과제 목표:

① 시퀀스 제어(Sequence control)의 기본 개념을 익힌다.

② PLC와 입출력 기기를 배선하고 시운전한다.

작업 내용:

두 개의 실린더 1A와 1B를 이용하여 상자를 이송한다. 롤러 컨베이어(roller conveyor)에서 자중에 의하여 미끄러져 내려온 상자를 1A실린더의 전진운동으로 들어 올리고 다음은 2A실린더의 전진운동으로 상자를 밀어내어 다음의 roller conveyor로 밀어낸다. 실린더의 후진운동은 1A 실린더가 먼저 후진운동을 완료한 후 2A 실린더가 후진운동한다. 작업의 시작은 start S/W를 사용하며 상자가 있는 것을 확인하여야 한다.

구성도:

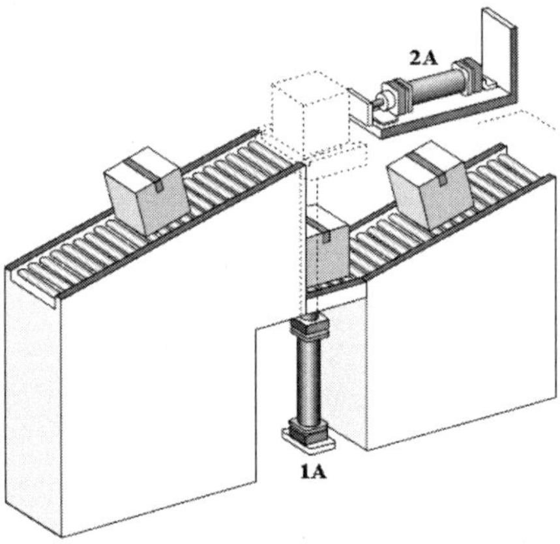

안전 및 유의사항:

- 전원 공급상태를 확인하여 전원이 차단된 상태에서 작업한다.
- 전원을 공급한 후 쇼트가 발생하면 즉시 전원을 차단한다.
- 실습 중 전기의 사용에 대하여 주의한다.
- 전기배선과 공압배관이 액추에이터의 동작에 방해가 되지 않도록 배선을 정리한다.
- 압축공기 공급상태를 확인하여 공압이 차단된 상태에서 작업한다.
- 산업안전 법규를 준수하고, 항상 위급상황을 예방할 수 있어야 한다.

실습 11 상자의 이송

장비 및 도구, 소요재료:

구 분	명 칭	규격(사양)	비 고
장 비	압축공기생산설비	토출압력 600kPa 이상	
	PLC 실습장비	전기공압 포함	
소요 재료	푸시버튼 스위치 셋	푸시버튼 3개, 2a-2b,	
	복동실린더	Ø25, 200mm, 1개	
	단동 솔레노이드 5포트 2위치 밸브	M5, 1/8 ", 1개	
	복동 솔레노이드 5포트 2위치 밸브	M5, 1/8 ", 1개	
	공압 호스 셋	외경 Ø4, Ø6	
	전기 케이블 셋		
공 구	컴퓨터(프로그램 소프트웨어)		

실습 과제:

① 변위-단계선도(Motion-step diagram)를 그리시오.
② 입출력 할당표(allocation list)를 작성하고, PLC의 배선도와 공압 회로도를 그리시오.
③ 프로그램을 작성하고 시운전하시오.
④ 연속작업이 가능하도록 Stop S/W를 설치하고 프로그램을 수정하여 시운전하시오.

실습 11 상자의 이송

학과(전공) 반 학번 성명

Motion-step diagram:

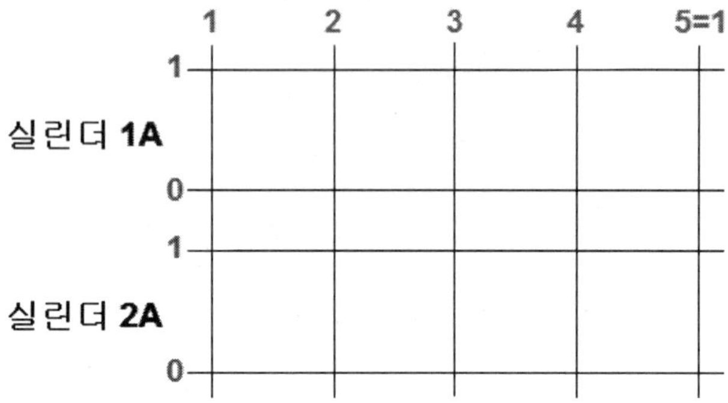

공압 회로도:

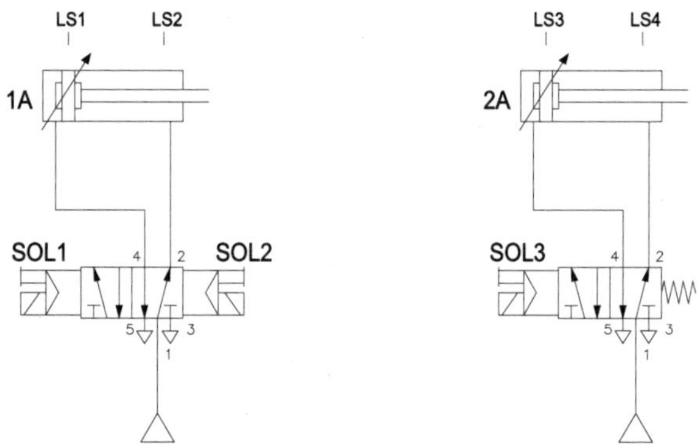

Allocation List:

구분	기호	데이터의 크기	할당번지	비고
입력				
출력				

실습 11 상자의 이송

학과(전공)　　　　　　　　　　반　학번　　　　　　　성명

배선도:

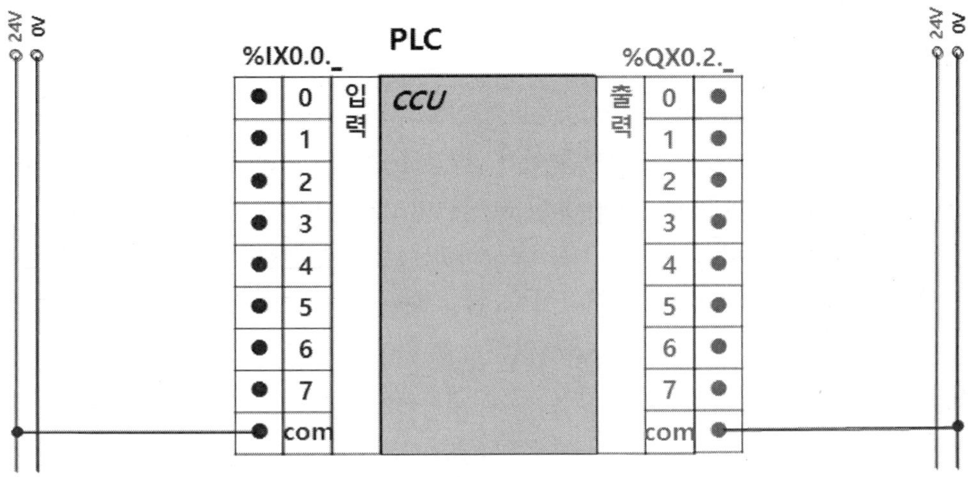

Program:

실습 12 Stamping device

과제 목표:

① 시퀀스 제어(Sequence control)에서 발생하는 간섭의 제거 방법을 익힌다.

② PLC와 입출력 기기를 배선하고 시운전한다.

작업 내용:

두 개의 실린더 1A와 2A를 이용하여 stamping 작업을 한다. 실린더 1A는 feeding과 clamping 작업을 하고 실린더 2A는 stamping 작업을 한다. 작업의 순서는 먼저 실린더 1A가 전진운동하여 magazine의 부품을 feeding, clamping하고 실린더 2A가 전진운동하여 stamping 작업을 한다. 작업이 끝나면 실린더 2A가 먼저 후진운동하고 다음으로 실린더 1A가 원위치로 복귀한다. 단, 작업의 시작은 magazine에 부품이 있어야 한다.

구성도:

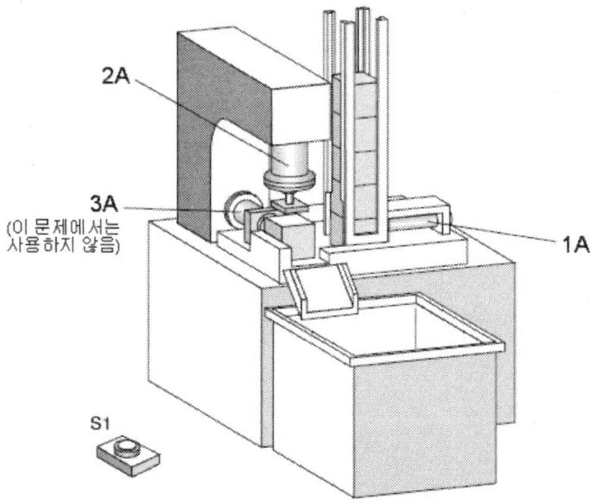

안전 및 유의사항:

- 전원 공급상태를 확인하여 전원이 차단된 상태에서 작업한다.
- 전원을 공급한 후 쇼트가 발생하면 즉시 전원을 차단한다.
- 실습 중 전기의 사용에 대하여 주의한다.
- 전기배선과 공압배관이 액추에이터의 동작에 방해가 되지 않도록 배선을 정리한다.
- 압축공기 공급상태를 확인하여 공압이 차단된 상태에서 작업한다.
- 산업안전 법규를 준수하고, 항상 위급상황을 예방할 수 있어야 한다.

실습 12 Stamping device

장비 및 도구, 소요재료:

구 분	명 칭	규격(사양)	비 고
장 비	압축공기생산설비	토출압력 600kPa 이상	
	PLC 실습장비	전기공압 포함	
소요 재료	푸시버튼 스위치 셋	푸시버튼 3개, 2a-2b,	
	복동실린더	Ø25, 200mm, 1개	
	단동 솔레노이드 5포트 2위치 밸브	M5, 1/8 ", 1개	
	복동 솔레노이드 5포트 2위치 밸브	M5, 1/8 ", 1개	
	공압 호스 셋	외경 Ø4, Ø6	
	전기 케이블 셋		
공 구	컴퓨터(프로그램 소프트웨어)		

실습 과제:

① 변위-단계선도(Motion-step diagram)를 그리시오.

② 입출력 할당표(allocation list)를 작성하고, PLC의 배선도와 공압 회로도를 그리시오.

③ 프로그램을 작성하고 시운전하시오.

실습 12 Stamping device

학과(전공) 반 학번 성명

Motion-step diagram:

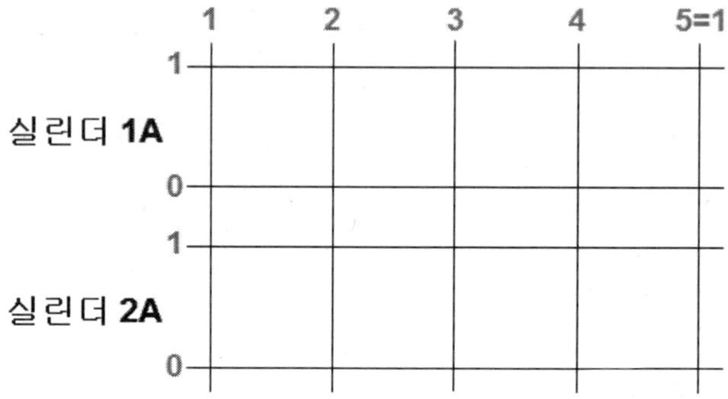

공압 회로도:

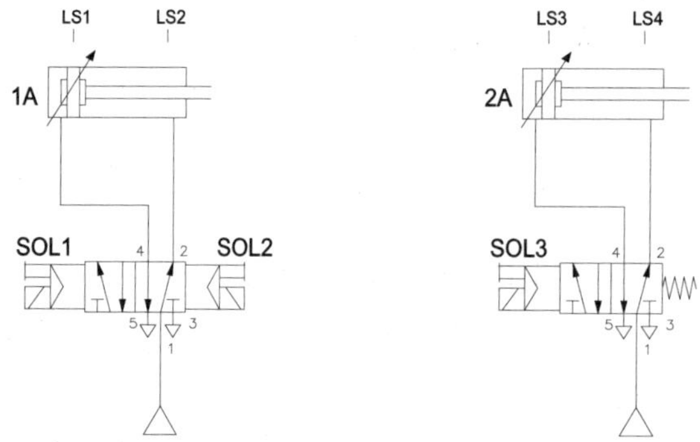

Allocation List:

구분	기호	데이터의 크기	할당번지	비고
입력				
출력				

실습 12 Stamping device

학과(전공)　　　　　　　　반　학번　　　　　　성명

배선도:

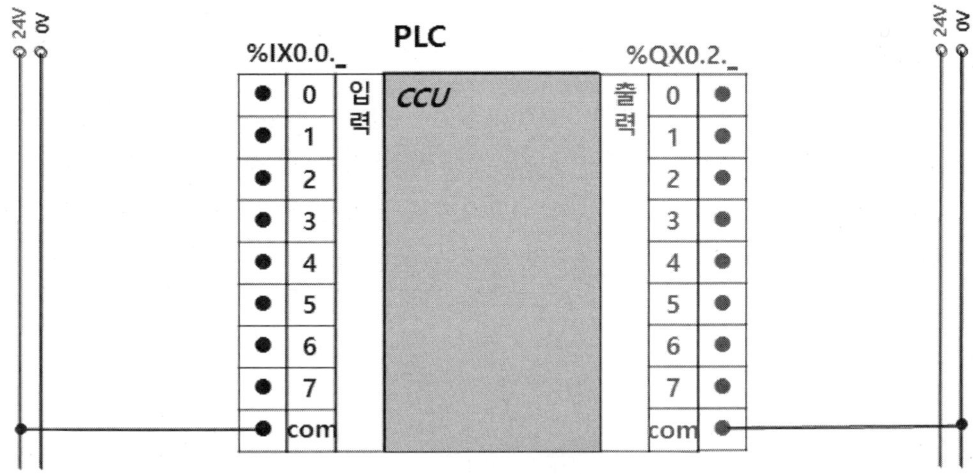

Program:

실습 13 Feeding device

과제 목표:

① 시퀀스 제어(Sequence control)에서 발생하는 간섭의 제거 방법을 익힌다.

② PLC와 입출력 기기를 배선하고 시운전한다.

작업 내용:

두 개의 실린더 1A와 3A를 이용하여 feeding 작업을 한다. 실린더 1A는 magazine으로부터 부품을 이송하고 실린더 3A는 이 부품을 conveyor로 이송한다. 작업의 순서는 먼저 실린더 1A가 전진운동하여 magazine의 부품을 feeding하고 돌아온 후 실린더 3A가 전진운동하여 두 번째 feeding 작업을 한다. 단, 작업의 시작은 magazine에 부품이 있어야 한다.

구성도:

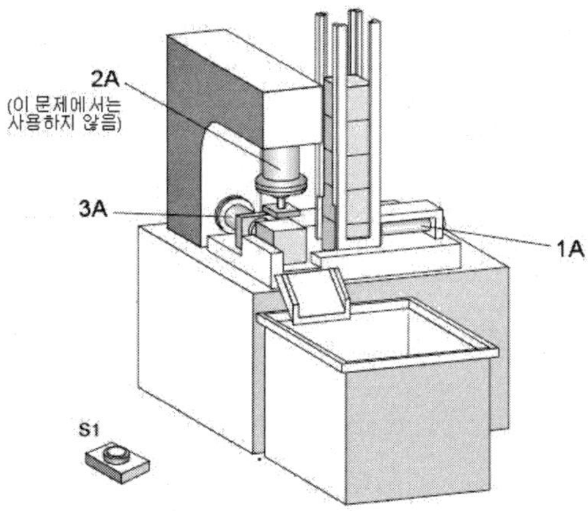

안전 및 유의사항:

- 전원 공급상태를 확인하여 전원이 차단된 상태에서 작업한다.
- 전원을 공급한 후 쇼트가 발생하면 즉시 전원을 차단한다.
- 실습 중 전기의 사용에 대하여 주의한다.
- 전기배선과 공압배관이 액추에이터의 동작에 방해가 되지 않도록 배선을 정리한다.
- 압축공기 공급상태를 확인하여 공압이 차단된 상태에서 작업한다.
- 산업안전 법규를 준수하고, 항상 위급상황을 예방할 수 있어야 한다.

실습 13 Feeding device

장비 및 도구, 소요재료:

구 분	명 칭	규격(사양)	비 고
장 비	압축공기생산설비	토출압력 600kPa 이상	
	PLC 실습장비	전기공압 포함	
소요 재료	푸시버튼 스위치 셋	푸시버튼 3개, 2a-2b,	
	복동실린더	Ø25, 200mm, 1개	
	단동 솔레노이드 5포트 2위치 밸브	M5, 1/8 ", 1개	
	복동 솔레노이드 5포트 2위치 밸브	M5, 1/8 ", 1개	
	공압 호스 셋	외경 Ø4, Ø6	
	전기 케이블 셋		
공 구	컴퓨터(프로그램 소프트웨어)		

실습 과제:

① 변위-단계선도(Motion-step diagram)를 그리시오.

② 입출력 할당표(allocation list)를 작성하고, PLC의 배선도와 공압 회로도를 그리시오.

③ 프로그램을 작성하고 시운전하시오.

실습 13 Feeding device

학과(전공)　　　　　　　　　　반　학번　　　　　　　　성명

Motion-step diagram:

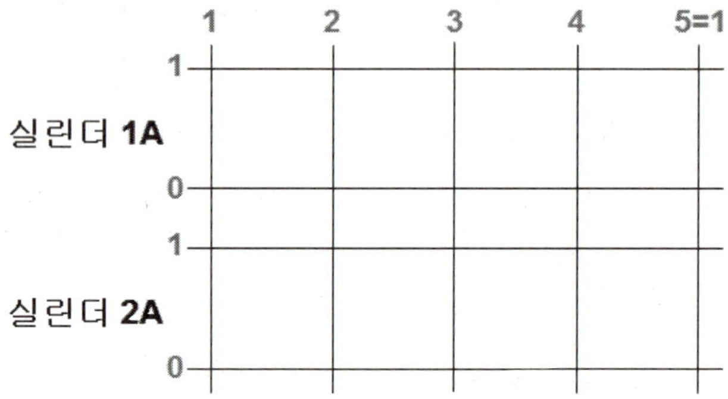

공압 회로도:

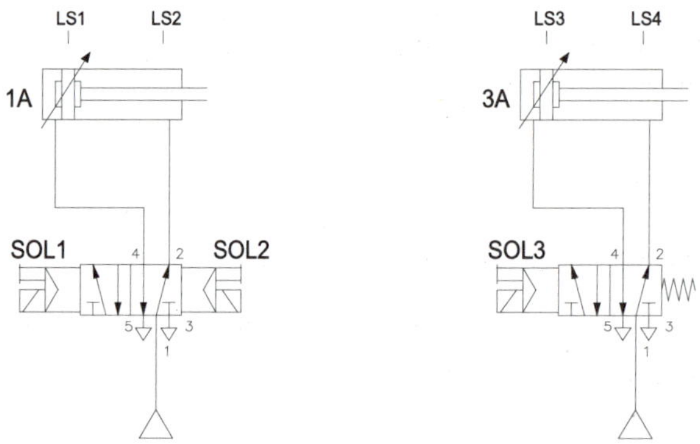

Allocation List:

구분	기호	데이터의 크기	할당번지	비고
입력				
출력				

실습 13 Feeding device

학과(전공) 반 학번 성명

배선도:

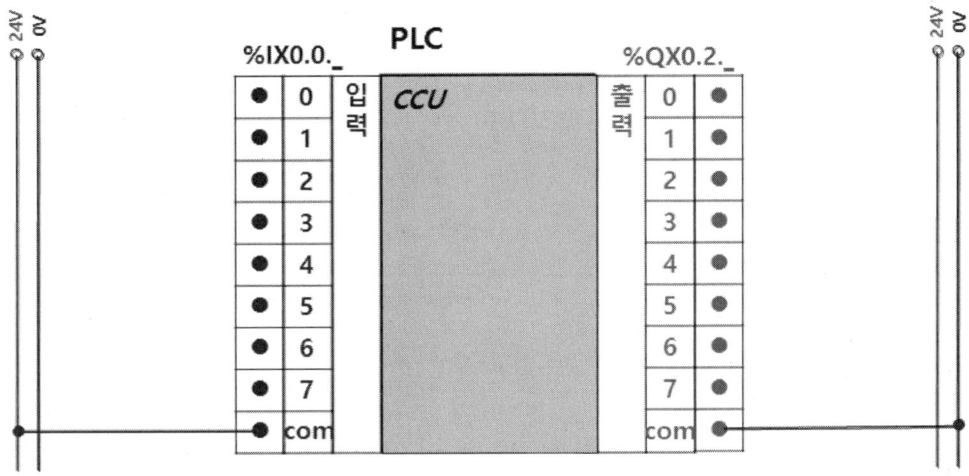

Program:

참고

GX Works2의 사용

1. GX Works2 프로그램 설치
2. 화면 구성과 기본 조작
3. 프로젝트 관리 및 파라미터 설정
4. 기본조작
   (PLC 쓰기, 모니터, 시뮬레이션)
5. 베이스 모듈 / 입출력 번호의 할당
6. QCPU 프로그램 기초
7. PLC 프로그램 실습

1 GX Works2 프로그램 설치

1. GX Works2 소프트웨어

※ 우리가 사용하는 어떤 PLC 장치든 사용하기 위해서는 각 제조사에서 공급하는 전용 프로그램 편집기를 PC환경에 설치해야 한다. 여기서 사용되는 PLC는 MITSUBISHI Q00 시리즈의 PLC이다.

많은 사용자가 이미 알고 있겠지만 바로 GX Works2 소프트웨어 프로그램을 사용하므로 PC에 설치하고 프로그램하여 동작할 수 있는 환경을 준비해야 한다. 프로그램 설치가 끝나면 PC와 PLC를 연결하는 과정을 거쳐서 사용할 수 있게 된다.

1) 프로그램 설치

GX Wokrs2 소프트웨어를 설치한다. 그러나 한글 환경에 설치하는 과정을 복잡하게 생각할 필요는 없다. 다음에서 제시하는 절차대로 프로그램을 설치하면 한글 환경에서 보다 쉽게 사용할 수 있을 것이다.

① GX Works2 파일이 저장되어있는 경로를 들어가 프로그램을 설치한다.

[그림 2-1] 소프트웨어 경로

② 설치마법사가 실행되고 아래와 같은 화면이 나타나면 Next 버튼을 클릭한다.

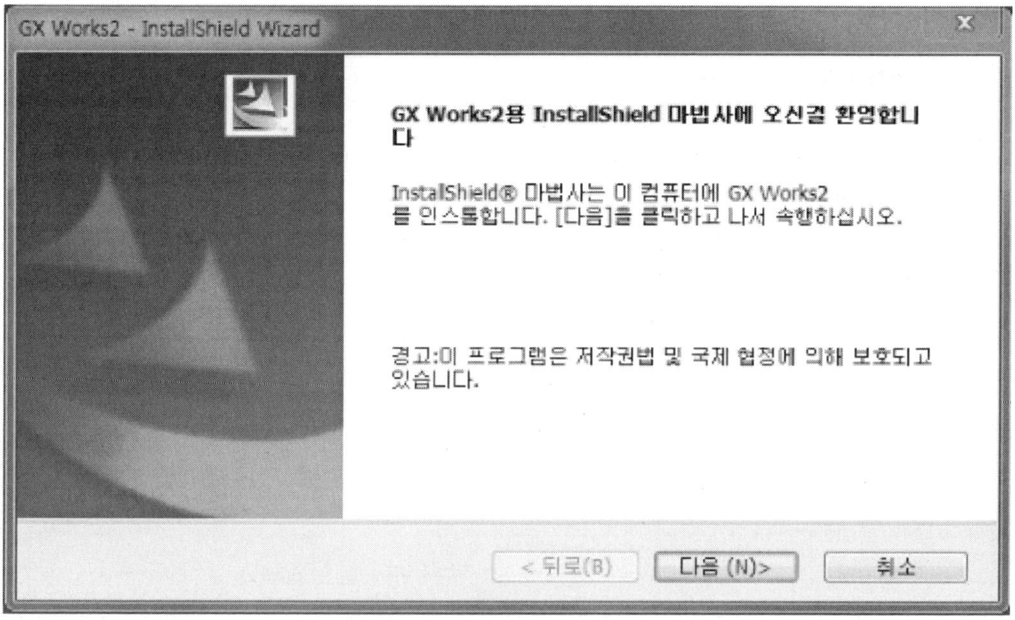

[그림 2-2] 소프트웨어 설치 안내

③ 사용자의 인적사항과 제품 시리얼번호를 기재한 후 다음 버튼을 클릭한다.

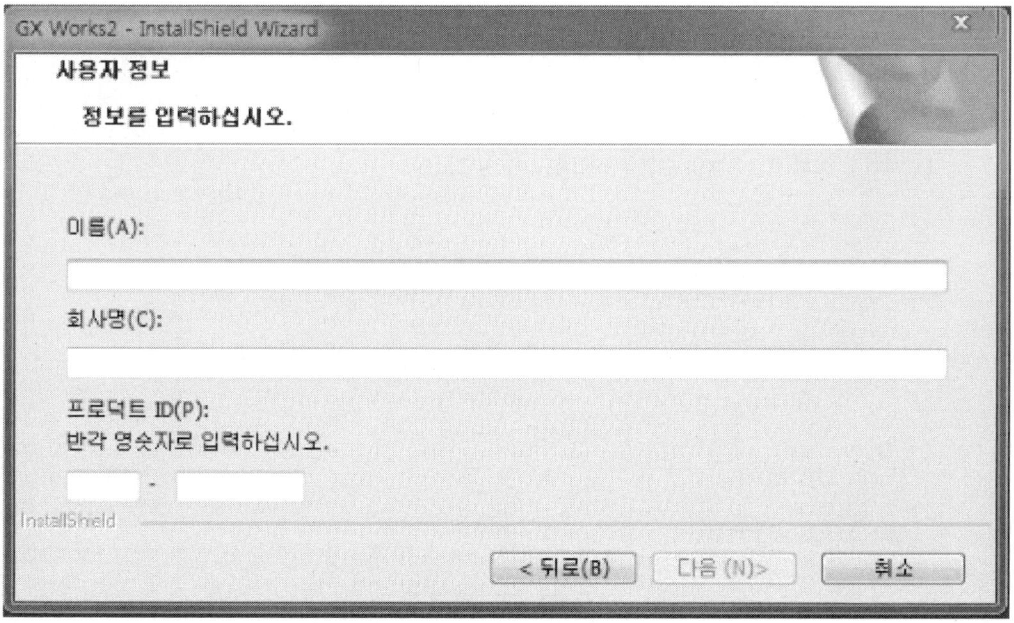

[그림 2-3] 소프트웨어 설치 인적 사항 입력

④ 설정했던 사용자 정보를 확인 후 다음 버튼을 클릭한다.

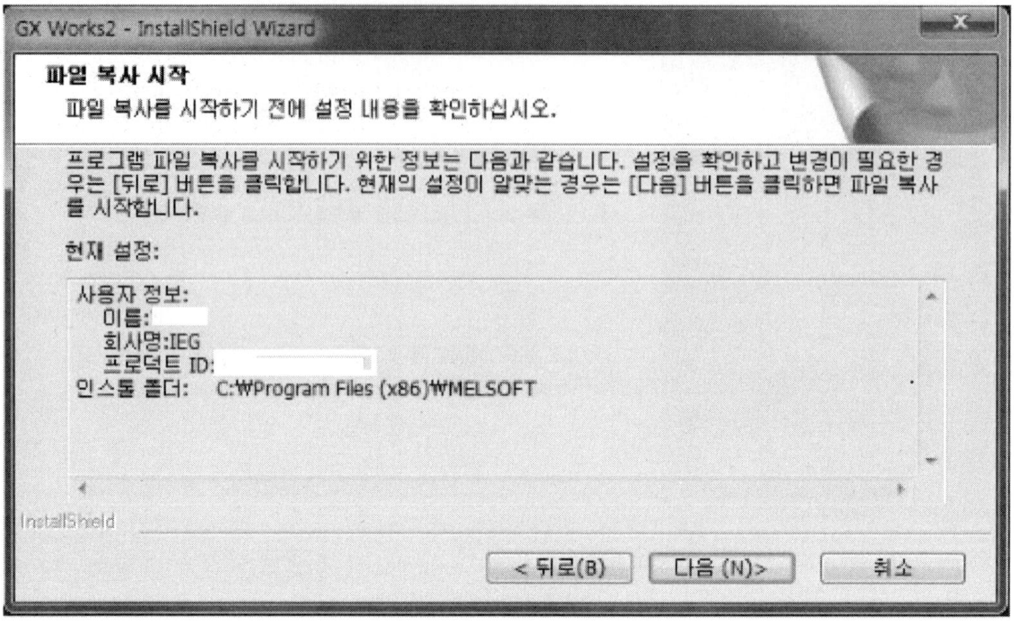

[그림 2-4] 사용자 정보

⑤ 다음과 같이 S/W가 설치된다.

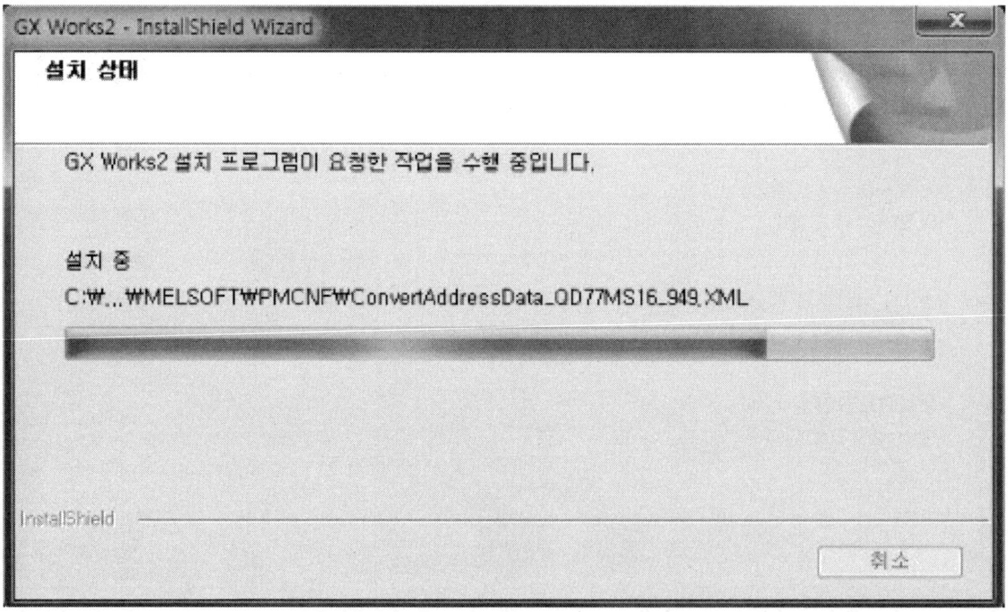

[그림 2-5] 소프트웨어 설치

⑥ 버전에 관련된 사항을 확인을 위한 TEXT 파일을 확인할 수 있다.

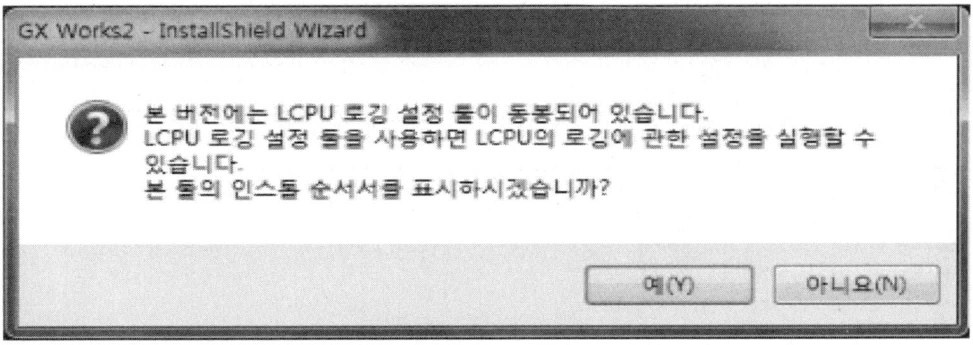

[그림 2-6] 소프트웨어 정보

⑦ S/W 설치가 끝나면 완료 버튼을 클릭한다.

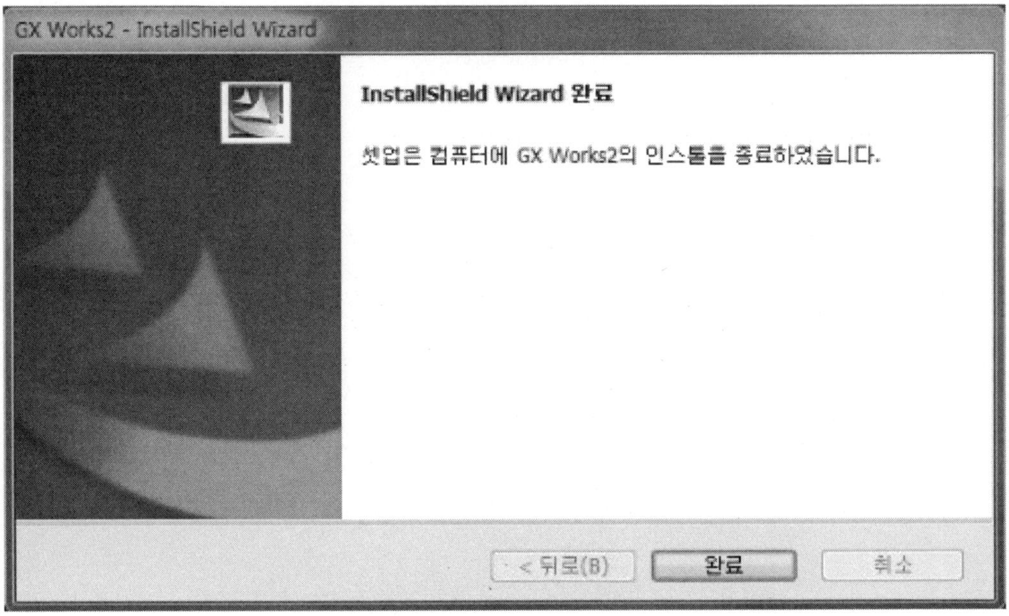

[그림 2-7] 설치 완료

⑧ 다음으로 Version S/W를 지정된 경로에서 Setup를 클릭한다.

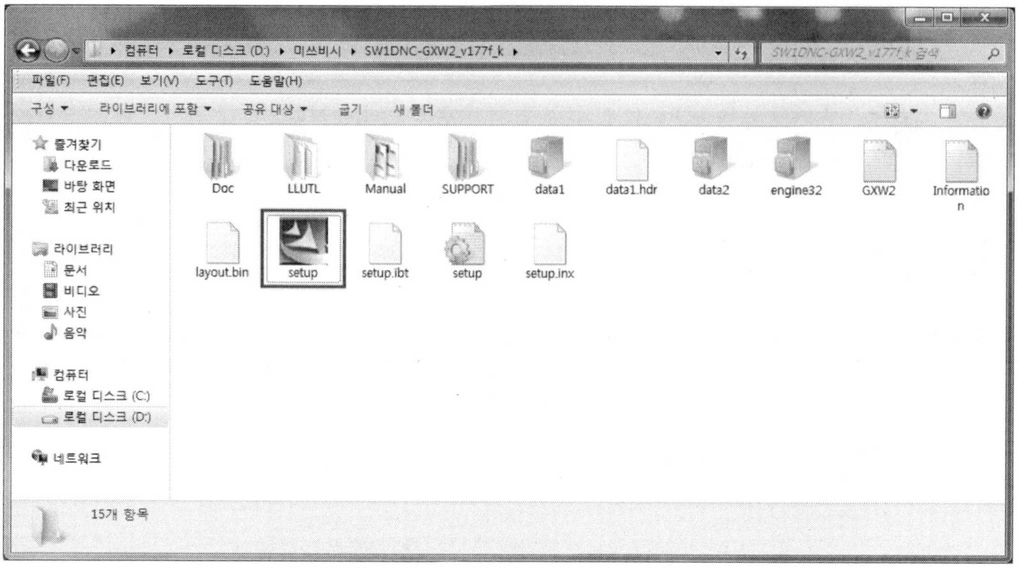

[그림 2-8] Version S/W 경로

⑨ Version 업그레이드 프로세스 안내 중인 창이다.

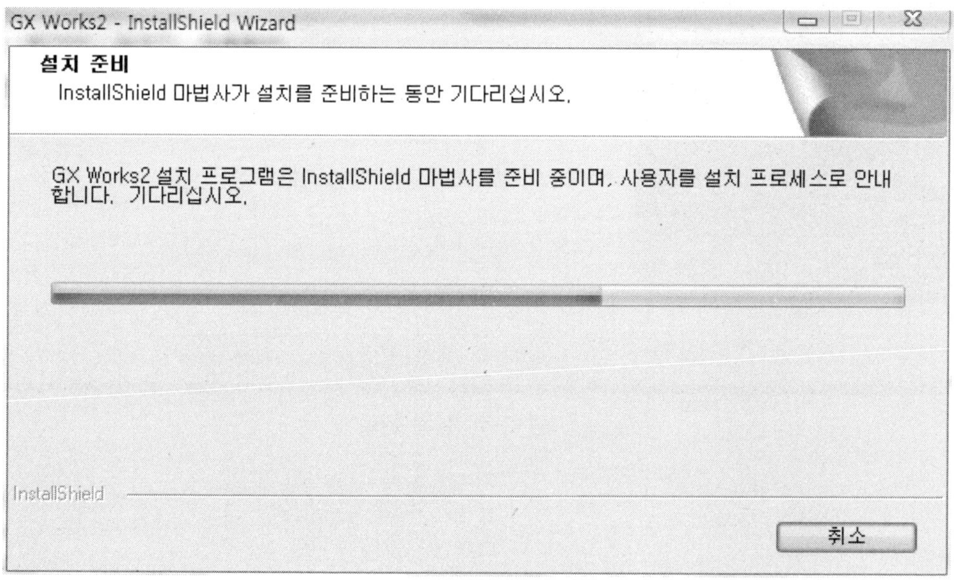

[그림 2-9] Version S/W 설치

⑩ Version 업그레이드 창으로 다음 버튼을 클릭한다.

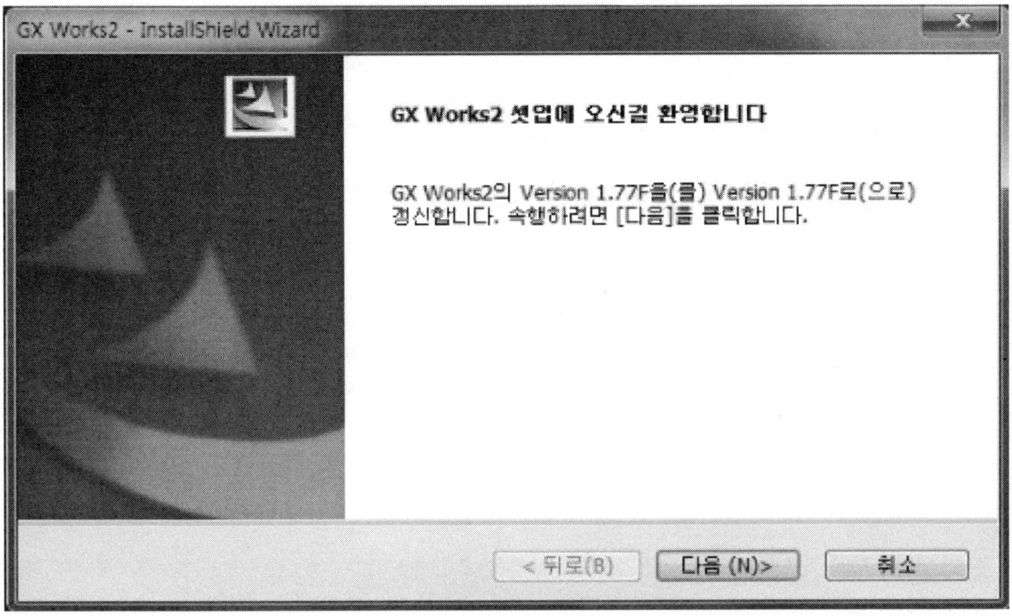

[그림 2-10] Version S/W 설치 안내

⑪ 프로 파일을 등록하고 있는 중이다(컴퓨터 사양에 따라 시간이 변동된다).

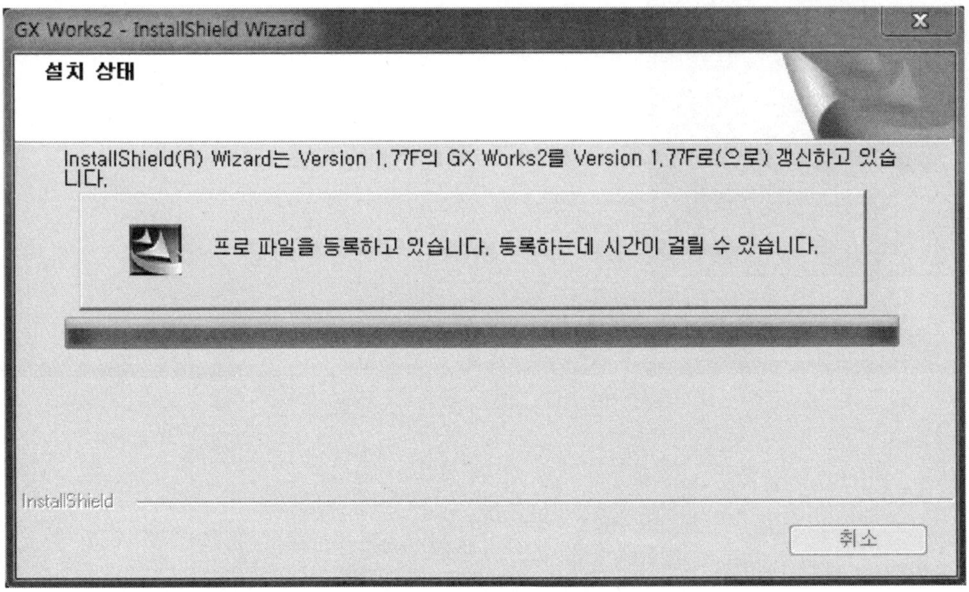

[그림 2-11] Version S/W 설치

⑿ Version에 관련된 내용을 Text 파일로 확인할 수 있다.

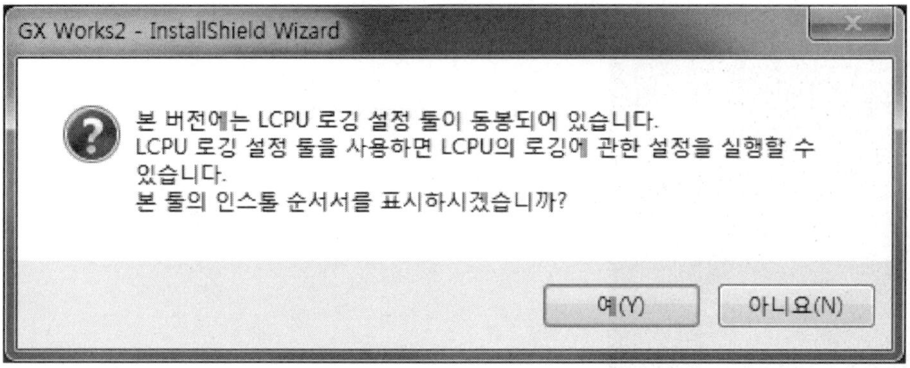

[그림 2-12] Version S/W 설치 완료

⒀ GX Works2 Verson 1.77로 갱신되었다는 문구를 확인 후 완료 버튼을 클릭한다.

[그림 2-13] Version up 완료

2) 프로그램 특징

GX Works2 소프트웨어의 특징에 대해서 살펴보도록 하자. 그러나 PLC를 사용하는 것은 이와 같은 특징을 모두 이해해야만 가능한 것은 아니므로 간단하게 특징을 알아보자.

(1) 소프트웨어의 공통화

GX Works 2는 Q 시리즈, QnA 시리즈, A 시리즈[모션 컨트롤러(SCPU)]를 포함, FX 시리즈의 데이터를 작성할 수 있고, 설정 조작은 공통으로 가능하다. 또한 SW▲-워크페이스형 기능 소프트웨어 패키지 형식의 파일로 변환하여 편집할 수 있다. 또 FX 시리즈를 선택했을 경우는 DOS 판 프로그래밍 소프트웨어[이하 FXGP(DOS)], SW0PLC-FXGP/WIN형 프로그래밍 소프트웨어[이하 FXGP(WIN)] 형식 파일로 변환하여 FXGP(DOS) 또는 FXGP(WIN)상에서 편집할 수 있다.

(2) Windows의 장점을 살려 비약적인 조작성 향상

Excel, Word 등에서 작성한 Comment 데이터 등을 복사, 붙여넣기 하여 유용하게 사용된다.

(3) 프로그램의 표준화 가능

① 라벨 프로그래밍

라벨 프로그래밍으로 시퀀스 프로그램을 작성하면, 디바이스 번호를 의식하지 않고 라벨에 의해 표준 프로그램을 작성할 수 있다. 라벨 프로그래밍으로 작성한 프로그램은 컴파일 함으로써 실행 프로그램으로 사용할 수 있다.

② 펑션 블록(Function Block, 이하 FB라고 한다.)

FB는 시퀀스 프로그램의 개발 효율의 향상을 목적으로 한 기능이다. 시퀀스 프로그램을 개발할 때에 반복해 사용하는 시퀀스 프로그램의 래더 블록을 부품화하여 시퀀스 프로그램의 개발을 용이하게 한다. 또한 부품화에 의해 다른 시퀀스 프로그램에 쓰이게 될 때 시퀀스 프로그램을 잘못 입력하는 것을 막을 수 있다.

③ 매크로

임의의 래더 유형에 이름(매크로 명)을 붙여 파일에 등록(매크로 등록)해두면 간단한 명령을 입력하는 것만으로 등록되어 있는 래더 유형을 읽어내 디바이스를 변경하여 유용하게 사용할 수 있다.

(4) 풍부한 프로그램 언어를 제공

릴레이 심볼어, 논리 심볼어, MELSAP3(SFC), MELSAP-L, 펑션 블록을 작성할 수 있으며 스트럭처 텍스트(Structure Text, 이하 ST언어라고 한다)가 추가되었다.

ST 언어에 대한 특징은 다음과 같다.

① C 언어 등의 고급 언어와 동등한 프로그래밍 가능

ST 언어는 C 언어 등의 고급 언어와 똑같이 조건문에 의한 선택 분기나 반복문에 의한 반복 등의 구문에 의한 제어를 기술할 수 있다. 이 때문에 보기 쉬운 프로그램으로 간결하게 쓸 수 있다.

② 연산처리를 용이하게 기술

ST 언어는 리스트나 래더에서 기술하기 어려운 연산 처리를 간결하고 보기 쉽게 기술할 수 있으므로 프로그램의 가시성이 좋고, 복잡한 산술 연산 · 비교 연산 등을 실시하는 분야에 적절하다.

(5) 타국 액세스를 간단하게 설정

접속 상대의 지정을 그래픽화한 도형에서 설정할 수 있으므로 복잡한 시스템을 구축하고 있는 경우라도 간단하게 설정할 수 있다.

(6) PLC CPU와 다양한 방법으로 접속 가능

① 시리얼 포트 경유
② USB 경유
③ MELSECNET(II) 보드 경유
④ MELSECNET/10(H) 보드 경유
⑤ CC-Link 보드 경유
⑥ Ethernet 보드 경유
⑦ CPU 보드 경유
⑧ AF 보드 경유

(7) 충실한 디버그 기능이 제공

① GX Simulator를 이용하여 한층 더 간단하게 디버그 할 수 있다. 즉, PLC CPU와 접속할 필요가 없으며, 유사 시퀀스 프로그램을 작성할 필요가 없다.
② 도움말에 CPU 에러, 특수 릴레이 · 특수 레지스터의 내용을 알고 싶은 경우에 편리하다.
③ 데이터 작성 중에 에러가 발생했을 경우, 무엇이 원인인지 메시지를 표시하므로 데이터 작성 시간을 대폭 절감할 수 있다.

3) 프로그램 설정 및 접속 인터페이스와 접속 경로

(1) 프로그램 설정

① 시작버튼 ⇒ 모든 프로그램 ⇒ MELSOFT 응용프로그램 ⇒ GX Works2 프로그램을 실행하면 아래의 화면이 나타난다.

[그림 2-14] 실행 초기 화면

② GX Works2가 실행되면 MENU에서 프로젝트를 선택 후 프로젝트 새로 만들기를 선택한다.

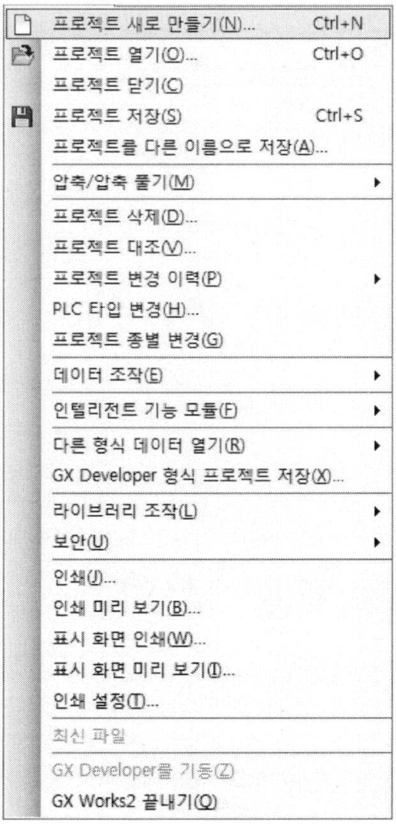

[그림 2-15] 메뉴창

③ 프로젝트 새로 만들기 창에서 아래와 같이 QCPU를 선택 후 PLC의 유형을 Q03UDE로 선택한다.

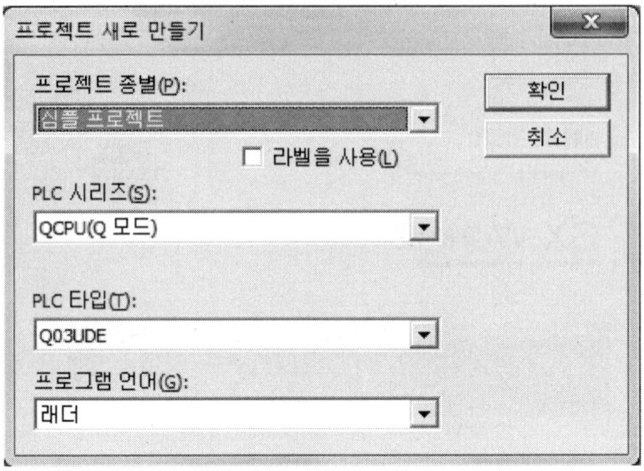

[그림 2-16] 프로젝트 새로 만들기

④ 확인 버튼을 누르면 다음과 같은 프로젝트 초기화면이 나타난다.

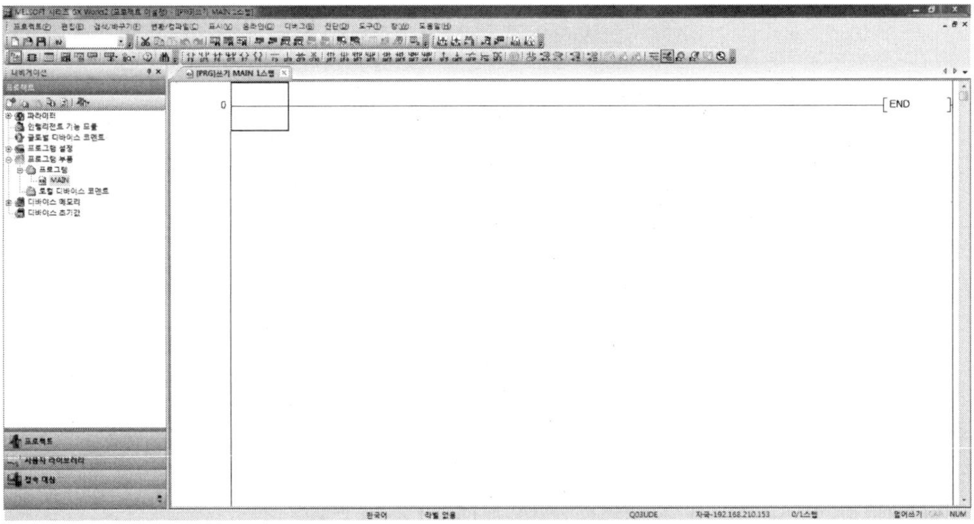

[그림 2-17] 새로 만들기

4) USB인터페이스 접속

새로운 프로젝트가 시작되면 좌측 하단 부분에 접속대상 ⇒ Connection1 선택하여 PLC의 통신환경을 설정한다.

[그림 2-18] 접속대상 설정

연결 대상 지정 화면에서 PC측 I/F를 시리얼/USB로 선택 ⇒ COM port 및 전송 속도를 PC 환경에 맞게 설정한다. PLC측 I/F는 CPU/모듈을 선택하고 타국은 지정 내용 없음으로 선택을 한다(USB 통신).

연결 테스트를 하여 통신 상태를 점검한 후 확인 버튼을 클릭한다.

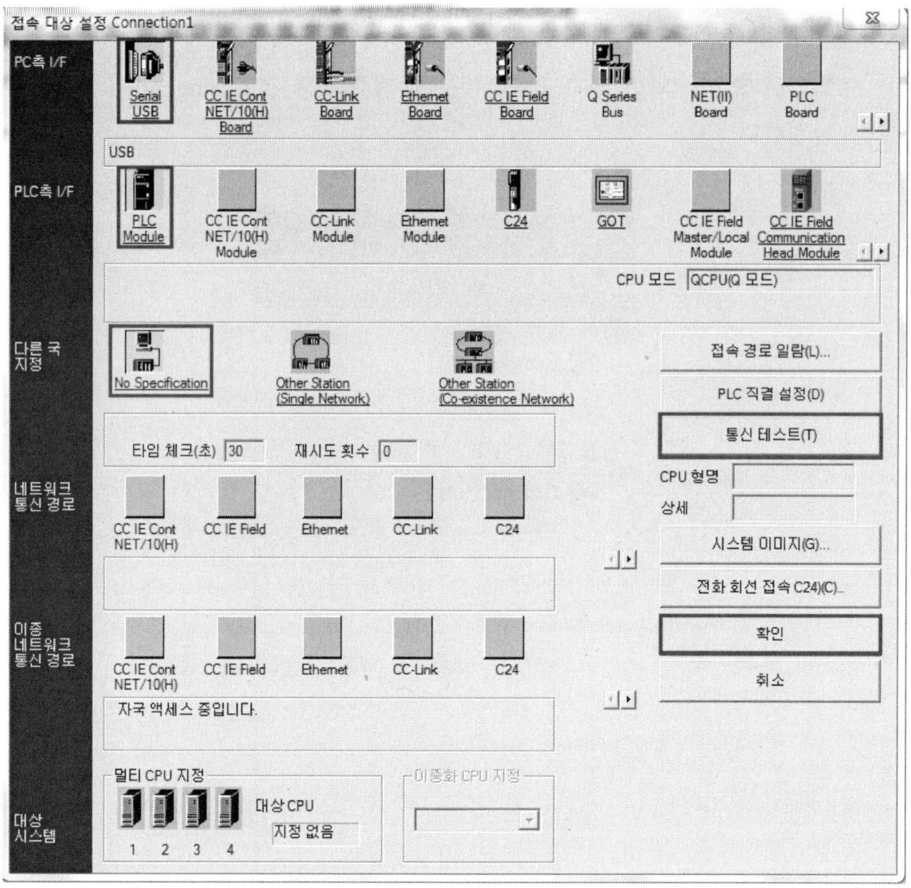

[그림 2-19] 접속 확인

5) Ethernet 인터페이스 접속

다음으로는 PLC와 Ethernet 집적통신 방법을 선택한다. 지정 화면에서 PC측 I/F를 Ethernet board로 선택 ⇒ COM port 및 전송 속도를 PC 환경에 맞게 설정한다. PLC측 I/F는 CPU/모듈을 선택하고 타국은 지정 내용 없음으로 선택한다. 그리고 연결테스트를 하여 통신 상태를 점검한 후 확인버튼을 클릭한다.

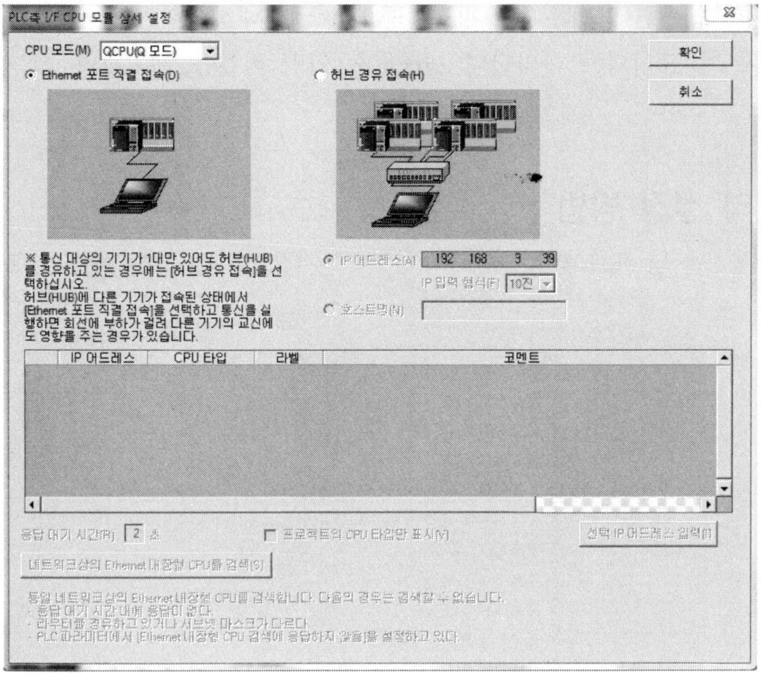

[그림 2-20] 이더넷 포트 IP 확인

Ethernet 집적통신 방법은 다음과 같은 IP Address가 맞는지 확인한다.

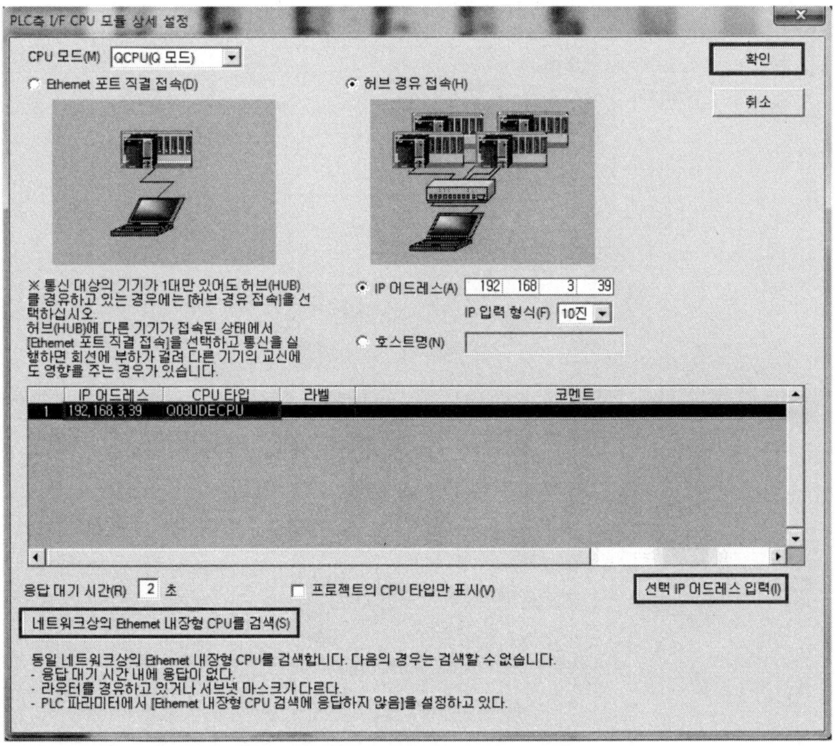

[그림 2-21] 이더넷 포트 IP 입력

Ethernet 허브를 통한 방법은 네트워크상의 Ethernet 내장형 CPU를 검색 버튼을 클릭하면 내장된 Address가 표시되어 나타난다. 확인 후 입력 버튼을 체크한다.

6) 파라미터 설정 방법

① PLC 연결설정을 및 프로그램 작성 후 프로젝트 저장 시 프로젝트 메뉴 ⇒ 프로젝트 저장을 누른다.

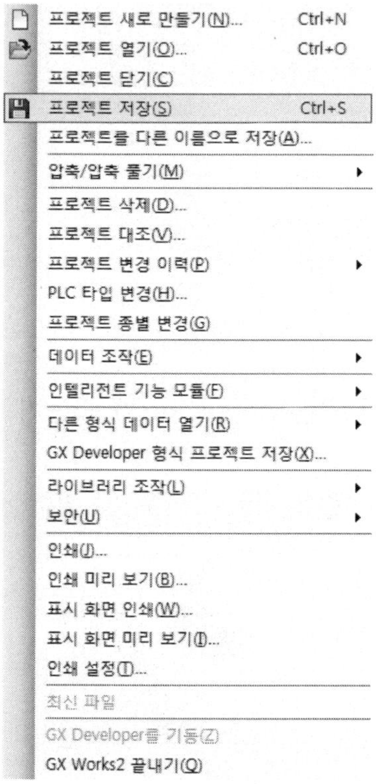

[그림 2-22] 프로젝트 저장

다른 이름으로 프로젝트 저장을 클릭한 후 화면에 프로젝트 이름 및 제목을 기재한 후 저장 버튼을 누른다. 혹시 다른 드라이브 및 경로를 선택 시에는 저장하고자 하는 경로를 선택 후 저장한다.

② PLC 기본 모듈 및 시리얼 통신 모듈의 파라미터 설정을 위해 아래의 그림처럼 프로그램 프로젝트 메뉴창의 파라미터 ⇒ PLC 파라미터를 선택한다.

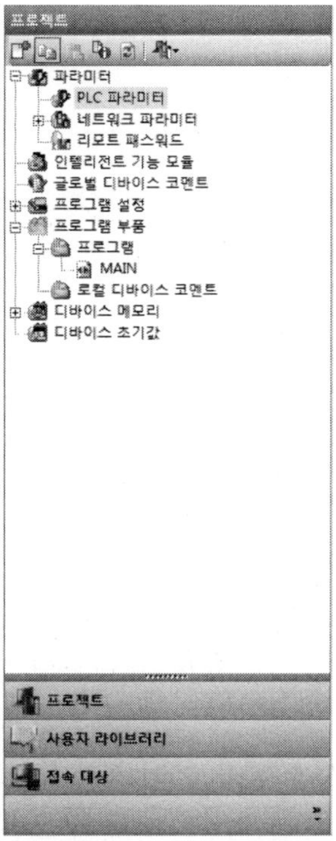

[그림 2-23] PLC 파라미터 설정

③ 아래의 그림처럼 Q파라미터 설정 화면이 나타나면 PLC의 이름을 설정한 후 입출력모듈의 I/O 할당을 설정 및 번지수를 지정할 수 있다.

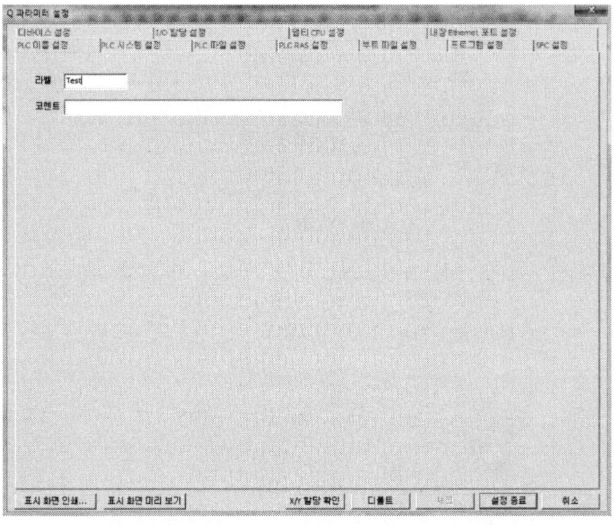

[그림 2-24] PLC 파라미터 초기 화면

④ 아래의 그림처럼 AD/DA 모듈은 인텔리전트 기능을 지원하기 때문에 종류를 '인텔리전트'로 선택한 후 점수 및 선두 할당주소를 기재한다.

※ Read PLC data를 누르면 PC와 연결된 PLC의 입/출력 모듈 및 특수 모듈의 정보를 읽어올 수 있다.

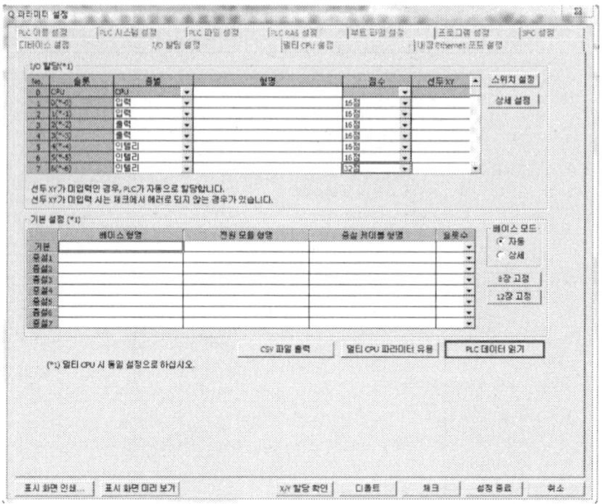

[그림 2-25] PLC I/O 할당 설정

위의 그림과 같이 설정한 후 검사 버튼을 눌러 오류가 없으면 종료 버튼을 누른다. 계속하여 프로그램 작업을 완료한 후 저장하여 PLC의 다운로드한다.

⑤ 다음으로는 장착되어 있는 특수모듈을 설정하기 위한 메뉴창에 있는 인텔리전트 기능 모듈 버튼을 클릭 후 추가를 누른다.

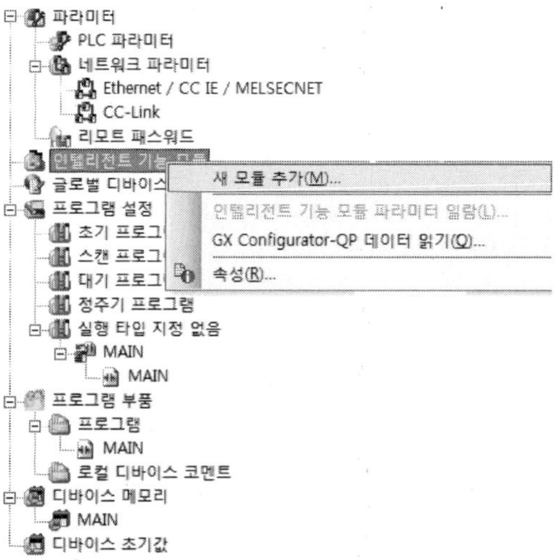

[그림 2-26] PLC Intelligent 모듈 추가

⑥ 모듈 추가를 하면 다음과 같은 창이 표시된다는 것을 확인 할 수 있다. 슬롯번호를 확인 후 적용되어있는 모델과 맞게 적용시킨다.

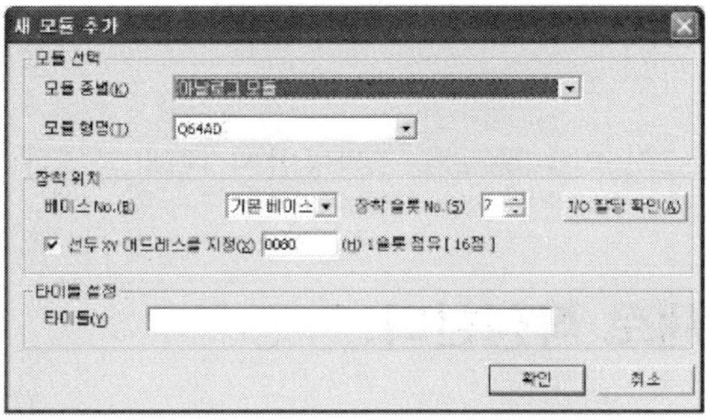

[그림 2-27] Q64A/D Intelligent 모듈 추가

⑦ 슬롯번호를 확인한 후 설정 버튼에 해당하는 슬롯에 선택한다.

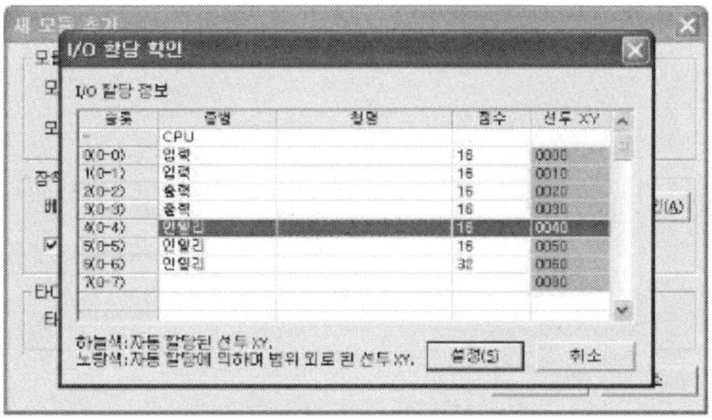

[그림 2-28] 슬롯 확인

프로젝트 메뉴 창을 통해서 추가시켰던 인텔리전트 기능 모듈을 확인할 수 있다.

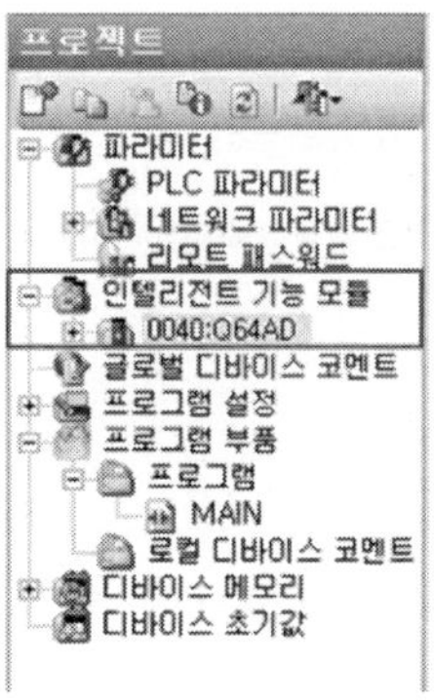

[그림 2-29] 인텔리전트 기능 모듈

2 화면 구성과 기본 조작

여기에서는 GX Works2의 기동/종료의 조작방법에 대해 설명한다.

1. 프로젝트를 새로 작성한다.

A	Q/QnA	FX
○	○	○

【설정 목적】

새로 프로젝트를 작성하는 데 필요한 PLC 시리즈, PLC 유형, 프로젝트 이름을 설정한다.

【조작 순서】

[프로젝트] → [프로젝트 새로 만들기] 또는 (Ctrl + N)

【설정 화면】

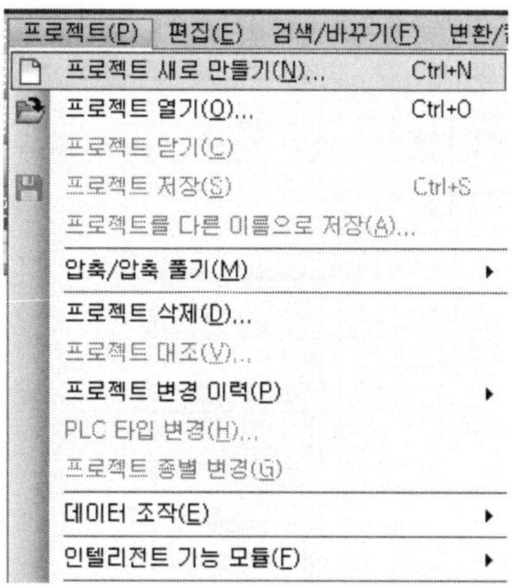

[그림 3-1] 프로젝트 새로 만들기

【설정 목적】

새로 프로젝트를 작성하는데 필요한 PLC 시리즈, PLC 유형, 프로젝트 이름을 설정한다.

【조작 순서】

[프로젝트] → [프로젝트 새로 만들기] 또는  (Ctrl + N)

【설정 화면】

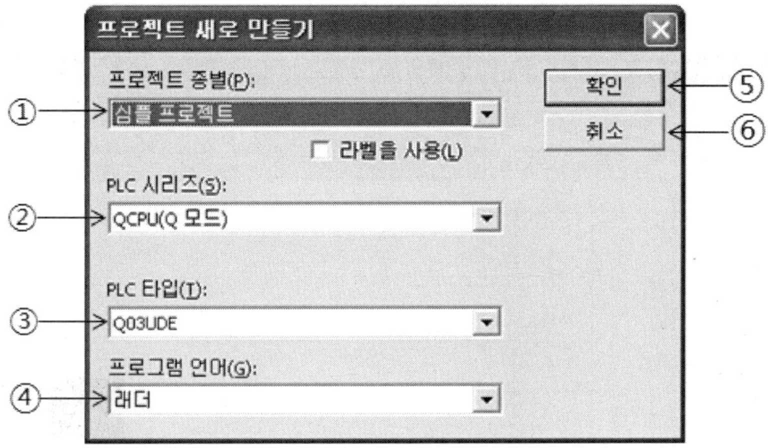

[그림 3–2] 프로젝트 새로 만들기

① 프로그램 종류

래더 프로그램 또는 SFC 프로그램 중 하나를 선택한다. QCPU(Q모드)에서 SFC를 선택 시 MELSAP-L도 선택할 수 있다. A시리즈로 SFC를 작성하는 경우는 아래와 같이 설정한다.

- PLC 파라미터의 메모리 용량 설정에서 마이컴 값을 설정한다.
- [프로젝트]→[데이터 편집]→[새로 만들기]화면의 프로젝트 종류를 SFC로 선택한다.

- 라벨 설정

라벨을 사용하지 않는다 : 라벨 프로그램을 작성하지 않을 경우에 설정한다.

라벨을 사용한다 : ST, FB, 구조체를 작성할 경우에 지정한다.

② PLC 시리즈

PLC 시리즈는 QCPU(Q모드), QnA 시리즈, QCPU(A모드), A시리즈, 모션 컨트롤러(SCPU), FX 시리즈를 선택한다.

③ 설치되어 있는 PLC CPU모델을 확인하고 선택한다.

④ 프로그램 언어를 선택한다.

⑤ 완료되면 확인 버튼을 선택한다.

⑥ 작업을 취소하려면 취소 버튼을 선택한다.

2. 전체 화면의 구성

전체 화면의 구성은 아래와 같다. 본 화면은 워크 윈도우 및 각 연결 윈도우를 표시한 상태이다.

【상태 화면】

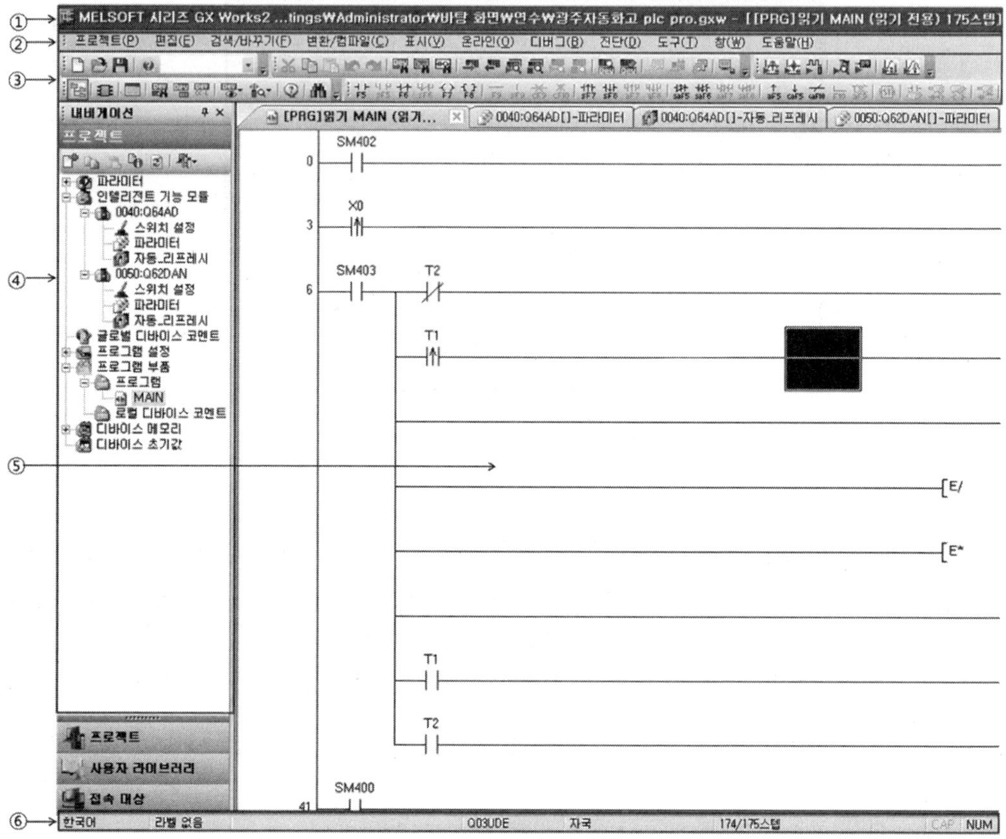

[그림 3-3] 전체 화면 구성

① 타이틀 바 : 프로젝트명 등이 표시된다.

② 메뉴 바 : 각 기능을 실행하는 메뉴가 표시된다.

③ 툴 바 : 각 기능을 실행하는 툴 버튼이 표시 된다.

④ 내비게이션 윈도우 : 프로젝트의 내용을 트리형식으로 표시하는 화면이다.

⑤ 워크 윈도우 : 프로그래밍, 파라미터 설정, 모니터 등을 실행하는 메인이 되는 화면이다.

1) 툴바

표시되는 툴바를 선택한다.

【조작 순서】

[표시] → [도구모음]

【설정 화면】

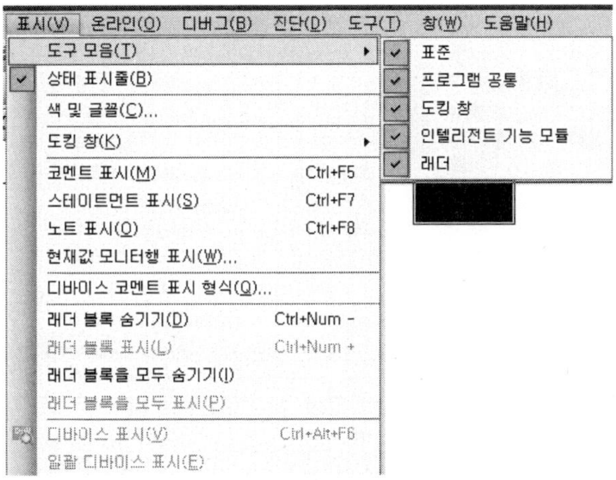

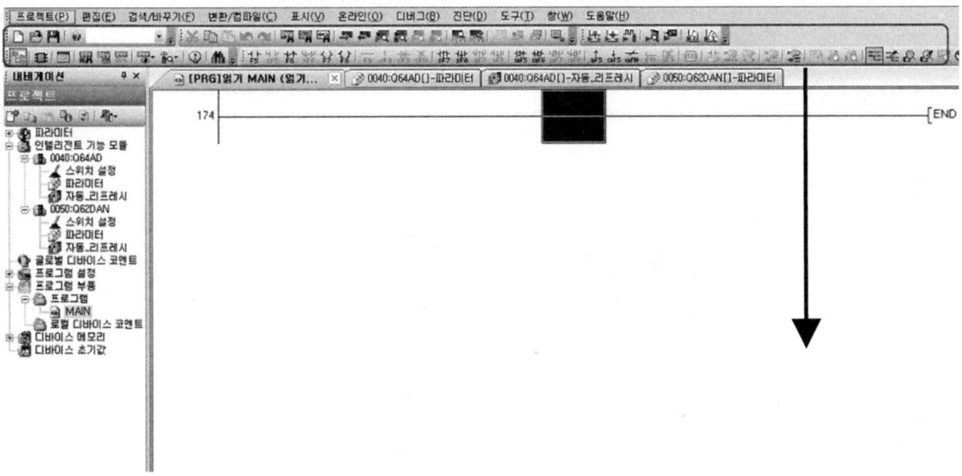

[그림 3-4] 전체 화면 구성

노구보음을 통해서 툴바의 각각의 기능들을 선택, 사용한다.

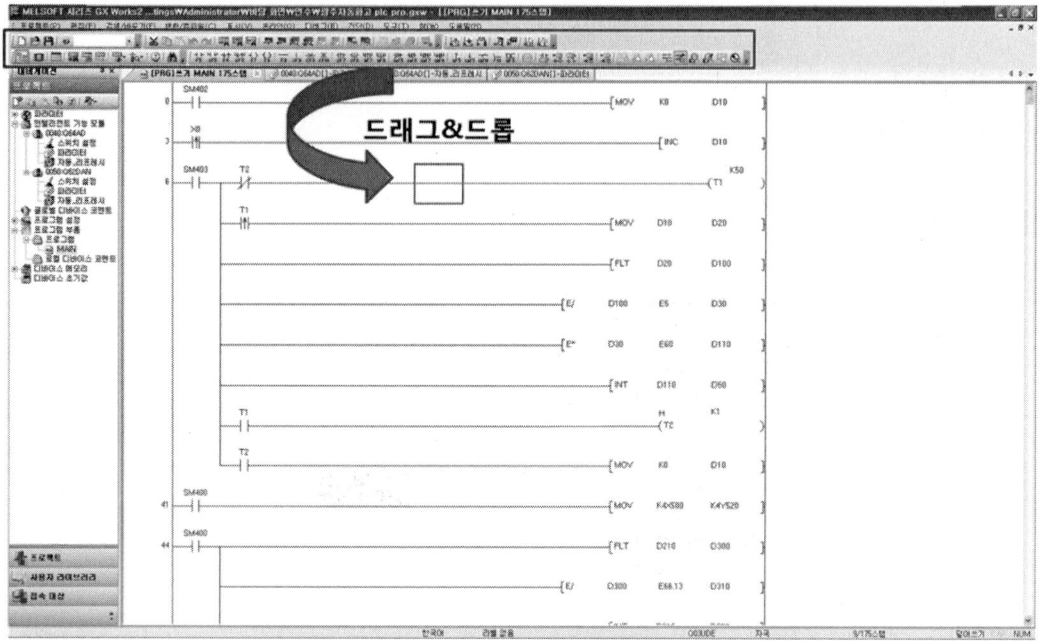

[그림 3-5] 툴바 창 드래그&드롭

툴바의 표시 형식(연결/플로트)을 전환한다.

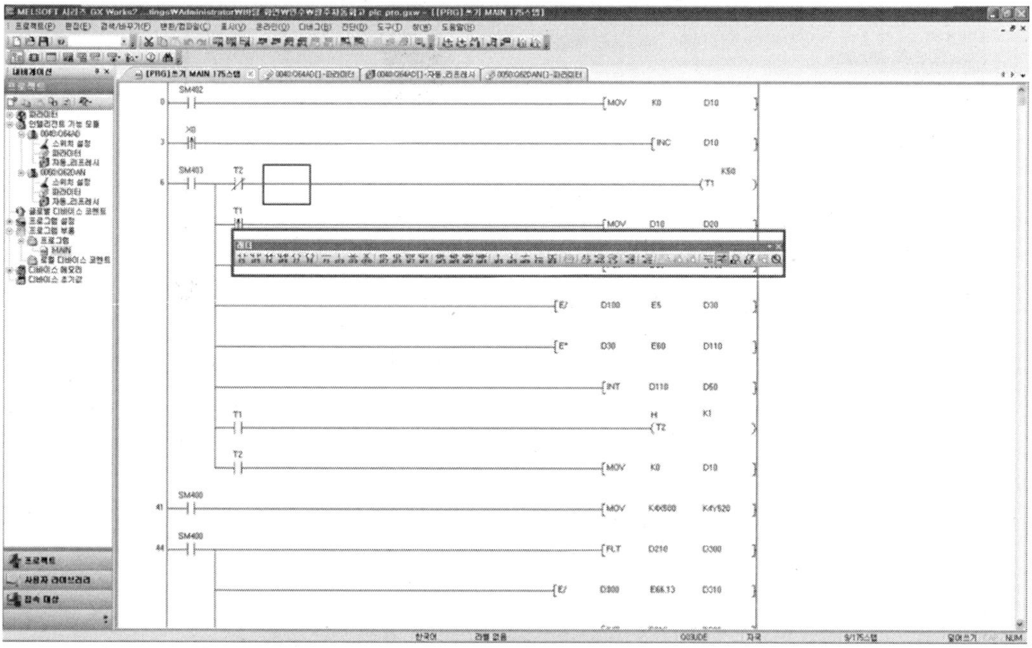

[그림 3-6] 툴바 창

2) 워크 윈도우

워크 윈도우란 GX Works2에서 프로그래밍, 파라미터 설정, 모니터 등을 실행할 때의 메인이 되는 화면이다.

【설정 화면】

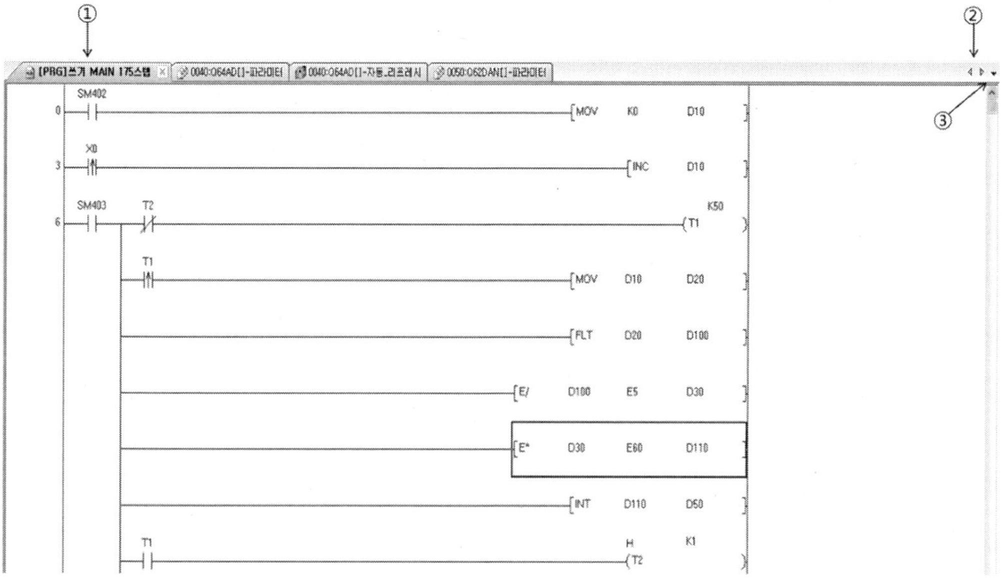

[그림 3-7] 워크 윈도우 창

① 탭 : 선택된 탭이 조작가능(활성) 상태가 된다.
탭을 드래그&드롭으로 배열한 순서를 변경할 수 있다.
탭에서 마우스 오른쪽 버튼을 클릭하여 표시되는 메뉴에서 윈도우를 닫을 수 있다.
또한, 활성화되어있는 윈도우는 탭을 클릭하면 닫을 수 있다.

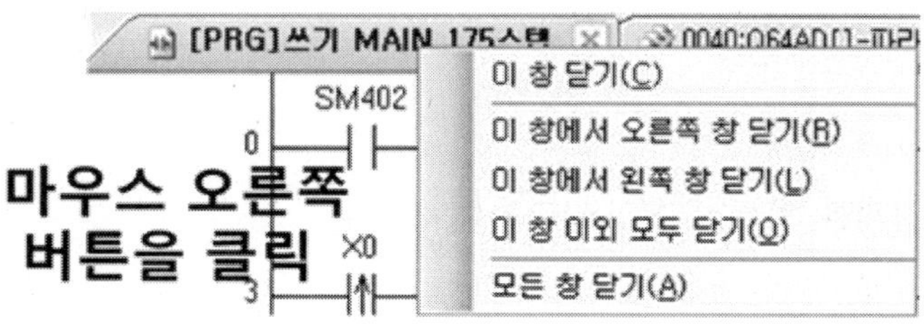

[그림 3-8] 팝업창

② 스크롤 버튼 : 탭 표시를 좌우로 스크롤한다. 표시되어 있지 않은 탭을 표시한다.
③ 전환버튼 : 현재 열려 있는 윈도우의 일람을 표시한다.

3) 내비게이션 윈도우

내비게이션 윈도우는 프로젝트의 내용을 트리형식으로 표시하는 화면이다. 내비게이션 윈도우에서 데이터 새로 만들거나 편집 화면의 표시 등을 실행할 수 있다.

【조작 순서】

[표시] → [도킹 창] → [내비게이션 창]

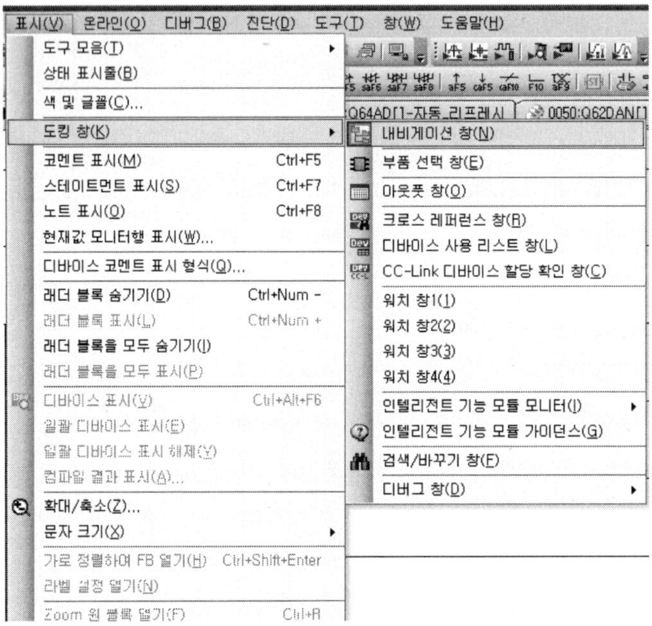

[그림 3-9] 내비게이션 윈도우

【설정 화면】

① 타이틀 바

표시되어 있는 뷰의 타이틀이 표시된다.

② 툴바

각 뷰 내에서 실행한 기능의 툴 버튼이 표시된다.

③ 뷰 선택 영역

프로젝트 : 프로젝트 뷰를 표시한다.

사용자 라이브러리 : 사용자 라이브러리 뷰를 표시한다.

접속대상 : 접속대상 뷰를 표시한다.

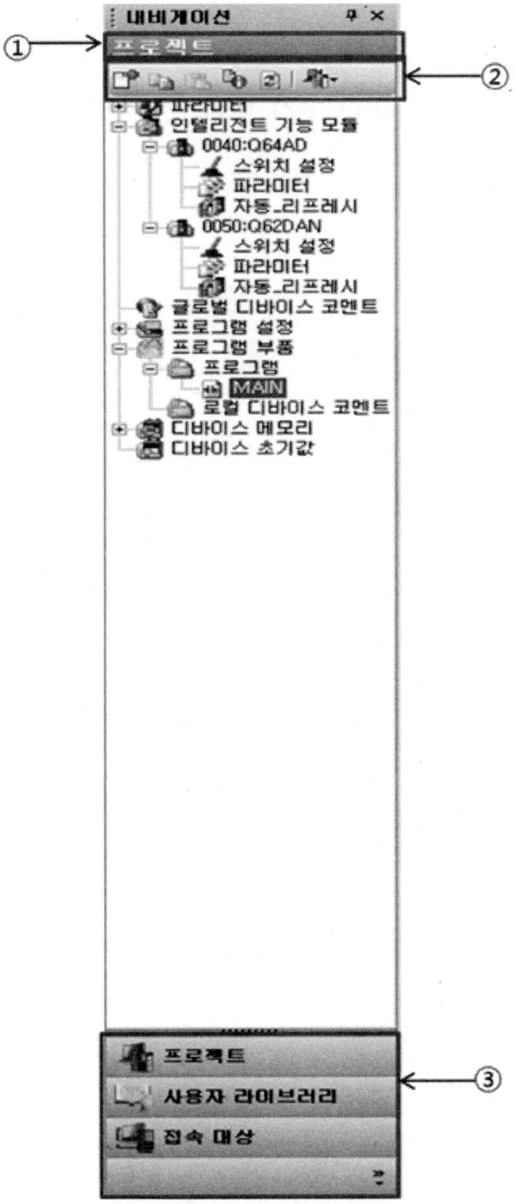

내비게이션
프로젝트
①
②
③
인텔리전트 기능 모듈
0040:Q64AD
스위치 설정
파라미터
자동_리프레시
0050:Q62DAN
스위치 설정
파라미터
자동_리프레시
글로벌 디바이스 코멘트
프로그램 설정
프로그램 부품
프로그램
MAIN
로컬 디바이스 코멘트
디바이스 메모리
디바이스 초기값
프로젝트
사용자 라이브러리
접속 대상

[그림 3-10] 접속대상 뷰

■ 프로젝트 뷰

프로젝트 뷰에 트리 형식으로 표시되는 프로젝트의 내용은 다음과 같다.

- PLC 타입 및 프로젝트 종류에 따라 표시 내용은 다르다.

【설정 화면】

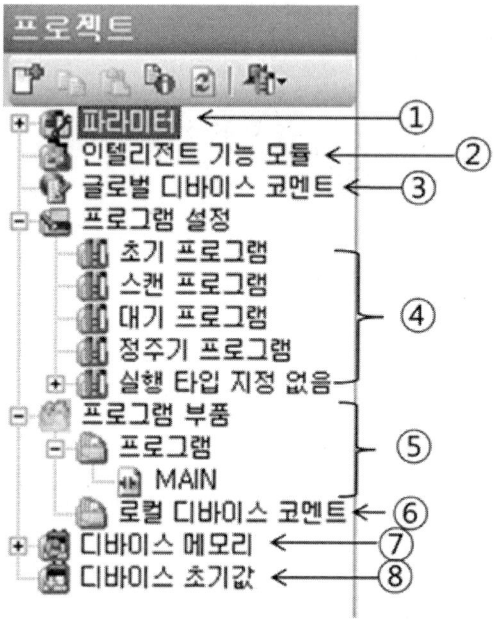

[그림 3-11] 프로젝트 뷰

① 각종 파라미터를 설정한다.
② 인텔리전트 기능 모듈에 관한 설정을 한다.
③ 글로벌 디바이스 코멘트를 설정한다.
④ 프로그램 실행 타입을 설정한다.
⑤ 프로그램을 작성한다.
⑥ 로컬 디바이스 코멘트를 설정한다.
⑦ 디바이스 메모리를 설정한다.
⑧ 디바이스 초기값을 설정한다.

4) 상태 바

상태 바는 화면의 최하부에 현재의 프로젝트에 관한 정보를 표시한다.

【조작 순서】

[표시] → [상태표시줄]

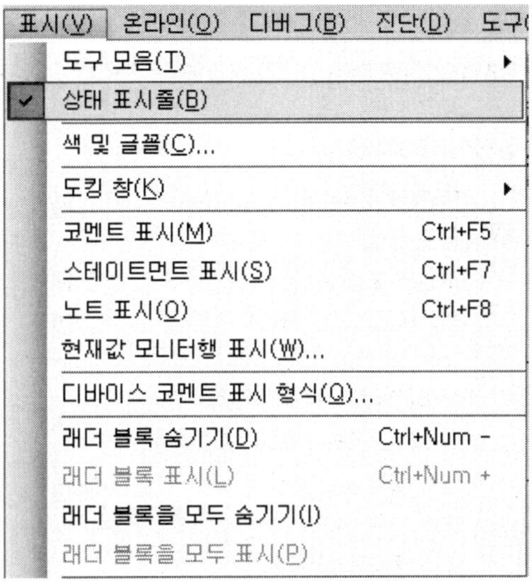

[그림 3-12] 상태 표시줄

[그림 3-13] 상태 바

언어	프로젝트 종류	PLC타입	접속 대상	커서 위치	삽입 / 덮어 쓰기	Caps Lock	Num Lock

항목	내용
프로젝트 종류	프로젝트 종류를 표시한다 • 라벨 미사용 : 심플 프로젝트(라벨 미사용) • 간단한 사용 : 심플 프로젝트(라벨사용) • 구조화 사용 : 구조화 프로젝트
보안 정보	보안이 설정되어 있는 프로젝트일 때 로그온되어있는 사용자명을 표시한다.
PLC 타입	프로젝트의 PLC 타입을 표시한다.
접속 대상	접속 대상 설정의 설정 내용을 표시한다.
커서 위치	편집 화면의 커서 위치를 표시한다.
삽입/덮어쓰기 모드	삽입/덮어쓰기 모드를 표시한다.
Caps Lock	Caps Lock의 유효를 표시한다.
Num Lock	Num Lock의 유효를 표시한다.

5) 색 및 글꼴 변경

각 프로그램 에디터나 라벨 에디터 등의 색이나 글꼴에 관한 설정을 변경한다.

【조작 순서】

[표시] → [색 및 글꼴]

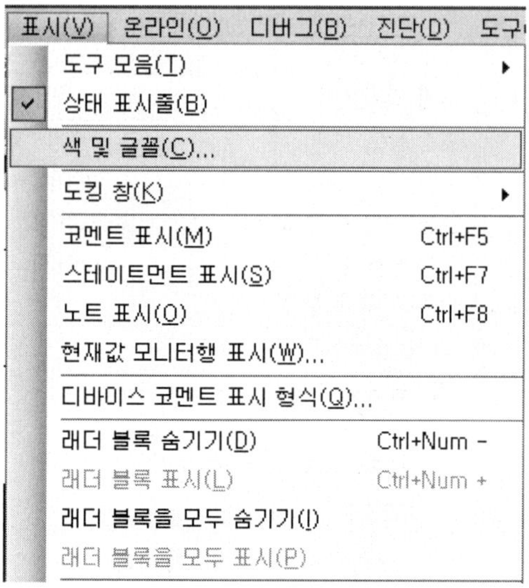

[그림 3-14] 색 및 글꼴

【설정 화면】

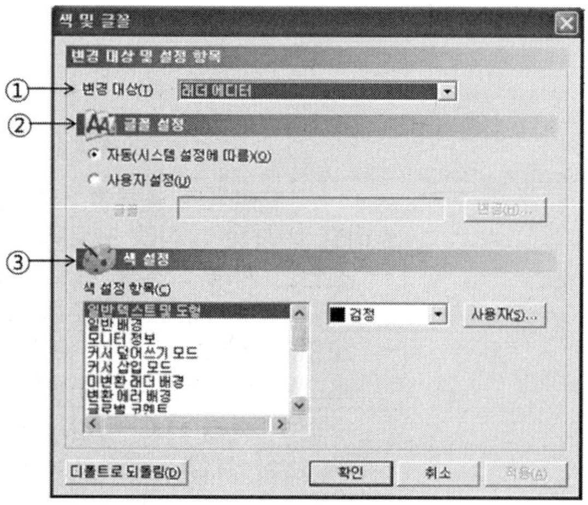

[그림 3-15] 색 및 글꼴 변경

① 변경대상 : 변경 대상 워크 윈도우를 선택한다.
② 글꼴 설정 : 글꼴에 관한 설정을 변경한다.
- 자동 : Windows에 설정된 글꼴을 사용하는 경우에 선택한다.
- 사용자 설정 : 글꼴을 임의로 변경하여 사용하는 경우에 선택한다.
③ 색 설정 : 변경 대상 항목과 색을 선택한다.

6) 단축 키 사용자 정의

각 기능의 단축 키를 사용자 정의한다. 사용자가 정의한 단축 키는 템플릿으로 설정하거나 유용할 수 있다.

【조작 순서】
[도구] → [바로가기 키 사용자 정의(K)]

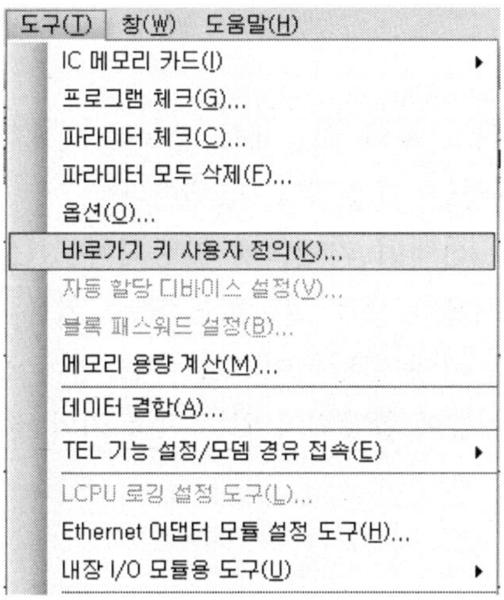

[그림 3-16] 바로가기 키 조작화면

【설정 화면】

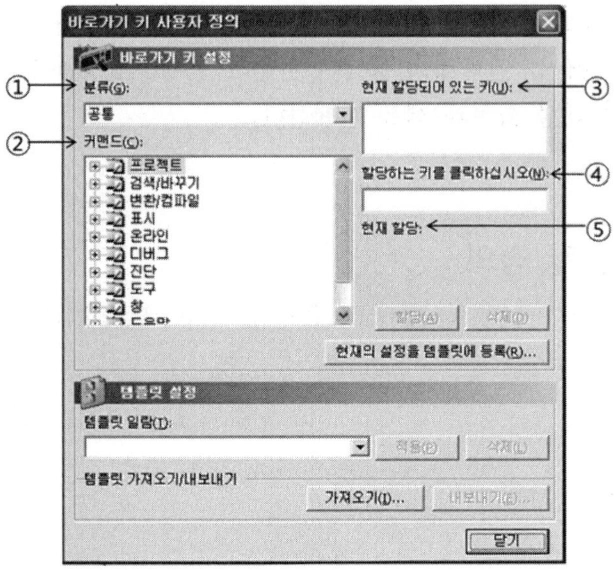

[그림 3-17] 바로가기 키 사용자 정의

① 분류 : 윈도우마다 분류된 그룹의 일람에서 분류를 선택한다.
② 커맨드 : 단축 키를 변경하는 기능 명을 선택한다.
③ 현재 할당되어 있는 키 : 선택된 커맨드에 할당되어 있는 단축 키가 표시된다.
④ 할당하는 키를 클릭하십시오 : 새로 할당하는 단축 키를 설정한다.
⑤ 현재 할당 : 입력된 단축 키에 할당되어 있는 메뉴명이 표시된다.
이미 다른 기능에 할당되어 있는 단축 키의 경우에는 그 기능명이 표시된다.

7) 도움말

GX Works2의 전반적인 상세 설명의 기술 자료를 포함하고 있다.

【조작 순서】

[도움말] → [도움말]

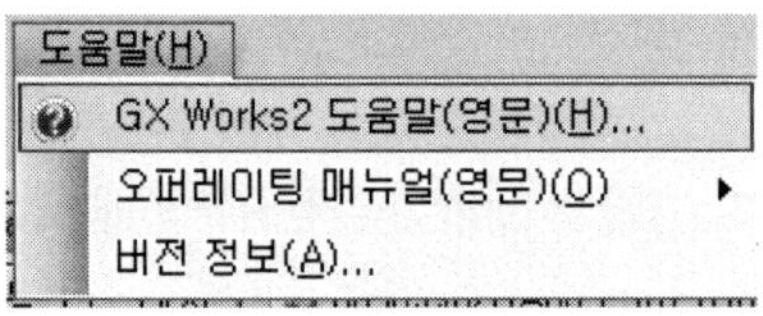

[그림 3-18] 조작순서

【설정 화면】

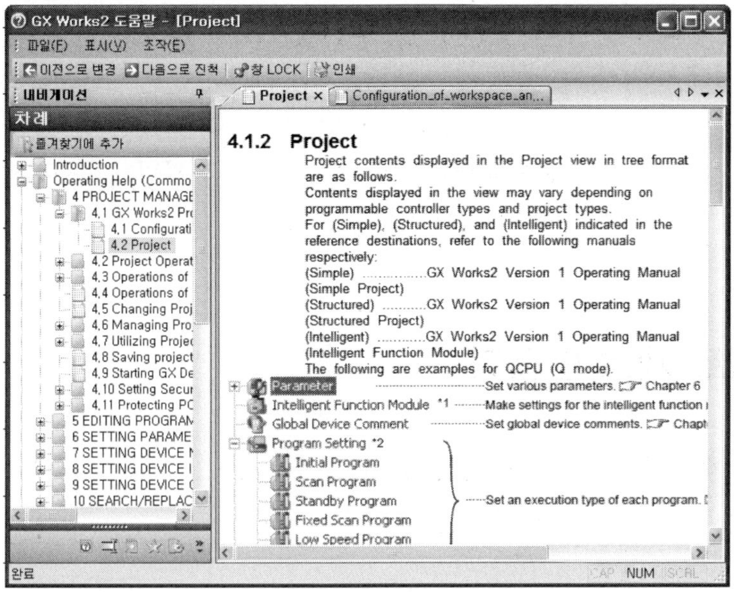

[그림 3-20] GX Works2 도움말

3 프로젝트 관리 및 파라미터 설정

프로젝트의 기본 조작이나 관리에 대해 설명한다. 그리고 파라미터의 설정 항목, 설정화면의 조작방법, 공통 사항 등에 대해 설명한다.

1. 프로젝트 새로 만들기

프로젝트를 새로 작성하기 위한 설정을 한다.

【조작 순서】
[프로젝트] → [프로젝트 새로 만들기]

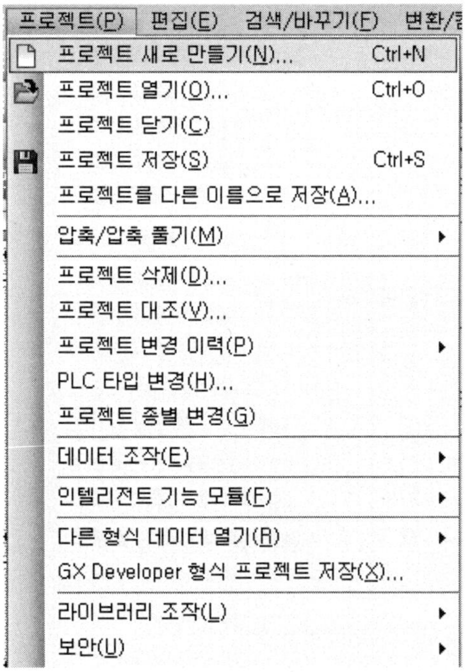

[그림 4-1] 프로젝트 새로 만들기

【설정 화면】

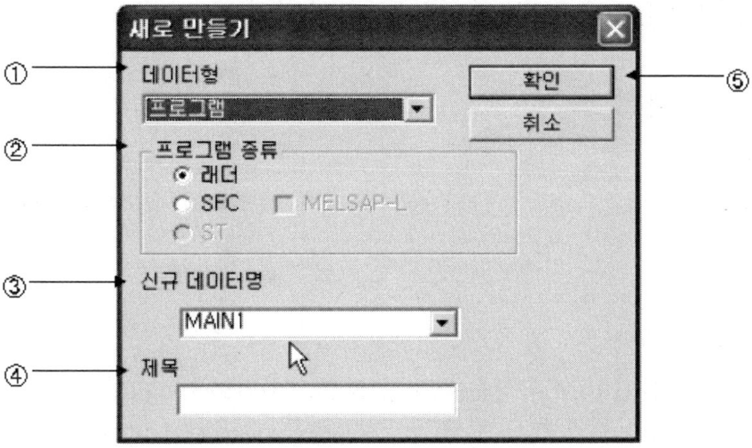

[그림 4-2] 새로 만들기

【항목 설명】

① 데이터형

추가하고 싶은 데이터의 데이터형을 선택한다. 베이식 모델 QCPU 선택 시 공통 코멘트를 선택할 수 없다. FXCPU를 선택하고 있을 때는 프로그램별 코멘트와 디바이스 메모리만을 선택할 수 있다.

② 프로그램 종류

래더 프로그램 또는 SFC 프로그램 중 하나를 선택한다. A시리즈에서 SFC를 작성하는 경우 아래와 같은 설정을 실시한다.

- PLC 파라미터의 메모리 용량 설정에서 마이컴의 값을 설정한다.
- [프로젝트] → [데이터 편집] → [새로 만들기] 화면의 프로젝트 종류로 SFC를 선택한다.

③ 신규 데이터명

새로 추가하는 데이터명을 설정한다. A시리즈 기동 시에는 SUB1, SUB2, SUB3 등 고정된 데이터명으로 작성된다(A4UCPU 시는 프로그램별 코멘트의 SUB4를 작성할 수 있다). 다만, 서브 프로그램은 파라미터의 메모리 용량 설정 후에 가능하다. Q/QnA시리즈 기동 시에는 반각 8문자(전각 4문자) 이내에서 설정한다. FX시리즈 기동 시에는 MAIN으로 작성된다. 사용할 수 없는 문자, 특수 문자의 NEC 선정 IBM 확장문자(문자 코드 : 0xed40~0xEEEC)와 IBM 확장문자(문자 코드 : 0xfa40~0xFC4B)의 문자 또는, 문자 코드 0x849F~0x879C의 범위에서 NEC 선정 IBM 확장문자와 IBM 확장문자와 같은 문자형을 가지는 문자 코드의 문자는 사용할 수 없다(예 : Ⅰ, Ⅱ, Ⅲ, Ⅳ … 등).

데이터명을 설정하는 경우의 설정 가능 문자

A 시리즈의 데이터명은 영문 숫자와 ― (하이픈) _(언더라인)만 사용할 수 있다. A시리즈에서 데이터명의 처음이 숫자일 경우는 에러가 된다.

Q/QnA/FX 시리즈 시

○ 사용 가능 문자

영문 숫자 가나 한자 _ ^ $ ¯ ~ ! # % & ( ) - { } @ ′(싱글 컨테이션)

○ 사용 불가 문자

" = | : ; , ₩ [ ] + * ? 〈 〉 . /

특수 문자의 NEC 선정 IBM 확장문자(문자 코드 : 0xed40~0xEEEC)와 IBM 확장문자(문자 코드 : 0xfa40~0xFC4B)의 문자 또는 문자 코드 0x849F~0x879C의 범위로 NEC 선정 IBM 확장 문자와 IBM 확장문자와 같은 문자형을 가지는 문자 코드의 문자는 사용할 수 없다(예 : Ⅰ, Ⅱ, Ⅲ, Ⅳ … 등).

④ 제목

프로젝트에 설정할 제목을 반각 32문자(전각 16문자) 이내에서 설정한다.

⑤ 확인 버튼

설정을 종료하면 클릭한다. 변경 조작 후에는 SFC 프로그램으로서 편집할 수 있다.

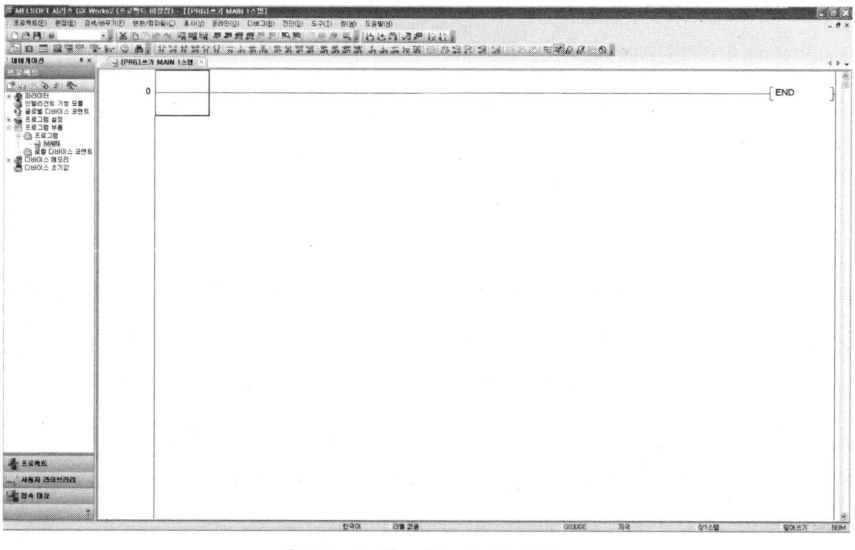

[그림 4-3] 설정 초기 화면

2. 프로젝트를 연다.

PC의 하드 디스크 등에 저장되어 있는 프로젝트를 읽는다.

【조작 순서】

[프로젝트] → [프로젝트 열기]

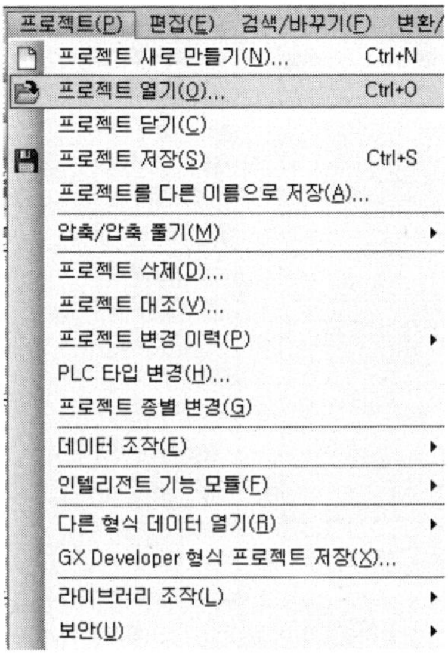

[그림 4-4] 프로젝트 열기

(1) 프로젝트 경로, 프로젝트 이름, 제목 등의 프로젝트가 표시된다.

【설정 화면】

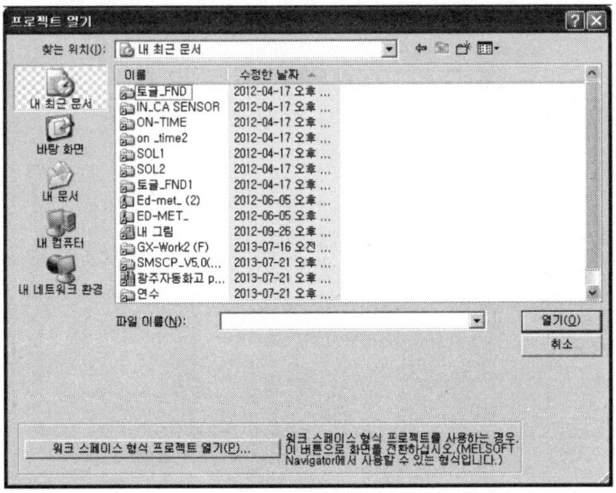

[그림 4-5] 프로젝트 열기 파일 검색

(2) 워크 스페이스 형식 파일 열기

■ 워크 스페이스

워크 스페이스란 복수의 프로젝트를 GX Works2가 1개의 이름으로 관리하는 기능이다. 워크 스페이스 프로젝트 열기는 반드시 저장도 같은 방법으로 이루어진다.

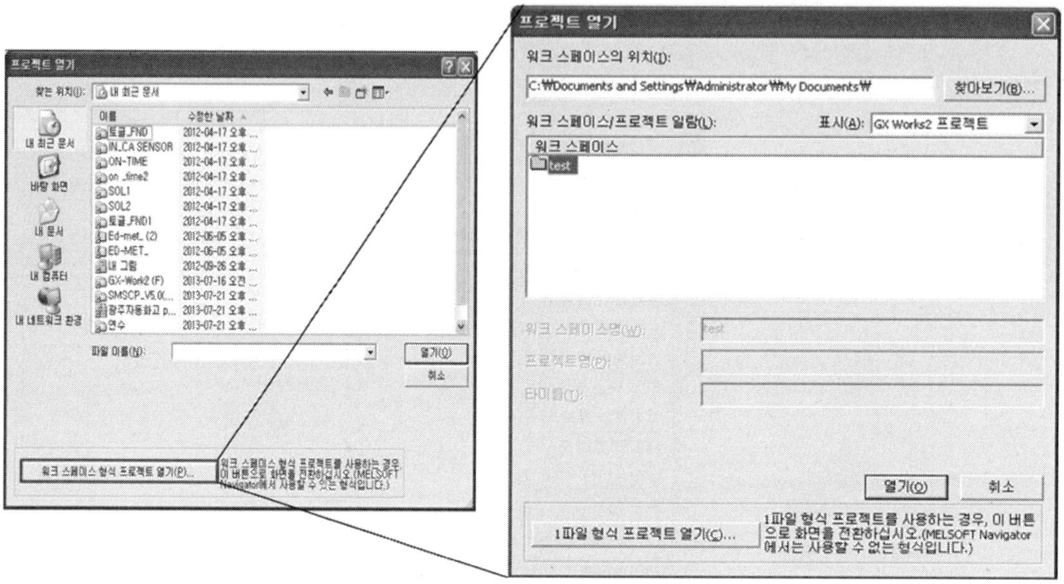

[그림 4-6] 워크 스페이스 형식 파일 열기

【설정 화면】

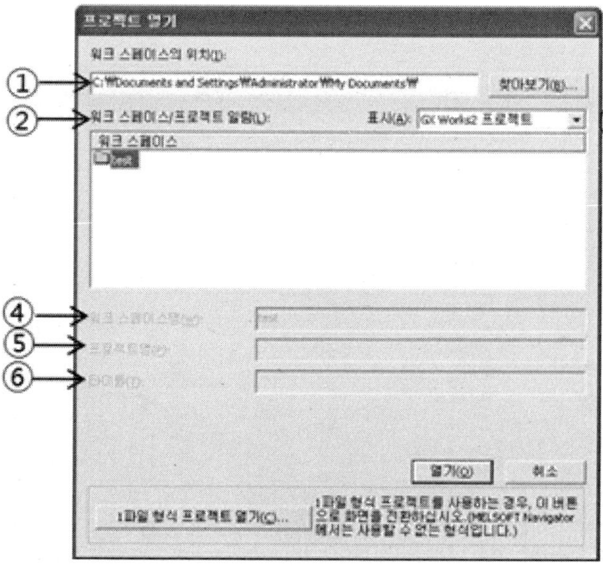

[그림 4-7] 프로젝트 열기 창

① 워크 스페이스의 위치 : 워크스페이스의 저장 위치폴더(드라이브/경로)를 입력한다.
찾아보기(B)... 를 클릭하여 폴더의 참조 화면에서 직접 폴더를 선택할 수 있다.

② 워크 스페이스/프로젝트 일람 : 워크 스페이스 및 프로젝트를 선택한다.
워크 스페이스를 더블 클릭하면 프로젝트일람으로 표시가 전환된다.

③ Windows의 익스플로러에서 복사/이동한, 워크 스페이스 폴더/프로젝트 폴더도 표시하는 경우에 선택한다.

④ 워크 스페이스명 : 선택된 워크 스페이스명이 표시된다.

⑤ 프로젝트명 : 선택된 프로젝트명이 표시된다.

⑥ 타이틀 : 선택된 프로젝트의 타이틀(제목)이 표시된다.

3. 프로젝트를 닫는다.

현재 편집중인 프로젝트 파일을 닫는다.

【조작순서】

[프로젝트] → 프로젝트 닫기]

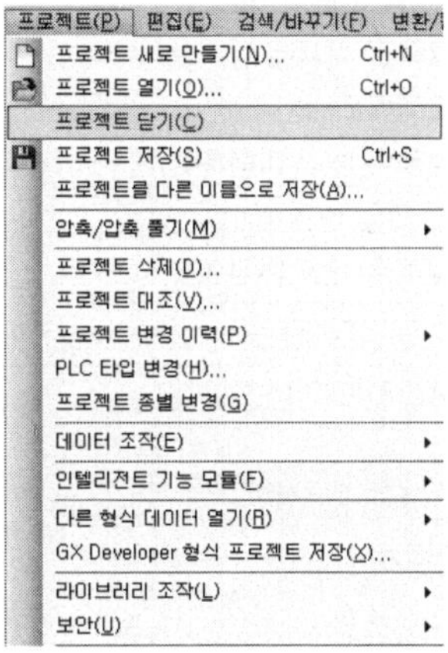

[그림 4-8] 프로젝트 닫기 경로

【설명】

프로젝트 이름을 설정하고 있지 않는 경우나 데이터 편집했을 경우, [프로젝트 닫기]를 선택하면 문의 대화 상자가 표시된다. 프로젝트의 변경을 하는 경우는 예 버튼을 클릭한다. 프로젝트를 저장하지 않고 종료하는 경우는 아니오 버튼을 클릭한다.

라벨 프로그래밍의 경우

글로벌 변수 설정/로컬 변수 설정에서 편집중인 데이터가 있는 경우는 대화상자가 표시된다. 편집한 데이터를 파기하지 않는 경우는 아니오 버튼을 클릭하고, 글로벌 변수 설정/로컬 변수 설정 화면의 등록 버튼을 클릭 후, 프로젝트를 닫아준다.

4. 프로젝트를 저장한다.

현재 열려 있는 프로젝트를 저장한다.

【조작 순서】

[프로젝트] → [프로젝트 저장] 또는 (Ctrl + S)

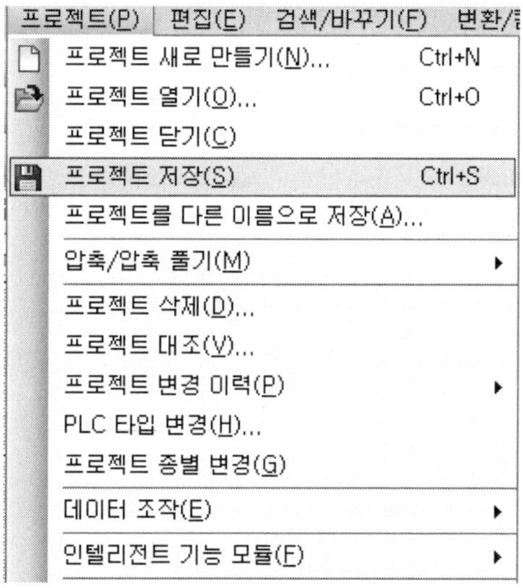

[그림 4-9] 프로젝트 저장 경로

【설명】

[프로젝트 저장]을 선택하면, 현재의 프로젝트 파일에 데이터를 덮어쓰기한다. 라벨 프로그래밍의 경우 글로벌 변수 설정/로컬 변수 설정에서 편집 중인 데이터가 있는 경우는, 대화상자가 표시된다. 편집한 데이터를 파기하지 않는 경우는 아니오 버튼을 클릭하고, 글로벌 변수 설정/로컬 변수 설정 화면의 등록 버튼을 클릭 후, 저장한다.

5. 프로젝트에 이름을 붙여 저장한다.

현재 편집 중인 프로젝트에 이름을 붙여 저장한다.

【조작 순서】

[프로젝트] → [프로젝트 다른 이름으로 저장]

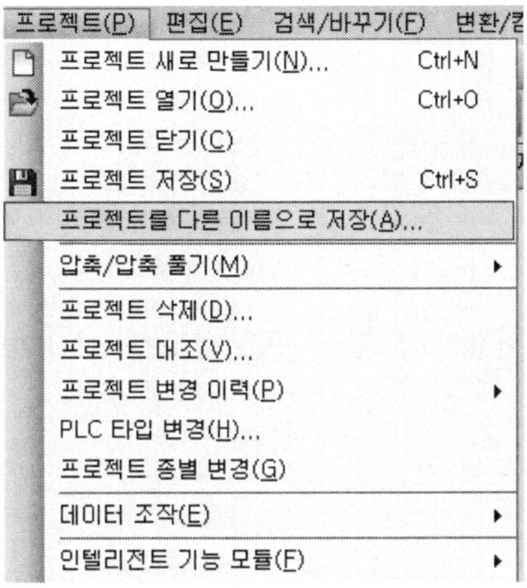

[그림 4-10] 프로젝트 저장

【설정 화면】

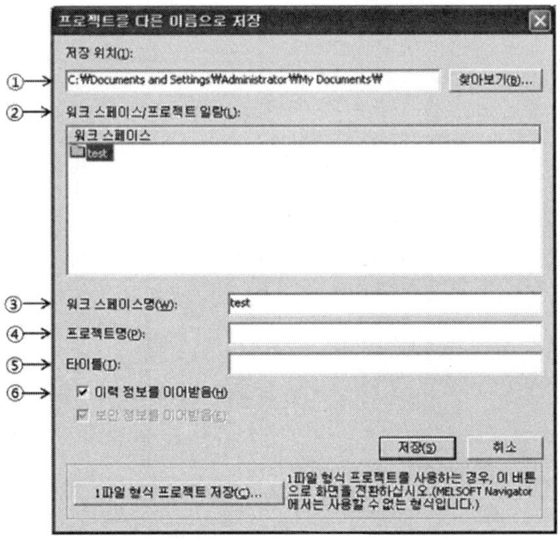

[그림 4-11] 프로젝트 저장 형식

① 워크 스페이스의 위치 : 워크 스페이스의 저장 위치폴더(드라이브/경로)를 입력한다.
찾아보기(B)... 를 클릭하여 폴더의 참조 화면에서 직접 폴더를 선택할 수 있다.
② 워크 스페이스/프로젝트 일람 : 워크 스페이스를 선택한다.
워크 스페이스를 더블 클릭하면 프로젝트 일람에 표시가 전환된다.
③ 워크 스페이스명 : 선택된 워크 스페이스명을 입력한다.
④ 프로젝트명 : 선택된 프로젝트명을 입력한다.
⑤ 타이틀 : 선택된 프로젝트의 타이틀을 입력한다.

6. 프로젝트 삭제

PC의 하드 디스크 등에 저장되어 있는 프로젝트를 삭제한다.

【조작 순서】
[프로젝트] → [프로젝트 삭제]

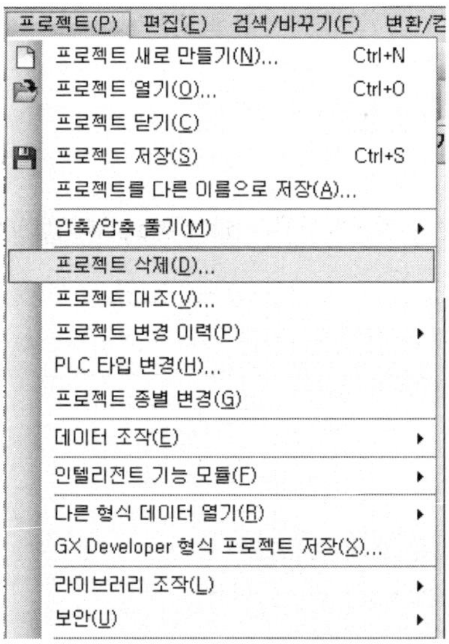

[그림 4-12] 프로젝트 삭제 경로

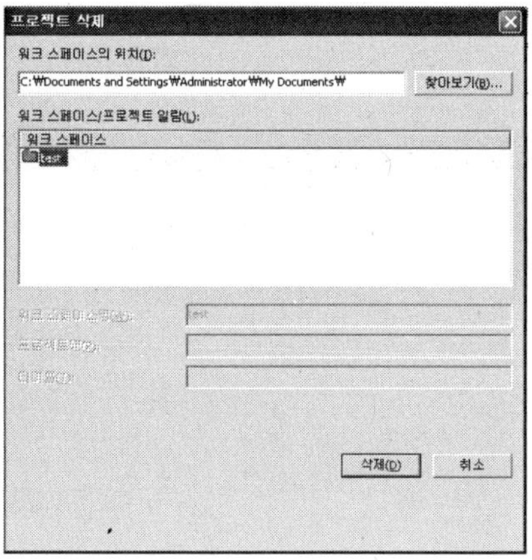

[그림 4-13] 프로젝트 삭제 목록

- 프로젝트 삭제 창에서 삭제하고자 하는 워크 스페이스 목록을 보고 삭제할 수 있다.
- 선택한 파일목록을 확인하고 삭제 버튼을 클릭한다.

7. 프로젝트를 대조한다.

현재 열려 있는 프로젝트와 다른 프로젝트의 데이터를 대조한다. PLC 타입과 프로젝트 종류가 동일한 경우에만 대조할 수 있다. 또한 대조 대상은 프로그램, 파라미터, 인텔리전트 기능 모듈 파라미터(초기설정/자동 리프레시), QD75/LD75형 위치 결정 모듈이다. 프로젝트의 내용이 같거나 프로그램의 변경 위치 등을 확인하는 경우에 사용한다.

【조작 순서】
[프로젝트] → [대조]

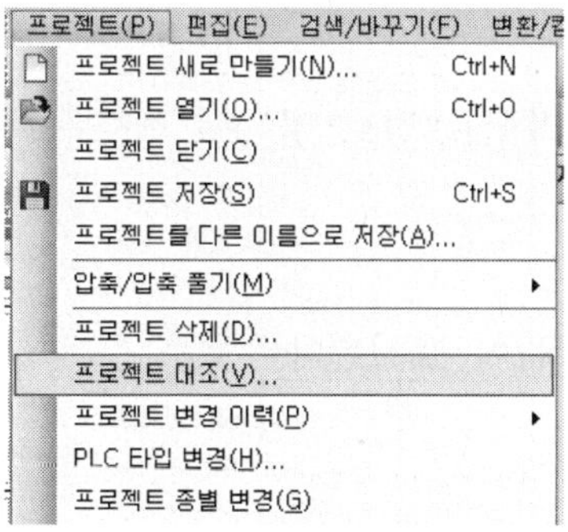

[그림 4-14] 프로젝트 대조 경로

【설정 화면】

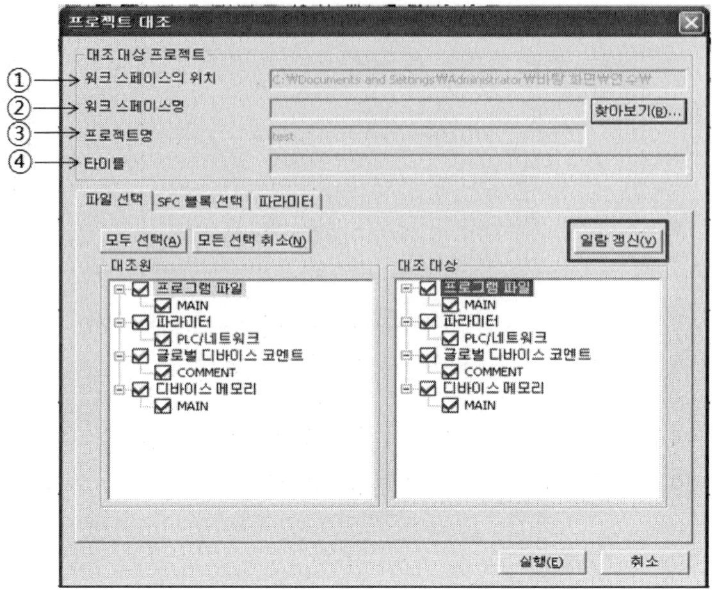

[그림 4-15] 프로젝트 대조

① 워크 스페이스 위치

· 대조 원본 데이터 일람

현재 열려 있는 프로젝트 데이터를 표시한다. 데이터명의 체크 박스에 ✓표시를 하여 선택한다.

· 대조 대상 데이터 일람

대조할 파일의 프로젝트 데이터를 표시한다. 데이터명의 체크 박스에 ✓표시를 하여 선택한다.

② 워크 스페이스 이름

워크 스페이스명이 표시된다.

③ 프로젝트 이름

대조하고 싶은 데이터의 드라이브/경로 및 프로젝트 이름을 설정한다.

④ PLC Title

대상 프로젝트의 타이틀(제목)이 표시된다.

⑤ 일람 갱신

프로젝트 데이터 일람의 표시를 갱신한다.

【설정 화면】

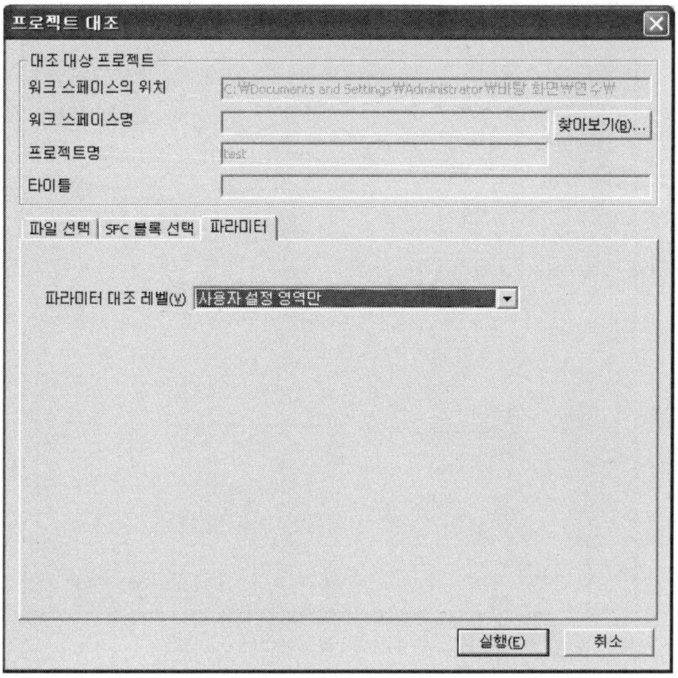

[그림 4-16] 파라미터 대조 레벨

■ 파라미터 대조

항목	내용
사용자 설정 영역만	사용자가 설정한 파라미터의 영역만 대조한다.
모든 영역	시스템이 설정하는 파라미터를 포함한 모든 영역을 대조한다.

[그림 4-17] 파라미터 대조(영역 설정)

☞ 시스템 설정하는 영역이 차지하지 않는 경우

'All Area'의 대조에서 시스템이 설정하는 영역의 불일치가 검출되었을 때, 다음의 메시지가 표시된다.

메시지	처리
파라미터 블록의 헤더 정보가 일치하지 않습니다.	사용자 설정 이외의 영역에 불일치 장소가 존재합니다. PLC CPU에 쓴 파라미터를 다시 PLC에 씁니다.
인식할 수 없는 파라미터 블록이 존재합니다.	대조 소스와 대조 상대로 프로젝트를 작성했을 때의 GX Developer의 버전이 다릅니다. PLC CPU의 동작에는 영향이 없습니다.

[그림 4-18] 파라미터 대조 메시지

【설정 화면】

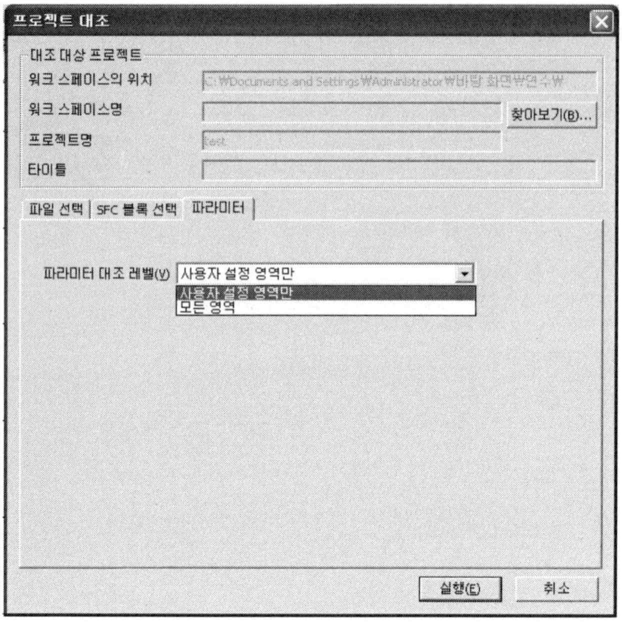

[그림 4-19] 영역 선택(대조레벨)

8. 프로젝트의 PLC 타입 변경

편집 중인 프로젝트를 다른 PLC 타입으로 변경한다.

【조작 순서】

[프로젝트] → [PLC 타입 변경]

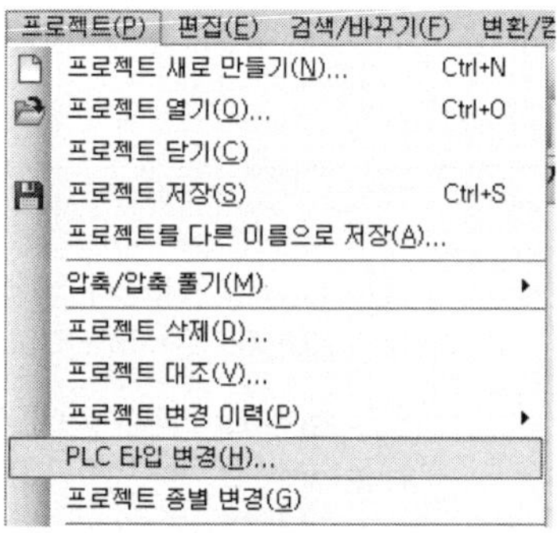

[그림 4-20] PLC 타입 변경 경로

【설정 화면】

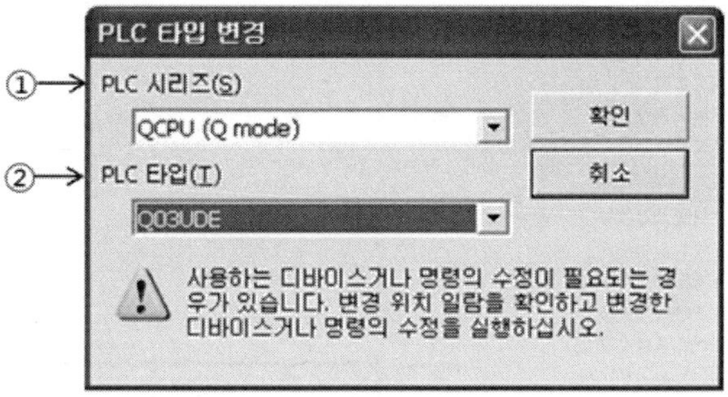

[그림 4-21] PLC 타입 변경

① PLC 시리즈 : 변경 위치의 PLC 시리즈를 선택한다.

② PLC Type : 변경 위치의 PLC 타입을 선택한다. 확인 버튼을 클릭한 후에 아래의 대화 상자가 표시된다.

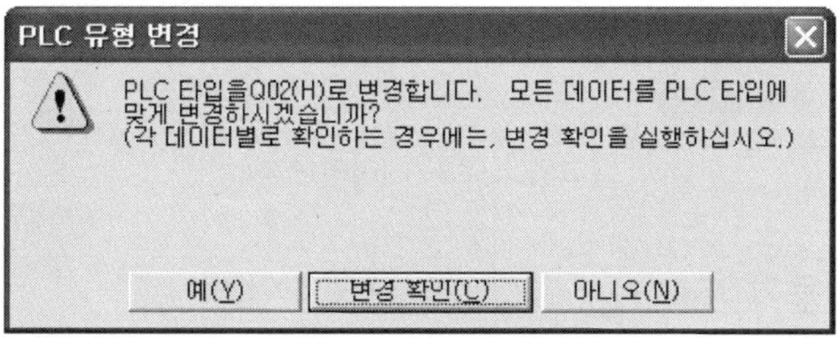

[그림 4-22] PLC 타입 변경 확인

'변경 확인'을 클릭한 후 변경된 내용을 확인한다.

9. 데이터 조작

편집 중인 프로젝트나 다른 프로젝트의 데이터를 유용하는 방법을 설명한다. 프로젝트 사이에 복사를 실행한다.

복사 원본으로써 선택한 데이터명이 복사 대상에 존재할 경우는 덮어쓴다.

【조작 순서】

[프로젝트] → [데이터 조작]

【설정 화면】

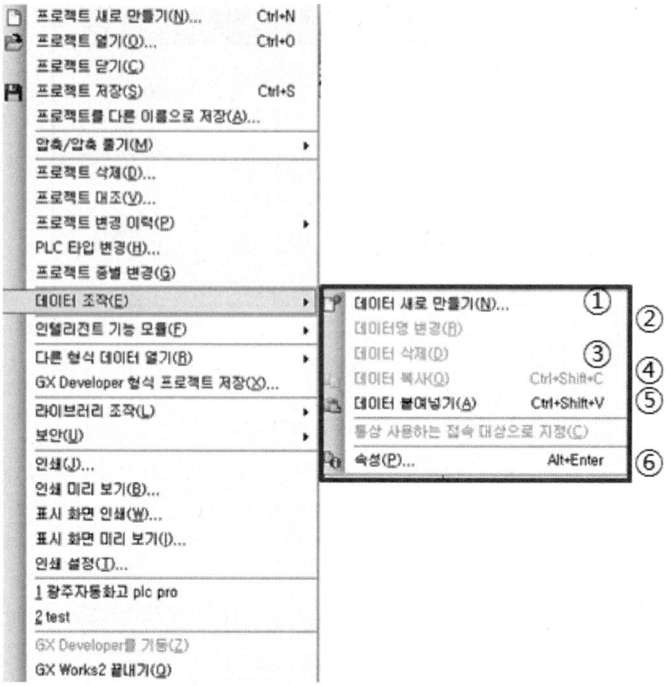

[그림 4-23] 데이터 조작

(1) 데이터 새로 만들기

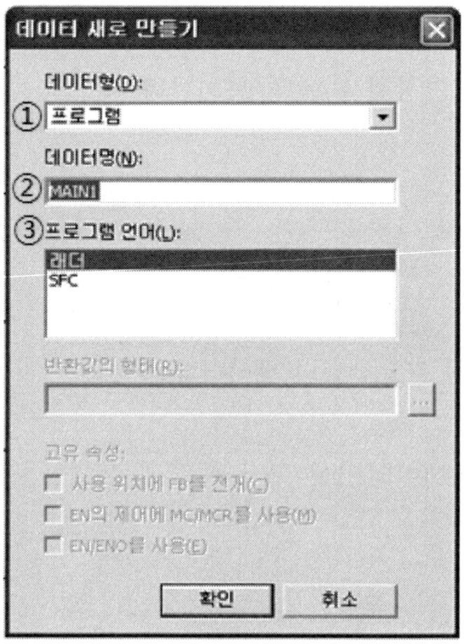

[그림 4-24] 데이터 새로 만들기

① 데이터형의 종류를 선택할 수 있다.
② 데이터명을 작성할 수 있다.
③ 프로그램 언어를 선택할 수 있다.

(2) 데이터명 변경

데이터명을 변경할 수 있다.

(3) 데이터 삭제

현재 열려 있는 프로젝트의 데이터를 삭제한다.

(4) 데이터 복사

현재 프로젝트 데이터를 복사한다.

(5) 데이터 붙여넣기

복사한 프로젝트 데이터를 붙여넣기 한다.

(6) 속성

데이터의 대한 상세 내용을 확인할 수 있다.

[그림 4-25] 데이터 속성

10. 다른 형식의 프로젝트 열기

GX Developer에서 작성한 프로젝트를 GX Works2에서 열 수 있다.

【조작 순서】

[프로젝트] → [다른 형식 프로젝트 열기]

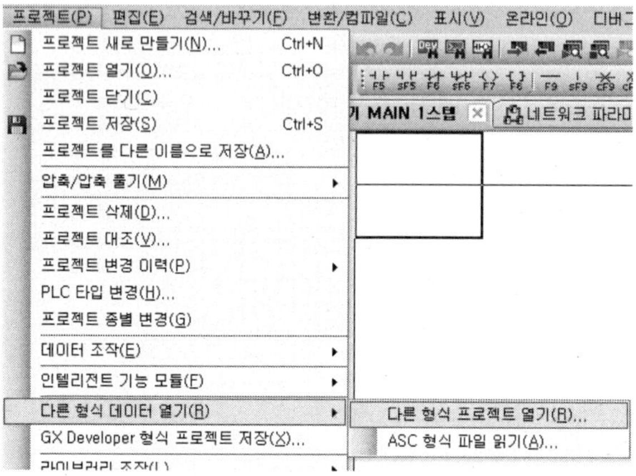

[그림 4-26] 다른 형식 프로젝트 열기

【설정 화면】

[그림 4-27] 프로젝트 선택

- 프로젝트를 지정하고 '열기'를 누른다.

☞ 프로젝트 파일로 '.gpj'를 선택한다.

선택된 프로젝트가 열린다.

■ 다른 형식 프로젝트를 연 후의 상태

다른 형식 프로젝트를 연 후의 프로젝트는 미 컴파일 상태이다. 데이터의 쓰기나 모니터 등의 온라인 조작을 하는 경우, 모두 컴파일 후에 실행한다.

11. 프로젝트를 다른 형식으로 저장

심플 프로젝트에서 작성한 GX Works2의 프로젝트를 GX Developer 형식으로 저장하는 방법을 설명한다.

【조작 순서】

[프로젝트] → [GX Developer 형식 프로젝트 저장]

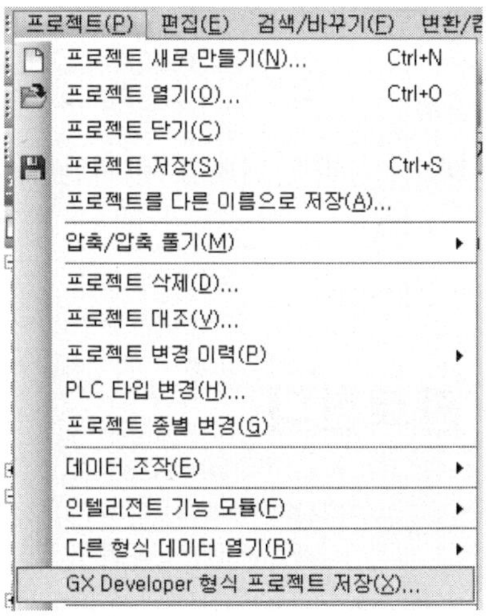

[그림 4-28] 다른 형식 프로젝트

【설정 화면】

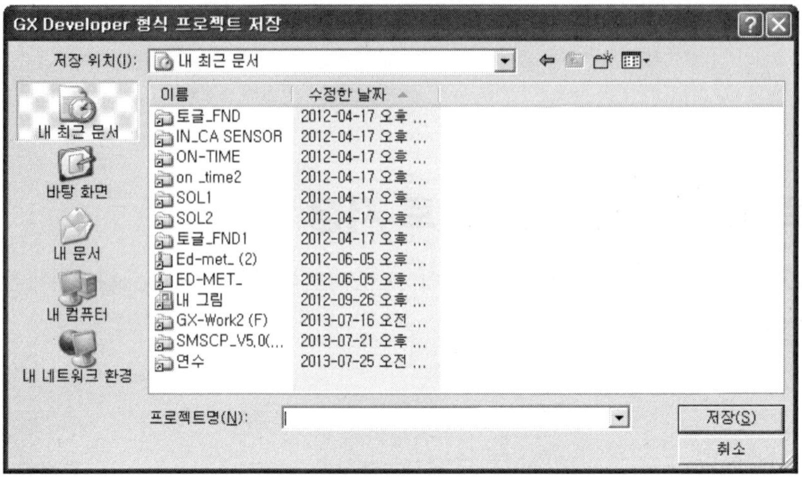

[그림 4-29] 다른 형식 프로젝트

【설명】

- GX Developer 형식 프로젝트의 저장 위치를 선택한다.

12. GX Works2를 종료한다.

【설정 목적】

GX Works2를 종료한다.

【조작 순서】

[프로젝트] → [GX Works2 종료] 또는 ☒

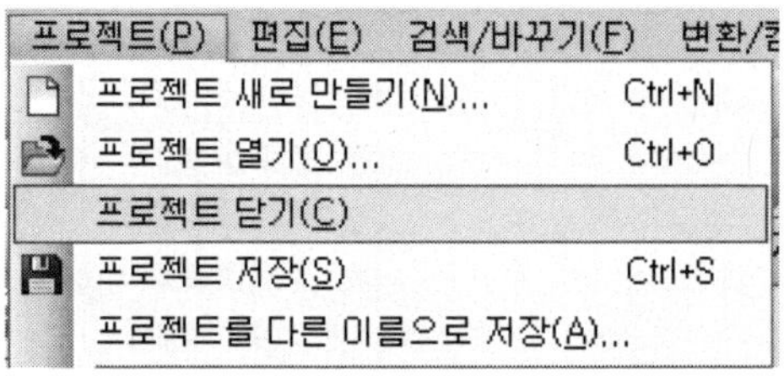

[그림 4-30] 프로젝트 닫기

【설명】

프로젝트명을 설정하고 있지 않는 경우 [GX Works2 종료]를 선택하면 프로젝트명을 지정하는 대화 상자가 표시된다. 프로젝트를 변경할 경우에는 예 버튼을, 변경을 실시하지 않는 경우에는 아니오 버튼을 클릭한다.

4 기본조작(PLC 쓰기, 모니터, 시뮬레이션)

1. PLC 쓰기

작성한 시퀀스 프로그램에 작성한 코멘트와 함께 Q03UDE CPU에 쓰기 한다.

【조작 순서】

[온라인] → [PLC 쓰기]

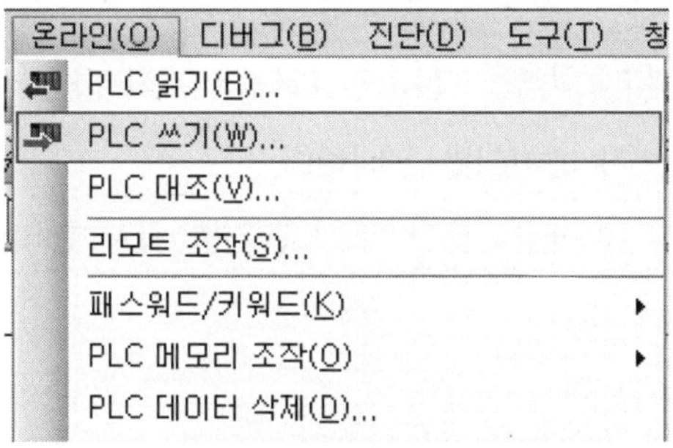

[그림 5-1] PLC 쓰기

【설정 화면】

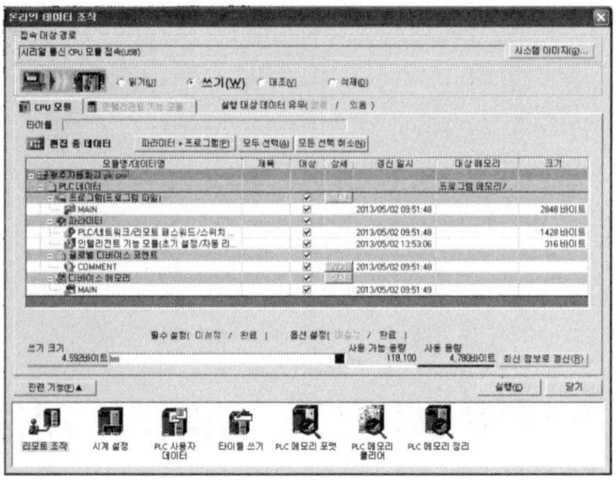

[그림 5-2] PLC Loading

【설명】

항목		내용
접속 대상 경로		시스템 이미지(G)... 설정되어 있는 접속 대상 정보가 표시된다.
타켓 모듈	PLC 모듈	PLC CPU에 데이터를 쓰기 위한 설정을 한다.
	인텔리전트 기능 모듈	인텔리전트 기능 모듈의 데이터를 인텔리전트 기능 모듈의 버퍼메모리/플래시 ROM에 쓰기 위한 설정을 한다.
타이틀		최신 정보로 갱신(R) 온라인 데이터 조작 화면의 파일 일람을 갱신한다.
파일 목록	타겟	읽기/쓰기 데이터를 선택한다.
쓰기 크기		체크한 데이터의 합계 쓰기 크기를 표시 한다.

【설정 화면】

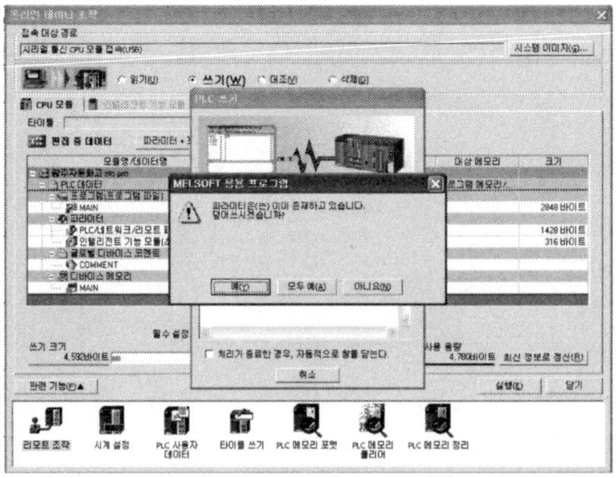

[그림 5-3] 프로그램 Loading

프로그램이 완료된 사항을 마지막 창을 통해서 알 수 있다.

【설정 화면】

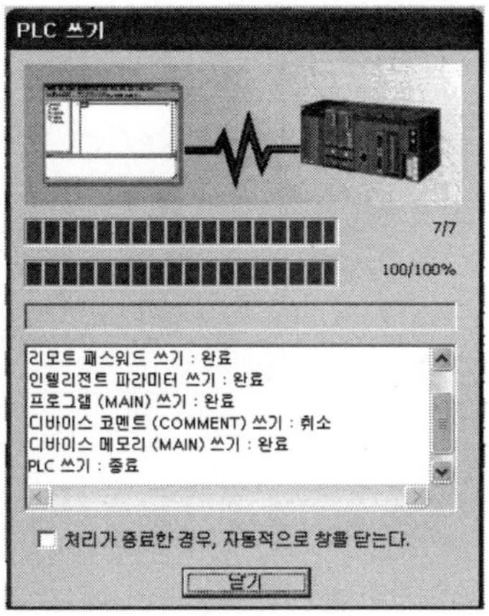

[그림 5-4] 프로그램 Loading 완료

【래더 화면】

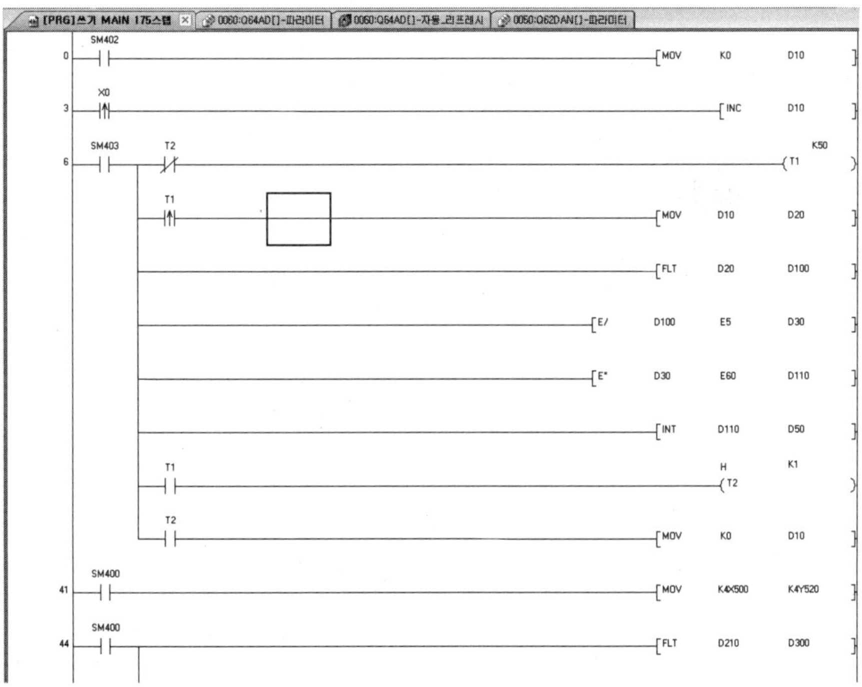

[그림 5-5] 프로그램 완료

프로그램이 완료 Loading 사항을 확인할 수 있다.

2. PLC 모니터

프로그램을 모니터한다.

【조작 순서】

[온라인] → [모니터] → [모니터 시작] / F3

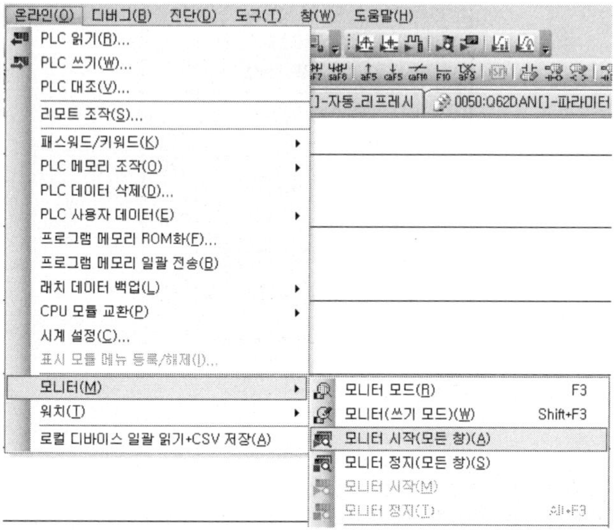

[그림 5-6] 설정 경로

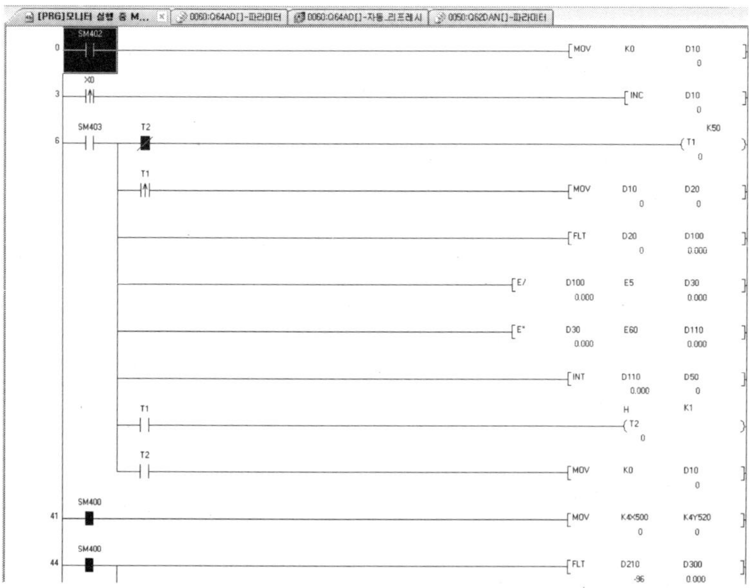

[그림 5-7] 모니터 모드

워크 윈도우에서 모니터를 실행하는 중에 모니터 스테이터스가 표시된다. 모니터 스테이터스는 모든 모니터를 정지하면 숨겨진다.

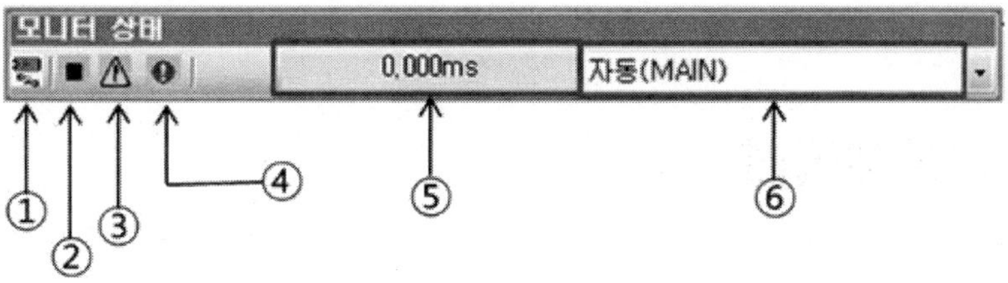

[그림 5-8] 모니터 상태 창

① 접속 상태 : PLC CPU, 시뮬레이션 기능과의 접속 상태가 표시된다.

② RUN/STOP 상태 : 리모트 조작에 의한 PLC CPU의 동작 상태를 표시한다.

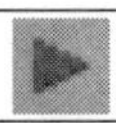	RUN 상태를 나타낸다.
	STOP 상태를 나타낸다.

③ PLC CPU의 에러 상태를 표시한다.

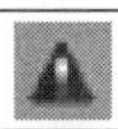	ERR. 소등
	ERR. 점등
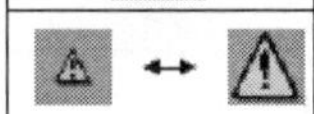	ERR. 점멸

④ PLC CPU의 사용자 에러 상태를 표시한다.

	USER 소등
	USER 점등
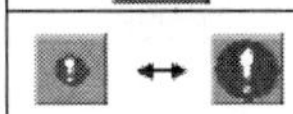	USER 점멸

⑤ 스캔 타임 설정 : 모니터 대상 PLC CPU의 최대 스캔 타임이 표시된다(QCPU에서는 0.1ms 단위가 된다).

⑥ 로컬 디바이스 모니터 대상 선택란 : 로컬 디바이스 모니터를 실행하고자 하는 프로그램명을 선택한다.

3. PLC 시뮬레이션

(1) 시뮬레이션 시작

시뮬레이션을 통해서 PLC 없이 프로그램의 시퀀스 사항의 대한 시뮬레이션을 할 수 있다.

【조작 순서】

[온라인] → [모니터] → [모니터 시작]

[그림 5-9] GX Simulation 창

<table>
<tr><th colspan="2">항목</th><th>내용</th></tr>
<tr><td rowspan="4">Switch</td><td>Switch</td><td>가상 PLC의 동작 상태를 표시한다.</td></tr>
<tr><td>Reset</td><td rowspan="3">가상 PLC의 동작 상태를 전환하는 경우에 선택한다.</td></tr>
<tr><td>Stop</td></tr>
<tr><td>Run</td></tr>
<tr><td colspan="2">LED</td><td>가상 PLC의 동작 상태를 표시한다.</td></tr>
</table>

(2) 시뮬레이션 종료

진행하고 있는 시뮬레이션을 종료한다.

【조작 순서】

[디버그] → [시뮬레이션 정지]

5 베이스 모듈 / 입출력 번호의 할당

본 장에서는 CPU 모듈이 입출력 모듈, 인텔리전트 기능 모듈과 데이터를 교환하기 위해 필요한 베이스 모듈/입출력 번호의 할당에 대해 설명한다.

1. 베이스 모듈의 할당

1) 베이스 모드

기본 베이스 모듈, 증설 베이스 모듈에 장착할 수 있는 슬롯 수를 할당하는 모드이다. 베이스 모드에는 다음의 2종류가 있다.

· 자동 모드

· 상세 모드

① 자동 모드

사용하는 베이스 모듈의 실제 슬롯수로 베이스 모듈을 할당하는 모드이다.

② 상세 모드

베이스 모듈마다 설정하는 모드이다. 슬롯 수는 사용하는 베이스 모듈의 실제 슬롯 수에 관계없이 설정할 수 있다.

③ 실제 슬롯 수보다 많은 슬롯 수를 설정하는 경우

설정된 슬롯 수만큼 점유한다. 사용하고 있는 베이스 모듈의 슬롯 이후는 빈 슬롯이 된다. 예를 들어, 5슬롯의 베이스 모듈을 사용하여 8슬롯으로 설정하면 3슬롯이 빈 슬롯이 된다.

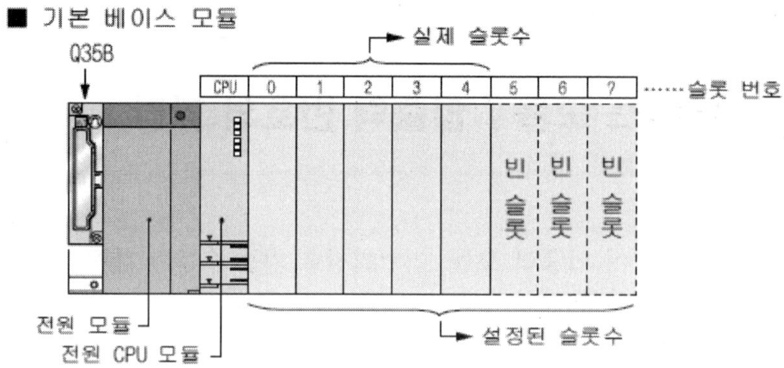

[그림 6-1] PLC 슬롯 장착 설명

빈 슬롯의 점수는 PLC 파라미터의 PLC 시스템 설정에서 설정한 빈 슬롯 점수 또는 PLC 파라미터의 I/O 할당에서 설정한 점수가 된다(디폴트는 16점이다).

④ 실제 슬롯수보다 적은 슬롯수를 설정하는 경우

모듈을 장착하지 않은 슬롯 이후를 인식하지 않게 하는 경우에 사용한다. 예를 들어, 12슬롯의 베이스 모듈을 사용하여 8슬롯으로 설정하면, 베이스 모듈의 오른쪽부터 4슬롯이 사용금지가 된다(사용이 금지된 슬롯에 모듈을 장착하면 'SP.UNIT LAY ERR.'가 된다).

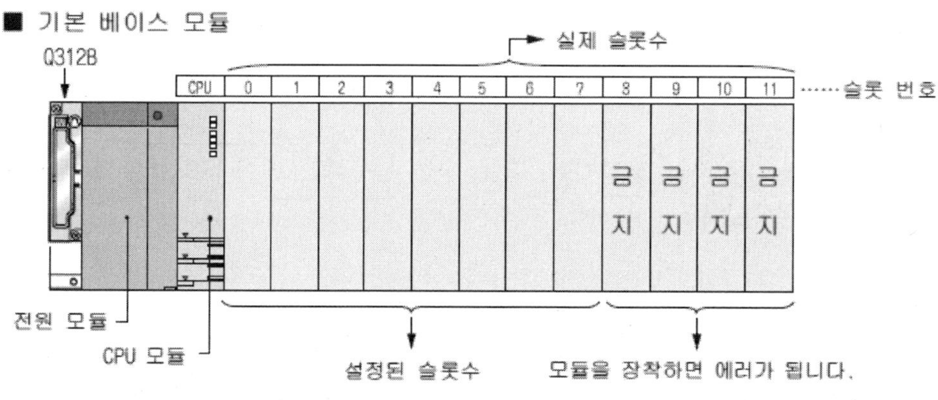

[그림 6-2] PLC 슬롯 장착 설명

2) 베이스 모듈의 할당 설정

PLC 파라미터의 I/O 할당 설정에서 설정한다.

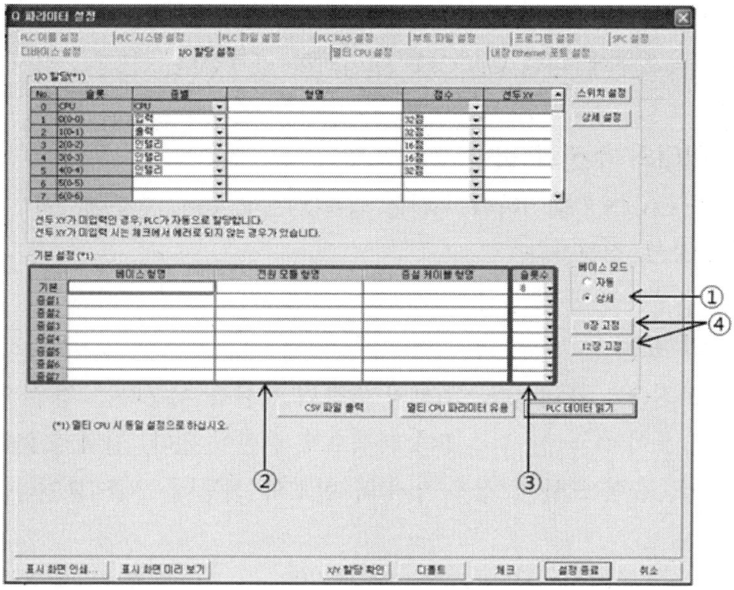

[그림 4-3] Q 파라미터 설정

① 자동/상세

베이스 모듈의 할당을 자동 모드로 할 것인지 상세 모드로 할 것인지 선택한다.

② 베이스 형명, 전원 모듈 형명, 증설 케이블 형명

메모 또는 파라미터의 인쇄용으로 사용하는 베이스 모듈의 형명, 전원 모듈의 형명, 증설 케이블의 형명을 각각 반각 16문자 이내로 입력한다. CPU 모듈은 입력 내용을 사용하지 않는다.

③ 슬롯 수

상세 모드의 경우, 사용하는 베이스 모듈의 슬롯 수를 선택한다.

2(2슬롯), 3(3슬롯), 5(5슬롯), 8(8슬롯), 10(10슬롯), 12(12슬롯)

④ 8장 고정 / 12장 고정

상세 모드의 경우, 베이스 모듈을 일괄로 지정 슬롯 수로 설정할 때 선택한다.

3) 입출력 번호의 할당

입출력 번호는 다음의 경우에 시퀀스 프로그램에서 사용하는 어드레스를 나타내기 위한 것이다.

· CPU 모듈에 대한 ON/OFF 데이터를 수신한다.

· CPU 모듈에서 외부에 대한 ON/OFF 데이터를 출력한다.

(1) ON/OFF 데이터의 수신과 출력

CPU 모듈에 대한 ON/OFF 데이터의 수신은 입력(X)으로, CPU 모듈에서의 ON/OFF 데이터의 출력은 출력(Y)으로 실행한다.

(2) 입출력 번호의 표현

입출력 번호는 16진수로 표현한다. 16점의 입출력 모듈을 사용하는 경우 입출력 번호는, 그림 4.4와 같이 1슬롯이 □□ 0 ~ □□ F의 16점으로 연번이 된다. 입력 모듈의 경우 입출력 번호의 선두에 'X'를, 출력 모듈의 경우 입출력 번호의 선두에 'Y'를 붙인다.

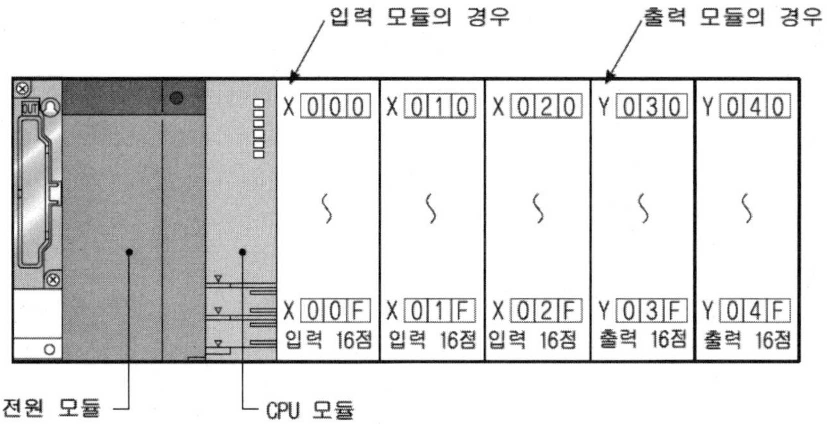

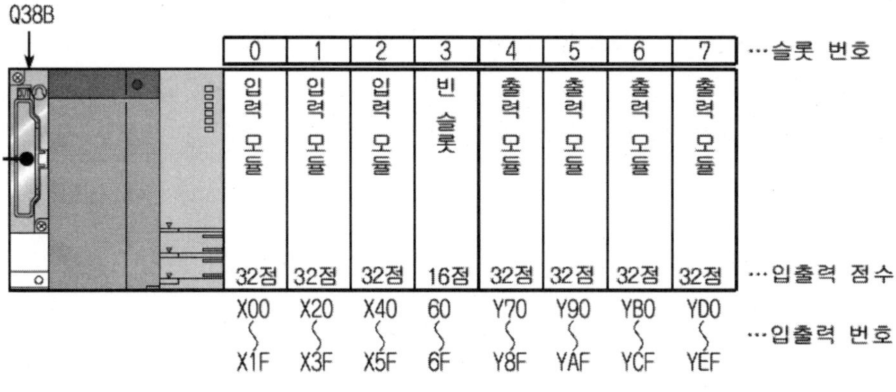

(번호 할당)

4) I/O 할당 설정

PLC 파라미터의 I/O 할당 설정에서 설정한다. 'I/O 할당'에서는 베이스 모듈의 슬롯 마다 다음 항목을 개별적으로 설정할 수 있다.

- '종류'(모듈 종류)
- '점수'(입출력 점수)
- '선두 XY'(선두 입출력 번호)

예를 들어, 지정 슬롯의 입출력 점수를 변경하는 경우, 점수만 설정할 수 있다. 설정하지 않은 항목은 베이스 모듈의 장착 상태가 된다.

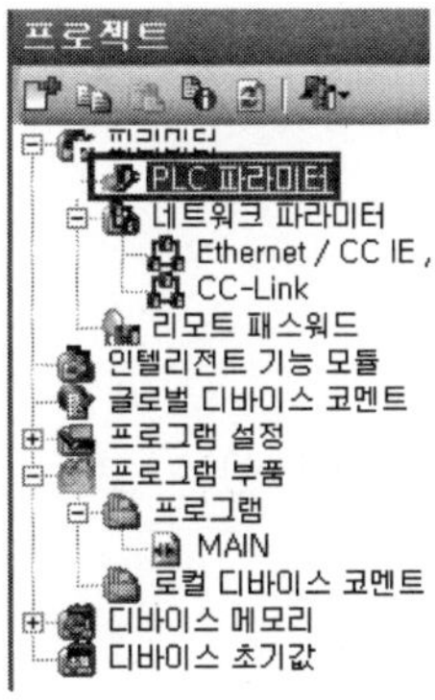

PLC 파라미터 설정

【설정 방법】

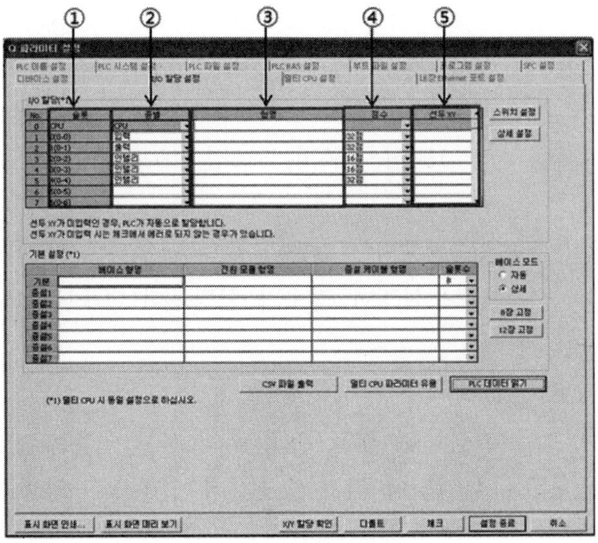

I/O 할당 설정

① 슬롯

슬롯 No.와 베이스 모듈의 단수 및 슬롯 수를 표시한다. 베이스 모듈을 자동 모드로 설정한 경우, 베이스 모듈의 단수는 '*'가 되며 슬롯 수는 기본 베이스 모듈의 0번째 슬롯부터의 슬롯 수가 된다.

② 종류

장착되어있는 모듈의 종류를 다음 항목 중에서 선택한다.

· 빈 슬롯(빈 슬롯)
· 입력(입력 모듈)
· 고속 입력(고속 입력 모듈)
· 출력(출력 모듈)
· 입출력 혼합(입출력 혼합 모듈)
· 인텔리전트(인텔리전트 기능 모듈)
· 인터럽트(인터럽트 모듈)

종류를 설정하지 않은 슬롯은 실장되어 있는 모듈의 종류가 된다.

③ 형명

장착되어 있는 모듈의 형명을 반각 16문자 이하로 설정한다. CPU 모듈에서는 설정되어 있는 형명을 사용하지 않는다(사용자 메모가 된다).

④ 점수

각 슬롯의 입출력 점수를 변경하는 경우, 다음의 점수 중에서 선택한다.

0점, 16점, 32점, 48점, 64점, 128점, 256점, 512점, 1024점

점수를 설정하지 않은 슬롯은 실장되어 있는 모듈의 점수가 된다. 다만 빈 슬롯에는 PLC 파라미터의 PLC 시스템 설정에서 설정한 점수가 할당된다(디폴트 : 16점).

⑤ 선두 XY

각 슬롯의 입출력 번호를 변경하는 경우, 변경 후의 선두 입출력 번호를 설정한다. 선두 XY를 설정하지 않은 슬롯은 설정되어 있는 슬롯부터 연번으로 입출력 번호가 할당된다.

6 QCPU 프로그램 기초

1. 프로그램 기초

1) 연산시작, 직렬접속, 병렬접속 (LD, LDI, AND, ANI, OR, ORI]

[동작설명]

START PB를 누르면 START-L이 점등하고 STOP_PB를 누르면 START-L이 소등한다.

〈START〉

〈STOP〉

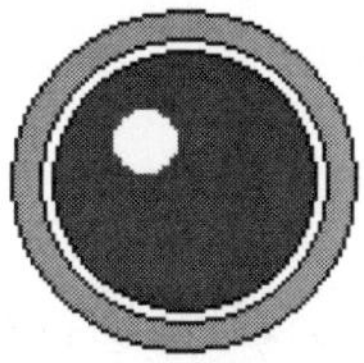

〈LAMP〉

[PLC 프로그램]

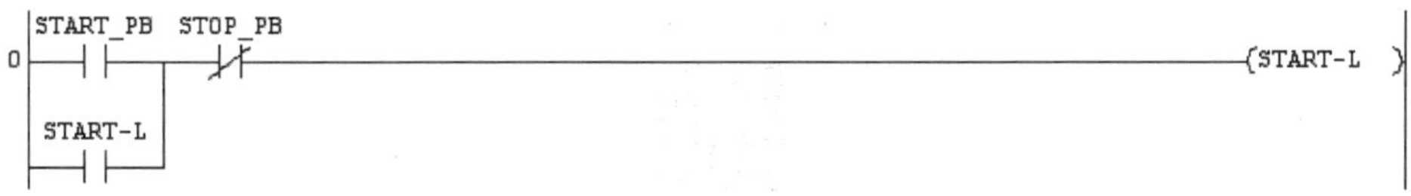

[관련지식]

1) LD, LD 명령어 해석

LD는 a 접점 연산 시작, LDI는 b 접점 연산 시작 명령으로, 지정 디바이스의 ON/OFF(워드 디바이스의 비트 지정 시는 지정 비트의 1/0) 정보를 수신하여 연산결과로 한다.

2) OR, ORI 명령어 해석

OR은 a 접점 1개의 병렬 접속, ORI는 b접점 1개의 병렬 접속 명령으로, 지정 디바이스의 ON/OFF(워드 디바이스의 비트 지정 시는 지정 비트의 1/0) 정보를 수신하여, 이제까지의 연산 결과와 OR 결과를 실행하여 이 값을 연산 결과로 한다.

OR, ORI의 사용 제한은 없지만, 주변 기기의 회로 모드에서는 다음과 같이 된다.

① 쓰기… OR, ORI가 23개 연속으로 접속된 회로까지 작성할 수 있다.

② 읽기… OR, ORI가 23개 연속으로 접속된 회로까지 표시할 수 있다.
23개를 초과할 경우는 정상적으로 표시할 수 없다.

3) AND, ANI 명령어 해석

AND는 a 접점 직렬 접속, ANI는 b 접점 직렬 접속 명령으로, 지정 비트 디바이스의 ON/OFF (워드 디바이스의 비트 지정 시 지정 비트의 1/0) 정보를 수신하여, 이제까지의 연산 결과와 AND 연산을 실행하여 이 값을 연산 결과로 한다.

AND, ANI의 사용 제한은 없지만, 주변 기기의 회로 모드에서는 다음과 같이 된다.
① 쓰기… AND, ANI가 직렬로 접속된 경우는 21단까지 회로를 작성할 수 있다.
② 읽기… AND, ANI가 직렬로 접속된 경우는 24단까지 회로를 표시할 수 있다.
24단을 초과할 경우는 24단까지가 표시된다.

2) 펄스연산 시작, 펄스 직렬접속, 펄스 병렬접속 (LDP, LDF, ANDP, ANDF, ORP, ORF)

[동작설명]
아래와 같이 프로그램하고 PB(X0)을 1회 눌러서 어떤 변화가 일어나는지 관찰한다.

〈X0〉

[PLC 프로그램 1]

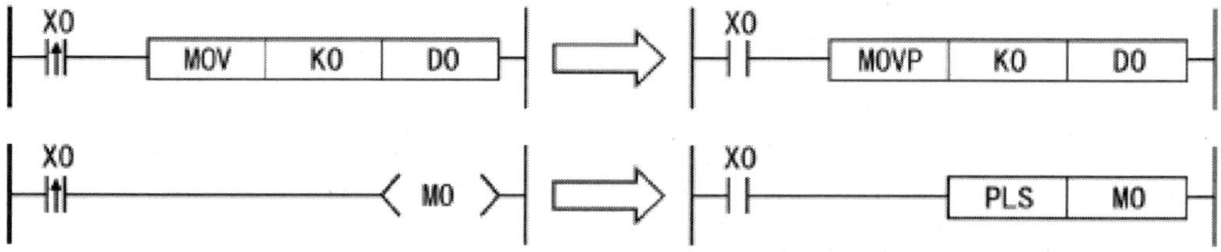

[관련지식]

(1) LDP, LDF 명령어 해석

LDP는 펄스 상승 연산시작 명령으로, 지정 비트 디바이스의 펄스 상승 시(OFF→ON)에만, 워드 디바이스의 비트 지정 시에는 지정이 0→1으로 변화했을 때에만 ON한다. LDP 명령은 ON 중 실행 명령의 펄스화 명령(LDP)과 동일하다.

LDF는 펄스 하강 연산 시작 명령으로, 지정 비트 디바이스의 펄스 하강 시(ON→OFF)에 ON한다. 워드 디바이스의 비트 지정 시에는 지정 비트가 10으로 변화했을 때 ON한다.

(2) ANDP, ANDF 명령어 해석

ANDP는 펄스 상승 직렬 접속 명령, ANDF는 펄스 하강 직렬접속 명령으로, 이제까지의 연산 결과와 AND 연산을 실행하여, 연산 결과로 한다. ANDP, ANDF에서 사용하는 ON/OFF 정보는 다음과 같다.

<table>
<tr><th colspan="2">ANDP에서 지정한 디바이스</th><th rowspan="2">ANDP의 상태</th><th colspan="2">ANDF에서 지정한 디바이스</th><th rowspan="2">ANDF의 상태</th></tr>
<tr><th>비트 디바이스</th><th>워드 디바이스의 비트 지정</th><th>비트디바이스</th><th>워드 디바이스의 비트 지정</th></tr>
<tr><td>OFF→ON</td><td>0→1</td><td>ON</td><td>OFF→ON</td><td>0→1</td><td rowspan="3">OFF</td></tr>
<tr><td>OFF</td><td>0</td><td rowspan="3">OFF</td><td>OFF</td><td>0</td></tr>
<tr><td>ON</td><td>1</td><td>ON</td><td>1</td></tr>
<tr><td>ON→OFF</td><td>1→0</td><td>ON→OFF</td><td>1→0</td><td>ON</td></tr>
</table>

(ANDP, ANDF 명령어)

(3) ORP, ORF 명령어 해석

ORP는 펄스 상승 병렬 접속 명령, ORF는 펄스 하강 병렬 접속 명령으로, 이제까지의 연산결과와 OR 연산을 실행하여, 연산 결과로 한다. ORP, ORF에서 사용하는 ON/OFF 정보는 다음과 같다.

<table>
<tr><th colspan="2">ORP에서 지정한 디바이스</th><th rowspan="2">ANDP의 상태</th><th colspan="2">ORF에서 지정한 디바이스</th><th rowspan="2">ANDF의 상태</th></tr>
<tr><th>비트 디바이스</th><th>워드 디바이스의 비트 지정</th><th>비트디바이스</th><th>워드 디바이스의 비트 지정</th></tr>
<tr><td>OFF→ON</td><td>0→1</td><td>ON</td><td>OFF→ON</td><td>0→1</td><td rowspan="3">OFF</td></tr>
<tr><td>OFF</td><td>0</td><td rowspan="3">OFF</td><td>OFF</td><td>0</td></tr>
<tr><td>ON</td><td>1</td><td>ON</td><td>1</td></tr>
<tr><td>ON→OFF</td><td>1→0</td><td>ON→OFF</td><td>1→0</td><td>ON</td></tr>
</table>

(ORP, ORF 명령어 해석)

[PLC 프로그램 2]

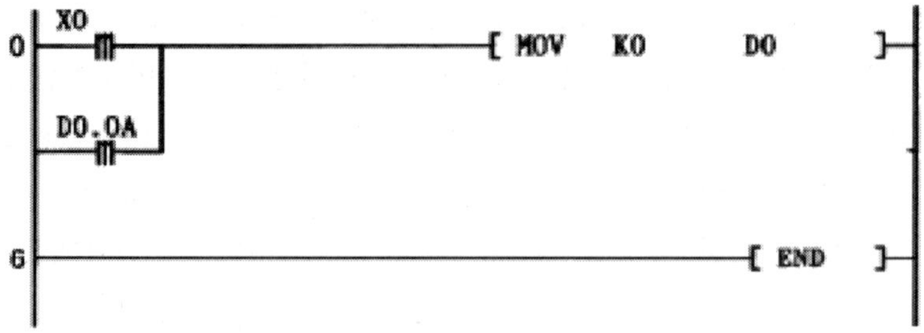

입력의 X0 또는 데이터 레지스터 D0의 b11(비트 11)의 펄스 상승 시 MOV 명령을 실행하는 프로그램이다.

3) 회로 블록 직렬접속, 병렬접속 (ANB, ORB)

[동작설명]

아래 사진과 같이 프로그램하고 PB(X0~4)을 눌러서 어떤 변화가 일어나는지 관찰한다.

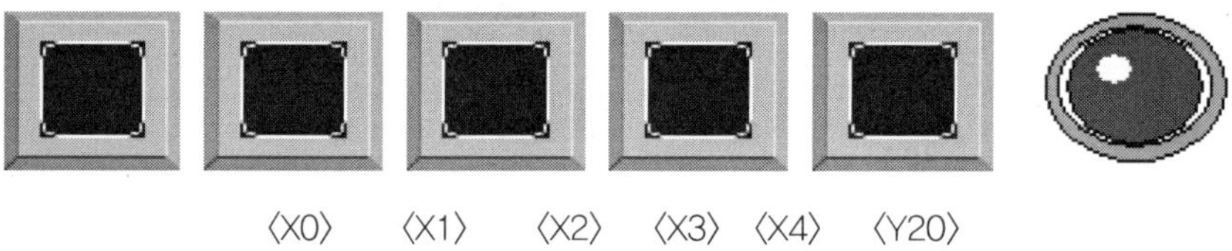

[PLC 프로그램]

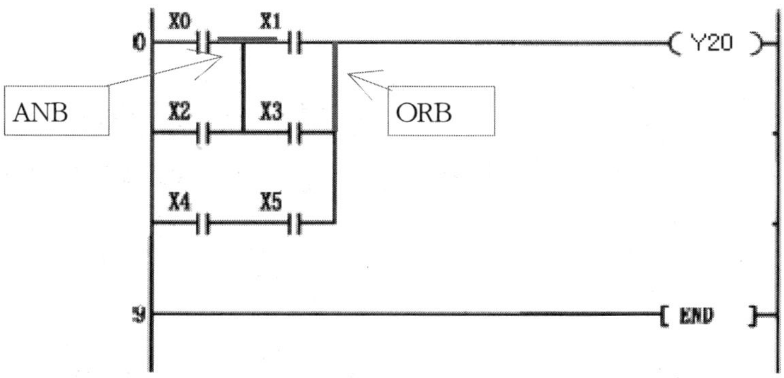

[관련지식]

(1) ANB 명령어 해석

① A 블록과 B 블록의 AND를 연산하여 연산 결과로 한다.

② ANB의 심볼은 접점 심볼이 아니라, 접속 심볼이다.

③ 리스트 모드로 프로그래밍 시, ANB는 최대 15명령(16블록)까지 연속하여 입력할 수 있다.

(2) ORB 명령어 해석

① A 블록과 B 블록의 OR을 연산하여 연산 결과로 한다.

② ORB는 2접점 이상의 회로 블록의 병렬 접속을 실행한다. 1접점만의 병렬접속은 OR, ORI를 사용하며 ORB는 필요 없다.

③ ORB의 심볼은 접점 심볼이 아니라 접속 심볼이다.

④ 리스트 모드로 프로그래밍시, ORB는 최대 15명령(16 블록)까지 연속하여 입력할 수 있다.

4) 연산결과 푸쉬(분기 시작), 읽기(분기 계속), 팝(분기 끝) (MPS, MRD, MPP)

[동작설명]

아래와 같이 프로그램하고 PB(X0~5)을 눌러서 어떤 변화가 일어나는지 관찰한다.

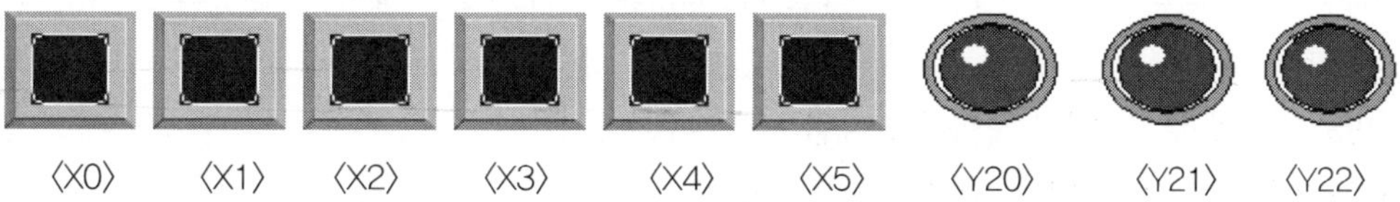

MPS, MRD를 사용하는 경우

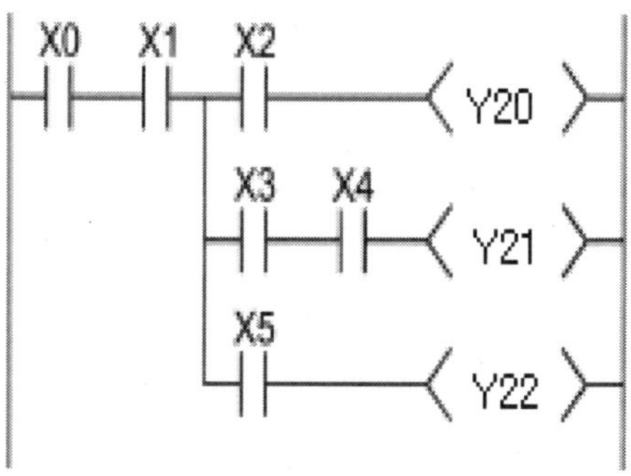

MPS, MRD를 사용하지 않는 경우

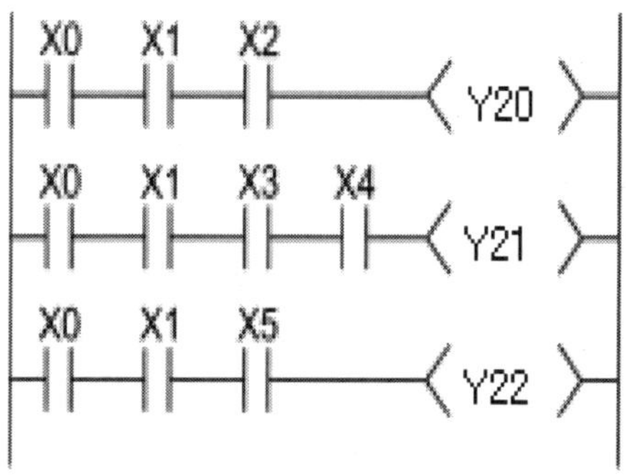

[PLC 프로그램]

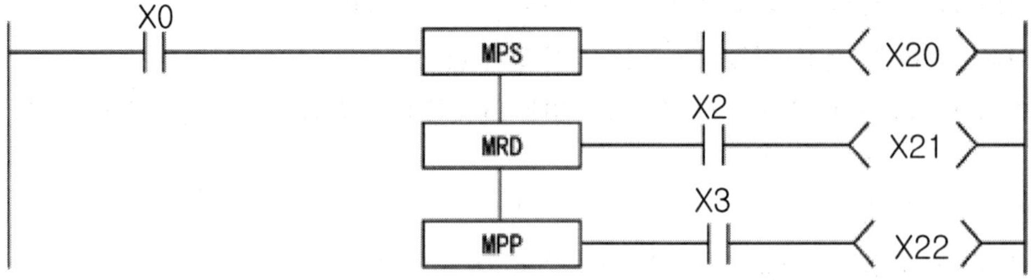

[관련지식]

(1) MPS 명령어 해석

① MPS 명령 직전의 연산 결과(ON/OFF)를 기억한다.

② MPS 명령은 연속으로 16회까지 사용할 수 있다.

단, 회로 모드에 의한 작성에서는 11회까지이다.

MPP 명령을 도중에 사용할 경우는 MPS 명령의 사용 가능 개수가 -ò1만큼 줄어든다.

(2) MRD 명령어 해석

① MPS 명령으로 기억한 연산 결과를 읽고, 그 연산 결과에서 다음 스텝부터 연산을 실행한다.

(3) MPP 명령어 해석

① MPS 명령으로 기억한 연산 결과를 읽고, 그 연산 결과에서 다음 스텝부터 연산을 실행한다.

② MPS 명령으로 기억한 연산 결과를 클리어한다.

③ MPS 명령의 사용 가능 개수가 -1만큼 줄어든다.

(4) 포인트

① MPS, MRD, MPP를 사용하는 경우와 사용하지 않는 경우의 회로는 다음과 같다.

MPS, MRD를 사용하는 경우

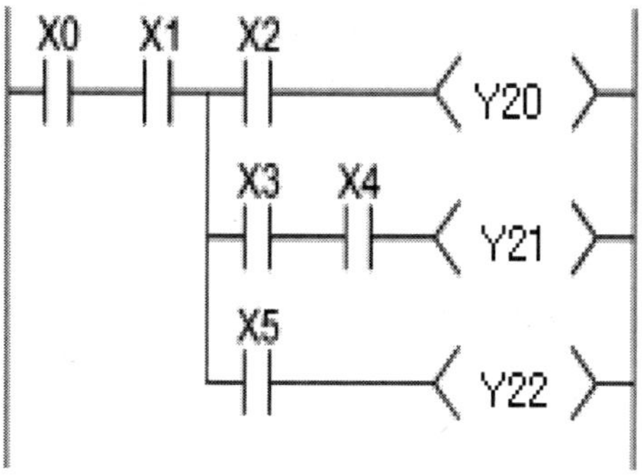

MPS, MRD를 사용하지 않는 경우

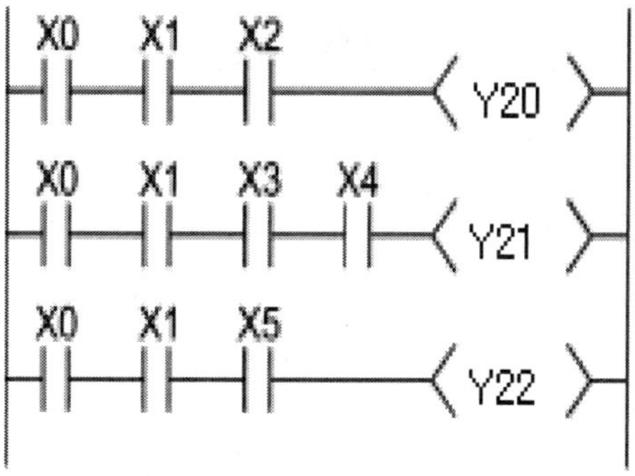

② MPS, MPP 명령의 사용수는 동일하게 한다.

MPS, MPP 명령 사용수가 다를 경우에는 주변 기기의 회로 모드에서 정상적인 회로 표시를 할 수 없다.

5) 연산결과 반전 (INV)

[동작설명]

아래와 같이 프로그램하고 PB(X0)을 눌러서 어떤 변화가 일어나는지 관찰한다.

〈X0〉

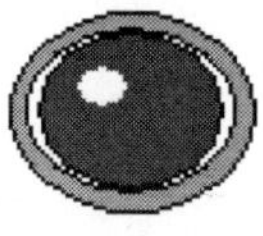

〈Y20〉

[PLC 프로그램]

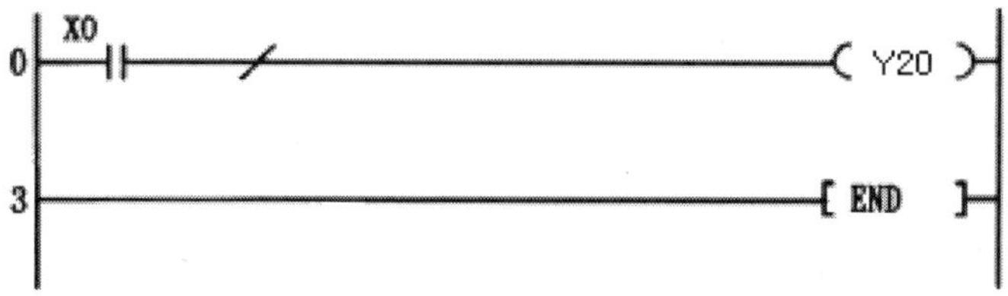

[관련지식]

INV 명령어 해석

INV 명령의 직전까지의 연산 결과를 반전한다.

INV 명령의 직전까지의 연산 결과	INV 명령 실행 후의 연산 결과
OFF	ON
ON	OFF

INV 명령어 해석

타이밍 차트

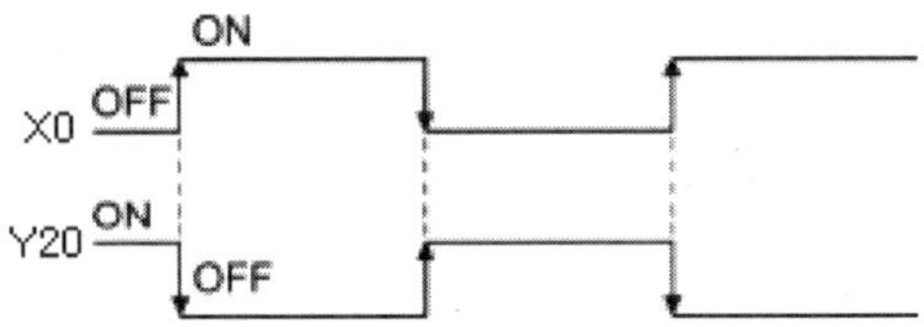

포인트

INV 명령은 INV 명령의 직전까지가 연산 결과로 작용하기 때문에, AND 명령과 동일한 위치에서 사용하시오.

INV 명령은 LD, OR의 위치에서 사용할 수 없다.

6) 아웃 명령(타이머, 카운터, 애넌시에이터 제외) (OUT)

[동작설명]

아래와 같이 프로그램하고 PB(X0)을 눌러서 어떤 변화가 일어나는지 관찰한다.

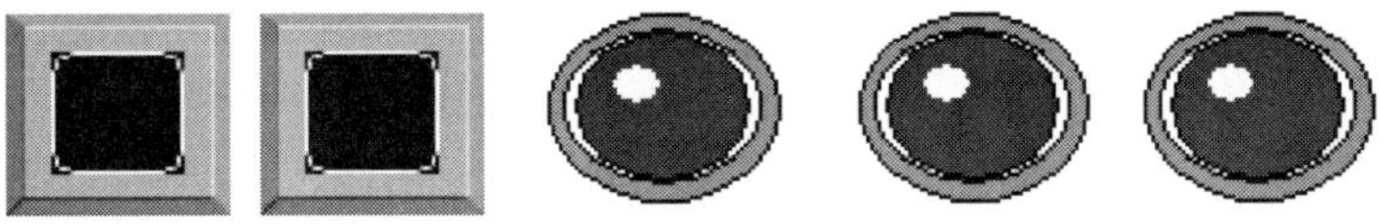

〈X0〉 〈X2〉 〈Y20〉 〈Y21〉 〈Y22〉

[PLC 프로그램]

[관련지식]

OUT 명령어 해석

OUT 명령까지의 연산 결과를 지정된 디바이스로 출력한다.

워드 디바이스의 비트 지정 시 아래와 변화한다.

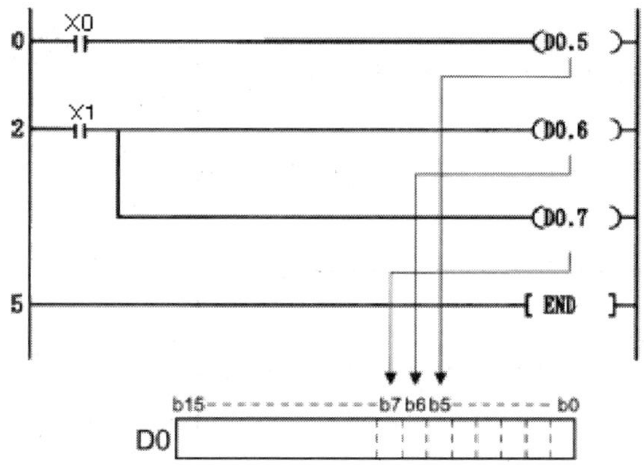

7) 타이머(OUT T, OUT H)

[동작설명]

PB(X0)를 누르면 설정시간이 흐른 뒤 LAMP(Y21)가 점등한다.

PB(X1)를 누르면 시간데이터가 지워지고 LAMP(Y21)도 소등한다.

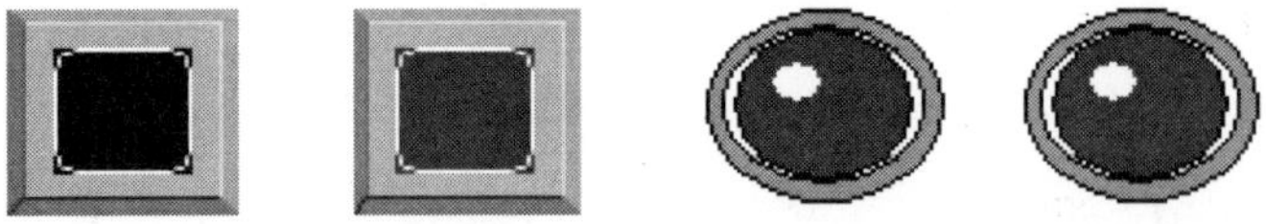

〈X0〉 〈X1〉 〈Y20〉 〈Y21〉

[PLC 프로그램 1]

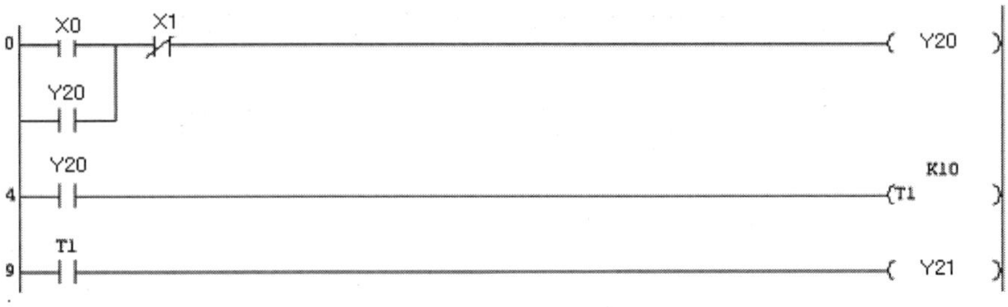

[PLC 프로그램 2]

X10~1F의 BCD 데이터를 타이머의 설정 값으로 하는 프로그램이다.

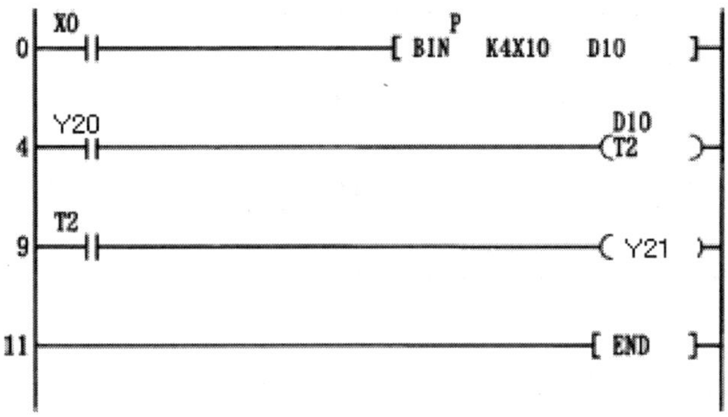

X10~1F의 BCD 데이터를 BIN 변환하여, D10에 저장한다.

Y20이 ON하면 D10에 저장된 데이터를 설정값으로 카운트한다.

T2가 카운트업하면 Y21가 ON한다.

[관련지식]

주의

타이머의 설정값은 10진수, 정수(K)만 사용할 수 있다.

타이머의 설정값에 16진수 정수(H), 실수는 사용할 수 없다.

기능

① OUT 명령까지의 연산 결과가 ON일 때 타이머의 코일은 ON하여 설정값까지 카운트하고, 타임업(계수값≥설정값)하면 접점은 다음과 같이 된다.

a접점 ------ ON

b접점 ------ OFF

② OUT 명령까지의 연산 결과가 ON → OFF로 변화하면 다음과 같이 된다.

타이머의 종류	타이머코일	타이머의 현재값	타임업 이전		타임업 이후	
			a 접점	b 접점	a 접점	b 접점
저속 타이머 고속 타이머	OFF	0	OFF	ON	OFF	ON
저속 적산 타이머 고속 적산 타이머	OOF	현재값 유지	OFF	ON	ON	OFF

(타이머 종류)

* 저속 적산 타이머, 고속 적산 타이머의 현재값 클리어 및 접점의 리세트는 RST 명령으로 실행한다.

③ 타임업 이후의 적산 타이머 현재값의 클리어와 접점의 OFF는 RST 명령으로 실행한다.

④ 설정 값에 마이너스인 수(-32768~-1)는 설정할 수 없다.
설정 값이 0일 때는 OUT 명령 실행 시 타임업한다.

⑤ OUT 명령 실행 시에 다음을 처리한다.

- OUT T□의 코일 ON/OFF
- OUT T□의 접점 ON/OFF
- OUT T□의 현재값 변경

OUT T□ 명령이 ON 중에 JMP 명령 등으로 OUT T□ 명령을 점프한 경우는 현재값의 변경 및 접점의 ON/OFF를 실행하지 않는다. 또한, 동일의 OUT T□ 명령을 동일 스캔 내에서 2회 이상 실행했을 경우는 실행한 횟수만큼 현재 값을 변경 한다.

⑥ 타이머의 코일/접점의 인덱스 수식은 Z0, Z1으로만 실행한다. 타이머의 설정값은 인덱스 수식을 할 수 없다.

비 고

① 저속 타이머, 저속 적산 타이머의 시한 디폴트값은 100ms이다.
저속 타이머, 저속 적산 타이머의 시한은 파라미터 모드의 'PLC 시스템 설정'에서 10ms~1초까지 10ms 단위로 설정할 수 있다.

② 저속 타이머, 고속 적산 타이머의 시한 디폴트값은 10ms이다.
고속 타이머, 고속 적산 타이머의 시한은 파라미터 모드의 'PLC 시스템 설정'에서 10ms~100ms까지 1ms 단위로 설정할 수 있다.

타이머의 종류

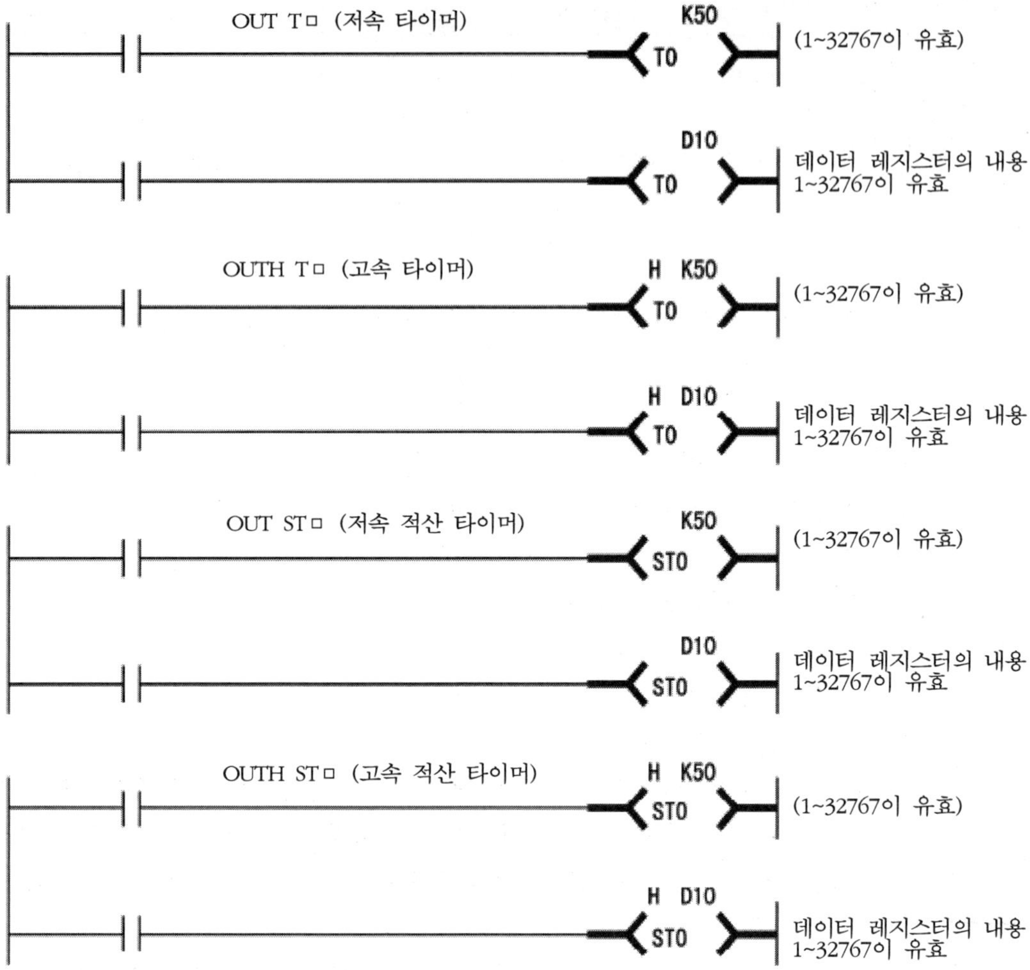

8) 카운터(OUT C)

[동작설명]

PB(X0)를 ON/OFF 10회 반복하여 입력하면 LAMP20이 점등한다.
PB(X1)를 누르면 카운터 데이터가 지워지고 LAMP20도 소등한다.

〈X0〉 〈X1〉 〈Y20〉 〈Y21〉

[PLC 프로그램 1]

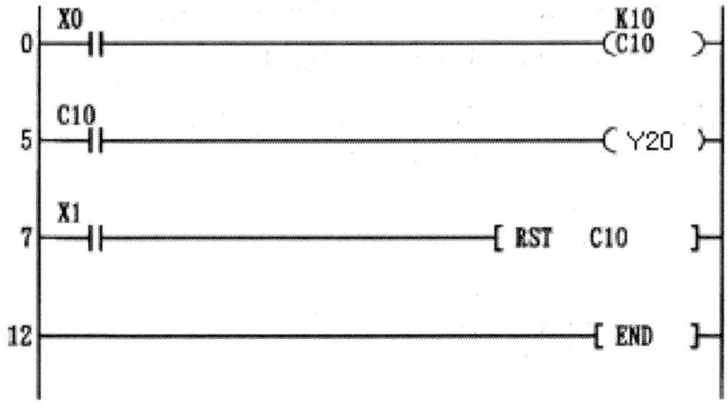

[PLC 프로그램 2]

C10의 설정값을 X0이 ON했을 때 10으로, X1이 ON했을 때 20으로 하는 프로그램

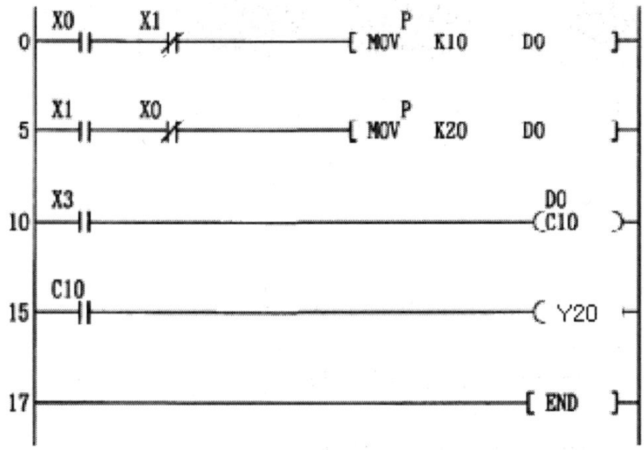

X0이 ON했을 때에 10을 D0에 저장한다.

X1이 ON했을 때에 20을 D0에 저장한다.

C10은 D0에 저장된 데이터를 설정값으로 하여 카운트한다.

C10이 카운트업하면 Y20이 ON한다.

[관련지식]

주의

카운터의 설정값은 10진수 정수(K)만 사용할 수 있다.

카운터의 설정값에 16진 정수(H), 실수는 사용할 수 없다.

기능

① OUT 명령까지의 연산 결과가 OFF→ON으로 변화했을 때 현재값(카운트값)을 +1하며, 카운트업(현재값=설정값)하면 접점은 다음과 같이 된다.

a접점 ------ ON

b접점 ------ OFF

② 연산 결과가 ON 상태일 때는 카운트 되지 않는다. (카운트 입력은 펄스화할 필요는 없다.)
③ 카운트업 이후는 RST 명령을 실행할 때까지 카운트 값 및 접점의 상태는 변화하지 않는다.
④ 설정 값에 마이너스인 수(-32768~-1)는 설정할 수 없다.
또한 설정값이 0인 경우는 1과 동일하게 처리한다.
⑤ 카운터의 코일/접점의 인덱스 수식은 Z0, Z1만 사용할 수 있다.
카운터의 설정은 인덱스 수식을 할 수 없다.

9) 디바이스의 세트(SET), (RST)

[동작설명]

PB(X0)를 ON했을 때 Y20를 세트(ON)하고, X1가 ON했을 때 Y20를 리셋(OFF)한다.

〈X0〉 〈X1〉 〈Y20〉 〈Y21〉

[PLC 프로그램 1]

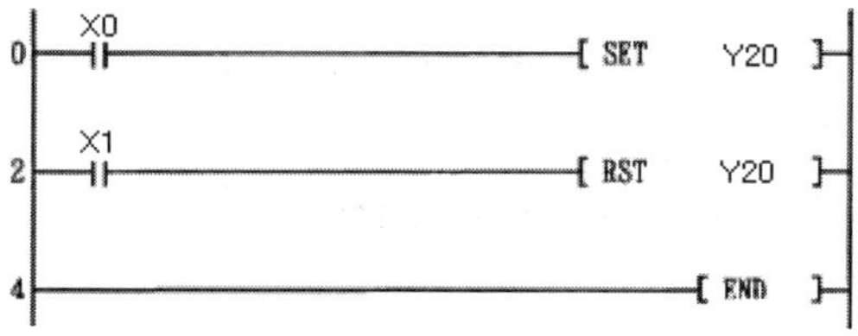

[PLC 프로그램 2]

ON시킨 디바이스는 SET 입력이 OFF로 되어도 ON 상태가 유지된다.
SET 명령으로 ON한 디바이스는 RST 명령으로 OFF할 수 있다.

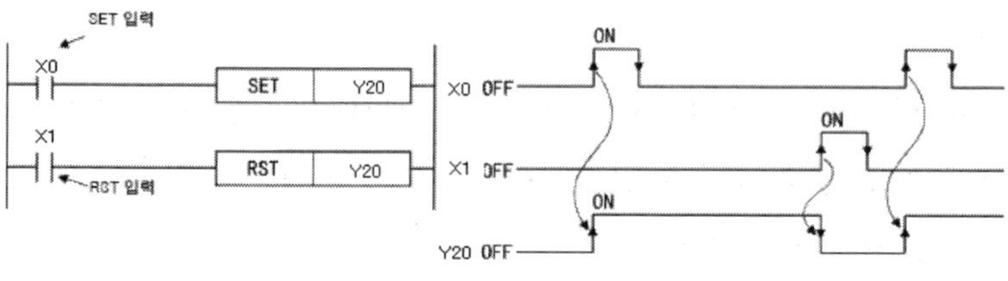

SET 입력이 OFF인 경우, 디바이스의 상태는 변화하지 않는다.

10) 펄스 상승, 펄스 하강 출력(PLS, PLF)

[동작설명]

PB(X0)를 ON했을 때 펄스상승(PLS) 명령을 실행하면 Y20 1스캔동안 출력한다.

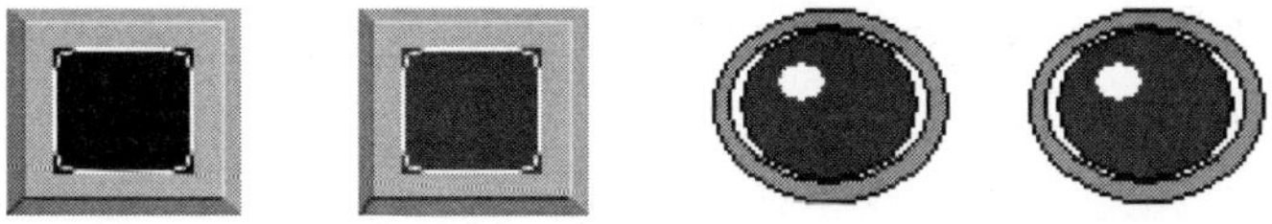

〈X0〉 〈X1〉 〈Y20〉 〈Y21〉

PB(X1)를 ON했을 때 펄스하강(PLF) 명령을 실행하면 Y21 1스캔동안 출력한다.

[PLC 프로그램 1]

PLS 지령의 OFF → ON 시에 지정 디바이스를 1스캔 ON하고, 그 이외(ON → ON, ON → OFF, OFF → OFF)일 때는 OFF시킨다.

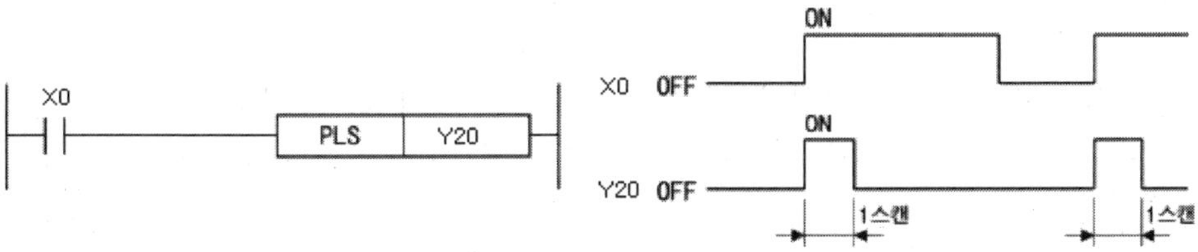

PLS 명령 실행 후에 RUN/STOP 키 스위치를 RUN → STOP으로 하고, 다시 RUN으로 해도 PLS 명령은 실행되지 않는다.

LS 지령에 래치 릴레이(L)를 지정했을 때, 래치 릴레이(L)이 ON인 상태에서 전원을 OFF한 후 다시 전원을 ON하면 지정 디바이스가 1스캔 ON한다.

[PLC 프로그램 2]

PLF 지령의 ON → OFF 시에 지정 디바이스를 1스캔 ON하고, 그 이외(OFF → OFF, OFF → ON, ON → ON)일 때에는 OFF시킨다.

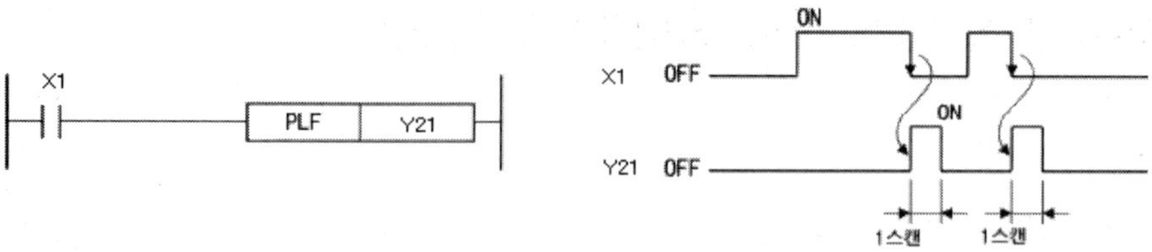

PLS 명령 실행 후에 RUN/STOP 키 스위치를 RUN → STOP으로 하고, 다시 RUN으로 해도 PLF 명령은 실행되지 않는다.

11) 펄스 마스터 컨트롤의 세트, 리세트(MC, MCR)

[동작설명]

마스터 컨트롤 명령은 회로의 공통 모선을 개폐함으로써, 효율성 높은 회로 전환용 시퀀스 프로그램을 작성할 수 있는 명령이다.

[PLC 프로그램]

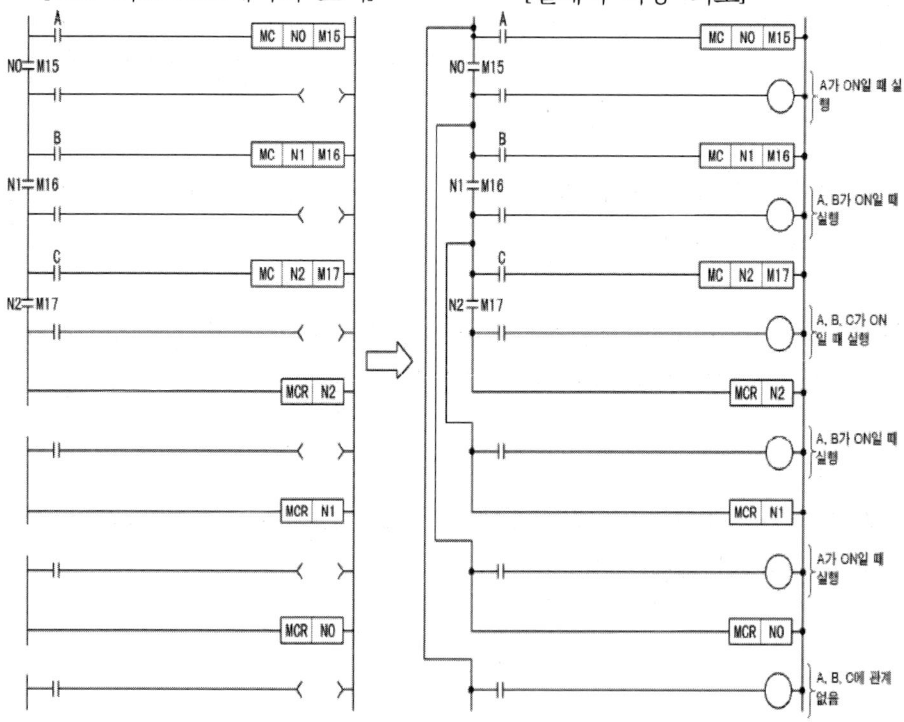

마스터 컨트롤 명령은 네스트 구조로 하여 사용할 수 있다. 각각의 마스터 컨트롤 구간은 네스팅(N)으로 구별한다. 네스팅은 N0~N14까지 사용할 수 있다. 네스트 구조를 사용함으로써, 프로그램의 실행 조건을 순서대로 제약해 가는 회로를 작성할 수 있다. 네스트 구조를 사용한 회로는 다음과 같다.

네스트 구조는 15개(N0~14)까지가 가능하다. 네스트로 할 경우, MC 명령에서는 네스팅(N)의 작은 번호부터 사용되며, MCR 명령은 큰 번호부터 사용한다. 순번을 반대로 하면 네스트 구조로 되지 않기 때문에 QnACPU는 정상적인 연산을 할 수 없다. 예를 들면, MC 명령에서 네스팅을 N1 → N0의 순서대로 지정하고, MCR 명령에서도 네스팅을 N1 → N0의 순서대로 지정하면, 세로 모선이 교차하기 때문에 정상적인 마스터 컨트롤 회로가 되지 않는다.

12) 시퀀스 프로그램 종료(END)

[동작설명]

① 메인 루틴 프로그램, 서브루틴 프로그램, 인터럽트 프로그램을 포함한 프로그램의 마지막을 표시한다. END 명령을 실행하면 CPU는 실행 중인 프로그램을 종료한다.

② 메인 시퀀스 프로그램의 도중에 END 명령을 사용할 수 없다. 프로그램 도중에 END 처리를 필요로 할 경우는 FEND 명령을 사용한다.

③ 주변 기기의 회로 모드에서 프로그래밍을 할 때는 END 명령을 입력할 필요가 없다.

[PLC 프로그램]

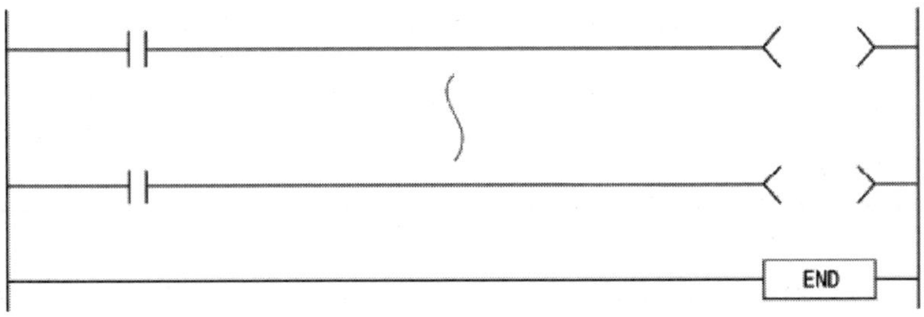

13) BIN 16비트 데이터 비교(=, 〈〉, 〉, 〈=, 〈, 〉=)

[동작설명]

X10~X1F의 데이터와 Y30~3F의 데이터를 비교하여, 같으면(=) Y20점등, 이외(〈 〉)일 때 Y21점등, 미만(〉)일 때 Y22점등, 크거나 같을(〈 =) 때 Y23점등을 한다.

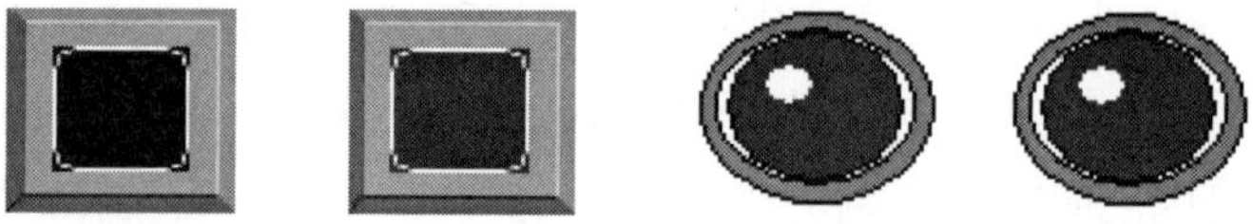

〈X0〉 〈X1〉 〈Y20〉 〈Y21〉

디지털 스위치(X10~1F)

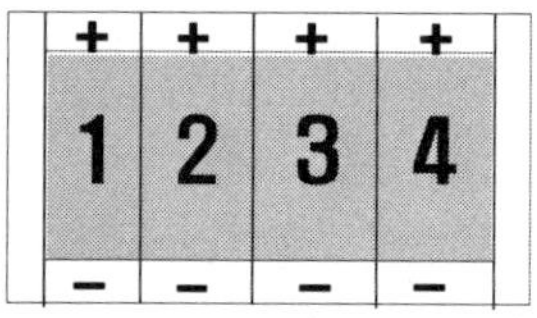

FND(Y30~3F)

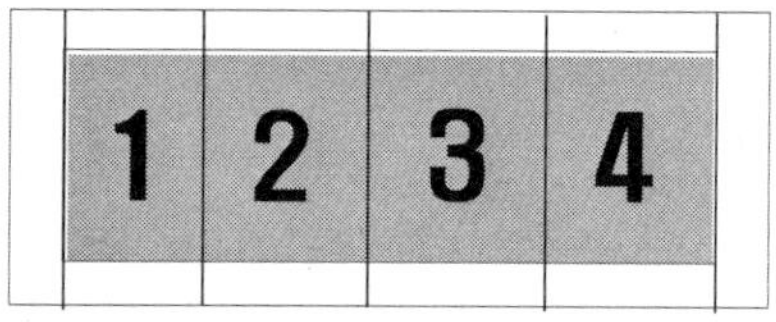

[PLC 프로그램]

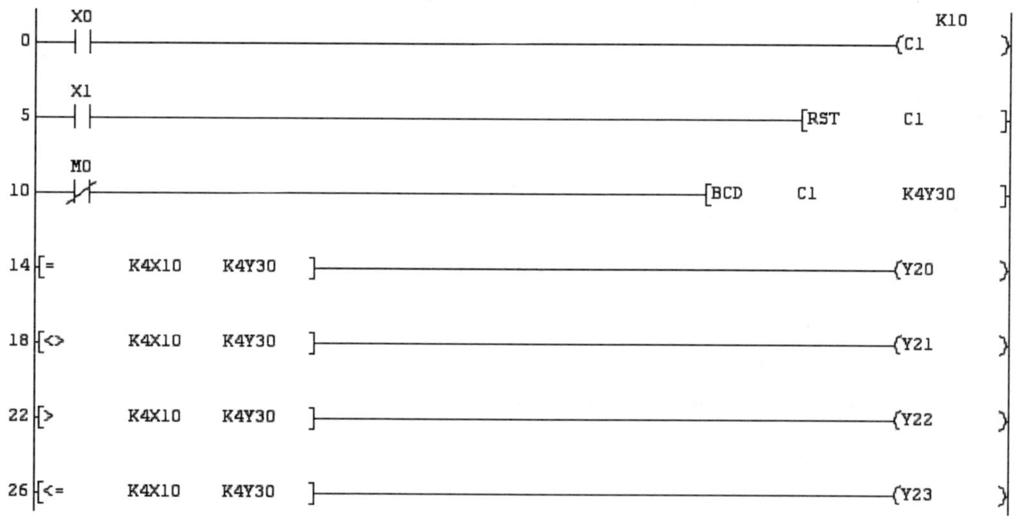

[프로그램 해석]

14행

X10~X1F의 데이터와 Y30~3F의 데이터를 비교하여, X10~X1F의 데이터와 Y30~3F의 데이터가 일치했을 때 Y20이 ON한다.

18행

X10~X1F의 데이터와 Y30~3F의 데이터를 비교하여, X10~X1F의 데이터와 Y30~3F의 데이터가 10 이외일 때 Y21이 ON한다.

22행

X10~X1F의 데이터와 Y30~3F의 데이터를 비교하여, X10~X1F의 데이터와 Y30~3F의 데이터가 10 미만일 때 Y22이 ON한다.

26행

X10~X1F의 데이터와 Y30~3F의 데이터를 비교하여, (X10~X1F 값)≤(Y30~3F 값)일 때 Y22이 ON한다.

[관련지식]

□ 는 =, 〈〉, 〉, 〈=, 〈, 〉=를 표시한다.

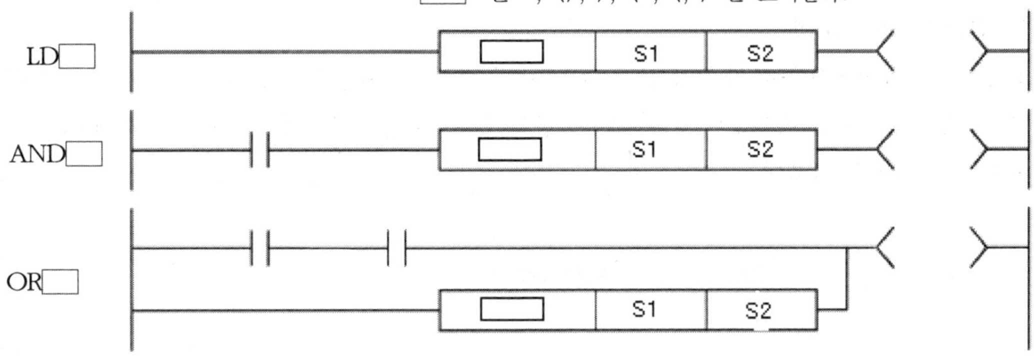

① S1로 지정된 디바이스의 BIN 16비트 데이터와 S2로 지정된 디바이스의 BIN 16비트 데이터를 a접점으로 취급하여 비교 연산을 실행한다.
② 각 명령별로 비교 연산 결과는 다음과 같다.

[표 5-5] 비교문

내 명령 기호	조 건	비교 연산 결과	내 명령 기호	조 건	비교 연산 결과
=	S1=S2	ON상태	=	S1≠S2	OFF상태
<>	S1≠S2		<>	S1=S2	
>	S1>S2		>	S1≤S2	
<=	S1≤S2		<=	S1>S2	
<	S1<S2		<	S1≥S2	
>=	S1≥S2		>=	S1<S2	

③ S1, S2에 16진수의 정수를 지정할 경우, 최상위 비트(b15)가 1로 되는 수치(8~F)를 지정한 경우는 BIN값을 마이너스로 간주하여 비교한다.

14) 수치(데이터) 표현

PLC CPU에서는 모든 정보를 ON과 OFF 또는 1과 0의 상태로 기억하여 처리한다. 따라서 수치 연산도 1과 0으로 처리한 수치인 2진수(Binary number 바이너리, BIN)로 처리한다. 그러나 사람들은 일상생활에서 알기 쉬운 10진수를 가장 많이 사용하고 있다. 따라서 PLC에 수치 명령을 전달하거나 PLC의 수치 정보를 읽을 때(모니터)는 10진수에서 2진수로 또는 2진수에서 10진수로 변환해야 한다.

프로그래밍 장치에는 이러한 변환이 가능한 기능이 포함되어 있다. 또 프로그램 명령에도 변환 기능이 있는 것이 있다.

여기에서는 10진수와 2진수, 16진수, 2진화 10진수(BCD)의 표현과 관계에 대해서 설명한다.

(1) 10진수 Decimal

10진수는 '0~9의 10종류의 기호를 사용하여 순서와 크기(양)를 나타내는 수'이다. 그리고 9가 되면 '10'으로 올라가도록 되어 있다. 예를 들어 10진수 '153'을 자리와 자릿수라는 측면에서 살펴보도록 하겠다.

n --------- 자리번호(0,1,2,3,---)

10 --------- 10진수

153 = 100 + 50 + 3

= 1 x 100 + 5 x 10 + 3 x 1

= $1 \times 10^2 + 5 \times 10^1 + 3 \times 10^0$

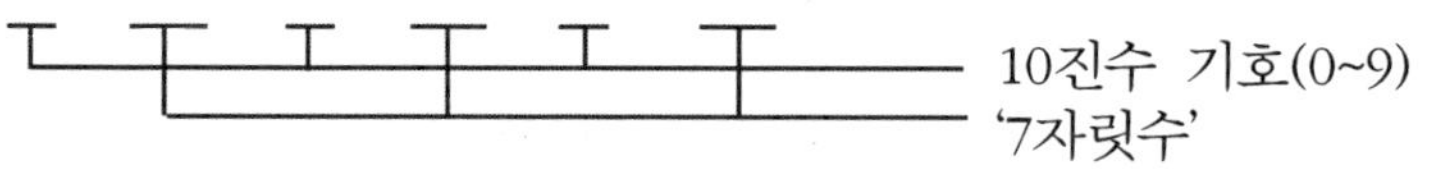

(2) 2진수 Binary... BIN

2진수는 '0과 1의 2종류 기호로 순서와 크기를 나타내는 수'이다. 그리고 2가 되면 '10'으로 올라가도록 되어 있다. 0, 1의 1자리를 비트라고 한다.

2진수	10진수
0	0
1	1
10	2
11	3
100	4
1001	5
110	6
111	7
1000	8
.	.
.	.
.	.

b10011101을 예로 들어 2진수는 10진수로 얼마가 되는지 살펴보도록 하겠다. 10진수의 자리 번호와 자릿수와 같이 오른쪽부터 비트 번호와 비트 무게를 붙인다.

7	6	5	4	3	2	1	비트 번호
1	0	0	1	1	1	0	2진수
2^7	2^6	2^5	2^4	2^3	2^2	2^1	(비트 번호) 비트
·	·	·	·	·	·	·	("2진수")
128	64	32	16	8	4	2	

10진수와 같이 각 비트의 코드와 무게를 곱한 다음에 더해서 구한다. 즉 2진수에서 '코드가 1인 곳에 비트 무게를 곱해서 더한 것'이 10진수가 된다.

= 1 x 128 + 0 x 64 + 0 x 32 + 1 x 16 + 1 x 8 + 1 X 4 + 0 x 2 + 1 X 1

= 128 + 16 + 8 + 4 + 1

= 157

(3) 16진수 Hexadecimal

16진수는 '0~9와 A~F의 16종류의 기호로 순서와 크기를 나타내는 수' 이다. 그리고 F가 되면 '10' 으로 올라가도록 되어 있다.

10진수	16진수	2진수
0	0	0
1	1	1
2	2	10
3	3	11
4	4	100
5	5	101
6	6	110
7	7	111
8	8	1000
9	9	1001
10	A	1010
11	B	1011
12	C	1010
13	D	1011
14	E	1110
15	F	1111
16	10	10000
17	11	10001
18	12	10010
.	.	.
.	.	.
.	.	.
1 9 1 0 1	4 A 9 D	0100 1010 1001 1101

3	2	1	0	자리번호
4	A	9	D	16 진수

n ---------자리번호

16 --------- 16진수

$= (4) \times \underline{16^{3}} + (1) \times \underline{16^{2}} + (9) \times \underline{16^{1}} + (D) \times \underline{16^{0}}$

$= 4 \times 4096 + 10 \times 256 + 9 \times 16 + 13 \times 1$

$=19101$

16진수의 1자리는 2진수의 4비트에 해당한다. 16진수는 입출력(X, Y) 링크 릴레이(B) 링크 레지스터(W) 번호에 사용된다.

(4) 2진화 10진수 Binary Coded Decimal.. BCD

2진화 10진수는 이름에서 알 수 있듯이 '10진수의 각 자리 숫자를 2진수로 표현한 것'이다. 따라서 2진화 10진수는 10진수의 0~9999(4자리의 최대수)를 16비트로 표현한다. 각 비트의 무게는 다음과 같다.

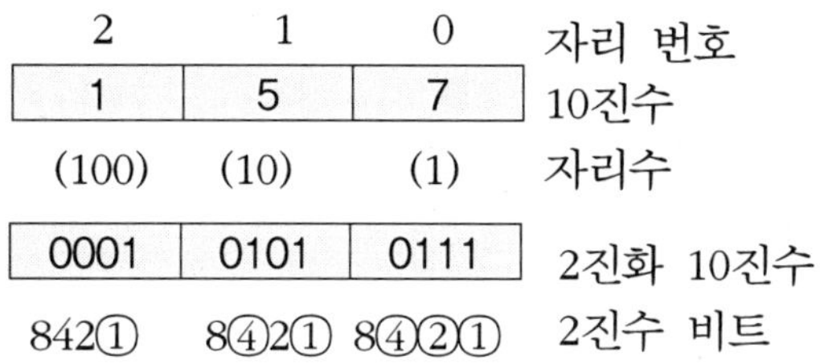

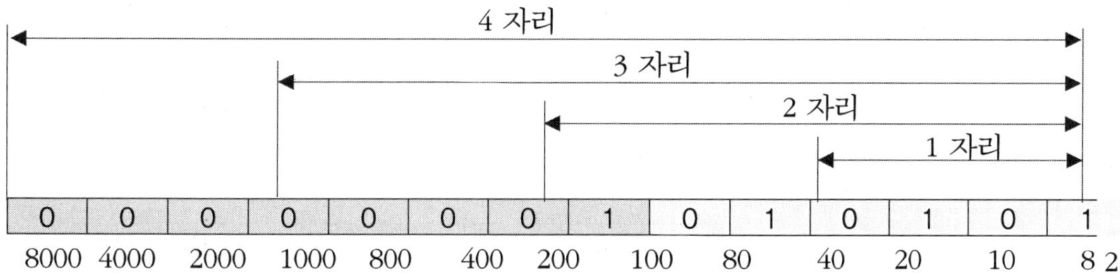

진화 10진수는 다음과 같은 경우에 사용한다.

① 디지털 스위치의 출력 신호

② 7소자 표시기(디지털 표시기)의 신호

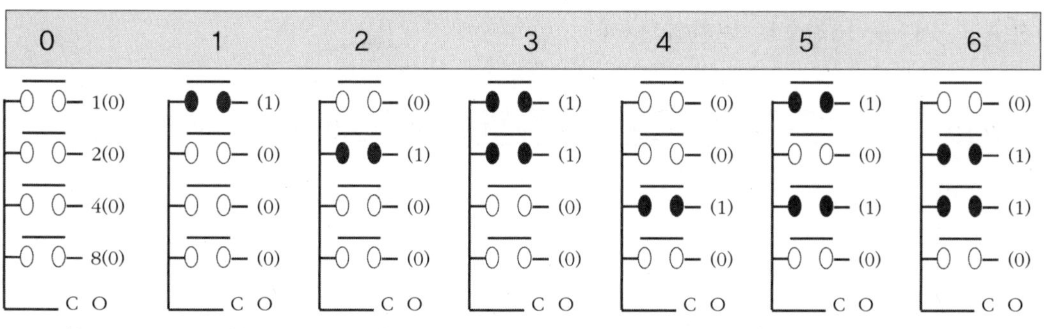

BCD 코드 디지털 스위치

10진수에서 2진수로의 변환 방법

10진수인 “4157”N을 2진수로 변환하는 예

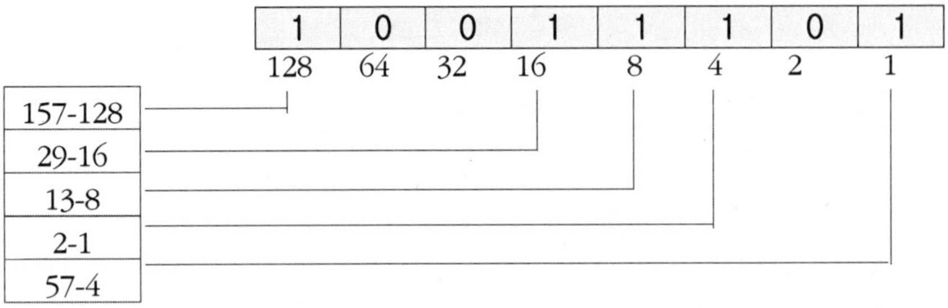

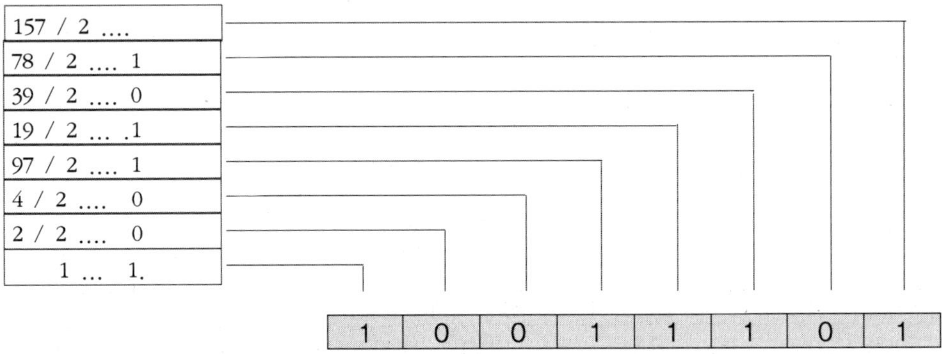

10진수에서 16진수로의 변환 방법

10진수인 ‘157’을 16진수로 변환하는 예

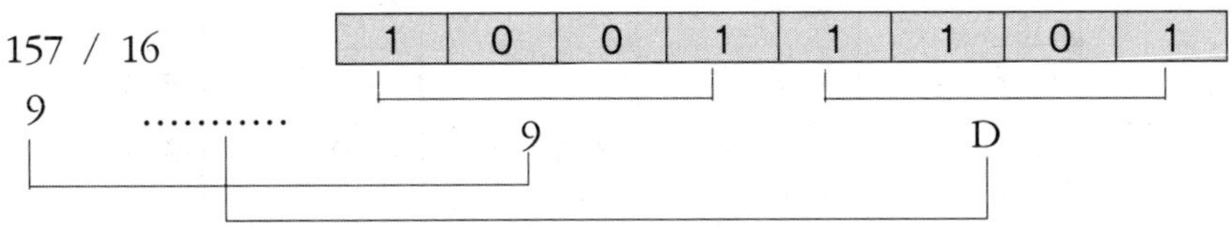

MELSEC-Q에서 취급하는 수치

보통 8비트를 1바이트, 16비트(2바이트)를 1워드라고 한다.

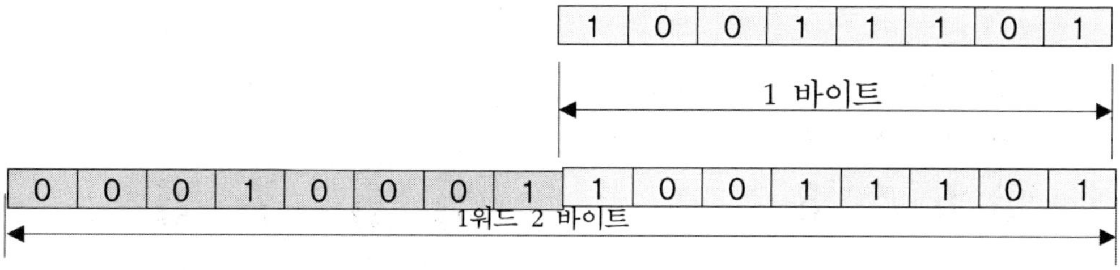

MELSEC-Q의 각 워드 장치의 레지스터는 16비트로 구성되어 있다.
데이터 레지스터D　타이머T의 현재값 카운터C의 현재값 파일 레지스터R
링크 레지스터W

0	0	0	0	0	0	0	1	0	1	0	1	0	1	1	1
32768	16384	8192	4096	2048	1024	512	256	128	64	32	16	8	4	2	1

16비트(1워드)로 취급할 수 있는 수치에는 다음 2종류가 있다.

① 0~65535

② -32768~0~+32767

MELSEC-Q는 ②의 범위이다.

음수는 양수(1~+32767)에 대한 2의 보수를 사용한다.

2의 보수는 2진수의 각 비트에서 1을 0으로 0을 1로 바꾼 다음 최하위 비트에 1을 더한 것이다.

1에 대한 2의 보수(-1)를 구하는 법

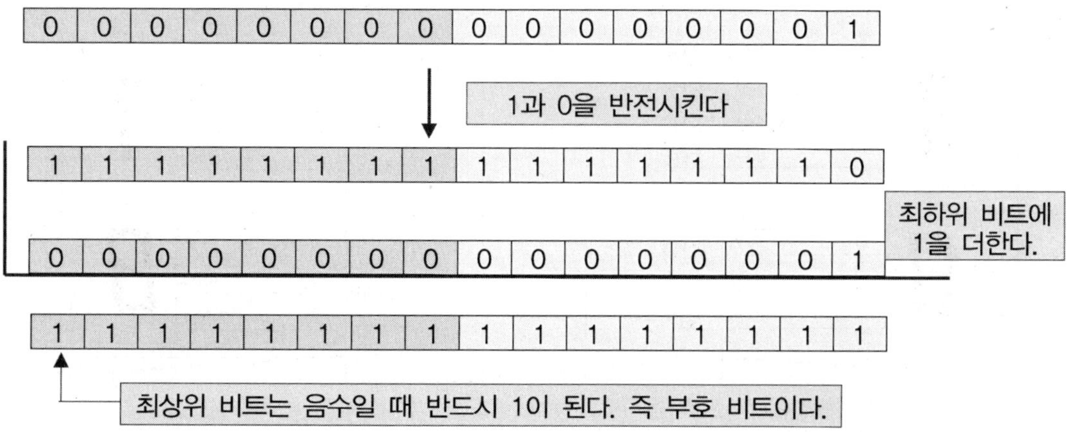

15) 디지털 스위치 입력

[동작설명]

디지털 스위치를 이용하여 임의의 숫자를 입력해서 FND에 표시한다.

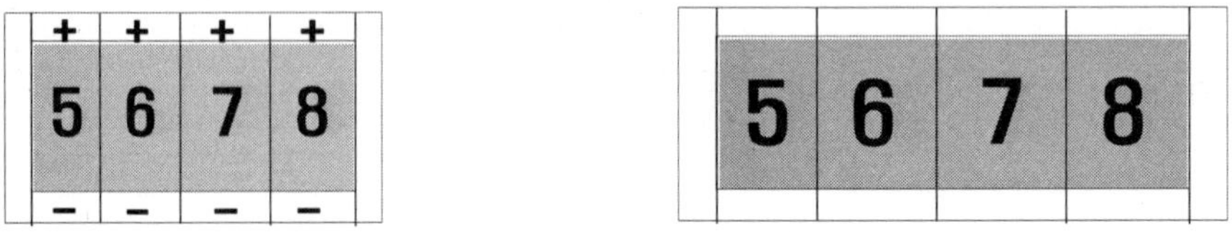

[PLC 프로그램]

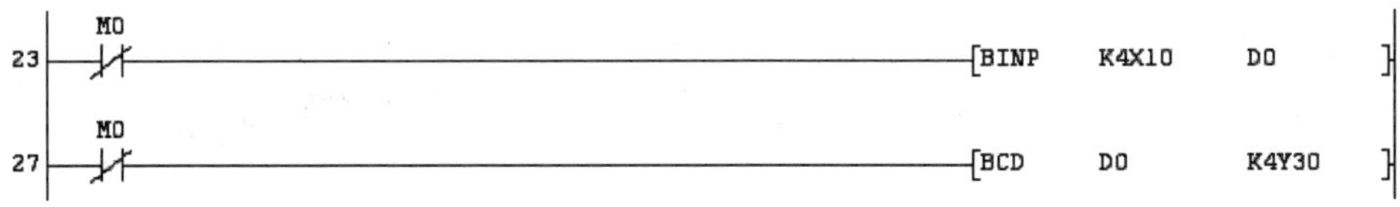

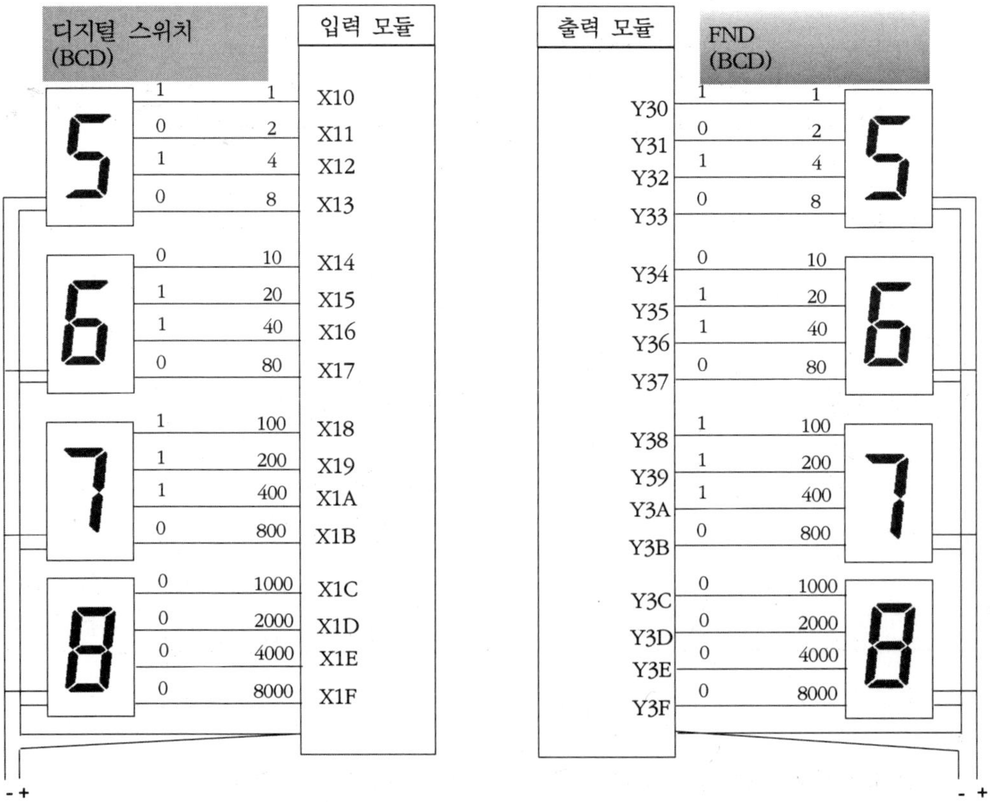

16) 전송명령 MOV (P)

[동작설명]

X1 스위치를 ON하면 T0의 현재값이 D0에 전송되고 X3 스위치를 ON하면 C10의 현재값이 D1에 전송된다. X1 스위치를 ON하면 카운터 C10의 데이터가 지워진다.

[PLC 프로그램]

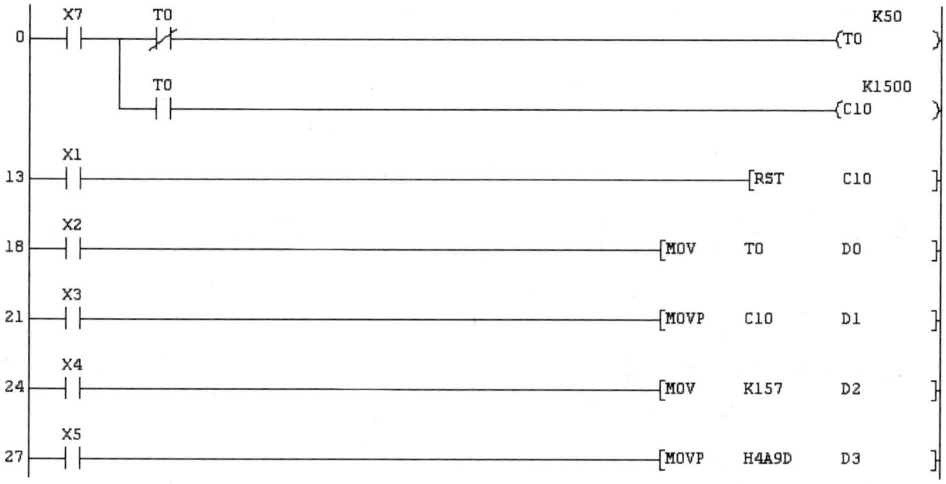

[관계지식]

입력 조건이 'ON'으로 되면 타이머 T0의 현재값을 데이터 레지스터 D0으로 전송한다. 소스(송신하는 곳), 목적지(수신하는 곳)

T0의 현재값은 레지스터에 2진수(BIN)로 저장되어 있다. 이것을 2진수로 데이터 레지스터 D0으로 전송한다. 전송 시에는 변환하지 않는다.

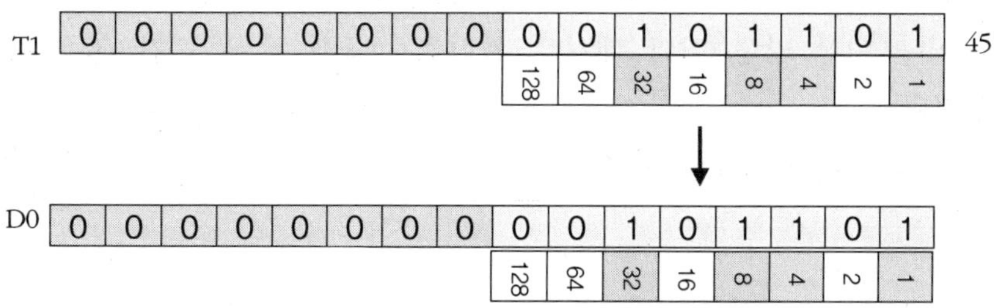

입력 조건이 'ON'으로 되면 10진수 157을 데이터 레지스터 D2로 전송한다. 데이터 레지스터 D2에는 2진수로 저장된다. 10진수(K)는 자동으로 2진수로 변환되어 전송된다.

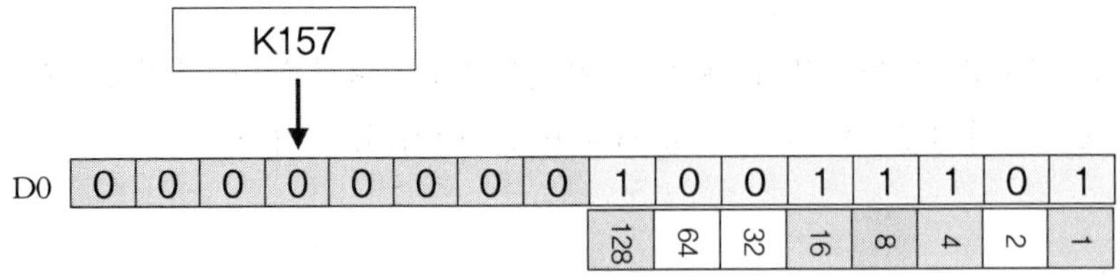

입력 조건이 'ON' 으로 되면 16진수 4A9D를 데이터 레지스터 D3으로 전송한다.

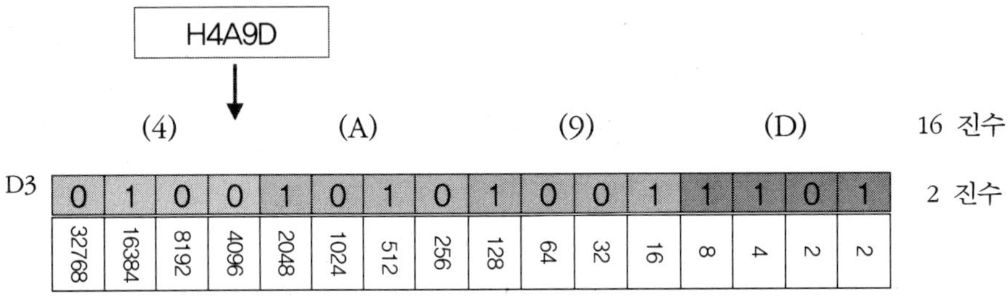

MOV와 MOVP의 차이점

MOVP의 P는 펄스(pulse)의 P입니다.

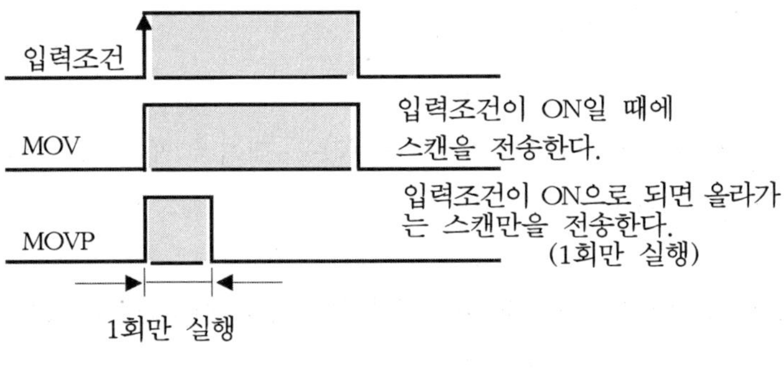

□ 변화하는 데이터를 읽을 때는 MOV 명령을 사용한다.

데이터 설정이나 이상 발생 시의 데이터 불러오기 등과 같은 순간 전송에는 MOVP 명령을 사용한다.

□ 아래 래더는 모두 같은 기능을 한다.

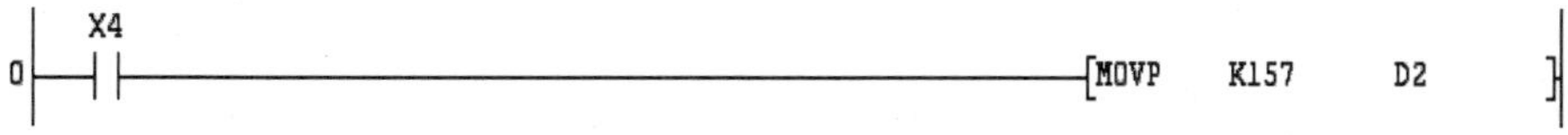

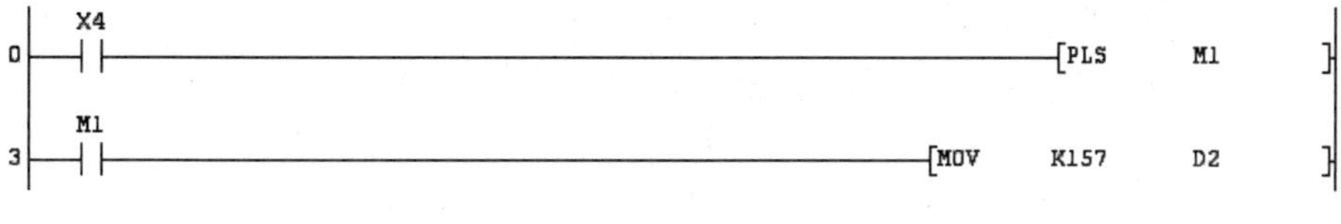

17) BIN(P) BCD→BIN 데이터 변환 명령

[동작설명]

X1 스위치를 ON 하면 지정한 장치의 데이터를 디지털 스위치의 값을 지정한 D5에 BIN으로 변환하여 지정한 장치로 전송한다.

디지털 스위치(X10~1F)

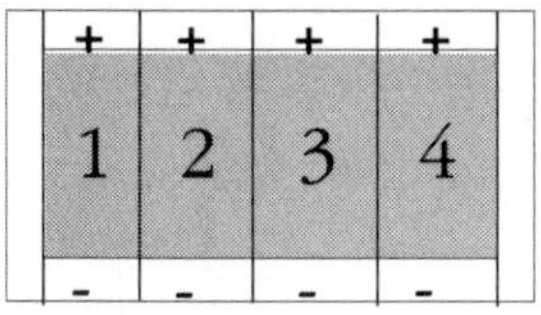

FND(Y30~3F)

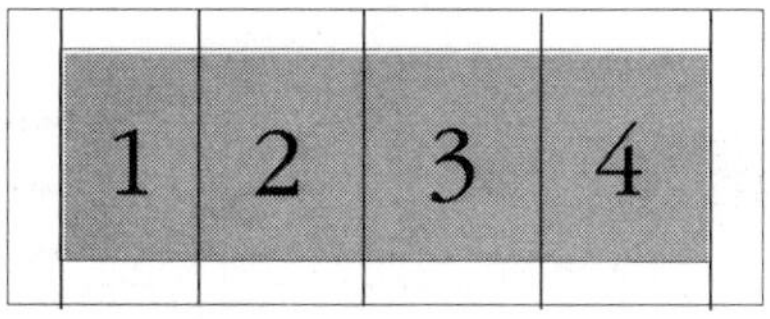

[PLC 프로그램]

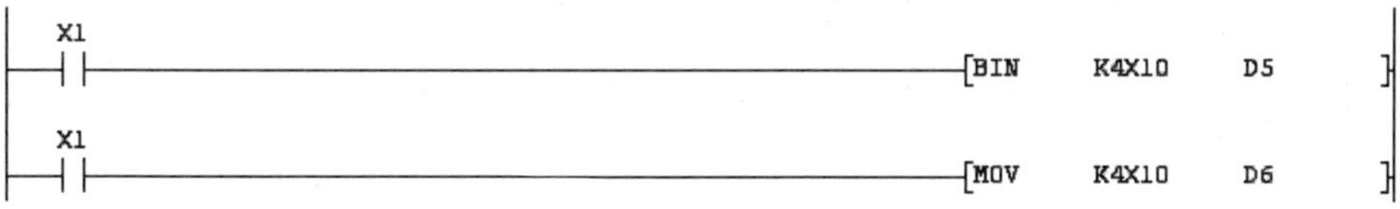

[관계지식]

입력 조건이 'ON'으로 되면 지정한 장치의 데이터를 2진화 10진수(BCD 코드)로 보고 2진수(BIN 코드)로 변환하여 지정한 장치로 전송한다.

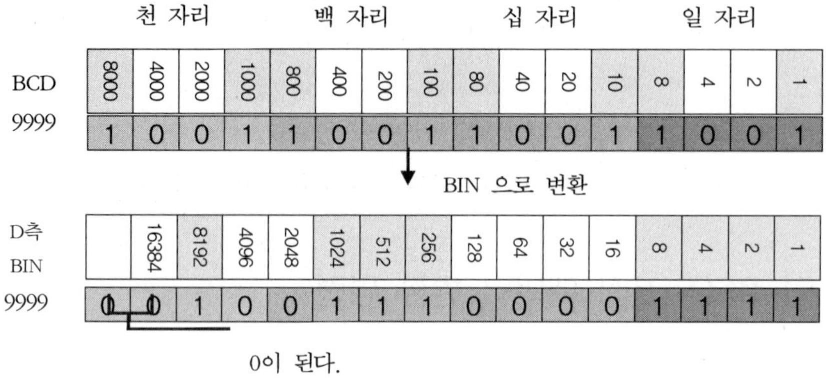

보통 디지털 스위치에서는 BCD 코드를 사용한다. 따라서 디지털스위치의 데이터를 PLC로 전달할 때는 BIN 명령을 사용한다.

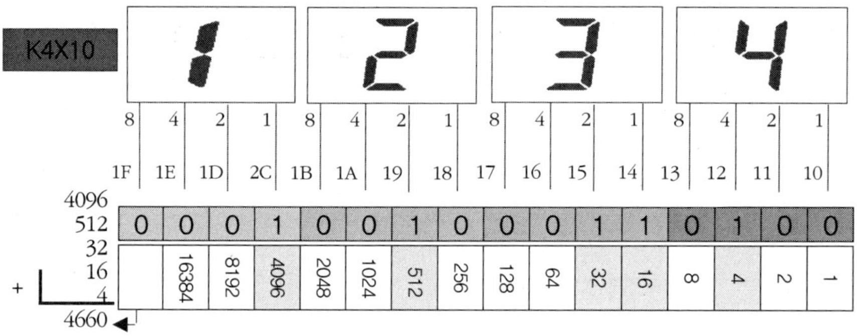

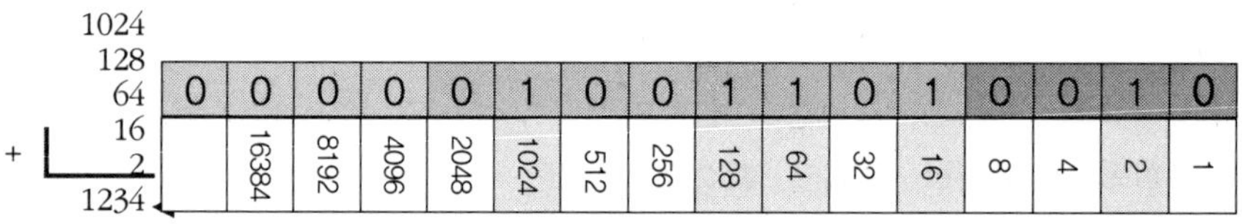

K4X10이란?

워드 장치D(데이터 레지스터), T(타이머 현재값), C(카운터현재 값)등은 1개가 16비트(1워드)로 구성되어 있고, 원칙적으로 1개의 장치 사이에서 데이터를 전송한다.

비트 장치(X, Y, M 등)도 16점이 모이면 워드 장치와 같은 크기의 데이터로 취급할 수 있다. 단 16개의 장치 번호가 연속해야 한다.

□ 비트 장치의 경우는 4점 단위로 데이터를 취급할 수 있다.

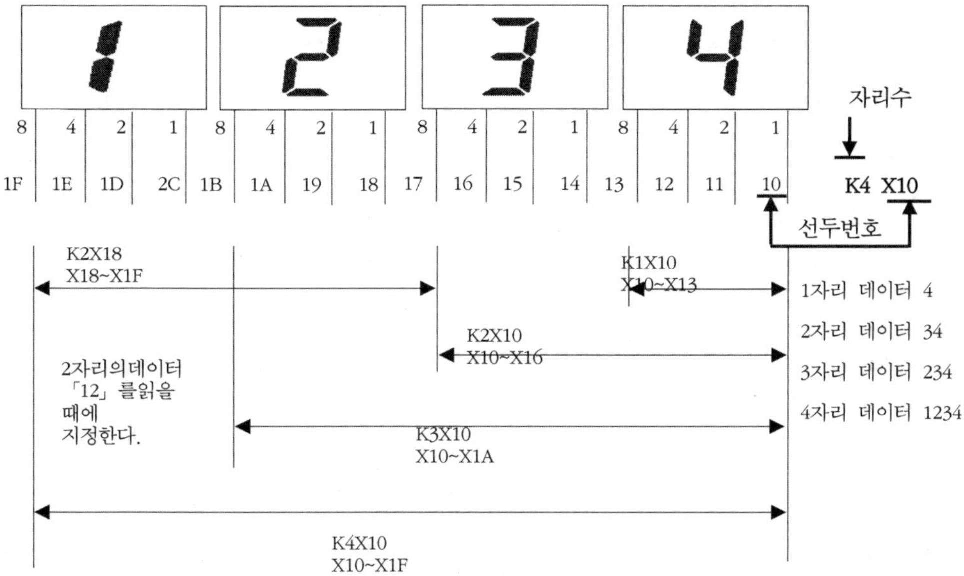

4점 단위로 연속한 장치일 경우 선두 장치는 어디라도 된다.

□ 다른 비트 장치의 데이터도 위와 같이 할 수 있다.

내부 릴레이 M

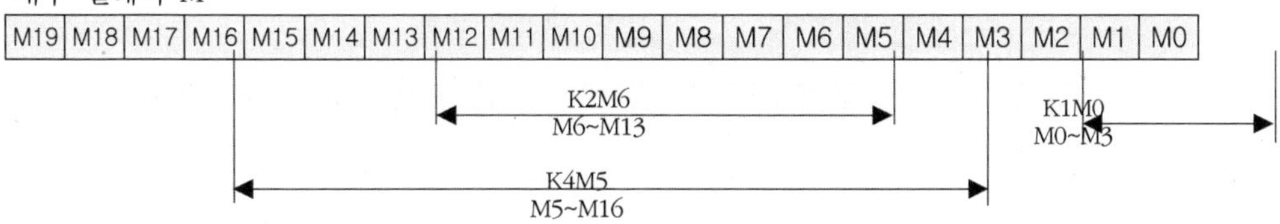

18) BCD (P) BIN→BCD 데이터 변환 명령

[동작설명]

입력(X7)조건이 성립되고 지정한 장치의 데이터를 2진수(BIN 코드)로 보고 2진화 10진수(BCD 코드)로 변환하여 지정한 장치로 전송한다.

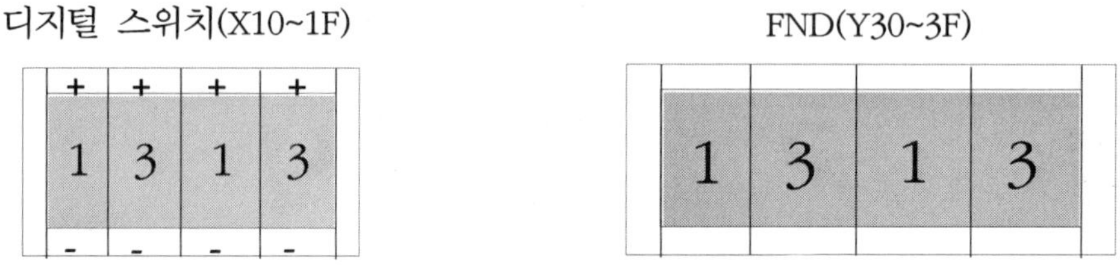

[PLC 프로그램]

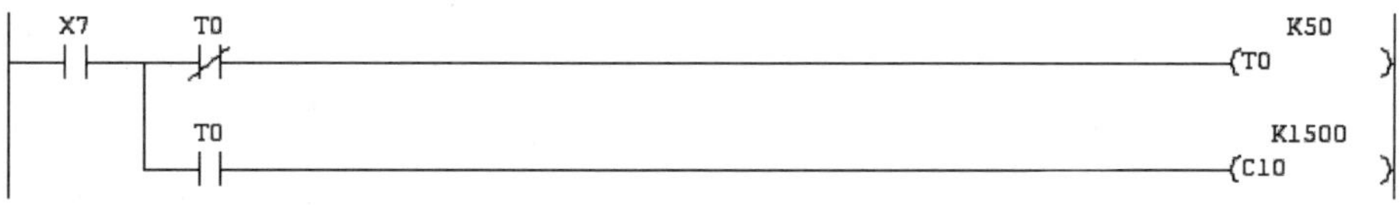

[관계지식]

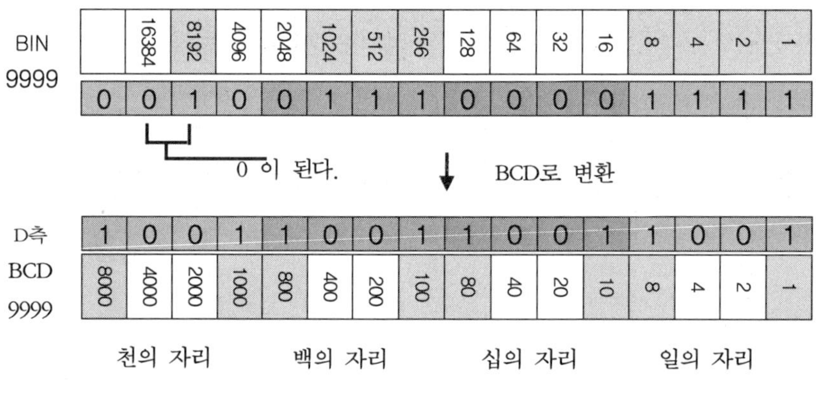

대부분의 디지털 표시기에서는 BCD 코드로 숫자를 표시한다. 따라서 PLC의 데이터(타이머나 카운터의 현재값, 연산 결과인 데이터 레지스터의 값)를 표시할 때에 사용한다.

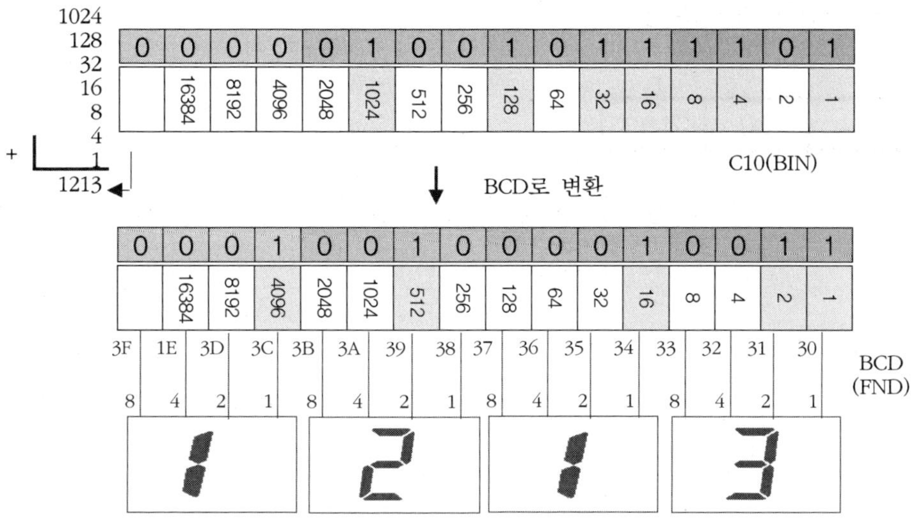

□ BCD 명령을 사용해 표시할 수 있는 범위

BCD 명령에서는 표시할 데이터(BIN → BCD의 데이터)가 0~9999일 때 가능하다. 이외의 값이면 오류가 발생한다(오류 코드 50 : OPERATION ERROR).

예를 들어 설정값이 9,999를 넘는 타이머 현재값을 표시할 때에는 DBCD 명령을 사용한다. 이 경우에는 99,999,999까지의 숫자를 취급할 수 있다.

19) 비트 장치의 자릿수 지정과 데이터 전송 예

목적지 D 데이터가 워드 장치인 경우

소스 : 송신 장치

목적지 : 수신 장치

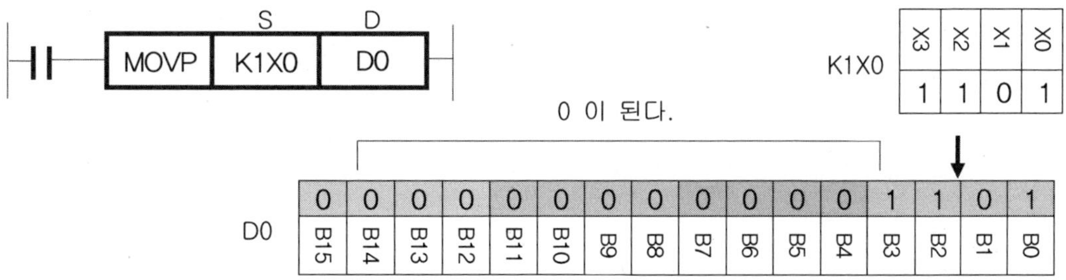

소스 데이터가 워드 장치인 경우

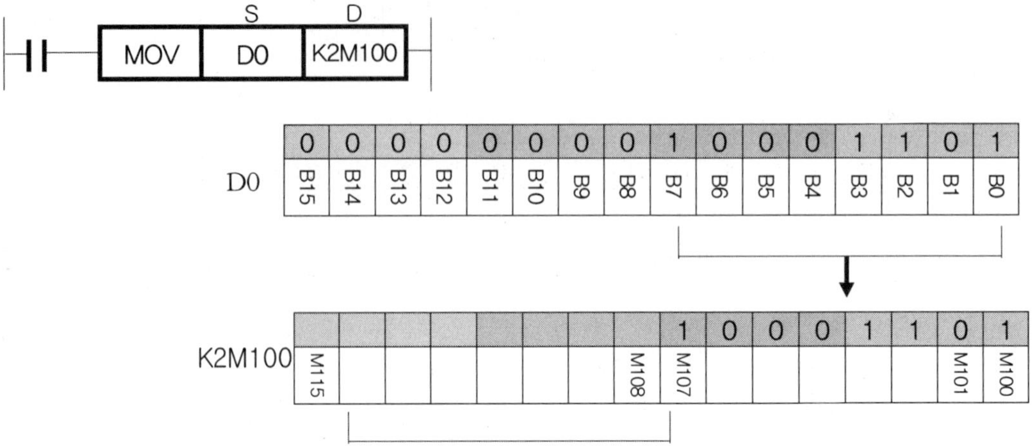

소스 데이터가 정수인 경우

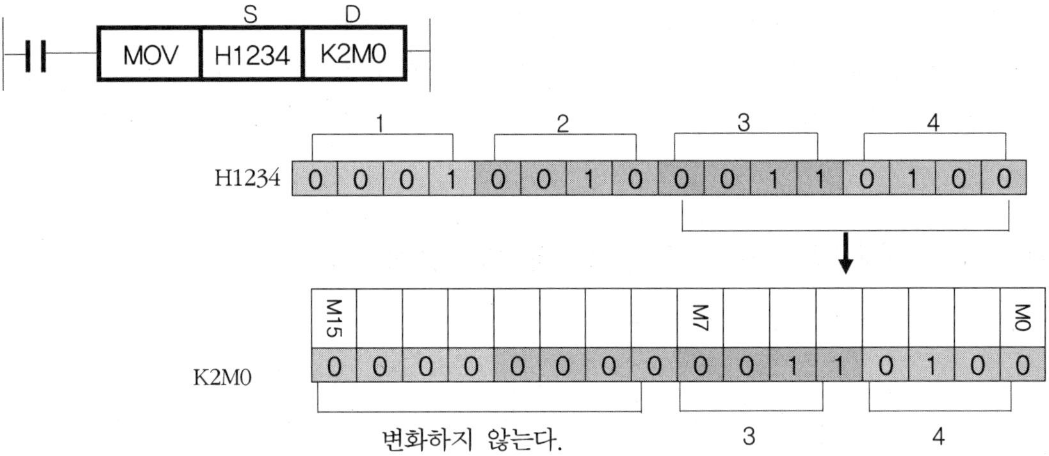

소스 데이터도 비트 장치인 경우

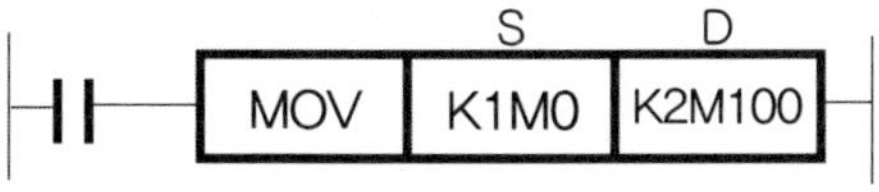

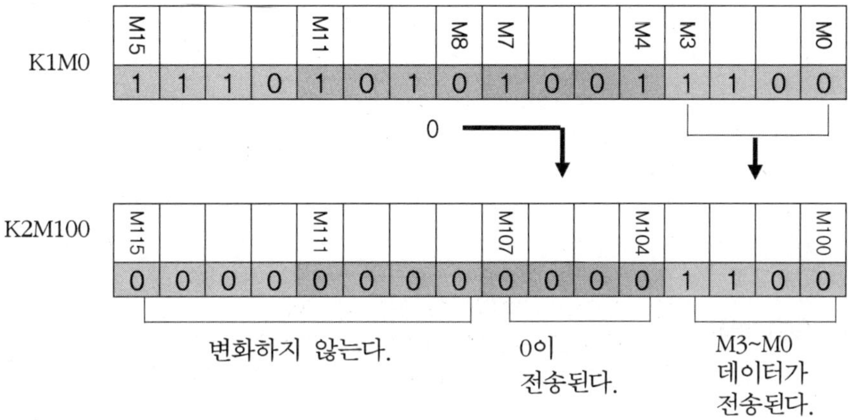

7 PLC 프로그램 실습

PLC 기본 실습

실습번호	MITSUBISHI PLC I/O 실습
1	

실습 목표	1) PLC의 입 · 출력 장치의 원리를 이해한다. 2) PLC의 기본원리를 익힐 수 있다. 3) 시퀀스와 PLC의 차이점을 구별할 수 있다. 4) PLC TRAINER의 구조와 원리를 이해할 수 있다.
활용 장비	1. PLC Trainer Set 2. Interface Cable 3. 연결케이블 Set

1. 동작설명

■ INPUT 16point와 OUTPUT 16point가 1:1로 구동할 수 있도록 프로그램을 구성한다.

■ PLC TRAINER의 본체와 입력스위치를 이용하여 출력확인을 한다.
INPUT X00 ~ X07 번지에 입력을 주면 OUTPUT Y20~ Y27 번지로 출력확인 LED가 켜지도록 아래와 같이 조건에 맞도록 동작 회로를 구성한다(TRAINER 기준).

INPUT X00 → OUTPUT Y20

INPUT X01 → OUTPUT Y21

INPUT X02 → OUTPUT Y22

INPUT X03 → OUTPUT Y23

INPUT X04 → OUTPUT Y24

INPUT X05 → OUTPUT Y25

INPUT X06 → OUTPUT Y26

INPUT X07 → OUTPUT Y27

■ 전원은 DC 24V로 구성하며 참고 사항을 참조하여 전원을 구성한다.

■ PLC 입력단자에 COM은 DC 24V를 연결한다.

2. PLC 프로그램 실습

■ GX Works2 PROGRAM을 실행시킨다.

■ 프로젝트 메뉴에서 새 프로젝트를 선택한다.

■ 프로젝트 새로 만들기에서 아래의 그림과 같이 PLC 시리즈는 QCPU(Qmode)를 선택하고, PLC의 유형은 Q03UDE CPU모델로 선택한다.

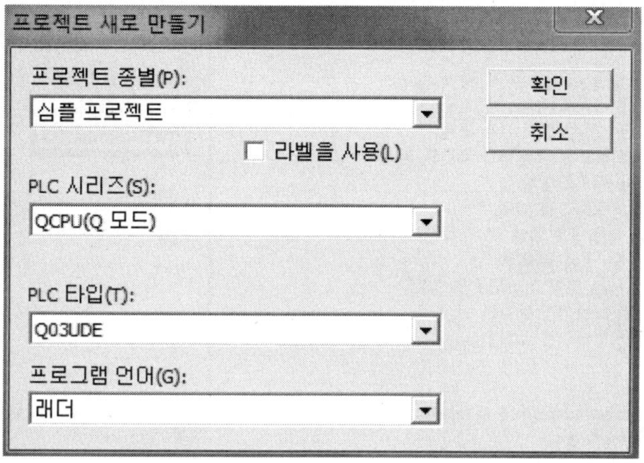

■ 프로그램 종류를 래더로 선택(기본선택)하고 확인 버튼을 누른다.

■ 새 프로젝트가 완성되면 아래의 그림과 같이 1:1 IN/Output 프로그램을 작성한다.

■ 좌측 메뉴에서 접속 대상을 선택하고 현재 접속 대상의 connection1을 누르면 아래의 그림과 같이 PLC와 통신설정을 할 수 있는 창이 뜬다.

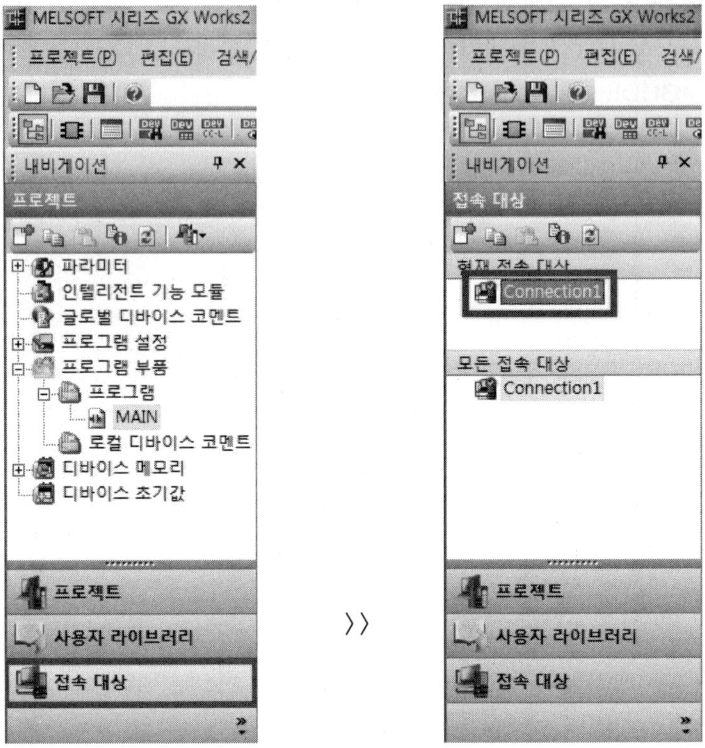

■ PC측 I/F에 시리얼/USB 버튼을 더블 클릭하면 아래와 같이 USB/Serial port를 선택할 수 있다. USB port를 선택한다.

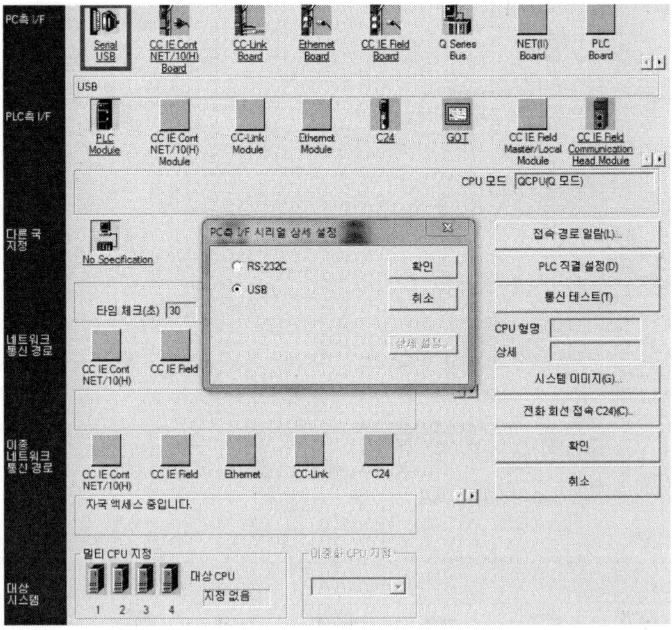

■ 연결 테스트를 하여 Q03UDE CPU와 연결설정이 정상적으로 이루어졌는지 확인 후 아래의 확인 버튼을 누른다.

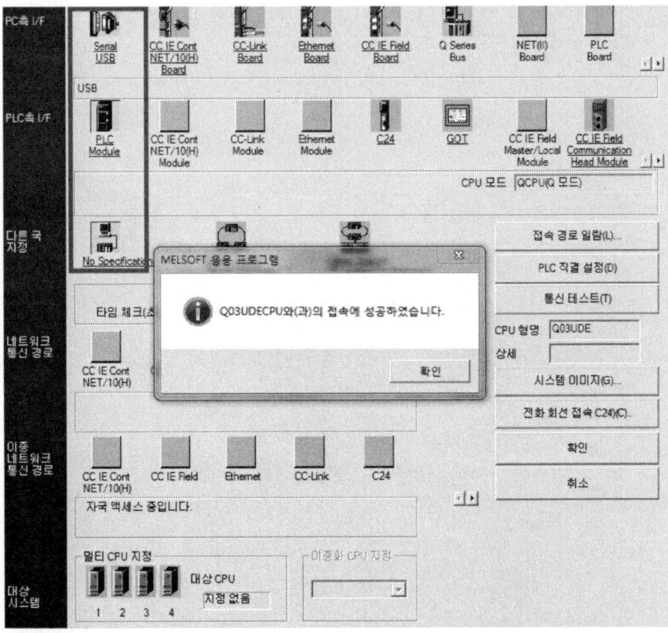

■ 접속 성공 후 온라인에서 PLC 쓰기를 선택한 후 아래의 그림과 같이 프로그램을 PLC에 다운로드한다.

■ 다운로드할 항목을 선택 후 실행 버튼을 눌러 PLC에 작성한 프로그램을 다운로드 한다.
■ 다운로드가 완료되면 단축키 F2나 온라인에서 모니터 → 모니터 모드를 선택한 후 I/O의 변화를 확인한다.

3. PLC Trainer 결선 실습

▣ 프로그램 다운로드가 완료된 후 아래의 그림과 같이 결선을 하여 I/O 제어 실습을 한다.

1) IEG 3200 전원 결선 방법

(1) 전원결선 방법

■ IEG 3200 메인전원

적색 : IEG 3200 메인전원 → INPUT(32 POINTS) COM 연결한다.

흑색 : IEG 3200 메인전원 → OUTPUT(32 POINTS) COM 연결한다.

■ IEG 3200 + IEG 3200-01, 02 연결방법

OUTPUT INDICATOR (COM)

적색 : IEG 3200 메인전원 → OUTPUT INDICATOR(COM) 연결한다.

흑색 : IEG 3200 메인전원 → INPUT CONTROL SWITCH(COM) 연결한다.

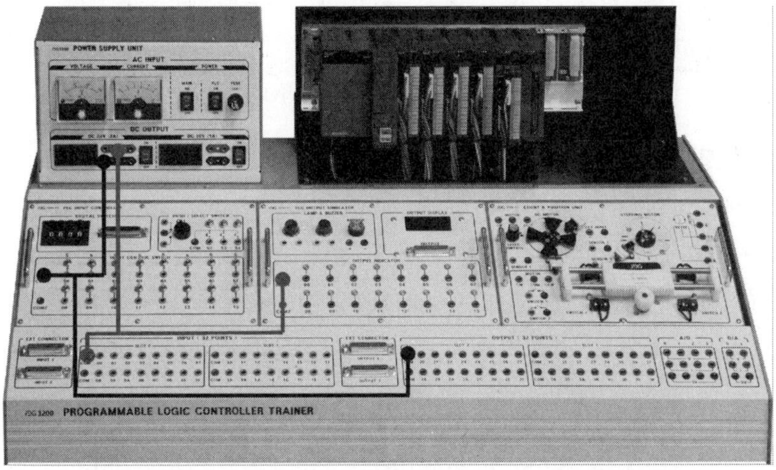

(2) 입력결선 방법

입력(색상 : 녹색)

■ IEG 3200 + IEG 3200-01 연결방법

녹색 : INPUT(32 POINTS) X00~X07 → INPUT CONTROL SWITCH(00~07)

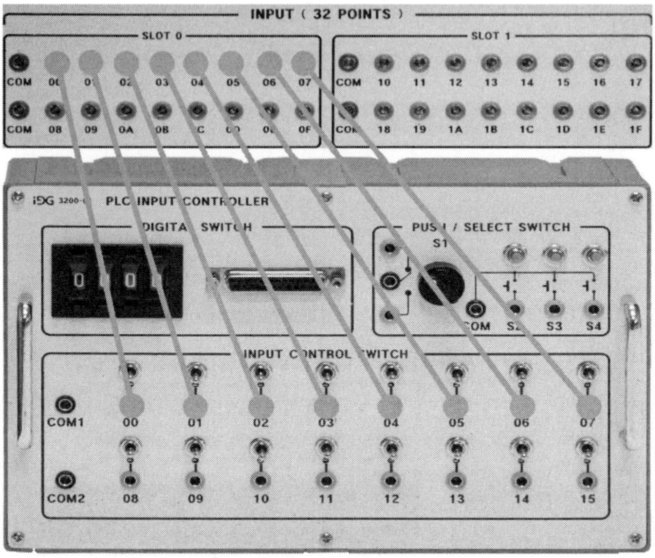

(3) 출력 결선 방법

출력(색상 : 청색)

■ IEG 3200 + IEG 3200-02 연결방법

청색 : INPUT(32 POINTS) Y20~Y27 → OUTPUT INDICATOR(00~07)

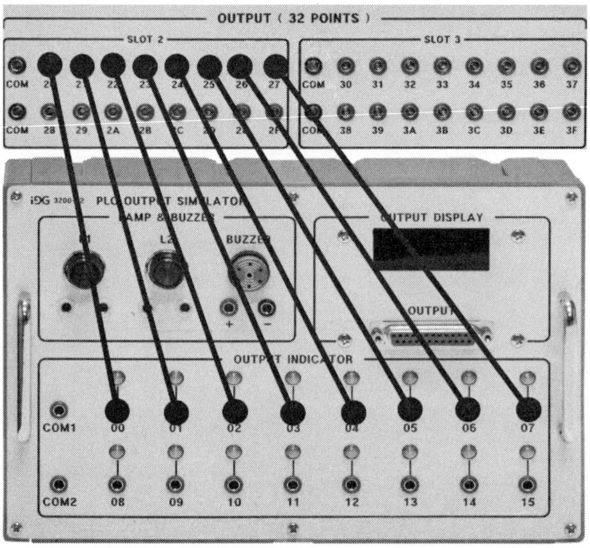

■ PLC 입력 COM 단자에 DC 24V+ 단자와 결선을 한 후 INPUT TOGGLE S.W의 상단에 있는 스위치 COM 위치를 0V를 결선한다.

■ 연결이 완료되면 토글스위치를 On/Off 하여 입출력의 변화를 확인한다.

■ GX Works2의 프로그램 화면에서 I/O의 변화를 확인할 수 있다.

■ 아래의 그림과 같이 응용명령을 이용한 프로그램을 작성한다.

■ SM400번 접점은 RUN 모니터 a 접점으로 항시 PLC가 RUN 상태일 경우에는 접점이 항상 ON 되어 있다.

〈MOVE 명령을 이용한 프로그램〉

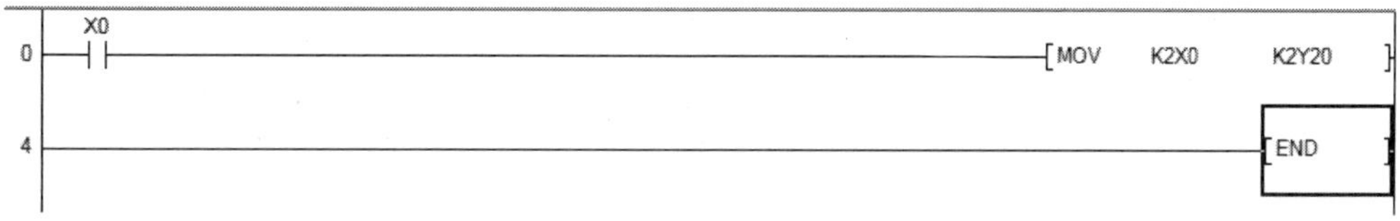

(4) 특수 릴레이 일람

특수 릴레이 SM은 PLC 내부에서 사양이 정해진 내부 릴레이다. 따라서 시퀀스 프로그램에서 통상적인 내부 릴레이처럼 사용할 수는 없다. 단, 필요에 따라 CPU를 제어하기 위해 ON/OFF할 수는 있다.

번 호	명 칭	내 용	자세한 내용	설정측 (설정시기)	대응 ACPU M9□□□	대응 CPU
SM400	항상 ON	ON OFF	· 항상 ON한다.	S(매회END)	M9036	○
SM401	항상 OFF	ON OFF	· 항상 OFF한다.	S(매회END)	M9037	
SM402	RUN후 1스캔만 ON	ON OFF 1스캔만	· RUN후 1스캔만 ON한다. · 이 접점은 스캔 프로그램에서만 사용 가능.	S(매회END)	M9038	
SM403	RUN후 1스캔만 OFF	ON OFF 1스캔만	· RUN후 1스캔만 OFF한다. · 이 접점은 스캔 프로그램에서만 사용 가능.	S(매회END)	M9039	
SM404	저속 프로그램 RUN후 1스캔만 ON	ON OFF 1스캔만	· RUN후 1스캔만 ON한다. · 이 접점은 저속 프로그램에서만 사용 가능.	S(매회END)	신규	
SM405	저속 프로그램 RUN후 1스캔만 OFF	ON OFF 1스캔만	· RUN후 1스캔만 OFF한다. · 이 접점은 저속 프로그램에서만 사용 가능.	S(매회END)	신규	
SM409	0.01초 클록	0.005초 0.005초	· 5ms마다 ON/OFF를 반복한다. · 전원 OFF 또는 리셋 시에는 OFF에서 시작한다.	S(상태변화)	신규	Q CPU
SM410	0.1초 클록	0.05초 0.05초	· 지정 시간마다 ON/OFF를 반복한다. · 전원 OFF 또는 리셋 시에는 OFF에서 시작한다. * 프로그램 실행 도중에도 지정 시간이 되면 ON/OFF 상태가 변하므로 주의하십시오.	S(상태변화)	M9030	○
SM411	0.2초 클록	0.1초 0.1초			M9031	
SM412	1초 클록	0.5초 0.5초			M9032	
SM413	2초 클록	1초 1초			M9033	
SM414	2n초 클록	n초 n초	· SD414에서 지정한 시간(초)에 따라 ON/OFF를 반복한다.	S(상태변화)	M9034	
SM415	2n(ms) 클록	n(ms) n(ms)	· SD415에서 지정한 ms에 따라 ON/OFF를 반복한다.	S(상태변화)		Q CPU

참고

XG 5000의 사용

1. LD 프로그램의 작성

1. LD 프로그램의 작성

다음과 같은 릴레이 제어 시스템이 있다. 이를 GMWIN 프로그램을 이용하여 PLC의 프로그램을 작성하는 방법을 순서대로 설명하고자 한다.

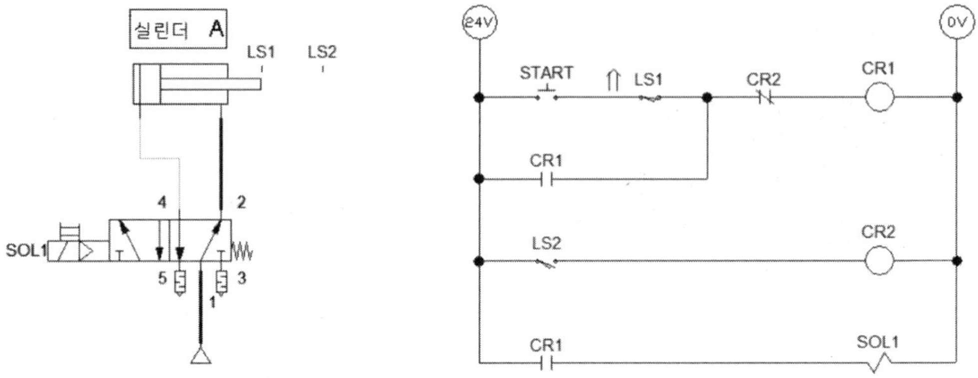

그림 1 릴레이 제어 회로도

작업순서

가. 프로그램에 필요한 변수를 다음과 같이 할당한다.

표 1 입출력 변수 할당표

구분		기호	데이터의 크기	어드레스	비고
외부 변수	입력	START	BOOL	%IX0.0.0	푸시버튼 스위치
		LS1	BOOL	%IX0.0.1	리미트 스위치
		LS2	BOOL	%IX0.0.2	리미트 스위치
	출력	SOL1	BOOL	%QX0.2.1	솔레노이드 코일
내부 변수		CR1	BOOL	자동	
		CR2	BOOL	자동	

나. LD 프로그램으로 작성하는 과정을 다음의 순서대로 실행한다.

(1) XG 5000 프로그램 소프트웨어의 실행

그림 2 XG 5000 초기 화면

XG 5000이 설치되어 있는 PC에서 XG 5000를 실행하면 다음과 같은 화면이 나타난다.

(2) 프로젝트의 정의

'프로젝트-새 프로젝트'를 메뉴에서 선택한다. 이는 PLC의 프로그램을 작성하는 첫 단계로 PC에 프로그램을 저장할 폴더를 정의하는 과정이다. '프로젝트 이름'을 입력하면 프로젝트 파일 위치는 자동으로 만들어지며 이는 디폴트 저장 위치에 앞에서 입력한 프로젝트이름으로 폴더를 만들게 된다.

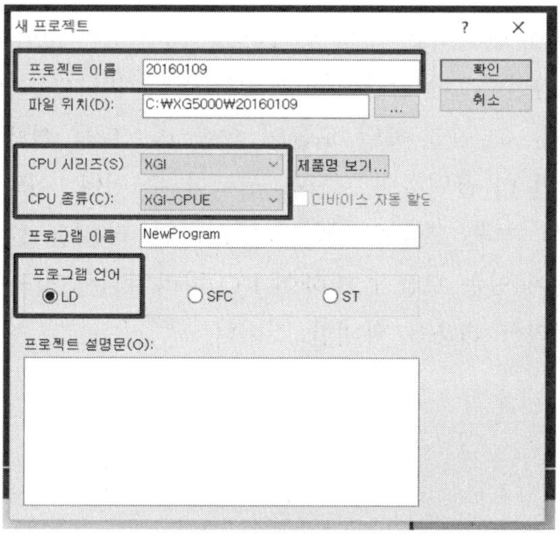

그림 3 프로젝트 정의 화면

CPU 시리즈(s)에서 시리즈를 선택(실습장비: XGI)한다. CPU 종류(c)에서 종류를 선택(실습장비: XGI-CPUE)한다. 프로그램 언어를 선택(LD)하고 '확인'을 클릭한다. 이 과정을 마치면 프로그램을 작성할 수 있는 화면으로 이동한다([그림 4] 참조).

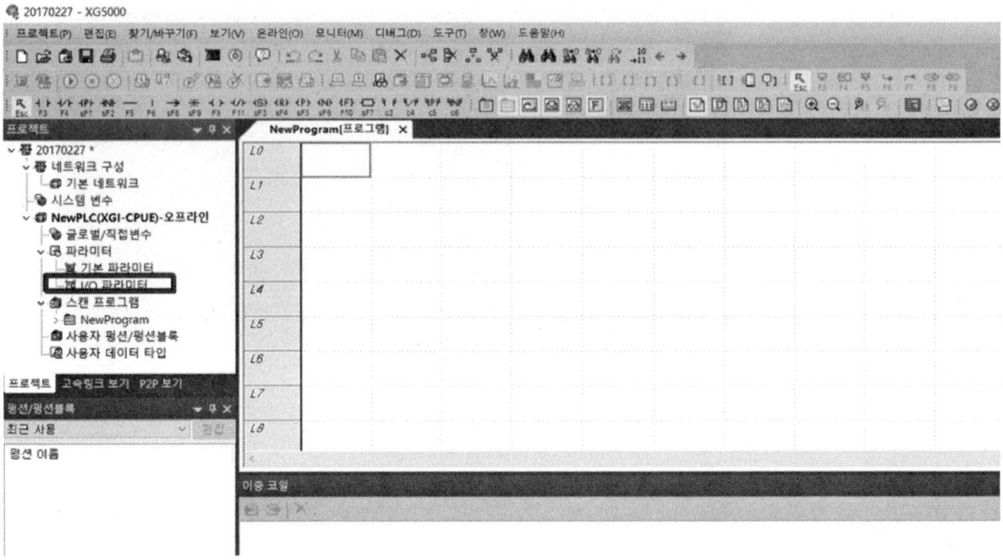

그림 4 프로그램 작성 화면

프로그램을 작성하여 실제의 장비에 다운로드하고 시운전을 하려면 시스템을 구성하기 위하여 사용하는 입출력 모듈을 비롯한 시스템 구성 모듈을 정의하여야 한다. 이를 위하여 [그림 4]의 좌측 프로젝트 메뉴에서 I/O 파라미터를 클릭한다. 이 과정은 CCU에서 베이스 패널을 통해 연결되어 있는 모든 모듈을 정의하는 과정이다. I/O 파라미터의 새 탭에서 PLC 모양이 그려진 창이 나타나면 모듈이 설치된 슬롯마다 모듈명을 입력하여야 한다. 이는 슬롯 번호를 클릭하면 해당 슬롯의 색이 반전되고 이 때 빈 칸으로 되어 있는 모듈 부분을 클릭하면 역삼각형 모양이 오른쪽에 나타난다. 이 삼각형을 클릭하면 디지털모듈리스트, 특수모듈리스트와 통신모듈리스트를 선택할 수 있고 해당 모듈이 속한 리스트를 선택하면 하위의 해당 모듈 리스트가 표시되고 한 번 더 클릭하면 모듈을 선택할 수 있다. 이와 같은 과정으로 설치된 모든 모듈을 정의하여야 한다. 모듈의 정의가 완료되면 '적용'을 클릭하여 확인한다. [그림 5]는 실습장비에 설치되어 있는 모듈에 대하여 I/O 파라미터를 정의한 내용이다. 오른 쪽의 노란 바탕 사각형은 정의한 내용을 확대한 것이다.

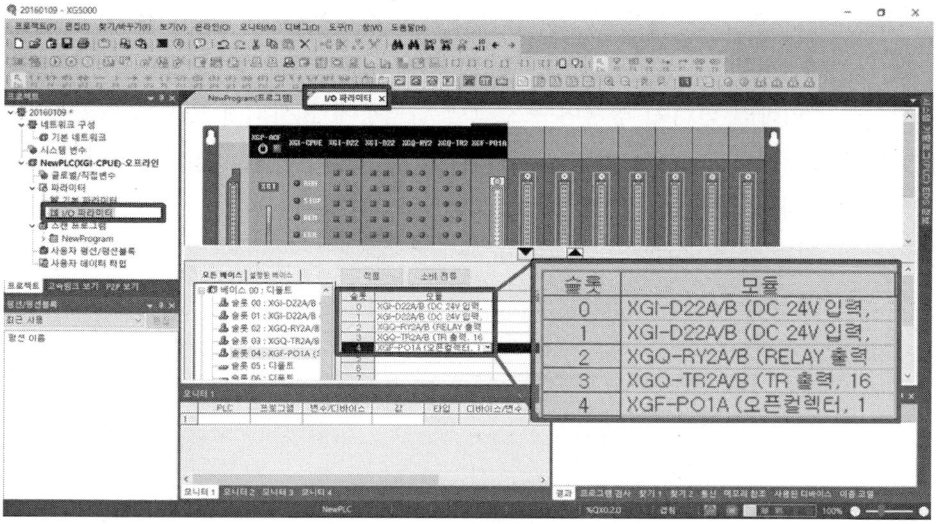

그림 5 I/O 파라미터의 정의

(3) LD 프로그램의 작성

프로그램의 작성에 사용하고자 하는 언어를 LD로 선택한 상태에서 'New Program(프로그램)'의 탭을 클릭하면 다음과 같은 프로그램 작성 초기화면이 표시된다. 작성한 프로그램은 프로그램 표시 창에 표시되며, 프로그램에 사용하는 변수는 변수표시 창에 표시된다. 프로그램의 작성을 편리하게 하기 위하여 명령어 도구 모음 창이 제공된다.

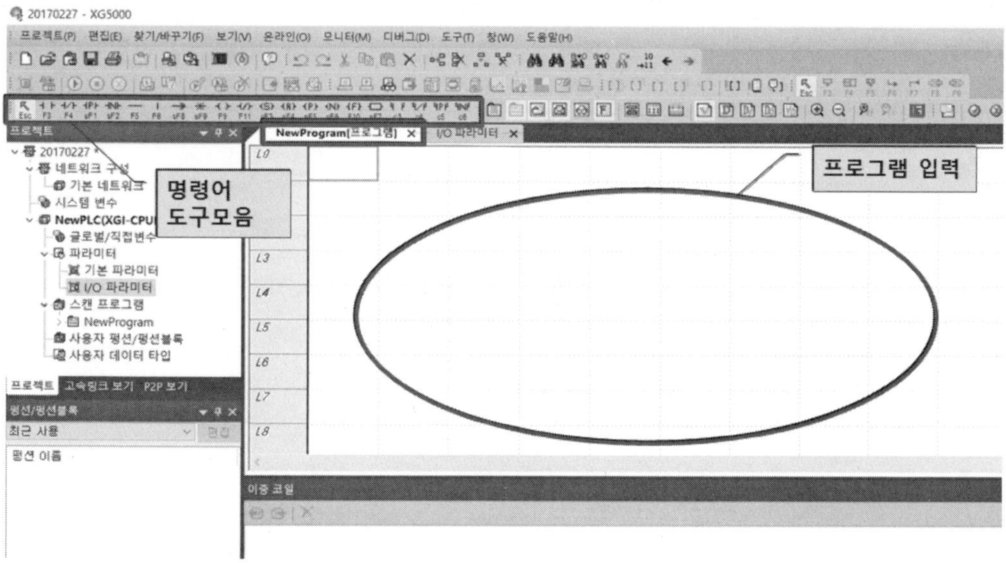

그림 6 프로그램 입력 창

프로그램을 작성하는 것은 명령어 도구 모음창에서 해당 명령을 마우스로 클릭하여 프로그램 입력창으로 이동하면 커서 아래에 클릭된 명령의 내용이 표시되고 입력할 위치에서 다시 한번 마우스를 클릭하면 선택된 명령이 프로그램 입력창에 표시되며 동시에 변수를 정의하는 입력하는 창이 표시된다. 이 창에 변수를 입력하는 것은 직접변수로 입력하거나 혹은 기호화 표시 변수를 이용하여 입력할 수 있다. 기호화 표시 변수로 입력하는 경우 해당 직접변수를 입력하는 창이 새롭게 표시된다.

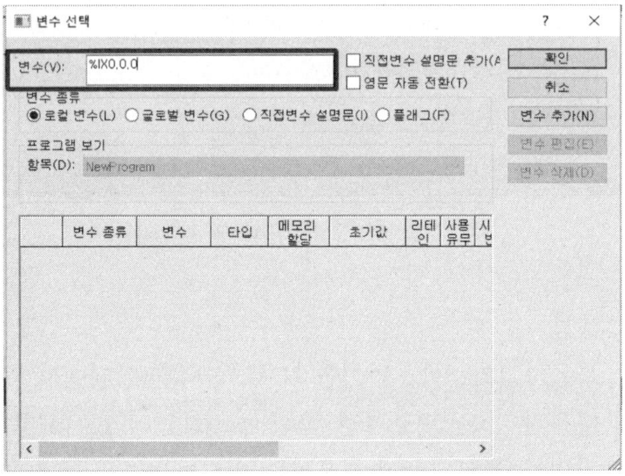

그림 7 직접변수의 입력

[그림 7]은 접점 명령을 프로그램 입력창에 클릭하여 만들어진 변수 입력창에 직접변수 %IX0.0.0을 입력한 그림이다. 입력 후 '확인'을 클릭하면 프로그램 입력창에 접점의 명령과 변수의 어드레스가 표시된다.

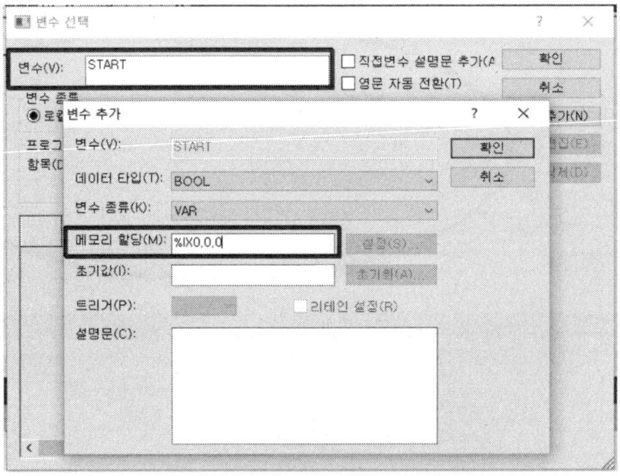

그림 8 기호화 표시 변수의 입력

[그림 8]은 변수 입력창에 기호화 표시 변수 'START'를 입력한 상태이다. 기호화 표시 변수를 입력하면 '변수추가'의 새로운 창이 나타나고 기호화 표시 변수에 대하여 직접변수를 정의하여야 한다. 이는 '메모리 할당'에 직접변수를 입력하는 것으로 정의한다. '확인'을 클릭하면 접점의 명령과 변수의 어드레스 입력이 완료되고 프로그램 입력창에 접점과 변수의 어드레스가 표시된다. 이와 같은 과정을 통하여 [그림 1]의 릴레이 제어 회로도를 [표 1]의 입출력 변수 할당표의 어드레스를 적용하여 프로그램을 완성하면 [그림 9]와 같은 프로그램을 완성할 수 있다.

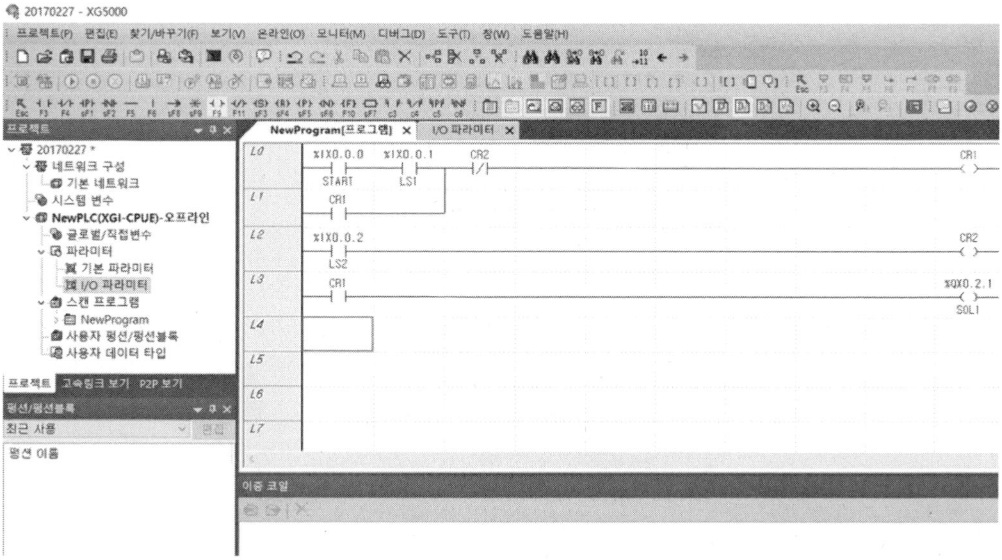

그림 9 완성된 프로그램

프로그램을 입력할 때 명령어 도구 모음 창의 '가로선'과 '세로선'을 사용할 수 있다. 일반적으로 입력은 왼쪽, 출력은 오른쪽에 표시한다. 입력을 모두 표시하고 출력을 오른쪽에 표시할 때 왼쪽 최종 입력의 바로 오른 쪽에 출력을 클릭하면 중간의 가로선은 자동으로 입력된다. PLC의 내부 메모리 CR1과 CR2를 사용하며 이는 자동으로 메모리의 어드레스를 할당한다. 이 방법은 [그림 8]의 변수추가 창에서 메모리 할당을 입력하지 않고 '확인'을 클릭하면 가능하다. 내부 메모리를 이와 같은 방법으로 하는 것은 이는 시스템을 구성할 때 실제의 배선이 필요하지 않기 때문이다. 즉 PLC의 수많은 내부 메모리 중 하나를 CR1 혹은 CR2의 변수로 지정하고 프로그램에서 필요할 때 PLC가 이를 PLC가 정해진 어드레스의 내부 메모리를 저동으로 액세스하면 가능하기 때문이다. 물론 이 예제의 경우 내부 메모리를 사용하지 않고 프로그램할 수 있는 방법도 있다. CR1은 출력변수인 'SOL1'을 사용할 수 있고 CR2는 입력변수인 'LS2'를 사용하여 프로그램을 하는 것도 무방하다. 이와 같은 방법이 가능한 것은 PLC에서는 입력과 출력도 모두 PLC에서 메모리를 할당하고 있기 때문이다.

[그림 9]에서 입력과 출력에 직접변수와 기호화 표시 변수가 모두 표시된 것은 메뉴의 '보기'에서 '디바이스/변수보기'를 선택한 것이다.

(4) 프로그램의 다운로드와 시운전

(가) 접속 설정

완성된 프로그램을 이용하여 시스템을 운전하기 위해 프로그램을 PLC로 다운로드(download) 하여야 한다. 이 작업을 실행하기 위하여 먼저 PLC와 PC가 물리적으로 연결되어 있어야 한다. 이는 통신에 의하여 연결하는데 이 방법은 이미 설명한 바와 같이 RS 232C 혹은 USB 등의 여러 가지 방법을 사용할 수 있다. 어떤 방법으로 연결하든지 소프트웨어에서도 이에 대한 설정을 해야 한다.

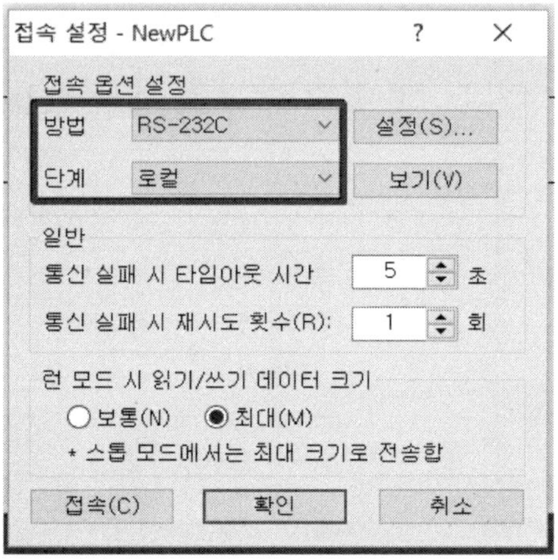

그림 10 접속 설정

[그림 10]은 PC와 PLC의 통신방법을 설정하는 화면이다. 여기서 '방법'과 '단계'를 선택한다.

(나) 프로그램의 다운로드

PC의 프로그램 소프트웨어에서 작성된 프로그램을 PLC의 프로그램 메모리에 쓰는 작업을 다운로드라고 한다. 이는 프로그램 소프트웨어의 메뉴에서 '온라인'-'접속'을 실행하여 접속상 에러가 없음을 확인한 후 '쓰기'를 클릭하여 실행한다. 이 작업을 실행하면 프로그램 소프트웨어는 먼저 작성된 프로그램의 문법검사(syntax check)를 실행한다. 실행 결과 문법상 에러가 없으면 '쓰기' 작업을 실행한다. [그림 11]은 이와 같은 작업이 완료된 결과이다. 소프트웨어 창의 아래 '프로그램 검사' 탭의 내용에 문법검사와 프로그램의 구성에 대한 내용이 표시된다.

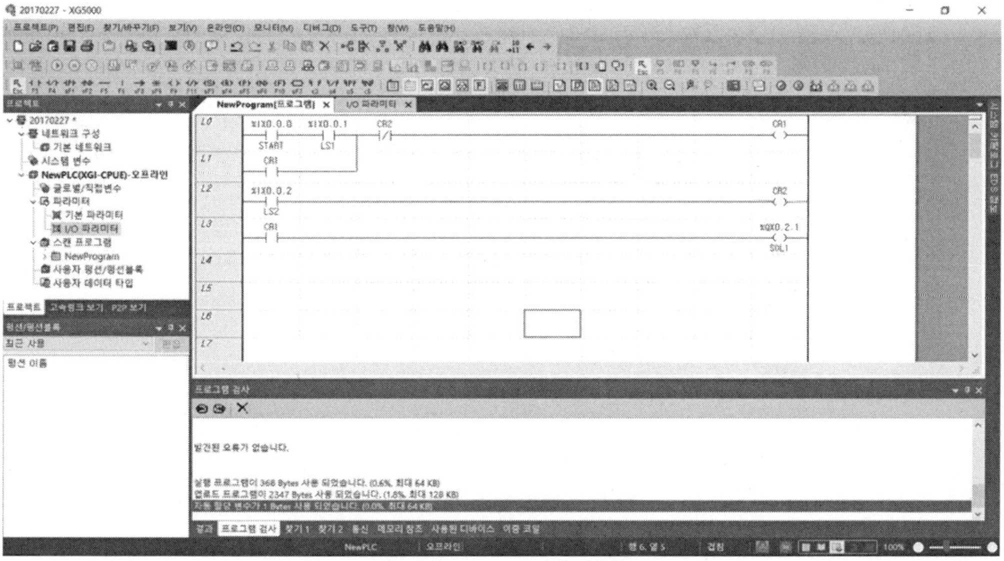

그림 11 프로그램의 다운로드

(다) 프로그램의 모니터

프로그램이 다운로드 되고 시스템의 배관 및 배선 등 구성 작업이 완성되어 있으면 작업조건에 의하여 예를 들어 'START' 버튼을 누르면 작업이 시작된다. 이때 작업이 진행되는 상태를 PC의 프로그램 소프트웨어에서 확인할 수 있다. 시스템의 작동과 프로그램의 진행에 따라 입력과 출력의 상태가 달라지고 이 내용이 PC에서 표시될 수 있는 것이다. 이를 '모니터'라고 한다. 이를 실행하기 위하여 메뉴에서 '모니터'-'모니터 시작'을 선택하여야 한다.

저자와의
협의에 의해
인지 생략

PLC 제어

2판 1쇄 2021년 2월 15일

저 자	이종걸
발행인	송광헌
발행처	복두출판사
주 소	서울특별시 영등포구 경인로82길 3-4 센터플러스 807호 (우) 07371
전 화	02-2164-2580
FAX	02-2164-2584
등 록	1993. 11. 22. 제 10-902 호

정가 : 24,000원

ISBN : 979-11-6675-009-0 93560

한국과학기술출판협회 회원사